Quantum Theory of Many-Body Systems

ザゴスキン
多体系の量子論

新装版

A.M.ザゴスキン 著

樺沢 宇紀 訳

丸善プラネット

Quantum Theory of Many-Body Systems
by Alexandre M. Zagoskin

© 1998 Springer-Verlag New York, Inc.
All rights reserved. This work may not be translated or copied in whole or in part without the written permission of the publisher (Springer-Verlag New York, Inc. 175 Fifth Avenue, New York, NY 10010, USA), except for brief excerpts in connection with reviews or scholarly analysis. Use in connection with any form of information storage and retrieval, electronic adaptation, computer software, or by similar or dissimilar methodology new known or hereafter developed is forbidden.

The use of general descriptive names, trade names, trademarks, etc., in this publication, even if the former are not especially identified, is not to be taken as a sign that such names, as understood by the Trade Marks and Merchandise Marks Act, may accordingly be used freely by anyone.

Reprint of the Japanese Translation from English language edition formerly published by Springer-Verlag Tokyo:
Quantum Theory of Many-Body Systems
by Alexandre M. Zagoskin
Copyright © 1998 Springer New York
Springer New York is a part of Springer Science +Business Media
All rights reserved

Japanese language edition published by Maruzen Planet Co., Ltd., © 2012, 2024 under translation agreement with Springer-Verlag, Heidelberg.

PRINTED IN JAPAN

序

　本書は1992年から1995年にかけてChalmers University of Technology and Göteborg University (Göteborg, Sweden) の応用物理学科で行った大学院生のための多体の量子論の講義から生まれたものである．この講義の目的は"凝縮系"を扱う理論について簡潔で自己完結した説明を与えることであった．本書は量子力学と統計力学の知識を持った大学院生を読者として想定している．(そしてまた他の分野に携わる物理学者達にとっても本書が役立つことを期待したい).

　本書における多体系へのアプローチの方法は，正統的な準粒子による多体系の記述と，その数学的な道具立て——Green関数の方法——に基づいている．常伝導体と超伝導体に対して用いられる，平衡状態および非平衡状態におけるダイヤグラムの技法(絶対零度の形式, 松原形式, Keldysh形式, 南部-Gor'kov形式)をすべて本書の中で説明し，読者が今後自ら研究論文にあたったり，これらの技法を自分自身が携わっている問題に応用したりする時に必要となる基礎知識をひと通り供することを試みた．本書では凝縮系の分野で近年，理論と実験の両面において進展の著しいメソスコピック系の物理——微視的(ミクロスコピック)とまではいかないけれども量子干渉性(コヒーレンス)が系全体にわたって保たれるくらいに小さい系の物理——から多くの実例を取り上げた．メソスコピック系は，多体系の量子論を論じるのにふさわしい対象であると私は考えている．

　本書の構成は以下のようになっている．

　第1章では準粒子の概念に対する半定量的な議論を行い，Feynmanの径路積分の方法を用いて1体理論におけるGreen関数を導入する．それからGreen関数とS演算子との関係を明らかにし，演算子形式における摂動の一般論を論じる．そして多体を扱う第二量子化の手法を導入する．

　第2章では絶対零度における多体系の理論を紹介する．多体系におけるGreen関数の定義とその性質，物理的な意味について議論し，摂動論に基づくダイヤグラムを用いた計算手法を論じる．

　第3章では有限温度における熱平衡Green関数と松原形式を紹介する．またそれらの応用を線形応答の理論と関係づけて論じる．それから量子ポイントコンタクトのよ

うな例において有用な，非平衡状態を扱う Keldysh の技法を導入する．更にメソスコピック系の輸送現象に関する Landauer の方法とトンネルハミルトニアンによるアプローチを議論する．

第4章は超伝導に対する多体理論の応用に充ててある．南部 - Gor'kov 形式を用いて超伝導体の相転移，素励起，電流輸送状態等を記述する．Andreev 反射と呼ばれる現象と，メソスコピックな超伝導 - 常伝導 - 超伝導 (SNS) 接合における輸送について特に詳しく取り上げる．

各章の末尾には演習問題を用意した．読者はこれを解くことによって，それぞれの理論を具体的に役立てる際の"感じ"を掴むことができるであろう．

本書の性質上，参考文献のリストは原論文をすべて含んだ完全なものにはしていない．既に存在している専門書やレビューを主に紹介し，原論文はごく最近の論文やあまり広く知られていない論文，もしくは興味深い内容を含むけれども本書では頁の制約によって完全な紹介ができない少数の論文 (これに関する節には星印*を付けた) を挙げるに留めた．

本書を利用した多体の量子論のコースとして，私は次のようなスケジュールを想定している[1]．

講義1 (1.1); 講義2 (1.2.1); 講義3 (1.2.2, 1.2.3); 講義4 (1.3); 講義5 (1.4); 講義6 (2.1.1); 講義7 (2.1.2); 講義8 (2.1.3, 2.1.4); 講義9 (2.2.1, 2.2.2); 講義10 (2.2.3); 講義11-12 (2.2.4); 講義13 (3.1); 講義14 (3.2); 講義15 (3.3); 講義16 (3.4); 講義17 (3.5); 講義18 (3.6); 講義19 (3.7); 講義20 (4.1); 講義21 (4.2); 講義22 (4.3.1, 4.3.2); 講義23 (4.3.3, 4.3.4); 講義24 (4.4.1, 4.4.2); 講義25-26 (4.4.3-5); 講義27 (4.5.1); 講義28 (4.5.2-4); 講義29 (4.6)．

謝辞

初めに多体の量子論の講義を共同で担当した R. Shekhter 教授に謝意を表したい．その講義の内容は本書に重要な影響を及ぼしている．

Institute for Low Temperature Physics and Engineering (Kharkov, Ukraine) と，そこで私に最初に凝縮系の理論を教えてくれた I. O. Kulik 教授に感謝する．また Chalmers University of Technology and Göteborg University (Göteborg, Sweden) の応用物理学科, M. Jonson 教授と，British Columbia 大学 Physics and Astronomy Department (Vancouver, Canada), I. Affleck 教授の支援と協力にも感謝している．

---

[1] 1回の講義時間を90分とする．

更に S. Gao, S. Rashkeev, P. Hessling, R. Gatt, Y. Andersson の各氏に対しても，有益なコメントと助力をいただいたことを感謝する．

最後になったが，妻 Irina のかわらぬ支援と，本書執筆のそもそものきっかけとなった「講義の度に配布資料の準備に時間を使うよりも，本を書くべきよ」という助言に感謝している．また本書の挿画に対する批評をしてくれた娘 Ekaterina にも感謝したい．

Vancouver, British Columbia　　　　　　　　　　　　*Alexandre M. Zagoskin*

日本語版によせて

I greatly appreciate the excellent work done by Dr. Kabasawa in making this book accessible to the Japanese reader, and am grateful for the opportunity to speak to this audience.

Alexandre Zagoskin

目 次

序 ... iii

第1章 基礎概念 ... 1
1.1 多体系の量子論の考え方 ... 1
- 1.1.1 金属中のCoulombポテンシャルの遮蔽 ... 3
- 1.1.2 時間に依存する効果：プラズモン ... 7

1.2 1粒子の量子論における伝播関数 ... 9
- 1.2.1 伝播関数：定義と性質 ... 9
- 1.2.2 Feynmanによる量子力学の定式化：径路積分 ... 14
- 1.2.3 メソスコピックリングの量子輸送：径路積分による記述 ... 22

1.3 伝播関数に対する摂動論 ... 25
- 1.3.1 一般的な形式 ... 25
- 1.3.2 例：ポテンシャルによる散乱 ... 32

1.4 第二量子化 ... 35
- 1.4.1 同種粒子の多体系の記述：Fock空間 ... 35
- 1.4.2 Bose粒子 ... 39
- 1.4.3 粒子数演算子と位相演算子：不確定性関係 ... 46
- 1.4.4 Fermi粒子 ... 49

演習問題 ... 52

第2章 絶対零度のGreen関数 ... 53
2.1 多体系のGreen関数：定義と性質 ... 53
- 2.1.1 多体系におけるGreen関数の定義 ... 53
- 2.1.2 Green関数の数学的な性質 ... 63
- 2.1.3 遅延Green関数と先進Green関数 ... 68
- 2.1.4 Green関数と観測量 ... 72

2.2　摂動論：Feynmanダイヤグラム．．．．．．．．．．．．．．．　73
　　　　2.2.1　Feynman規則の導出：Wickの定理と簡約定理．．．．．．．　75
　　　　2.2.2　ダイヤグラムの利用：自己エネルギーとDyson方程式．．．．　89
　　　　2.2.3　相互作用の修正：分極演算子．．．．．．．．．．．．．　93
　　　　2.2.4　多粒子Green関数とBethe-Salpeter方程式．．．．．．．．　96
　　演習問題．．．．．．．．．．．．．．．．．．．．．．．．．．．．．． 104

第3章　種々のGreen関数とその応用　　　　　　　　　　　　　　　　107
　　3.1　熱平衡Green関数の数学的な性質．．．．．．．．．．．．．．． 107
　　　　3.1.1　統計演算子(密度行列)とLiouville方程式．．．．．．．．． 107
　　　　3.1.2　熱平衡Green関数の定義と数学的な性質．．．．．．．．． 109
　　3.2　松原形式．．．．．．．．．．．．．．．．．．．．．．．．．． 114
　　　　3.2.1　Bloch方程式．．．．．．．．．．．．．．．．．．．．． 114
　　　　3.2.2　温度Green関数(松原Green関数)．．．．．．．．．．．． 116
　　　　3.2.3　温度Green関数に対する摂動級数とダイヤグラムの技法．． 120
　　3.3　線形応答の理論．．．．．．．．．．．．．．．．．．．．．．． 124
　　　　3.3.1　線形応答の理論：久保公式．．．．．．．．．．．．．．． 124
　　　　3.3.2　揺動散逸定理．．．．．．．．．．．．．．．．．．．．． 128
　　3.4　非平衡Green関数．．．．．．．．．．．．．．．．．．．．．．． 132
　　　　3.4.1　非平衡因果Green関数：定義．．．．．．．．．．．．．． 132
　　　　3.4.2　時間順路と4種類の非平衡Green関数．．．．．．．．．． 134
　　　　3.4.3　Keldysh形式．．．．．．．．．．．．．．．．．．．．． 137
　　3.5　Keldysh方程式と運動論的方程式．．．．．．．．．．．．．．．． 140
　　　　3.5.1　非平衡Green関数に対するDyson方程式とKeldysh方程式　141
　　　　3.5.2　分布関数の運動論的方程式．．．．．．．．．．．．．． 142
　　3.6　応用：量子ポイントコンタクトの電気伝導．．．．．．．．．．． 144
　　　　3.6.1　弾性極限における量子コンダクタンス．．．．．．．．．． 146
　　　　3.6.2　ポイントコンタクトにおける弾性抵抗：Sharvin抵抗・Landauer公式・コンダクタンスの量子化．．．．．．．．．．． 149
　　　　3.6.3　3次元量子ポイントコンタクトの電子-フォノン衝突積分．． 151
　　　　3.6.4　*ポイントコンタクト電流の非弾性成分の計算．．．．．．． 154
　　3.7　トンネルハミルトニアンの方法．．．．．．．．．．．．．．．． 156
　　演習問題．．．．．．．．．．．．．．．．．．．．．．．．．．．．． 161

目次

第4章 超伝導に対する多体理論の方法   **163**

- 4.1 超伝導状態の一般的描像 163
    - 4.1.1 超伝導状態の基本的性質 163
    - 4.1.2 初等量子力学による考察 165
    - 4.1.3 BCSの描像 172
- 4.2 常伝導状態の不安定性 176
- 4.3 BCSハミルトニアン 179
    - 4.3.1 BCSハミルトニアンの導出 179
    - 4.3.2 BCSハミルトニアンの対角化：
      Bogoliubov変換とBogoliubov-de Gennes方程式 ... 183
    - 4.3.3 Bogoliubov粒子 186
    - 4.3.4 超伝導体の熱力学ポテンシャル 188
- 4.4 超伝導におけるGreen関数：南部-Gor'kov形式 189
    - 4.4.1 理論の行列構造 189
    - 4.4.2 強結合理論 190
    - 4.4.3 Green関数のGor'kov方程式 194
    - 4.4.4 超伝導の電流輸送状態 197
    - 4.4.5 電流による超伝導状態の破壊 203
- 4.5 Andreev反射 205
    - 4.5.1 超伝導体に接した常伝導体への近接効果 212
    - 4.5.2 清浄なSNS接合のAndreev準位とJosephson効果 . 213
    - 4.5.3 短いバリスティック接合のJosephson電流：
      超伝導量子ポイントコンタクトにおける臨界電流の量子化 . 215
    - 4.5.4 長いSNS接合のJosephson電流 219
    - 4.5.5 *超伝導量子ポイントコンタクトにおける伝導：
      Keldysh形式によるアプローチ 224
- 4.6 金属微粒子を介した電子とCooper対のトンネル：電荷量子化の効果 226
    - 4.6.1 単一電子トンネルに対するCoulombブロッケイド .. 228
    - 4.6.2 超伝導微粒子 230
- 演習問題 233

付録A 常伝導-超伝導複合体に対するLandauer形式   **235**

- A.1 Landauer-Lambert形式 235
- A.2 バリスティックAndreev干渉計におけるコンダクタンス振動 . 239

付録B 一様な超伝導体に対するBCS理論 (訳者補遺) **245**
  B.1 BCS簡約ハミルトニアンの導出 245
  B.2 簡約ハミルトニアンの平均場近似と対角化 248
  B.3 基底状態と有限温度の状態 252

参考文献 **257**

第 1 章　基礎概念

When asked to calculate the stability of a dinner table with four legs, a theorist rather quickly produces the results for tables with one leg and with an infinite number of legs. He spends the rest of his life in futile attempts to solve the problem for a table with an arbitrary number of legs.

A popular wisdom.
From the book "Physicists keep joking."

1.1　多体系の量子論の考え方

　物理学で扱うことができる問題は，基本的には1体問題と多体問題だけである(2体問題は1体問題に還元される．また3体問題は解けない)．通常，物理学者が"多体"として想定するのは，$1\,\mathrm{cm}^3$に$10^{19}-10^{23}$個程度の粒子を含む気体や固体の系である．多粒子系を扱う際には多体の理論が必要であるが，上記のような粒子密度では，粒子同士が互いにde Broglie波長の数倍程度にまで接近するので，多体の量子論が必要となる(これには都合のよい面もある．我々は古典的なカオスに関わらなくともよい)．

　我々が，たとえば1個のヘリウム原子のような少数粒子の系を議論する代わりに，膨大な数の粒子を含む系をいきなり扱う理由は，10^{23}個といった数を無限大として近似できるためである．無限大の数の粒子を扱うことは，単一の粒子を扱うことと同程度に単純であり，特定の数の粒子を含む系，たとえば3粒子系，4粒子系，7粒子系といったものを扱うよりもはるかに簡単である．

　基本的な考え方として，我々は系の中で強く相互作用している膨大な数の粒子をそのまま扱う代わりに，多体系全体の振舞いを，弱い相互作用を持つ比較的少数の仮想的な"素励起"(もしくは'準粒子')の振舞いに置き換えて扱うことを試みる．

　素励起(elementary excitation)は系が外部から摂動を受けた際に生じる．摂動によって系に生じる反応は，ほぼ完全にこの素励起によって表すことができる．素励起は池の水面に生じたさざなみにたとえることができるが，量子論ではそのようなさざなみは量子化される．結晶格子におけるさざなみの量子は，音波の量子"フォノン"

図1.1 1体，2体，多体 ⋯．

(phonon) である．フォノンはエネルギーと"擬"運動量を運ぶ．フォノン同士の相互作用は極めて弱いが，電子とは充分強い強度で相互作用をする．固体に衝撃を加えたり熱したりすることによって，固体中にフォノンを励起(生成)することができる．フォノンは固体に与えられたエネルギーと運動量を伝搬する．

フォノン系は希薄なBose粒子気体として扱えるので，実際に格子を形成している粒子(原子やイオン)を直接扱うよりもはるかに簡単である．フォノンのことを粒子ではなく"準粒子"と呼ぶ場合があるが，その理由はフォノンが格子系の外で存在できないことと，"正規の"実粒子と異なって有限の寿命を持つことに依っている．しかしここで重要なのは，準粒子が一応安定な性質を持つことである．もし準粒子が生成される過程よりも素早い消滅過程を持つならば，準粒子の描像は意味をなさない．

金属の結晶格子の中にある電子の多体系を考えてみよう(結晶格子は通例に従い，自由電子系の全電荷を中和する量の正電荷が，空間的に一様に分布している"ゼリー"のモデル——ジェリウムモデル——で扱う)．我々は実粒子系として，無限遠まで到達するCoulomb力(減衰因子 $1/r^2$) で強く相互作用する電子系を扱う．従ってある特定の電子を考える際に，他の全ての電子による影響を考慮しなければならない．しかしそれ故にかえって，他の個々の電子の詳細な振舞いには依存しない状況が現れる．我々は他の電子すべてによる効果を，平均的な電子密度 $n(\mathbf{r})$ に依存する平均的な場の効

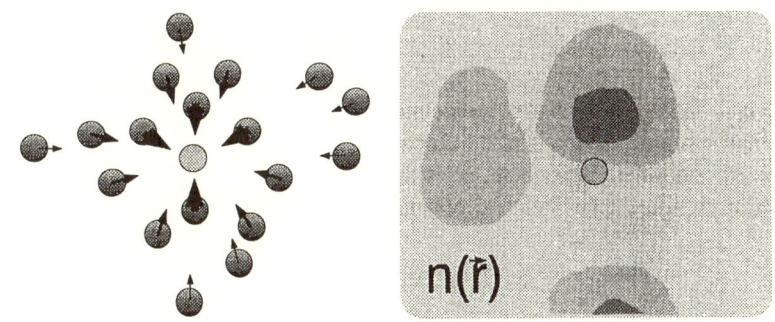

図1.2　1電子にかかる力と平均場近似.

果に置き換えることができる．すなわち"平均場近似"(mean field approximation: MFA) を適用できる．我々は平均場近似を Coulomb 相互作用の遮蔽の計算に用いて，多体系における粒子の再分布と相互作用の変化を見てみることにする．

1.1.1　金属中の Coulomb ポテンシャルの遮蔽

金属中に電荷 Q の不純物粒子を添加することを考えてみよう．この粒子によるポテンシャル $\Phi(\mathbf{r})$ は，金属中の電子密度分布に影響を及ぼすため，電子密度は一様でなくなる．初めの非摂動状態における電子密度は，

$$n = \frac{p_\mathrm{F}^3}{3\pi^2 \hbar^3} \tag{1.1}$$

である．ここで $p_\mathrm{F} = \sqrt{2m\mu}$ は Fermi 運動量であり，上式はよく知られた p_F と電子気体密度との関係を示している．もちろん電子密度が空間分布を持てば，Fermi 運動量は $p_\mathrm{F} \to p_\mathrm{F}(n(\mathbf{r}))$ となる．平衡状態では電子の化学ポテンシャルは定数になる．

$$\mu = \frac{p_\mathrm{F}^2(n(\mathbf{r}))}{2m} + e\Phi(\mathbf{r}) = \mathrm{const.} \tag{1.2}$$

従って $n(\mathbf{r})$ は次のように表される．

$$n(\mathbf{r}) = \frac{\{2m(\mu - e\Phi(\mathbf{r}))\}^{3/2}}{3\pi^2 \hbar^3} \tag{1.3}$$

この式は外場がない場合には，非摂動の電子密度の式(1.1)に帰着する．

ここで静電気学を考察してみよう．ポテンシャル場は Poisson 方程式，

$$\nabla^2 \Phi(\mathbf{r}) = 4\pi\rho \equiv 4\pi e \Delta n$$

を満たさねばならない．ρ は添加した電荷によって，元々電気的に中性であった金属中に生じた電荷密度であり，$\Delta n(\mathbf{r}) = n(\mathbf{r}) - n$ は電荷の再分布による電子密度の変化分である (正電荷の 'ゼリー' が非摂動の電子密度に相当する負の電荷を打ち消していることを忘れないこと．当面は誘電率を $\epsilon = 1$ としておく)．従って次式が得られる．

$$\nabla^2 \Phi(\mathbf{r}) = 4\pi e \left[\frac{\{2m(\mu - e\Phi(\mathbf{r}))\}^{3/2} - (2m\mu)^{3/2}}{3\pi^2 \hbar^3} \right] \tag{1.4}$$

これは Thomas-Fermi の式と呼ばれているが，元々は原子中の電子密度分布を求める式として提唱されたものである．

一般にこのような非線形方程式は数値計算によって解かなければならない．しかし $e\Phi$ が Fermi エネルギー μ に比べてはるかに小さいものとすると，式 (1.4) の右辺を Φ について展開して最低次の項で近似することができる．これはすなわち，

$$\Delta n(\mathbf{r}) = -\frac{3}{2} \frac{e\Phi(\mathbf{r})n}{\mu} \tag{1.5}$$

という近似に相当するが，この結果 Thomas-Fermi 方程式は線形になる．

$$\nabla^2 \Phi(\mathbf{r}) = \frac{1}{\lambda_{\mathrm{TF}}^2} \Phi(\mathbf{r}) \tag{1.6}$$

λ_{TF} は Thomas-Fermi 遮蔽距離 (Thomas-Fermi screening length) と呼ばれ，

$$\lambda_{\mathrm{TF}} = \frac{\mu^{1/2}}{\sqrt{6\pi} e n^{1/2}} = \frac{\pi^{1/6}}{2 \cdot 3^{1/6}} \frac{\hbar}{em^{1/2}} n^{-1/6} \tag{1.7}$$

である．λ_{TF} の物理的な意味を見てみるために，式 (1.6) を距離 r が小さいところで $\Phi(\mathbf{r})$ が Q/r に漸近するものと仮定して解くことにしよう．添加した電荷に充分近い $r \ll n^{-1/3}$ の領域では平均的な意味で電子は存在しないので，ポテンシャルはこの領域では真空中と同じと考えられる ('ゼリー' による定常的なポテンシャルは電子系によって平均的に打ち消されているので問題にならない)．そうすると我々は次の結果を得ることができる．

$$\Phi(\mathbf{r}) = \frac{Q}{r} \exp(-r/\lambda_{\mathrm{TF}}) \tag{1.8}$$

Coulomb ポテンシャルは補正され，電荷からの距離 λ_{TF} の程度で指数関数的に減衰してしまうことが分かる．すなわちポテンシャルは λ_{TF} より遠距離では遮蔽される[1]．

---

[1] 式 (1.8) は湯川ポテンシャル (Yukawa potential) と呼ばれる．Coulomb ポテンシャルの (古典的な) プラズマによる遮蔽効果は Debye (デバイ) と Hückel (ヒュッケル) によって導出されたが，この場合の遮蔽距離は $\lambda_{\mathrm{D}} \sim \{k_{\mathrm{B}} T / (ne^2)\}^{1/2}$ となる (Thomas-Fermi の遮蔽距離との違いは，電子気体を非縮退の気体として扱い，Fermi 分布の代わりに Boltzmann 分布を用いることに起因する)．

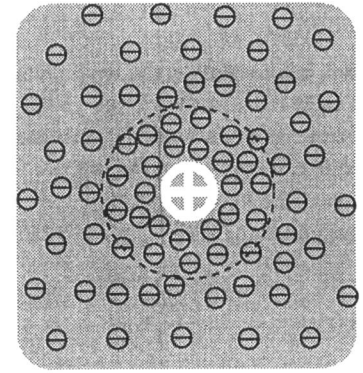 

図1.3 金属における電荷ポテンシャルの遮蔽.

物理的には，正の電荷が金属中に配置されると，周囲の電子がそれに引き寄せられて，負に帯電した電子の雲を生じる．式(1.8)は電子の雲の総電荷量が添加した電荷と等量であり，$r \gg \lambda_{\mathrm{TF}}$ では添加した電荷の影響がほぼ完全に打ち消されることを意味している．電子の雲の大きさは，添加した電荷と周囲の電子との間に働く引力と，周囲の電子同士の斥力によって決まる．後者は式(1.5)において考慮されている．添加する電荷が負の場合は，周囲の電子は斥力を受け，背景の"ゼリー"の正電荷が現れて，添加された負電荷を打ち消す．どちらの場合でも，添加した電荷と反対符号で等量の電荷を持つ雲が周囲に発生するのである．このような事情は金属中の個々の電子自身についても同様である．

ここで我々は"平均場"近似の適用限界を明示することができる．初めに我々はCoulomb力が無限遠まで到達することから，任意の単一電子と相互作用する他の電子は極めて大きな数——系全体が含む電子数——になると考え，それらの影響は平均的な電荷密度 ne による影響に置き換えられるものと考えた．しかし上記の結果から，任意の1電子に影響する電子数は $n\lambda_{\mathrm{TF}}^3$ 程度に過ぎないことが分かる．したがって平均場の考え方は，

$$n\lambda_{\mathrm{TF}}^3 \gg 1 \tag{1.9}$$

という条件下で成立するものである．

$$n^{1/3}\lambda_{\mathrm{TF}} \propto \sqrt{\frac{\mu}{n^{1/3}e^2}} \propto \sqrt{\frac{p_{\mathrm{F}}^2 \cdot h}{m \cdot p_{\mathrm{F}} \cdot e^2}} \propto \sqrt{\frac{\hbar v_{\mathrm{F}}}{e^2}}$$

であるから，式(1.9)の条件は，

a)   b)

図1.4 (a) 裸の粒子. (b) 相互作用.

$$\frac{\hbar v_\mathrm{F}}{e^2} \gg 1 \tag{1.10}$$

となる. $e^2/(\hbar c) \approx 1/137$ なので, 左辺は $137 v_\mathrm{F}/c$ であり, 典型的な金属電子系における v_F に関して, これは 1 のオーダーになる.

この不等式は多体理論に常につきまとっている, 少々わずらわしい問題を提示している. 仮に平均場近似が定量的にほぼ正しい値を与えたとしても, 我々は平均場の描像による結果を, 適当な方法で補正することも常に考えておかなければならないのである (幸い平均場近似による結果は, 上記の条件を満たさない場合においてさえ, 正しい値を与える場合が多いのだが).

定性的に結論を言うと, 金属中の電子は常に, 周囲の電子の再分布によって生じる, ポテンシャルを遮蔽する電荷の雲の中にある. 電子に力が加わると, 周囲の電荷の雲も電子に追随して加速されることになる. 従って電子は真空中における質量よりも見かけ上大きな有効質量 m^* を持つかのように振舞う (格子との相互作用を考慮しなくとも質量は補正される). 我々は点粒子を扱う代わりに有限の大きさをもつ電荷の雲を扱わなければならない. この " [単一電子] + [電荷の雲] " で構成される総体のこと

も"準粒子"と呼ぶ．これは言うなれば電子が"衣をまとっている"状態である[‡]．(同じ語法で'単一の'電子は'裸の'電子 [bare electron] と称する．)

我々が系を調べる際に観測するのは"準電子"である．短距離力 (必ずしも湯川ポテンシャルでなくともよい) によって相互作用するこれらの"準電子"の系は，無限遠まで到達する Coulomb 力によって相互作用する，初めに想定した電子系よりもはるかに簡単に扱える．我々は有効質量と実効的なポテンシャルだけを正しく考慮すればよいのである．これを正確に考慮することこそが多体理論の要点である．

1.1.2　時間に依存する効果：プラズモン

ここまでの議論では，添加した電荷が静止している静的な状況を考えてきたが，次に電荷が動いている場合を考えてみよう．ポテンシャルを遮蔽する電荷の雲は，遅い電子には追随し易く，速い電子には追随しにくいものと考えられる．つまり電荷雲の形成や再分布には有限の時間を要するであろう．

このことを見てみるため，座標 $\mathbf{r}(t)$ にあるひとつの電子 (第ゼロ電子とする) に着目し，古典的な運動方程式を書いてみよう．

$$m\ddot{\mathbf{r}}(t) = e\mathbf{E}\bigl(\mathbf{r}(t)\bigr)$$

電場 $\mathbf{E}$ は電子密度が平衡時の値からずれることによって生じ，次の Maxwell (マックスウェル) 方程式を満たす．

$$\nabla_{\mathbf{r}} \cdot \mathbf{E}\bigl(\mathbf{r}(t)\bigr) = 4\pi e\left[\sum_{i \neq 0} \delta\bigl(\mathbf{r}_i - \mathbf{r}(t)\bigr) - n\right]$$

ここで点 $\mathbf{r}$ における電子密度として $\sum_{i \neq 0}\delta(\mathbf{r}_i - \mathbf{r})$ を用いた (和は他の電子すべてについてとる)．$\mathbf{r}(t) = \mathbf{r}_0 + \Delta\mathbf{r}(t)$ とし，非摂動状態の電子密度が $n = n(\mathbf{r}_0) = \sum_{i \neq 0}\delta(\mathbf{r}_i - \mathbf{r}_0)$ であることを用いると，点 $\mathbf{r}_0$ における線形化された方程式を次のように書くことができる．

[‡] (訳註) "準粒子" (quasiparticle) という術語は，本書では多体系において量子力学的な"自由粒子" (もしくは'準'自由粒子) として扱える (近似できる) 対象をかなり広汎に指しており，具体的には大きく分けて，

(1) 多体効果によって"衣をまとった"それぞれの実粒子 (多電子系では条件付きで'電子'と言い替えることが可能)．
(2) 多体系の基底状態を"真空"と考えた場合，系のエネルギー素励起に対応させて (仮想的に) 想定される"粒子" ('素励起'と言い替えることが可能)．

という2種類の意味を持ち得る．Fermi 準位まで電子が詰まった電子気体の基底状態を考えると，(1) の意味では [準粒子数] = [電子数] であるが，(2) の意味では [準粒子数] = 0 である．一般の文献では (1) か (2) のどちらかの意味に限定して"準粒子"という語を使う場合が多い．

$$\nabla_{\mathbf{r}_0} \cdot \mathbf{E}(\mathbf{r}_0) = -4\pi e \Delta \mathbf{r}(t) \cdot \nabla_{\mathbf{r}_0} \sum_{i \neq 0} \delta(\mathbf{r}_i - \mathbf{r}_0)$$

$$= -4\pi e \nabla_{\mathbf{r}_0} \cdot \Delta \mathbf{r}(t) \sum_{i \neq 0} \delta(\mathbf{r}_i - \mathbf{r}_0) \tag{1.11}$$

$\Delta \mathbf{r}(t) = 0$ のとき電場はゼロなので，次式を得ることができる．

$$\mathbf{E}(\mathbf{r}_0) = -4\pi e \Delta \mathbf{r}(t) n$$

これを運動方程式に代入してFourier(フーリエ)変換を施し，更に$\Delta \mathbf{r}$の表式をMaxwellの方程式に代入すると，以下の式が得られる．

$$\Delta \mathbf{r}(\omega) = -\frac{e\mathbf{E}(\omega)}{m\omega^2} \tag{1.12}$$

$$\mathbf{E}(\omega) = \frac{4\pi e^2 n}{m\omega^2} \mathbf{E}(\omega) \tag{1.13}$$

この結果は振動数が"プラズマ振動数"(plasma frequency)

$$\omega = \omega_{\mathrm{p}} \equiv \sqrt{\frac{4\pi e^2 n}{m}} \tag{1.14}$$

のときに無撞着になる．プラズマ振動数は一様な電子気体が集団で小さな振動を生じるときの固有振動数である．またプラズマ振動の周期は，金属中の電荷が再分布するために必要な時間の目安にもなる．

電子のCoulombポテンシャルを遮蔽する電荷雲は電子の速度が，

$$v \ll \lambda_{\mathrm{TF}} \omega_{\mathrm{p}} \tag{1.15}$$

であれば電子に追随できるが，この条件を満たさない場合は周囲の電子が追随できなくなる．

プラズマ振動の量子は"プラズモン"(plasmon)と呼ばれる．プラズモンは金属中を伝播することができ，金属中で電荷の中性が破られたときに発生する．プラズモンも準粒子の例である．Coulombポテンシャルの遮蔽，すなわち金属中の裸電子がまとう電荷の"衣"は量子論的にはプラズモンの雲として記述することができる．

我々は既にフォノンについて言及したが，結晶格子と相互作用する電子は，周囲にフォノンの雲が存在しているように記述することができる．フォノンの衣をまとった電子を"ポーラロン"(polaron)と言う．フォノンを特徴づける振動数(Debye振動数, ω_{D})は，金属電子のプラズマ振動数ω_{p}よりもはるかに小さいので[§]，フォノンの

[§](訳註) 金属中ではω_{p}が$10^{15-16}\,\mathrm{s}^{-1}$ (数eV程度) であるのに対し，ω_{D}は$10^{13-14}\,\mathrm{s}^{-1}$ (数十meV程度) である．各金属のパラメーターの具体的な数値を見るには，キッテル,宇野良清他訳『固体物理学入門』(丸善) が便利である．

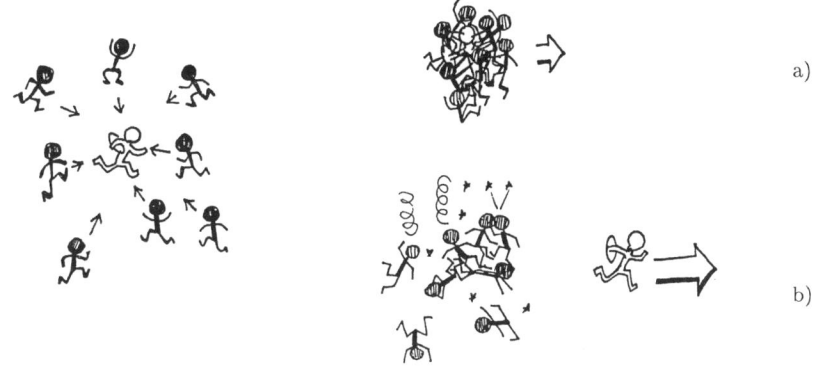

図1.5 粒子と"雲"の関係. (a) $v \ll \lambda\omega$; (b) $v \gg \lambda\omega$.

雲はプラズモンのように速やかに電子に追随することができない．残されたフォノンの雲は他の電子と相互作用するので，結果として実効的な電子間相互作用が生じる．このフォノンによる電子間相互作用は，超伝導現象の起源となる．

多体系では概して準粒子描像によるアプローチが可能であるように見えるが，準粒子の描像を具体的に利用する方法が次の問題である．

1.2　1粒子の量子論における伝播関数

1.2.1　伝播関数：定義と性質

準粒子の概念は，これを取り扱うための新しい方法が伴わない限り役に立たないであろう．

幸い Green 関数と Feynman（ファインマン）ダイヤグラムに基づいた一般的な数学的手法によって，準粒子の描像を有効に利用することができる．この手法は広汎な普遍性を持っているので，他の方法でもっと簡単に問題が解ける場合でさえ，この Green 関数を用いた手法が用いられることも少なくない．この手法は数式的な美しさを持ち，物理的描像の示唆性に富み，実際的な有用性も兼ね備えている．Green 関数を用いた手法は場の量子論に基づいており，無限大の自由度を持つ系を扱うことができるが，これはまさに凝縮系の物理の要請に答えるものである．その上凝縮系の物理では，通常は相対論的不変性に関心を払う必要がないので，Green 関数の取り扱いは簡単で，修得しやすいものである．また固体物理には，他の分野では見られないような特殊なテーマ（た

とえば1+1次元や2+1次元の場の理論)も多く含まれており，"標準的な"場の量子論よりもある意味で多様性を持った分野を形成している．

Green関数とFeynmanダイヤグラムを用いるよりも単純な解法が存在する場合があることを先ほど指摘したが，しかしここでは"1粒子問題"におけるGreen関数から議論を始めることにする．これによって系の粒子数に依存しない一般的な手法を表現することができ，多体系を扱うためのプロトタイプとなる理論の構成を明確に把握することができるからである．

よく知られているように，時刻 t に位置 x において 1 個の量子力学的な粒子を見いだす確率は，波動関数の絶対値の自乗 $|\Psi(x,t)|^2$ で表される．$\Psi(x,t)$ を求めるには，例えば初期条件と境界条件を与えてSchrödinger方程式を解けばよい．しかし波動関数の性質の多くの部分は，波動関数自体を求めなくとも一般原理から直接導くことができる．

第1の原理は重ね合せの原理である．これは数学的には $\Psi(x,t)$ が線形微分方程式を満たすということであるが，物理的には波動関数がHuygensの原理に従うことを表している．つまり進行する波面上の全ての点が次の波面の源であると見なし得るのである．したがって我々はある時刻 t の波動関数を次のように書くことができる．

$$\Psi(x,t) = \int dx' K(x,t;x',t')\Psi(x',t'), \qquad t > t' \tag{1.16}$$

積分核 $K(x,t;x',t')$ は (x',t') から (x,t) への波の伝播を表しており，"伝播関数" (propagator) と呼ばれる．この関数が理論全体の基礎となっている．未来の状態が過去に影響を及ぼさないという"因果律"の条件から，

$$K(x,t;x',t') = 0, \qquad t < t' \tag{1.17}$$

となる (相対論的不変性を考慮すると，このような単純な扱い方では済まなくなるが)．

初期状態として，粒子が局在している状態 $\Psi(x',t') = \delta(x'-x_0)$ を考えよう．そうすると式 (1.16) により，

$$\Psi(x,t) = K(x,t;x',t'), \qquad x' = x_0 \tag{1.18}$$

となる．つまり伝播関数は粒子が時空点 (x',t') から (x,t) へと伝播する振幅を表しており，伝播関数の絶対値の自乗は粒子の伝播確率を与える．

式 (1.16) において我々は t' が t より前の時刻であるという条件だけを課し，時刻を特定していない．そこで更に別の時刻 $t'' > t'$ を考慮すると，次式が成立する．

1.2. 1粒子の量子論における伝播関数

$$\Psi(x,t) = \int dx'' K(x,t;x'',t'') \Psi(x'',t'')$$
$$= \int dx'' \int dx' K(x,t;x'',t'') K(x'',t'';x',t') \Psi(x',t') \quad (1.19)$$

上記の2種類の表現は等価でなければならないので，$t > t'' > t'$ の下で次式が成立する．

$$K(xt;x't') = \int dx'' K(xt;x''t'') K(x''t'';x't') \quad (1.20)$$

これは伝播関数の"合成則"で，極めて有用な式である．この関係は波の振舞いという見方に立つと，Huygensの原理そのものであるが，粒子という観点から見ると何を意味するのだろうか．ひとつの粒子が時空点 (x_i, t_i) から (x_f, t_f) に到達する確率振幅を求めたい場合，途中のあらゆる時刻 t' において，粒子が空間内のすべての位置にある可能性を考慮しなければならない．これと類似した状況は粒子を2つのスリットを持つ仕切りを介して検出する有名な実験において見られる (我々は粒子がどちらのスリットを通過してきたかを関知できない)．しかし2スリットの実験の場合，関係する位置 (スリットの位置) は限定されているが，スリットを通過する時刻に制約を課する必要はない．今ここで考察する実験は，時刻について制約が課せられているが，位置については全ての時空点を考慮して積分を実行しなければならない．これらの例の間には相補的な関係を見ることができる (伝播する波と定在波の比較を考えよ)．

上述の描像は原理的に古典的な粒子のBrown(ブラウン)運動と似ているが，確率的な性質が元々の粒子自身の性質に起因している点が異なっている．この違いは重要な意味を持つ．

我々は伝播関数が，時間を遡(さかのぼ)る場合にはゼロであり，正の時間の経過に対してのみゼロ以外の値をとり得ることを想定した．このことは $t - t' = 0$ において特異点的な振舞いがあることを意味する．$t = t'$ において次の恒等式が成立する．

$$\Psi(x,t) \equiv \int dx' K(xt;x't) \Psi(x',t)$$

したがって，

$$K(x,t;x',t) = \delta(x - x') \quad (1.21)$$

である．

ここまでの議論で我々は，最も一般的な量子力学の原理から導かれる伝播関数の性質を得たことになる．更に議論を進めるためには，何らかの仮定を設定する必要があ

る．Schrödinger方程式から話を始めるのがひとつの方法であるが，Schrödinger方程式が導かれるような仮定を持ち出すやり方もある．我々は両方の方法を見てみることにするが，このことによって我々が扱う理論形式の内部構造を，よりよく理解することができるであろう．

まず波動関数が，次のSchrödinger方程式に従うものとする．

$$\left[i\hbar\frac{\partial}{\partial t} - \mathcal{H}(x, \partial_x, t)\right]\Psi(x, t) = 0 \tag{1.22}$$

そうすると式(1.16)により，$t > t'$ において伝播関数はこれと同じ方程式を満たすことになる．

$$\left[i\hbar\frac{\partial}{\partial t} - \mathcal{H}(x, \partial_x, t)\right]K(x, t; x', t') = 0 \tag{1.23}$$

また $K(x, t; x', t'=t) = \delta(x-x')$，$K(x, t; x', t'>t) = 0$ であることから，

$$K(x, t; x', t') \equiv \theta(t-t')K(x, t; x', t') \tag{1.24}$$

となる．$\theta(t-t')$ はHeaviside（ヘヴィサイド）の段差関数である．$K(x, t; x', t')$ に関するこれらすべての性質をまとめて，次式のように表すことができる．

$$\left[i\hbar\frac{\partial}{\partial t} - \mathcal{H}(x, \partial_x, t)\right]K(x, t; x', t') = i\hbar\delta(x-x')\delta(t-t') \tag{1.25}$$

実際 $t > t'$ の時に，この式は式(1.23)になる．$t \to t' + 0$ とすると式(1.25)の左辺で $\partial\theta(t-t')/\partial t$ に関する項だけが残り，右辺と一致する．

式(1.25)から，伝播関数は因子 $i/\hbar$ の違いを除き，Schrödinger方程式のGreen関数に一致していることが分かる ($\hat{L}$ が線形微分演算子であれば，方程式 $\hat{L}\psi = 0$ のGreen関数は，式 $\hat{L}G_\psi = -\delta(x-x')$ の解である)．多体の凝縮系を背景として想定する場合には，伝播関数という術語よりも，Green関数という術語を用いることが多い．上に示した解は $t < t'$ でゼロなので"遅延Green関数" (retarded Green's function) である．今は1粒子問題を扱っていることを強調するため，$K(x, t; x', t')$ を伝播関数と呼ぶことにする．

質量 m の自由粒子 (ハミルトニアン $\mathcal{H} = (-\hbar^2/2m)(\partial_x)^2$ で記述される) の場合，伝播関数は引き数の差だけに依存し，式(1.25)の解は次のようになる．

$$K_0(x-x', t-t') = \left(\frac{m}{2\pi i\hbar(t-t')}\right)^{d/2} \exp\left(\frac{im(x-x')^2}{2\hbar(t-t')}\right)\theta(t-t') \tag{1.26}$$

d は空間の次元である．

最も簡単な1次元の場合 (容易に $d > 1$ へ議論を拡張できる)，式(1.25)をFourier変換した次式から，式(1.26)を得ることができる．

1.2. 1粒子の量子論における伝播関数

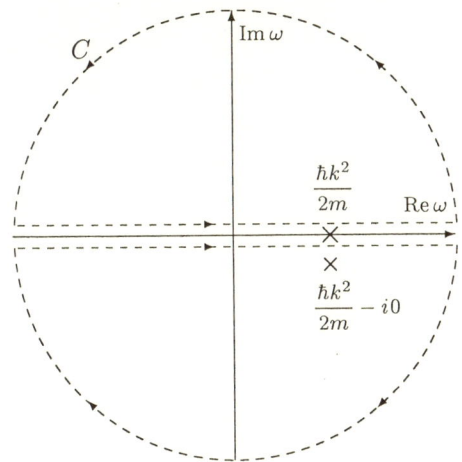

図1.6 複素振動数平面における積分路.

$$\left(\hbar\omega - \frac{(\hbar k)^2}{2m}\right) K_0(k,\omega) = i\hbar$$

$$K_0(k,\omega) = \frac{i\hbar}{\hbar\omega - \frac{(\hbar k)^2}{2m}} \tag{1.27}$$

Fourier変換は $K_0(k,\omega) = \int dx \int dt\, e^{-ikx+i\omega t} K_0(x,t)$ であり, 逆Fourier変換は,

$$K_0(x,t) = \int_{-\infty}^{\infty} \frac{dk}{2\pi} \int_{-\infty}^{\infty} \frac{d\omega}{2\pi} e^{ikx-i\omega t} K_0(k,\omega)$$

である. ω に関する積分は, 複素解析の手法によって簡単に実行できる.

$$\oint_C \frac{d\omega}{2\pi} e^{-i\omega t} K_0(k,\omega) = \pm i \sum_{\omega\text{-poles}} \operatorname{Res} K_0(k,\omega)$$

和は複素変数 ω に関する $K_0(k,\omega)$ の極すべてについてとる. 閉じた積分路 C は, 実軸と半径無限大の半円によって構成される (積分は収束するものと仮定する). 符号は積分方向が正 (反時計回り) か負 (時計回り) かによって決まる.

被積分関数が $e^{-i\omega t} = e^{-it\operatorname{Re}\omega + t\operatorname{Im}\omega}$ という因子を含むので[‡], 積分路は $t<0$ のときは上半面に, $t>0$ のときは下半面にとらなければならない. このようにすれば

[‡](訳註) 原書では ω の実部 $\operatorname{Re}\omega$ を $\Re\omega$, 虚部 $\operatorname{Im}\omega$ を $\Im\omega$ と表記している.

因子 $e^{t\,\mathrm{Im}\,\omega}$ によって積分路の半円の部分が無視できることになり，積分の収束が保証される (Watson の補助定理).

複素 ω 平面における $K_0(k,\omega)$ の極は，積分路の直上の $\omega = \dfrac{\hbar k^2}{2m}$ に存在しているので，実際には ω に正または負の無限小の虚部を付け加えて計算することになるが，この虚部の符号によって積分値が異なる．

たとえば $\omega \to \omega + i0$ とすると極は積分路の下側にずれる．この場合 $t<0$ なら上半面にとった積分路は内部に特異点を含まないので，$K_0(x,t)$ はゼロになる．これは我々が必要とする遅延伝播関数である．他方 $t>0$ の場合，積分路は極を囲むことになり，留数 $\exp(-i\hbar k^2 t/2m)$ を生じる．よって運動量の積分は次のような Gauss 積分になる．
$$K_0(x,t) = \theta(t) \int_{-\infty}^{\infty} \frac{dk}{2\pi} e^{ikx - i\frac{\hbar k^2 t}{2m}}$$
この積分を実行すると式(1.26) が得られる．

一方，極を積分路に対して相対的に上半面側へずらした場合を考えると ($\omega \to \omega - i0$)，結果は正の時間に対してゼロを与える"先進 Green 関数"(advanced Green's function) となる．つまり実軸の直上の極に関しては，2種類の結果を導くことができるのである．このような無限小の虚部に依存する結果の不定性は，微分方程式(1.25)を解く際に初期条件——すなわち解が遅延 Green 関数となること——を指定する必要があることを反映したものである．

上述の結果は，どこか誤魔化しのような印象を与えるかもしれない．最終的に Schrödinger 方程式に頼るのであれば "一般的な" 伝播関数を導入することが必ずしも有用というわけではない．1粒子を扱う場合の伝播関数は，波動方程式を解くための数学的な道具に過ぎず，(多体系のそれとは異なって) それ自身に重要な物理的な意味を含むわけではない．しかし物理学でよく見られるように，数学的な書き換えが，より深い基礎的な理解を促す視点を供する場合もある．この点を次節で見てみることにする．

1.2.2　Feynman による量子力学の定式化：径路積分

初めに伝播関数の表式(1.26)と，よく知られている Brown 運動する古典粒子の確率分布との類似性について言及しておこう．Brown 運動による粒子の確率分布関数 $P(x,t|x',t')$ は，時刻 t' に粒子が x' に存在した場合，それより後の時刻 t にその粒子を位置 x において見いだす確率を与える (**Gardiner 1985** 参照)．

$$P(x,t|x',t') = \bigl(4\pi D(t-t')\bigr)^{-d/2} \exp\left(-\frac{(x-x')^2}{4D(t-t')}\right) \theta(t-t') \tag{1.28}$$

1.2. 1粒子の量子論における伝播関数

拡散係数 D は,量子力学的な伝播の場合,$2m/i\hbar$ に置き換わる.式(1.26)と式(1.28)の類似性は,数学的な見地からは,K_0 と P がよく似た微分方程式——Schrödinger方程式と拡散方程式 $\partial_t f(x,t) = D(\partial_x)^2 f(x,t)$——の Green 関数であることによるものである.量子力学的な粒子と Brown 運動する古典粒子との違いは,虚数因子の有無として表される.物理的な見地からは,この類似性は乱雑な古典力学的運動と量子的な運動との共通する側面を示している.しかし古典粒子は自由運動をする場合,決定論的な運動方程式によって経時運動が決まってしまうので,古典力学的運動と量子力学的伝播とは本質的には異なるものである.

運動方程式を得るために,まず初めに古典力学における最小作用の原理を思い出そう.この原理は,初めに $\mathbf{x}_i, t_i$ にあった粒子が $\mathbf{x}_f, t_f$ に到達する際に,粒子が時間の経過とともにたどる径路 $\mathbf{x}_{\mathrm{cl}}(t)$ は,次式で表される"作用"(action)を極小にするように決まるというものである.

$$S[\mathbf{x}_f t_f, \mathbf{x}_i t_i] = \int_{t_i}^{t_f} dt\, L(\mathbf{x}, \dot{\mathbf{x}}, t) \tag{1.29}$$

この作用という量は,$[t_i, t_f]$ の全時間の関数 $x(t)$ に依存する"汎関数"である.

$L(\mathbf{x}, \dot{\mathbf{x}}, t)$ は系の Lagrange 関数(ラグランジアン)と呼ばれるものであり,最も単純な1粒子系では,

$$L(\mathbf{x}, \dot{\mathbf{x}}, t) = T(\dot{\mathbf{x}}(t)) - V(\mathbf{x}(t)) \tag{1.30}$$

である.$T(\dot{\mathbf{x}}(t))$ と $V(\mathbf{x}(t))$ はそれぞれ運動エネルギーおよび位置エネルギーである.

作用を極小にする条件は,古典的に確定した径路からの仮想的なずれに伴う作用の変化がゆるやかであることを意味している.すなわち実際の径路 $\mathbf{x}_{\mathrm{cl}}(t)$ に対して,小さなずれ $\delta\mathbf{x}(t)$ を持つ径路 $\mathbf{x}_{\mathrm{tr}}(t) = \mathbf{x}_{\mathrm{cl}}(t) + \delta\mathbf{x}(t)$ を想定すると,作用積分(1.29)の変化は $\delta\mathbf{x}(t)$ について2次以上の微小量となる.

$$\delta S = O(\delta\mathbf{x}(t)^2) \tag{1.31}$$

この条件によって解析力学の Lagrange 方程式を得ることができるが,これを今,取り上げることはしない.自由粒子における作用は,次のように直接求めることができる.

$$S_0[\mathbf{x}_f t_f, \mathbf{x}_i t_i] = \int_{t_i}^{t_f} dt\, \frac{m\dot{\mathbf{x}}^2}{2} = \frac{m}{2}\frac{(\mathbf{x}_f - \mathbf{x}_i)^2}{(t_f - t_i)^2}(t_f - t_i) = \frac{m(\mathbf{x}_f - \mathbf{x}_i)^2}{2(t_f - t_i)} \tag{1.32}$$

この式に因子 $i/\hbar$ を付けると,量子力学の自由粒子伝播関数における指数部分に一致する.

係数因子の意味は重要であるが，このうち $\hbar$ の役割は明らかである．$\hbar$ は作用の次元を持つ定数である．指数は一般に無次元量でなければならないので，作用量 S は $S/\hbar$ という比の形で指数部分に現れる．虚数因子の役割は少し複雑で，これは量子力学特有の干渉効果を引き起こす．しかしとにかく量子力学的な伝播は古典的な作用量 S に関係していることが判る．伝播関数には因子 $\exp[(i/\hbar)S]$ が含まれる．

Dirac（ディラック）によって最初に提案され，Feynmanによって定式化された考え方は次のようなものである．量子力学的な粒子が2つの時空点間を伝播する振幅は，それらの2つの時空点を結ぶ仮想的な古典的径路 $q(t)$ すべてに対応する因子 $\exp\{(i/\hbar)S[q,\dot{q}]\}$ の干渉によって与えられる．ここで現れた伝播の振幅は，既に見たように，伝播関数 $K(x_f, t_f; x_i, t_i)$ と読み替えることができる．

伝播関数は古典的な極限 $S \gg \hbar$ において，どのような伝播振幅を与えるであろうか．この場合 $\exp[(i/\hbar)S]$ は微小な $q(t)$ の変更に対して激しく振動する．このことは，ほとんどすべての径路からの伝播振幅への寄与が互いに打ち消し合うことを意味している．例外として寄与が残るのは古典的な径路だけである．古典的な径路はその定義により，径路の微小なずれに対して作用が変化しないような径路となっているため，この径路からの伝播振幅への寄与だけは残るのである．このようにして古典的な粒子が古典的な径路を辿（たど）る理由を理解することができる（これは光の波としての性質と，光の直進性との折り合いをつけるために用いられる論法とよく似たものである）．

上に述べた基本的な概念を応用するためには，可能な径路を数え上げ，それぞれの寄与の総和を求める方法が必要となる．経過時間 $[t_i, t_f]$ を $(N-1)$ 個に分割することを考えてみよう．分割された各区間の長さは $\Delta t = (t_f - t_i)/(N-1)$ である．N 個の分割時刻を $t_1 \equiv t_i, t_2, t_3, \ldots, t_N \equiv t_f$ とする．それぞれの古典的径路は $(N-1)$ 個の径路区間 $[x_1 \equiv x_i, x_2], [x_2, x_3], \ldots, [x_{N-1}, x_N \equiv x_f]$ に分割される（図1.7）．伝播関数の合成則(1.20)を用いると，次の表式が得られる．

$$\begin{aligned} K(x_N t_N; x_1 t_1) = \int_{-\infty}^{\infty} dx_{N-1} \int_{-\infty}^{\infty} dx_{N-2} \ldots \int_{-\infty}^{\infty} dx_2 \\ \times K(x_N t_N; x_{N-1} t_{N-1}) K(x_{N-1} t_{N-1}; x_{N-2} t_{N-2}) \ldots \\ \ldots K(x_2 t_2; x_1 t_1) \end{aligned} \quad (1.33)$$

もちろん我々は正確な $K(xt; x't')$ を知っているわけではないが，$\Delta t \to 0$ とするときに，遷移確率 $K(x_{n+1} t_{n+1}; x_n t_n)$ は，

$$\exp\left[\frac{i\Delta t}{\hbar}\left(\frac{m(x_{n+1}-x_n)^2}{2\Delta t^2} - \frac{V(x_{x+1})+V(x_n)}{2}\right)\right] \quad (1.34)$$

に比例しなければならない．これは単に一般的なラグランジアンの式(1.30)を用いた

1.2. 1粒子の量子論における伝播関数

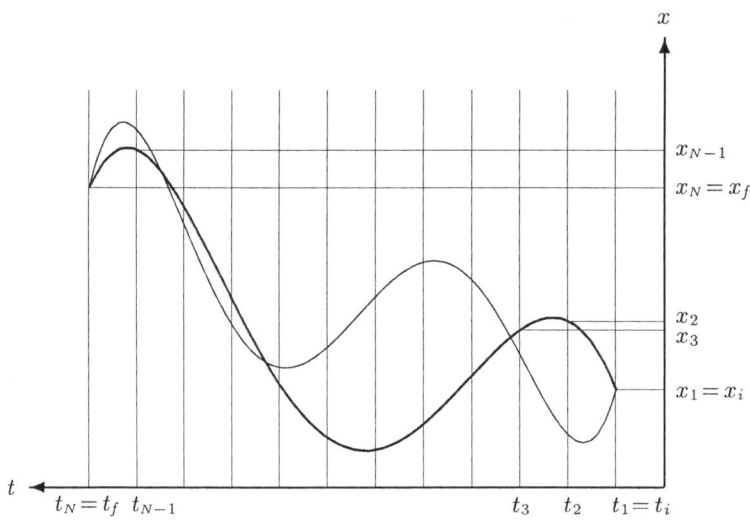

図1.7 古典的な径路の分割.

ものである. Δt が小さいと仮定したので,この区間において作用に含まれる運動エネルギー項は $\hbar$ に比べて極めて大きくなり,このため x_n, x_{n+1} 間で古典的な径路以外の径路を無視できる. そしてこの古典的な径路における作用として,この微小区間におけるラグランジアンの平均を用いて式(1.34)を得ることができる.

式(1.34)には規格化因子が付いていないが,伝播関数の次元は体積の逆数 L^{-d} にならなければならない. これは式(1.21)の条件から導くことができる. 次のデルタ関数の表式を思い出そう.

$$\delta(x) = \lim_{\alpha \to 0} \frac{1}{\sqrt{\alpha\pi i}} e^{ix^2/\alpha} \tag{1.35}$$

これを見ると規格化因子が $\left(m/(2\pi\hbar i\Delta t)\right)^{d/2}$ にならなければならないことが判る (これはSchrödinger方程式から導いた自由粒子伝播関数の因子と一致しているが, Schrödinger方程式を前提として用いたわけではない).

この無限小の Δt に対する伝播関数,

$$K(x\Delta t; x'0) = \left(\frac{m}{2\pi\hbar i\Delta t}\right)^{d/2} e^{\frac{i}{\hbar}\left(\frac{m(x-x')^2}{2\Delta t^2} - \frac{V(x)+V(x')}{2}\right)\Delta t} \tag{1.36}$$

を伝播関数の合成則によって得た式(1.33)に代入すると,次のようになる.

$$K(x_N t_N; x_1 t_1) = \lim_{N\to\infty} \int_{-\infty}^{\infty} dx_{N-1} \int_{-\infty}^{\infty} dx_{N-2} \ldots \int_{-\infty}^{\infty} dx_2$$
$$\times \left(\prod_{n=2}^{N} \left(\frac{m}{2\pi\hbar i \Delta t} \right)^{d/2} \right)$$
$$\times e^{\frac{i}{\hbar}\sum_{n=2}^{N} \Delta t \left(\frac{m(x_n - x_{n-1})^2}{2\Delta t^2} - \frac{V(x_n) + V(x_{n-1})}{2} \right)} \quad (1.37)$$

指数部分は Riemann (リーマン) の区分和の $i/\hbar$ 倍となっており, 径路 $x(t)$ に対する古典的な作用を与える. 径路を分割する座標 x_j の数を無限大にした極限は径路積分 (path integral) と呼ばれ, $\int \mathcal{D}x$ と記される. すなわち,

$$K(x,t; x',t') = \int_{x'(t')}^{x(t)} \mathcal{D}x \, e^{\frac{i}{\hbar} S[x(t), \dot{x}(t)]} \quad (1.38)$$

である.

この式を, より対称な (そして, より一般的な) 形に書き直すこともできる.

$$K(x,t; x',t') = \int_{x'(t')}^{x(t)} \mathcal{D}x \int \mathcal{D}\frac{p}{2\pi\hbar} e^{\frac{i}{\hbar} S[p(t), x(t), t]} \quad (1.39)$$

ここで,

$$S[p(t), x(t), t] = \int_{t'}^{t} dt \left[p\dot{x} - H(p(t), x(t), t) \right]$$

は正準変数を用いて表した作用であり,

$$H(p, x, t) = \dot{x} \frac{\partial L}{\partial \dot{x}} - L(x, \dot{x}, t)$$

は粒子の Hamilton 関数 (ハミルトニアン) である. 上の表式は H をあらわに含むので, 多くの自由度を持つ系に径路積分法を適用する際に便利である. しかし我々の当面の目的からは, 記号 $\mathcal{D}p$ の定義を明確にして, 式(1.38)と式(1.39)の等価性を示せば充分である (この記号を定義しないと式(1.39)は意味をなさない).

初めから Schrödinger 方程式を前提とすれば議論は簡単であるが, 我々は Schrödinger 方程式を仮定するのではなく, これを式(1.38)から導いて, 径路積分法と Schrödinger 形式の量子力学が等価であることを示すことにする. 無限小時間の伝播関数(1.36)を積分する合成則を, 微分を用いて表現しなおすことができる.

式(1.36)から次式が得られる (1次元の場合を示すが, 一般化は容易である).

$$K(x_N\,t_{N-1}+\Delta t;\,x_1 t_1) \approx \int_{-\infty}^{\infty} dx_{N-1} \left(\frac{m}{2\pi\hbar i\Delta t}\right)^{1/2}$$
$$\times e^{\frac{i}{\hbar}\left(\frac{m(x_N-x_{N-1})^2}{2\Delta t^2} - \frac{V(x_N)+V(x_{N-1})}{2}\right)\Delta t}$$
$$\times K(x_{N-1}\,t_{N-1};\,x_1 t_1)$$

また，次のように書くこともできる．

$$K(x_N\,t_{N-1}+\Delta t;\,x_1 t_1) \approx K(x_{N-1}\,t_{N-1};\,x_1 t_1)$$
$$+ \Delta t \frac{\partial}{\partial t_{N-1}} K(x_{N-1}\,t_{N-1};\,x_1 t_1)$$

積分の中の関数を展開すると，

$$e^{\frac{i}{\hbar}\left(\frac{m(x_N-x_{N-1})^2}{2\Delta t^2} - \frac{V(x_N)+V(x_{N-1})}{2}\right)\Delta t} \approx e^{\frac{i}{\hbar}\frac{m(x_N-x_{N-1})^2}{2\Delta t}}$$
$$\times \left(1 - \frac{i}{\hbar} V(x_N)\Delta t\right)$$

$$K(x_{N-1}\,t_{N-1};\,x_1 t_1) \approx K(x_N\,t_{N-1};\,x_1 t_1)$$
$$- (x_N - x_{N-1}) \frac{\partial}{\partial x_N} K(x_N\,t_{N-1};\,x_1 t_1)$$
$$+ \frac{(x_N - x_{N-1})^2}{2} \frac{\partial^2}{\partial x_N^2} K(x_N\,t_{N-1};\,x_1 t_1)$$

となる．x_{N-1} の積分を実行して (Gauss 型の積分なので容易である)，Δt についてまとめると，次式が得られる．

$$\Delta t \frac{\partial}{\partial t_{N-1}} K(x_{N-1}\,t_{N-1};\,x_1 t_1) = -\frac{i}{\hbar} V(x_N) \Delta t\, K(x_N\,t_{N-1};\,x_1 t_1)$$
$$+ \frac{i\hbar}{2m} \Delta t \frac{\partial^2}{\partial x_N^2} K(x_N\,t_{N-1};\,x_1 t_1) + o(\Delta t)$$

両辺を Δt で割って $\Delta t \to 0$ とすると，式(1.25)の $t > t'$ における伝播関数となるので，伝播確率に関する Dirac-Feynman の仮定から，Schrödinger 方程式が成立することが確認できたことになる (もちろん逆もまた真である)．

波動関数の伝播を表す基本式(1.16)に戻ってみよう．Dirac の"ブラ"(bra) と"ケット" (ket) の表記を用いると，$\Psi(x)$ は Hilbert 空間内の2つのベクトルのスカラー積で表される．

$$\Psi(x) \equiv \langle x | \Psi \rangle \tag{1.40}$$

これを，次のように書き換えることができる．

$$\langle x|\Psi(t)\rangle = \sum_{x'} \langle x|\mathcal{S}(t,t')|x'\rangle \langle x'|\Psi(t')\rangle \equiv \langle x|\mathcal{S}(t,t')|\Psi(t')\rangle \qquad (1.41)$$

上式では座標変数に対応する固有状態系の完全性 (completeness. '完備性' と訳す場合もある) を用いた. すなわち,

$$\sum_{x'} |x'\rangle\langle x'| = \mathcal{I} \qquad (1.42)$$

となっている. $\mathcal{I}$ は単位演算子である.

$t > t'$ のときの伝播関数 $K(xt;x't')$ は, 時間に依存する演算子 $\mathcal{S}(t,t')$ の行列要素で, $K(xt;x't') = \langle x|\mathcal{S}(t,t')|x'\rangle$ である. そこで伝播関数に対する方程式を, 基本状態系 (表示変数) に依らない一般的な式に書き直すことができる.

$$i\hbar \frac{\partial}{\partial t}\mathcal{S}(t,t') = \mathcal{H}\mathcal{S}(t,t') \qquad (1.43)$$

この式の形式解を, 次のように書ける.

$$\mathcal{S}(t,t') = e^{-\frac{i}{\hbar}\mathcal{H}(t-t')} \qquad (1.44)$$

座標変数の固有状態の正規直交性から $\langle x|x'\rangle = \delta(x-x')$ なので, 上記の解は伝播関数の初期条件である $K(xt;x't-0) = \delta(x-x')$ に整合している.

このような式を得たことの利点は何であろうか？ 我々は表示が座標変数によるものであるという制約から離れることができ, たとえば運動量表示を採用することができるようになる. このことが式 (1.39) を証明するために必要なのである. ここで運動量の固有状態 $|p\rangle$ の性質を復習しておく.

$$\sum_{p'} |p'\rangle\langle p'| = \mathcal{I} \qquad (1.45)$$

座標表示での, 座標の固有状態と運動量の固有状態は, 次のように表される.

$$\Psi_x(x') \equiv \langle x'|x\rangle = \delta(x'-x); \quad \Psi_p(x') \equiv \langle x'|p\rangle = e^{\frac{i}{\hbar}px'} \qquad (1.46)$$

同様に, 運動量表示での座標の固有状態と運動量の固有状態は, 次のようになる.

$$\tilde{\Psi}_x(p') \equiv \langle p'|x\rangle = e^{-\frac{i}{\hbar}p'x}; \quad \tilde{\Psi}_p(p') \equiv \langle p'|p\rangle = \delta(p'-p) \qquad (1.47)$$

ここで再び伝播関数の径路積分による計算に戻ろう. 先に示した取り扱いと同様に, 時間間隔 $[t_f(=t_N), t_i(=t_1)]$ を $\Delta t = (t_f - t_i)/(N-1)$ に分割し, 合成則を適用すると次式が得られる.

$$\langle x_N|\mathcal{S}(t_N,t_1)|x_1\rangle = \lim_{N\to\infty} \langle x_N|\mathcal{S}(t_N,t_{N-1})\mathcal{S}(t_{N-1},t_{N-2})\ldots\mathcal{S}(t_2,t_1)|x_1\rangle$$
$$(1.48)$$

1.2. 1粒子の量子論における伝播関数

今,扱っている $\mathcal{S}$ に含まれるハミルトニアンは,座標と運動量の"演算子" $\hat{x}, \hat{p}$ の関数 $\mathcal{H} = \mathcal{H}(\hat{p}, \hat{x})$ である.

ここで式(1.48)の各々の伝播関数の間に,単位演算子 $\sum_x |x\rangle\langle x|$ $\sum_p |p\rangle\langle p|$ を挿入することができる.具体的には,

$$\langle x_m | e^{-\frac{i}{\hbar}\mathcal{H}(\hat{p},\hat{x})\Delta t} | p_m \rangle \langle p_m | x_{m-1} \rangle \approx \langle x_m | e^{-\frac{i}{\hbar} H(p_m, x_m)\Delta t} | p_m \rangle \langle p_m | x_{m-1} \rangle$$
$$= e^{\frac{i}{\hbar} p_m x_m} e^{-\frac{i}{\hbar} H(p_m, x_m)\Delta t} e^{-\frac{i}{\hbar} p_m x_{m-1}}$$
(1.49)

である(演算子のハミルトニアンの代わりに,通常の座標変数と運動量変数で表された古典的な Hamilton 関数が現れたことに注意されたい).したがって式(1.48)は,次式になる.

$$\langle x_N | \mathcal{S}(t_N, t_1) | x_1 \rangle = \lim_{N \to \infty} \int \prod_{n=2}^{N-1} dx_n \int \prod_{n=2}^{N} \frac{dp_n}{2\pi\hbar}$$
$$\times e^{\frac{i}{\hbar} \sum_{n=2}^{N} \Delta t \left[p_n \frac{x_n - x_{n-1}}{\Delta t} - H(p_n, x_n) \right]}$$
(1.50)

和の計算は,連続変数の積分に置き換えた ($\Sigma_x \to \int dx; \Sigma_p \to \int dp/(2\pi\hbar)$). これはまさに位相空間(座標変数と運動量変数によって張られる空間)における径路積分であり,式(1.39)はこれを略した表現である.$\mathcal{D}x$ の定義には規格化因子 $\left[\dfrac{m}{2\pi\hbar i \Delta t}\right]^{1/2}$ が含まれていないことに注意しておかなければならない.この因子はここでは運動量に関する積分の際に与えられているが,規格化因子の付け方に決まった習慣はない.

式(1.50)は $(N-1)$ 個の運動量変数と N 個の座標変数を含んでいるが,積分は $(N-2)$ 個の座標と $(N-1)$ 個の運動量変数について行う.つまり伝播関数の座標表示において現れる初めの座標と終りの座標の変数が積分変数にならずに残る.一方 $\langle p_f | \mathcal{S}(t_f, t_i) | p_i \rangle$ のような別の基底を用いた $\mathcal{S}$ の行列要素を計算してはいけない理由はない.これは実際,粒子の運動量が p_i から p_f に変わる確率振幅を与える因子である.これに相当する径路積分を次のように表記できる (p.52, 問題1-1参照).

$$K(p, t; p', t') = \int_{p'(t')}^{p(t)} \mathcal{D}\frac{p}{2\pi\hbar} \int \mathcal{D}x \, e^{\frac{i}{\hbar} S[p(t), x(t), t]}$$
(1.51)

このように径路積分は一般に非可換である.

議論を完結するために,式(1.50)が元の座標空間の径路積分(1.38)と等価であることを示す必要がある.ハミルトニアンを $H(p, x) = \dfrac{p^2}{2m} + V(x)$ とおいてみると,運動量変数に関する Gauss 型の積分を容易に実行することができる.

$$\int \frac{dp_n}{2\pi\hbar} e^{\frac{i}{\hbar}\left[p_n \frac{x_n - x_{n-1}}{\Delta t} - \frac{p_n^2}{2m}\right]\Delta t} = \left[\frac{m}{2\pi\hbar i \Delta t}\right]^{1/2} e^{i\frac{m(x_n - x_{n-1})^2}{2\hbar \Delta t}} \tag{1.52}$$

これによって式(1.50)は，式(1.38)に一致することが分かる．

1.2.3　メソスコピックリングの量子輸送：径路積分による記述

我々が導入した径路積分の記述法は，1粒子を扱う際に便利なものである．しかしこの手法を，膨大な数の粒子を含む凝縮系の問題に直接適用することは不可能のように見える．凝縮系を扱う場合には，ここに示した Green 関数の手法を発展させた，別の手法を見いだす必要がある．

しかしながら固体物理において，単一粒子の描像に基づく方法が極めて有用な結果を与えるような対象も存在する．"メソスコピック系" (mesoscopic system) と呼ばれるものがそれである (たとえば **Imry 1986** 参照)．巨視的な寸法と微視的な寸法の中間の寸法 ($\lesssim 10^{-4}$ cm) を持つ系では，低温 (< 1 K) になると準粒子 ('電子') の位相干渉長 (phase coherence length) が系自体の寸法と同等以上になるので，量子干渉効果が重要になる．このことは，各電子が系を通過する際に"個別性"を保つことを意味する．

エネルギー E の準粒子の波動関数は $e^{-iEt/\hbar}$ のように位相を持つが，非弾性散乱によって干渉性を失う．したがってメソスコピック系は次の条件を満足しなければならない．

$$l_\phi \approx l_i > L \tag{1.53}$$

l_ϕ は位相干渉長，l_i は非弾性散乱長，L は系の寸法である．この条件は先に述べたように実験的に実現できるものである．我々は凝縮系において強く相互作用している実際の粒子ではなく，相互作用の弱い準粒子を扱うことができる．

"準電子"の非弾性散乱長がメソスコピック系の寸法を上回るならば，我々はその"準電子"をポテンシャル場の中の単一粒子と考えて，径路積分の方法を単純な形で適用することができる．

常伝導金属のリングにおける磁気コンダクタンスの振動

磁束 $\Phi = \int d\mathbf{S} \cdot \mathbf{B} = \oint_C d\mathbf{x} \cdot \mathbf{A}$ を発生しているソレノイドが，金属のリングを貫通しているものとする．C はソレノイドのまわりを周回する任意の径路である．磁場は金属のバルクには侵入していないものとする．

1.2. 1粒子の量子論における伝播関数

点Aと点Bの間の電気伝導度はAからBへ電子が到達する確率に関係しており，次の伝播振幅の絶対値の自乗に比例する．

$$\langle Bt_B | At_A \rangle = \int_A^B \mathcal{D}\mathbf{x}\, e^{\frac{i}{\hbar}\int_{t_A}^{t_B} dt L(\mathbf{x},\dot{\mathbf{x}},t)} \tag{1.54}$$

(記述を簡潔にするため，時空点 $\mathbf{x}_A, t_A$ から $\mathbf{x}_B, t_B$ への伝播振幅——伝播関数——を $\langle Bt_B | At_A \rangle$ と書いた．これが単なる簡略表記ではないことを次節で見る．)

磁場中の電子のラグランジアンは，次のLegendre(ルジャンドル)変換によって与えられる．

$$L(\mathbf{x},\dot{\mathbf{x}}) = \mathbf{P}\cdot\dot{\mathbf{x}} - H(\mathbf{P},\mathbf{x}) \tag{1.55}$$

$$H(\mathbf{P},\mathbf{x}) = \frac{\left(\mathbf{P} - \frac{e}{c}\mathbf{A}\right)^2}{2m^*} + V(\mathbf{x}) \tag{1.56}$$

$V(\mathbf{x})$ は静的なランダムポテンシャル，$\mathbf{A}$ はベクトルポテンシャル，$\mathbf{P} = m^*\dot{\mathbf{x}} + \frac{e}{c}\mathbf{A}$ は正準運動量である．

式(1.55)の変換を実行すると，磁場下のラグランジアンは磁場がない系のラグランジアン L_0 と次のように関係していることが分かる．

$$L(\mathbf{x},\dot{\mathbf{x}}) = \frac{e}{c}\mathbf{A}\cdot\dot{\mathbf{x}} + L_0(\mathbf{x},\dot{\mathbf{x}}) \tag{1.57}$$

したがって遷移確率は，次のようになる．

$$\begin{aligned}\langle Bt_B | At_A \rangle &= \int_A^B \mathcal{D}\mathbf{x}\, e^{\frac{ie}{\hbar c}\int_{t_A}^{t_B} dt \mathbf{A}\cdot\dot{\mathbf{x}}}\, e^{\frac{i}{\hbar}\int_{t_A}^{t_B} dt L_0(\mathbf{x},\dot{\mathbf{x}},t)} \\ &= \int_A^B \mathcal{D}\mathbf{x}\, e^{\frac{ie}{\hbar c}\int_{t_A}^{t_B} dt \mathbf{A}\cdot\dot{\mathbf{x}}}\, e^{\frac{i}{\hbar} S_0[\mathbf{x},\dot{\mathbf{x}}]}\end{aligned} \tag{1.58}$$

図1.8に示すように，穴を周回し，自分自身の径路と交差する点を持つ径路を考えると，それぞれの径路に対応して，穴のまわりの周回方向が逆になっているもうひとつの径路が存在する．そのような径路の対(つい)は同じ $\exp\left(\frac{i}{\hbar}S_0[\mathbf{x},\dot{\mathbf{x}}]\right)$ の値を持つ(磁場がなければ運動は可逆である)が，残りの因子は次のように異なってくる．

$$\frac{ie}{\hbar c}\int_{t_A}^{t_B} dt\, \mathbf{A}\cdot\dot{\mathbf{x}} = \pm\oint \mathbf{A}\cdot d\mathbf{x} = \pm\int \text{rot}\mathbf{A}\cdot d\mathbf{S} = \pm\Phi \tag{1.59}$$

したがって，遷移確率に次の項が現れる．

$$\begin{aligned}\langle Bt_B | At_A \rangle_\odot &= \left(e^{\frac{ie}{\hbar c}\Phi} + e^{-\frac{ie}{\hbar c}\Phi}\right)\int_\odot \mathcal{D}\mathbf{x}\, e^{\frac{i}{\hbar}S_0[\mathbf{x},\dot{\mathbf{x}}]} \\ &\equiv 2F_\odot \cos\frac{e\Phi}{\hbar c}\end{aligned} \tag{1.60}$$

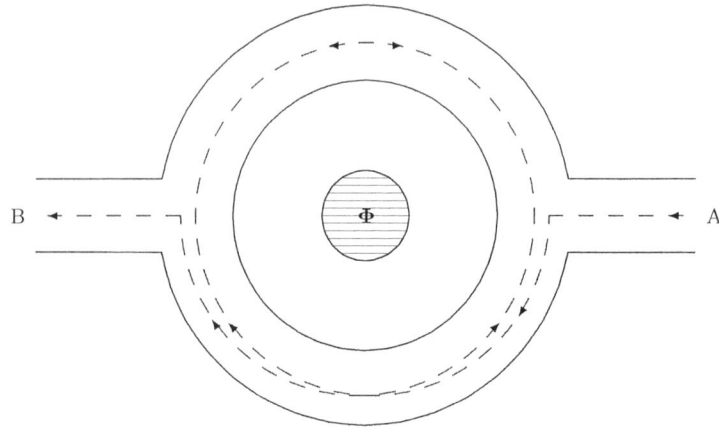

図 1.8 メソスコピックリングの $hc/2e$ 振動.

よって,遷移確率は次のようになる.

$$|\langle B|A\rangle|^2 = \left|\langle B|A\rangle_\odot\right|^2 + \left|\langle B|A\rangle_{\text{other}}\right|^2 + 2\operatorname{Re}\langle B|A\rangle_\odot \langle B|A\rangle_{\text{other}}^* \tag{1.61}$$

第 3 項は位相がランダムであることからゼロになる.第 2 項は Φ 依存性を持たない.しかし第 1 項は Φ に対して周期的な依存性を示し,その磁束量の周期は超伝導体を貫く磁束量子 (flux quantum) と同じ $\Phi_0 = hc/2e$ という値になる[2]).

$$\left|\langle B|A\rangle_\odot\right|^2 = 2\left|F_\odot\right|^2 \left(1 + \cos 2\pi \frac{\Phi}{\Phi_0}\right) \tag{1.62}$$

磁束周期の分母にある因子 2 は,Cooper対 (束縛電子対) の形成を意味するものではない.単一電子の遷移確率が時計回りと反時計回りの径路による寄与の差を含み,結果として 2 周回分の効果が関与することによるものである.

もうひとつの振動は,粒子が穴の片側を通って A から B へ到達する 2 通りの径路の寄与の違いによって生じるものである (図 1.9 参照).各々の径路の対は遷移確率に次のような項を生じる.

$$2\operatorname{Re} e^{\frac{ie}{\hbar c}\left(\int_1 \mathbf{A}\cdot d\mathbf{x} - \int_2 \mathbf{A}\cdot d\mathbf{x}\right)} e^{\frac{i}{\hbar}\left(\int_1 dt L_0(\mathbf{x},\dot{\mathbf{x}}) - \int_2 dt L_0(\mathbf{x},\dot{\mathbf{x}})\right)}$$
$$= 2\operatorname{Re} e^{\frac{ie}{\hbar c}\oint_1 \mathbf{A}\cdot d\mathbf{x}} e^{i\chi_{12}} = 2\cos\left(2\pi \frac{\Phi}{2\Phi_0} + \chi_{12}\right) \tag{1.63}$$

---

[2]) 係数因子 $F_\odot$ を計算することはさほど簡単ではないが,λ_F/L の冪の程度で小さいことを示すのは難しくない.

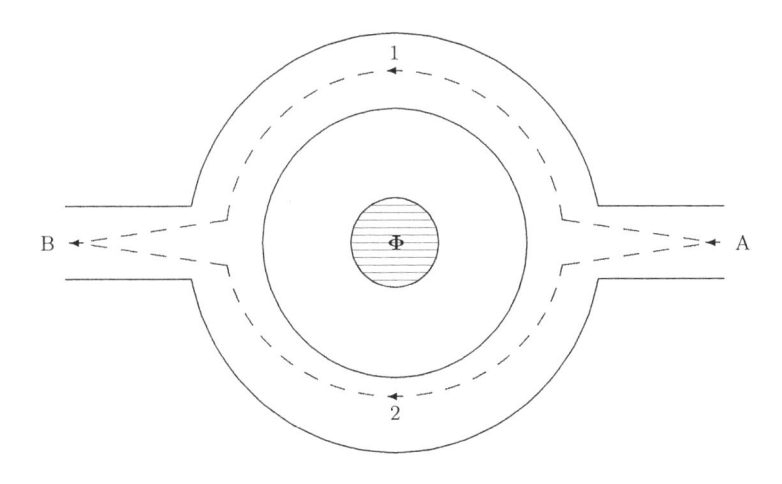

図 1.9 メソスコピックリングの hc/e 振動.

これらの振動は 2 倍の周期 $2\Phi_0 = hc/e$ を持つが,径路の差に起因する乱雑な位相 χ_{12} も含む.したがってこの振動は可能な径路の数に強く依存し,径路数が多くなると振動は消える.たとえば金属のリングでは hc/e と $hc/2e$ の両方の振動が観測されるが,金属の円筒では後者の振動だけが生じ,前者の振動は平均化されてゼロになる (円筒型の導電体は多数のリングが積み重なったものと見なせる)[§].

1.3 伝播関数に対する摂動論

1.3.1 一般的な形式

伝播関数を径路積分によって形式的に式 (1.38) のように書くことができるが,一般に伝播関数の表式を求めようとしても,式 (1.38) から直接に導くことも,非斉次化した Schrödinger 方程式 (1.25) を解いて求めることも難しいことが多い.厳密に Green 関数が解ける場合 (それは稀なケースであり,大抵は自明なものである) から離れて,一般の問題を扱うことのできる方法は,摂動論 (perturbation theory) である.

幸い伝播関数は,摂動論を適用しやすい形式を持っている.

我々はここでも Dirac の表記法を用いることにする.まず初等量子力学でよく知られている "Schrödinger 表示" (Schrödinger representation) から議論を始める.こ

[§] (訳註) 外部磁場による周期 hc/e の磁気コンダクタンスの振動は Aharonov-Bohm 効果 (AB 効果),周期 $hc/2e$ の振動は Altshuler-Aronov-Spivak 効果 (AAS 効果) と呼ばれる.

の表示では観測量に対応する演算子が(時刻変数をあらわに含む場合を除き)時間に依存せず，状態ベクトルの方がSchrödinger方程式にしたがって時間変化をする．

$$i\hbar \frac{\partial}{\partial t}|\Phi(t)\rangle_S = \mathcal{H}|\Phi(t)\rangle_S \tag{1.64}$$

ハミルトニアンが時間に依存しないならば，形式解を次のように書ける．

$$|\Phi(t)\rangle_S = e^{-\frac{i}{\hbar}\mathcal{H}t}|\Phi(0)\rangle_S \tag{1.65}$$

ハミルトニアンを普通の数のように扱ったが，演算子の指数関数は，ここでは次のような級数を意味する．

$$e^{-\frac{i}{\hbar}\mathcal{H}t} = \mathcal{I} - \frac{i}{\hbar}\mathcal{H}t + \frac{1}{2}\left(-\frac{i}{\hbar}\mathcal{H}t\right)^2 + \dots \tag{1.66}$$

$\mathcal{I}$は単位演算子である．Schrödinger方程式を，

$$|\Phi(t)\rangle_S = |\Phi(0)\rangle_S - \frac{i}{\hbar}\int_0^t \mathcal{H}|\Phi(t')\rangle_S dt' \tag{1.67}$$

と書き直し，この式自身を右辺に逐次代入することによって$\exp(-(i/\hbar)\mathcal{H}t)$の級数が得られ，式(1.65)の正当性が確認できる．

次に示す演算子$\mathcal{U}(t)$は"時間発展演算子"(evolution operator)と呼ばれる．

$$\mathcal{U}(t) = e^{-\frac{i}{\hbar}\mathcal{H}t} \tag{1.68}$$

この演算子は，時間依存を持たないハミルトニアンを用いたSchrödinger方程式を満足する．$\mathcal{H}$が時間依存する場合はどうであろうか．$\mathcal{H}$が通常の数の場合の解は，

$$e^{-\frac{i}{\hbar}\int_0^t dt' \mathcal{H}(t')}$$

と表されるが，$\mathcal{H}(t)$は実際には演算子である．異なる時刻t_1とt_2におけるハミルトニアン$\mathcal{H}(t_1)$と$\mathcal{H}(t_2)$が交換するとは限らないので，上記の解は正しくない．しかしSchrödinger方程式を書き直した，

$$\mathcal{U}(t) = \mathcal{I} + \left(-\frac{i}{\hbar}\right)\int_0^t dt' \mathcal{H}(t') \tag{1.69}$$

によって，次の級数解を得ることができる．

$$\begin{aligned}\mathcal{U}(t) = &\mathcal{I} + \left(-\frac{i}{\hbar}\right)\int_0^t dt'_1 \mathcal{H}(t'_1) \\ &+ \left(-\frac{i}{\hbar}\right)^2 \int_0^t dt'_1 \int_0^{t'_1} dt'_2 \mathcal{H}(t'_1)\mathcal{H}(t'_2) \\ &+ \left(-\frac{i}{\hbar}\right)^3 \int_0^t dt'_1 \int_0^{t'_1} dt'_2 \int_0^{t'_2} dt'_3 \mathcal{H}(t'_1)\mathcal{H}(t'_2)\mathcal{H}(t'_3) + \dots \end{aligned} \tag{1.70}$$

上式において，各項の中の演算子は時間の順序で並んでいる．すなわち後の時刻の演算子の方が左側にくるような順序となっている．ここで新たに時間順序化演算子 (time-ordering operator) $\mathcal{T}$ を導入しよう．この演算子は時間に依存する演算子同士の積に対して，次のように順序を入れ替える作用を持つものとする．

$$\mathcal{T}\left[\mathcal{A}(t_A)\mathcal{B}(t_B)\mathcal{C}(t_C)\cdots\right] = \begin{cases} \mathcal{A}(t_A)\mathcal{B}(t_B)\mathcal{C}(t_C)\cdots & \text{if } t_A > t_B > t_C \cdots \\ \mathcal{B}(t_B)\mathcal{A}(t_A)\mathcal{C}(t_C)\cdots & \text{if } t_B > t_A > t_C \cdots \\ \mathcal{A}(t_A)\mathcal{C}(t_C)\mathcal{B}(t_B)\cdots & \text{if } t_A > t_C > t_B \cdots \\ \cdots & \end{cases} \tag{1.71}$$

この演算子を用いて，式(1.70)の級数を簡潔に表すことができる．

$$\mathcal{U}(t) = \mathcal{T} e^{-\frac{i}{\hbar}\int_0^t d\tau \mathcal{H}(\tau)} \tag{1.72}$$

実際に，指数関数を級数展開して n 番目の項を見てみると，

$$\frac{1}{n!}\mathcal{T}\left[\int_0^t d\tau_1 \int_0^t d\tau_2 \cdots \int_0^t d\tau_n \mathcal{H}(\tau_1)\mathcal{H}(\tau_2)\cdots\mathcal{H}(\tau_n)\right]$$

であり，これは領域 $\{0 \le \tau_1 \le t; 0 \le \tau_2 \le t; \ldots; 0 \le \tau_n \le t\}$ における n 次元積分となっている．この領域の一部 $\tau_1 \ge \tau_2 \ge \cdots \ge \tau_n$ だけを考え，係数 $1/n!$ を除けば，式(1.70)の第 n 項と一致する．しかし積分変数を入れ替えて，全積分領域内で $n!$ 通りの別々の積分領域を考えても，それぞれが同じ結果を与える (時間順序化演算子が演算子を常に正しい順序にする)．したがって全領域にわたる積分を $(n!)^{-1}$ 倍すれば，式(1.70)の項と一致させることができ，式(1.72)の表式が正しいことが判る．

時間発展演算子の定義から生じる重要な性質をまとめると，以下のようになる．

$$i\hbar\frac{\partial}{\partial t}\mathcal{U}(t) = \mathcal{H}(t)\mathcal{U}(t) \tag{1.73}$$

$$\mathcal{U}^\dagger(t) = \mathcal{U}^{-1}(t) \tag{1.74}$$

$$\mathcal{U}(0) = \mathcal{I} \tag{1.75}$$

2番目の"ユニタリー条件"は，物理的には，状態ベクトルの時間発展の下で確率が保存することを意味している．すなわち初期条件が1粒子状態であれば，時間が経過した後の粒子の存在確率も1になる．確率を表す状態ベクトルのノルムは保存する．

$$\|\Phi(t)\| \equiv \sqrt{\langle\Phi(t)|\Phi(t)\rangle} = \sqrt{\langle\Phi(0)|\mathcal{U}^\dagger(t)\mathcal{U}(t)|\Phi(0)\rangle}$$
$$= \sqrt{\langle\Phi(0)|\Phi(0)\rangle} = \text{const.}$$

もちろん時刻 $t = 0$ が特別な意味を持つわけではないので，我々は任意の時刻から始めて状態ベクトルの時間発展を考えてよい．任意の t と t' における状態を，次のように関係づけることができる．

$$|\Phi(t)\rangle_\mathrm{S} = \mathcal{U}(t)\mathcal{U}^\dagger(t')|\Phi(t')\rangle_\mathrm{S} \equiv \mathcal{S}(t,t')|\Phi(t')\rangle_\mathrm{S} \tag{1.76}$$

ここで用いた " S 演算子 " (S-operator) は，

$$\mathcal{S}(t,t') \equiv \mathcal{U}(t)\mathcal{U}^\dagger(t') \tag{1.77}$$

と定義される．これで例えば，時刻 t における座標表示の 1 粒子波動関数を，それより前の任意の時刻 t' における波動関数を用いて表すことができる．

$$\begin{aligned}
\Psi(x,t) &= \langle x|\Phi(t)\rangle_\mathrm{S} = \langle x|\mathcal{S}(t,t')|\Phi(t')\rangle_\mathrm{S} \\
&= \int dx' \langle x|\mathcal{S}(t,t')|x'\rangle\langle x'|\Phi(t')\rangle_\mathrm{S} \\
&= \int dx' \langle x|\mathcal{S}(t,t')|x'\rangle \Psi(x',t')
\end{aligned} \tag{1.78}$$

ここで定義した $\mathcal{S}$ は，式(1.41)において導入したものと同じものであることが判る．$t > t'$ について，

$$K(x,t;x',t') = \langle x|\mathcal{S}(t,t')|x'\rangle$$

である．この演算子 (S 行列と呼ぶこともある) は以下の性質を持つ．

$$i\hbar \frac{\partial}{\partial t}\mathcal{S}(t,t') = \mathcal{H}\mathcal{S}(t,t') \tag{1.79}$$

$$\mathcal{S}(t,t) = \hat{1} \tag{1.80}$$

$$\mathcal{S}^\dagger(t,t') = \mathcal{S}^{-1}(t,t') = \mathcal{S}(t',t) \tag{1.81}$$

$$\mathcal{S}(t,t'')\mathcal{S}(t'',t') = \mathcal{S}(t,t') \tag{1.82}$$

$$\text{for } t > t' \quad \mathcal{S}(t,t') = \mathcal{T}e^{-\frac{i}{\hbar}\int_{t'}^{t} d\tau \mathcal{H}(\tau)}$$
$$= \left(e^{-\frac{i}{\hbar}\mathcal{H}(t-t')} \text{ if } \mathcal{H} \neq \mathcal{H}(t)\right) \tag{1.83}$$

式(1.81)はユニタリー条件である．式(1.82)は $\mathcal{S}$ の定義と時間発展演算子のユニタリー性によって導かれるが，伝播関数に対して先に導入した合成則と等価なものである (式(1.20)参照)．

最後の行は，式(1.72)に依っている．これは簡潔な表式であるが，このまま計算に役立つものではない．系のハミルトニアンは " 1 のオーダー " であって，級数が発散

1.3. 伝播関数に対する摂動論

する場合があるし，そうでない場合も収束は遅い．しかし幸いなことに，多くの場合，ハミルトニアンを2つの部分に分けて考えることができる．すなわち主要部分である時間に依存しない"非摂動"ハミルトニアン(解が既知のもの)と，これに比べて小さい摂動ハミルトニアン(時間依存性を持つ場合もある)によって，

$$\mathcal{H}(t) = \mathcal{H}_0 + \mathcal{W}(t)$$

と表される．意図するところは $\mathcal{H}$ の解を，$\mathcal{H}_0$ の解から成る主要部分と，それを補正する小さな摂動級数の和の形で表すことにある．摂動級数は速く収束することが期待される．

ここまで我々は Schrödinger 表示を採用し，状態ベクトルが ($\mathcal{U}(t)$ によって) 時間に依存し，演算子はあらわに時間変数を含まない限り時間に依存しないものとしてきた．これとは逆の描像に基づく表示が Heisenberg 表示 (Heisenberg representation) であるが，時間発展演算子を用いた変換によって，Schrödinger 表示からこの表示に移行することができる．

$$|\Phi\rangle_\mathrm{H} = \mathcal{U}^\dagger(t)|\Phi(t)\rangle_\mathrm{S} \equiv |\Phi(0)\rangle_\mathrm{S}$$
$$\mathcal{A}_\mathrm{H}(t) = \mathcal{U}^\dagger(t)\mathcal{A}_\mathrm{S}\mathcal{U}(t)$$

このようにすると演算子は時間に依存し，状態ベクトルは時間に依存しなくなる．演算子は，次に示す Heisenberg の運動方程式を満たす．

$$i\hbar\frac{d}{dt}\mathcal{A}_\mathrm{H}(t) = [\mathcal{A}_\mathrm{H}(t), \mathcal{H}_\mathrm{H}(t)] + i\hbar\frac{\partial}{\partial t}\mathcal{A}_\mathrm{H}(t) \tag{1.84}$$

この方程式は $\mathcal{A}_\mathrm{H}$ の定義と時間発展演算子の性質から直ちに導くことができる．右辺第2項は，演算子のあらわな時間依存性(外部条件の時間変化などによるもの)に対応する変分である．ハミルトニアンが元々時間に依存しなければ，Heisenberg 表示において $\mathcal{H}_\mathrm{H}(t) = \mathcal{U}^\dagger(t)\mathcal{H}\mathcal{U}(t)$ となる．

我々の目的のためには，Dirac によって最初に提案された中間的な"相互作用表示" (interaction representation) を採用すると都合がよい．この表示では演算子も状態ベクトルも時間に依存するが，演算子の時間発展は非摂動ハミルトニアンだけによって決まる (これ以降，主としてこの表示を用いるので，相互作用表示の演算子や状態ベクトルに特に添字 I をつけることはしない)．

$$\mathcal{A}(t) = e^{i\mathcal{H}_0 t/\hbar}\mathcal{A}_\mathrm{S}\,e^{-i\mathcal{H}_0 t/\hbar} \tag{1.85}$$

$$i\hbar\frac{d}{dt}\mathcal{A}(t) = [\mathcal{A}(t), \mathcal{H}_0] + i\hbar\frac{\partial}{\partial t}\mathcal{A}(t) \tag{1.86}$$

最後の式は，非摂動系における Heisenberg の運動方程式に一致している ($\mathcal{H}_0$ は時間に依存しないものとしており，相互作用表示と Schrödinger 表示とで $\mathcal{H}_0$ が同じであることに注意せよ).

相互作用表示の状態ベクトルも，同様に Schrödinger 表示から変換される.

$$|\Phi(t)\rangle = e^{i\mathcal{H}_0 t/\hbar} |\Phi(t)\rangle_\mathrm{S} \tag{1.87}$$

この状態ベクトルは，次の方程式に従って時間変化する.

$$i\hbar \frac{\partial}{\partial t} |\Phi(t)\rangle = \mathcal{W}(t) |\Phi(t)\rangle \tag{1.88}$$

(元の Schrödinger 方程式から導いてみると分かるように，$\mathcal{W}(t)$ もまた相互作用表示の演算子 $\mathcal{W}(t) = e^{i\mathcal{H}_0 t/\hbar} \mathcal{W} e^{-i\mathcal{H}_0 t/\hbar}$ である．式変形の際には $\mathcal{U}(t)\mathcal{U}^\dagger(t) \equiv \mathcal{I}$ を必要に応じて挿入できる．) この表示の利点は，状態ベクトルの時間変化が摂動だけに依存することである．本節の計算を相互作用表示を用いて，最初から全く同様に辿ることができる．たとえば，式(1.88) を繰り返して用いることにより，解を時間順序化演算子を用いて，次のように表すことができる．

$$|\Phi(t)\rangle = \mathcal{T} e^{-\frac{i}{\hbar} \int_0^t d\tau \mathcal{W}(\tau)} |\Phi(0)\rangle \tag{1.89}$$

S 演算子を相互作用表示で表してみる．補助演算子 $\mathcal{O}(t,t') \equiv \exp(i\mathcal{H}_0 t/\hbar)\mathcal{S}_\mathrm{S}(t,t')$ を導入すると，導出が簡単になる．この演算子は，状態ベクトルと同じ方程式を満足する．

$$i\hbar \frac{\partial}{\partial t} \mathcal{O}(t,t') = \mathcal{W}(t) \mathcal{O}(t,t')$$

そうすると，

$$\mathcal{O}(t,t') = \mathcal{T} e^{-\frac{i}{\hbar} \int_{t'}^t d\tau \mathcal{W}(\tau)} \mathcal{O}(t',t')$$

となり，S 演算子自体は ($t > t'$ の場合)次のように書ける.

$$\mathcal{S}_\mathrm{S}(t,t') = e^{(-i\mathcal{H}_0 t/\hbar)} \mathcal{T} e^{-\frac{i}{\hbar} \int_{t'}^t d\tau \mathcal{W}(\tau)} e^{(i\mathcal{H}_0 t'/\hbar)} \tag{1.90}$$

これは，いわゆる S 演算子の Dyson（ダイソン）展開を Schrödinger 表示で示したものである．この S 演算子を式(1.85) に従って変換すると，S 演算子の相互作用表示が，次のように単純な式になることが分かる．

$$\begin{aligned} \mathcal{S}(t,t') &= e^{(i\mathcal{H}_0 t/\hbar)} \mathcal{S}_\mathrm{S}(t,t') e^{(-i\mathcal{H}_0 t'/\hbar)} \\ &= \mathcal{T} e^{-\frac{i}{\hbar} \int_{t'}^t d\tau \mathcal{W}(\tau)} \quad (t>t') \end{aligned} \tag{1.91}$$

1.3. 伝播関数に対する摂動論

この式を見ると，S演算子は摂動だけに依存しているように見える！（もちろん非摂動ハミルトニアンの効果も実は $\mathcal{W}(\tau)$ に含まれている．しかし非摂動状態の系の挙動は既知である．）

我々は先ほど伝播関数をS演算子の行列要素として表したが，多体を扱う際に別の表現が便利になる場合もある．その表現を得るために一旦Heisenberg表示に戻り，時間に依存する演算子を扱うことにしよう．座標演算子 $\mathcal{X}_\mathrm{H}(t)$ ももちろん時間依存性を持つ．Schrödinger表示では，この演算子は時間に依存しない固有状態を持つが，この固有状態系はHilbert空間内において完全系を構成する．

$$\mathcal{X}_\mathrm{S}|x\rangle = x|x\rangle \tag{1.92}$$

$$\sum_x |x\rangle\langle x| = \mathcal{I} \tag{1.93}$$

（この固有状態は，座標表示ではデルタ関数で表され，運動量表示では平面波で表される．）ここでHeisenberg表示における座標演算子の，時間変化する"同時"固有状態系 $\{|xt\rangle\}$ を導入しよう．

$$\mathcal{X}_\mathrm{H}(t)|xt\rangle = x|xt\rangle \tag{1.94}$$

$\mathcal{X}_\mathrm{H}(t)|xt\rangle = \mathcal{U}^\dagger(t)\mathcal{X}_\mathrm{S}\mathcal{U}(t)|xt\rangle$ なので，$\mathcal{U}(t)|xt\rangle = |x\rangle$ であり，状態ベクトルの時間依存性が $\mathcal{U}(t)$ でなく $\mathcal{U}^\dagger(t)$ に支配されていることが分かる．これらの状態ベクトルは，任意の時刻 t において完全系を構成する．

$$|xt\rangle = \mathcal{U}^\dagger(t)|x\rangle \tag{1.95}$$

$$\begin{aligned}
\sum_x |xt\rangle\langle xt| &= \sum_x \mathcal{U}^\dagger(t)|x\rangle\langle x|\mathcal{U}(t) \\
&= \mathcal{U}^\dagger(t)\mathcal{U}(t) \\
&= \mathcal{I}
\end{aligned} \tag{1.96}$$

ここで座標空間における伝播関数を，このような時間に依存する状態ベクトル同士の内積として書き直すことができる(前節の式(1.54)参照)．

$$\begin{aligned}
K(x,t;x',t') &= \langle x|\mathcal{S}(t,t')|x'\rangle \\
&\equiv \langle x|\mathcal{U}(t)\mathcal{U}^\dagger(t')|x'\rangle = \langle xt|x't'\rangle
\end{aligned} \tag{1.97}$$

この表式から直接，運動量空間における伝播関数の表式も得ることができる．

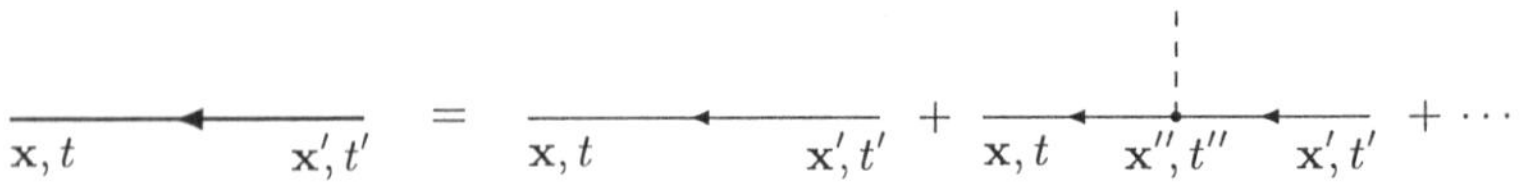

```
 ─────────◀─────────    ─────────◀─────────     ─────◀─────┆─────◀─────
   x,t         x',t'  =   x,t         x',t'  +   x,t    x'',t''   x',t'  + ⋯
```

図1.10 ポテンシャル散乱のFeynmanダイヤグラム.

$$\begin{aligned}K(p,t;p',t') &= \int dx \int dx' \langle p|x\rangle\langle xt|x't'\rangle\langle x'|p'\rangle \\ &= \int dx \int dx' \langle pt|xt\rangle\langle xt|x't'\rangle\langle x't'|p't'\rangle \\ &= \langle pt|p't'\rangle \end{aligned} \tag{1.98}$$

この状態系 $\{|pt\rangle\}$ はもちろん Heisenberg 表示の運動量演算子 $\mathcal{P}_\mathrm{H}(t)$ に対する,時間に依存する固有状態系となっている.

1.3.2 例:ポテンシャルによる散乱

前節に示した形式は一般的なもので,粒子の数や相互作用の型に依らず任意の量子力学系に適用できるので,頁数を割いて説明した.我々はこれ以降,本書全体にわたってこれらの式を利用することになる.

量子力学的な1粒子の系に,この形式を適用してみることにしよう.摂動演算子として,スカラーポテンシャルで表される外場を考える.座標表示の行列要素を次のように置く.

$$\langle x|\mathcal{W}(t)|x'\rangle = V(x,t)\delta(x-x') \tag{1.99}$$

ここでは座標表示を採用するのが自然である.S演算子 (1.90) の展開に対応する行列要素によって,伝播関数の摂動展開を得ることができる.

$$\begin{aligned}K(x,t;x',t') &= K_0(x,t;x',t') \\ &\quad + \int dx''dt'' K_0(x,t;x'',t'')\left(-\frac{i}{\hbar}\right)V(x'',t'')K_0(x'',t'';x',t') \\ &\quad + \cdots \end{aligned} \tag{1.100}$$

この式の内容を図1.10のように表現できる.図に用いられている諸要素の意味は表1.1に示した.

1.3. 伝播関数に対する摂動論

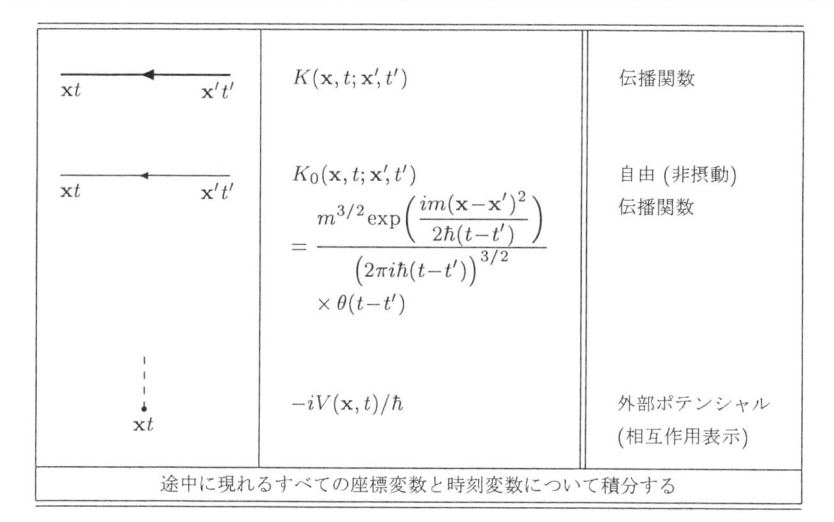

$\overline{\mathbf{x}t \quad \longleftarrow \quad \mathbf{x}'t'}$	$K(\mathbf{x},t;\mathbf{x}',t')$	伝播関数
$\overline{\mathbf{x}t \quad \longleftarrow \quad \mathbf{x}'t'}$	$K_0(\mathbf{x},t;\mathbf{x}',t')$ $= \dfrac{m^{3/2}\exp\left(\dfrac{im(\mathbf{x}-\mathbf{x}')^2}{2\hbar(t-t')}\right)}{\left(2\pi i\hbar(t-t')\right)^{3/2}}$ $\times \theta(t-t')$	自由 (非摂動) 伝播関数
$\begin{array}{c}\vdots\\ \bullet\\ \mathbf{x}t\end{array}$	$-iV(\mathbf{x},t)/\hbar$	外部ポテンシャル (相互作用表示)
途中に現れるすべての座標変数と時刻変数について積分する			

表 1.1 外部ポテンシャル場の中の粒子に対する Feynman 規則

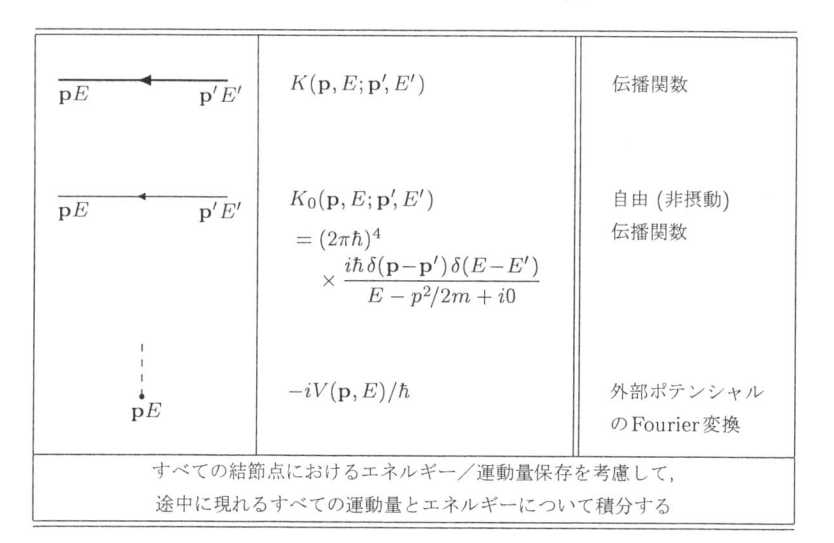

$\overline{\mathbf{p}E \quad \longleftarrow \quad \mathbf{p}'E'}$	$K(\mathbf{p},E;\mathbf{p}',E')$	伝播関数
$\overline{\mathbf{p}E \quad \longleftarrow \quad \mathbf{p}'E'}$	$K_0(\mathbf{p},E;\mathbf{p}',E')$ $= (2\pi\hbar)^4$ $\times \dfrac{i\hbar\delta(\mathbf{p}-\mathbf{p}')\delta(E-E')}{E-p^2/2m+i0}$	自由 (非摂動) 伝播関数
$\begin{array}{c}\vdots\\ \bullet\\ \mathbf{p}E\end{array}$	$-iV(\mathbf{p},E)/\hbar$	外部ポテンシャル の Fourier 変換
すべての結節点におけるエネルギー／運動量保存を考慮して，途中に現れるすべての運動量とエネルギーについて積分する			

表 1.2 外部ポテンシャル場の中の粒子に対する Feynman 規則 (運動量表示).

もちろん我々の議論は座標表示に限定されるものではなく，むしろ実際は運動量表示を用いる方が多い．運動量表示における Feynman 規則 (Feynman rules) を表 1.2 に示す (p.52, 問題 1-2 参照).

図1.10のグラフは"Feynmanダイヤグラム"の最も簡単な例である．このケースでは最も単純な摂動しか含まれていないので，ダイヤグラムの有用性を理解し難いかも知れない．しかし多体問題では，摂動によって導入される項の構造がはるかに複雑なものになるので，各項の構造がグラフの助けによって明確になり，物理的に無撞着な近似を考え易くなる．今考えているグラフは，量子力学的粒子が外場によって繰り返し散乱を受けるが，散乱から次の散乱までの間は自由粒子として伝播するという描像を与えている．このような直観的な描像が量子力学的な径路積分の記述と整合することを確認するのは有益であろう．このことは伝播関数の式(1.37)を少し変更したものから直接に確認することができる．

$$K(x_N t_N; x_1 t_1) = \lim_{N \to \infty} \int_{-\infty}^{\infty} dx_{N-1} \int_{-\infty}^{\infty} dx_{N-2} \ldots \int_{-\infty}^{\infty} dx_2$$
$$\times \left(\prod_{n=2}^{N} \left(\frac{m}{2\pi \hbar i \Delta t} \right)^{d/2} \right)$$
$$\times e^{\frac{i}{\hbar} \sum_{n=2}^{N} \Delta t \frac{m(x_n - x_{n-1})^2}{2\Delta t^2}} e^{-\frac{i}{\hbar} \sum_{k=2}^{N} \Delta t V(x_k, t_k)}$$

　ここでなすべきことは，ポテンシャルを含む指数関数を展開して，ポテンシャル V に関する級数に直すことである．

　ゼロ次の項が非摂動の伝播関数 $K_0(x_N t_N; x_1 t_1)$ であることは自明である．1次の項は，次のようになる．

$$K_1(x_N t_N; x_1 t_1) = \lim_{N \to \infty} \int_{-\infty}^{\infty} dx_{N-1} \int_{-\infty}^{\infty} dx_{N-2} \cdots \int_{-\infty}^{\infty} dx_2$$
$$\times \left(\prod_{n=2}^{N} \left(\frac{m}{2\pi \hbar i \Delta t} \right)^{d/2} \right)$$
$$\times e^{\frac{i}{\hbar} \sum_{n=2}^{N} \Delta t \frac{m(x_n - x_{n-1})^2}{2\Delta t^2}} \left\{ -\frac{i}{\hbar} \sum_{k=2}^{N} \Delta t V(x_k, t_k) \right\}$$

これを，次のように書き直すことができる．

$$K_1(x_N t_N; x_1 t_1)$$
$$= \lim_{N \to \infty} \left\{ -\frac{i}{\hbar} \sum_{k=2}^{N} \Delta t \int_{-\infty}^{\infty} \cdots \int dx_{N-1} dx_{N-2} \cdots dx_2 \right.$$
$$\left. \times \left(\prod_{n=2}^{N} \left(\frac{m}{2\pi \hbar i \Delta t} \right)^{d/2} \right) e^{\frac{i}{\hbar} \sum_{n=2}^{N} \Delta t \frac{m(x_n - x_{n-1})^2}{2\Delta t^2}} V(x_k, t_k) \right\}$$

$$= \lim_{N \to \infty} \left\{ -\frac{i}{\hbar} \sum_{k=2}^{N} \Delta t \int_{-\infty}^{\infty} dx_k \right.$$

$$\times \left[\int_{-\infty}^{\infty} \cdots \int dx_{k-1} dx_{k-2} \cdots dx_2 \right.$$

$$\left. \times \left(\prod_{n=2}^{k} \left(\frac{m}{2\pi\hbar i \Delta t} \right)^{d/2} \right) e^{\frac{i}{\hbar} \sum_{n=2}^{k} \Delta t \frac{m(x_n - x_{n-1})^2}{2\Delta t^2}} \right]$$

$$\times V(x_k, t_k)$$

$$\times \left[\int_{-\infty}^{\infty} \cdots \int dx_N dx_{N-1} \cdots dx_{k+1} \right.$$

$$\left. \left. \times \left(\prod_{n=k+1}^{N} \left(\frac{m}{2\pi\hbar i \Delta t} \right)^{d/2} \right) e^{\frac{i}{\hbar} \sum_{n=k+1}^{N} \Delta t \frac{m(x_n - x_{n-1})^2}{2\Delta t^2}} \right] \right\}$$

したがって，次のようになる．

$$K_1(x_N t_N; x_1, t_1) = \int_{t_1}^{t_N} dt \int_{-\infty}^{\infty} dx \, K_0(x_N t_N; xt) V(x,t) K_0(xt; x_1 t_1)$$

$$\equiv \int_{-\infty}^{\infty} dt \int_{-\infty}^{\infty} dx \, K_0(x_N t_N; xt) V(x,t) K_0(xt; x_1 t_1)$$

(最後の部分では，$t < t_1$ または $t > t_N$ で被積分関数がゼロになることを考慮した．)
上記の式から，径路積分の描像では，外部ポテンシャルの効果が，自由粒子の連続散乱の結果として理解されることが判る．

2次以上の摂動項も上の方法と同様に求めることができる．指数関数の展開によって現れる因子 $1/n!$ は，散乱が生じる時空点の座標変数 x_k, t_k の入れ替えよって $n!$ 通りの同じ項が現れることを考慮して，省いて考えてよい．

1.4 第二量子化

1.4.1 同種粒子の多体系の記述：Fock空間

前節までで，我々は単一の量子力学的粒子を扱うことができるようになった．伝播関数を径路積分で表して，外部の散乱ポテンシャルによる摂動級数を導くことができたし，またメソスコピック系における磁気抵抗の振動現象も説明できた．伝播関数による記述は1粒子を扱う手段としては高等過ぎるもので，大抵の1粒子問題は，

Schrödinger方程式を通常の偏微分方程式として処理すればことが足りる．しかし巨視的な多体系を扱うという大変な作業にとりかかる際に，前節で得た手法が有効な布石となる．

巨視的な系の波動関数を明示することは，簡単に $N \approx 10^{23}$ 個の粒子系が同種粒子だけで構成されると考えても，古典的な粒子系においてある瞬間のすべての粒子の位置と運動量を決めるのと同じくらい難しいことである．しかし古典的な統計力学では"確率"を与える"分布関数"を導入することによって，この問題を回避している．たとえば速度 $\mathbf{v}_1$，位置 $\mathbf{r}_1$ の粒子が何個，$\mathbf{v}_2$, $\mathbf{r}_2$ の粒子が何個 ⋯ といった状況を見いだす確率を問題にする．言い替えると，分布関数は(適当な規格化係数を付けた場合)位相空間を細分したそれぞれの小領域が何個の粒子によって占有されているかという情報を与えるのである．

もちろん1粒子分布関数，2粒子分布関数，⋯，N 粒子分布関数といった階層構造が存在しており，それらは粒子数に応じた位置と運動量の情報を含む．しかし通常はこの階層のうち，はじめの方のごく少数の関数だけから充分な情報が得られる．このような方法が量子力学的な粒子の系にも適用できるものと考えられる．

古典的な統計力学と異なる点は，系全体の波動関数 $\Phi(\xi_1, \xi_2, \ldots, \xi_i, \ldots, \xi_j, \ldots, \xi_N)$ に演算子を作用させなければならず，粒子の振舞いを個別に考えることができないことである．原理的に同種粒子を個々に識別することはできない．この量子力学的な"同種粒子識別不能の原理"は，波動関数に次の制約を課す．2つの粒子を入れ替える操作を行った場合，波動関数は位相因子の分だけしか変わらない(係数の違いは観測可能な違いを生じない)．

$$\Phi(\xi_1, \xi_2, \ldots, \xi_i, \ldots, \xi_j, \ldots, \xi_N) = e^{i\chi}\Phi(\xi_1, \xi_2, \ldots, \xi_j, \ldots, \xi_i, \ldots, \xi_N) \quad (1.101)$$

繰り返して入れ替えを施すと，

$$\Phi(\xi_1, \xi_2, \ldots, \xi_i, \ldots, \xi_j, \ldots, \xi_N) = e^{2i\chi}\Phi(\xi_1, \xi_2, \ldots, \xi_i, \ldots, \xi_j, \ldots, \xi_N) \quad (1.102)$$

となるので $e^{i\chi} = \pm 1$ でなければならず，2通りの係数が可能である．

$$\Phi(\xi_1, \xi_2, \ldots, \xi_i, \ldots, \xi_j, \ldots, \xi_N) = \begin{cases} +\Phi(\xi_1, \xi_2, \ldots, \xi_j, \ldots, \xi_i, \ldots, \xi_N) & \text{(Bose-Einstein統計)} \\ -\Phi(\xi_1, \xi_2, \ldots, \xi_j, \ldots, \xi_i, \ldots, \xi_N) & \text{(Fermi-Dirac統計)} \end{cases} \quad (1.103)$$

N 粒子波動関数 $\Phi(\xi_1, \xi_2, \ldots)$ を，1粒子ハミルトニアン $\mathcal{H}_1$ の固有関数系を用いて展開することができる．

$$\Phi(\xi_1, \xi_2, \ldots, \xi_N) = \sum C_{p1, p2, \ldots, pN} \phi_{p1}(\xi_1) \phi_{p2}(\xi_2) \cdots \phi_{pN}(\xi_N)$$
$$\mathcal{H}_1 \phi_j(\xi) = \varepsilon_j \phi_j(\xi)$$

1.4. 第二量子化

ここで ξ_j は j 番目の粒子の座標とスピンを表し，p_j は各 1 粒子状態を示す．$\phi_j(\xi)$ としては，しばしば (常にではないが) 平面波 $\phi_j(\xi) \propto \exp\bigl(i(\mathbf{p}_j\mathbf{x}_j - \varepsilon_j t)/\hbar\bigr)$ が用いられる．これは均一で無限に広がっている系を考える際に適切な選択である．それ以外の場合は，系の対称性や境界条件の下で許容される別の 1 粒子波動関数の完全系を用いる方が便利である．

式 (1.103) の対称性 (反対称性) の条件によって，我々は 1 粒子波動関数の積を適切に対称化したものだけを多体の波動関数として用いることができる．Bose 粒子系の波動関数は，次のようになる．

$$
\begin{aligned}
\Phi_{\mathrm{B}}^{N_1, N_2, \cdots}(\xi_1, \xi_2, \ldots, \xi_N) &\equiv |N_1, N_2, \ldots\rangle_{(\mathrm{B})} \\
&= \sqrt{\frac{N_1! N_2! \cdots}{N!}} \sum \phi_{p1}(\xi_1) \phi_{p2}(\xi_2) \cdots \phi_{pN}(\xi_N)
\end{aligned}
\tag{1.104}
$$

N_i はゼロ以上の整数で，i 番目の 1 粒子波動関数 ϕ_i が積の中に何回入っているかを表す ($N_1 + N_2 + \cdots = N$ が系に含まれる全粒子数となる)．N_i は i 番目の 1 粒子状態における "占有数" (occupation number) と呼ばれる．和は添字 $\{p1, p2, \ldots, pN\}$ を置換したものすべてについて行う．N_j は負にはならず，総和が N と決まっているので，$N_0, N_1, \ldots$ と見ていくと，有限の占有数を持つ最後の $N_{j_{\max}}$ が必ず見いだされ，それ以降の占有数はゼロだけになる．

Fermi 粒子の多粒子波動関数としては，次の Slater 行列式 (Slater's determinant) が用いられる．

$$
\begin{aligned}
&\Phi_{\mathrm{F}}^{N_1, N_2, \cdots}(\xi_1, \xi_2, \ldots, \xi_N) \equiv |N_1, N_2, \ldots\rangle_{(\mathrm{F})} \\
&= \frac{1}{\sqrt{N!}} \begin{vmatrix} \phi_{p1}(\xi_1) & \phi_{p1}(\xi_2) & \cdots & \phi_{p1}(\xi_N) \\ \phi_{p2}(\xi_1) & \phi_{p2}(\xi_2) & \cdots & \phi_{p2}(\xi_N) \\ \cdots & \cdots & \cdots & \cdots \\ \phi_{pN}(\xi_1) & \phi_{pN}(\xi_2) & \cdots & \phi_{pN}(\xi_N) \end{vmatrix}
\end{aligned}
\tag{1.105}
$$

行列式の性質によって，必要とされる波動関数の反対称性が実現されている．実際に 2 つの粒子を相互に入れ換えると，行列の中の 2 つの行が入れ替わり，行列式の定義によって符号が反転する．もし 2 つの行が同じであれば行列式はゼロとなる．このことは物理的に 2 つの Fermi 粒子が同じ量子状態を占有できないこと (Pauli の原理：Pauli principle) を意味している．

1 粒子の基本関数系が与えられると，N 粒子系の基本となる波動関数は，占有数の組で $|N_1, N_2, \ldots\rangle_{(\mathrm{B,F})}$ のように表すことができる．ひと組の状態 $|N_j\rangle$ によって，

N 粒子系に付随する Hilbert 空間内の基本関数系を (Bose 粒子系でも Fermi 粒子系でも同様に) 決めることができるのである.

我々は煩わしい条件 $\sum N_j = N$ にこだわる必要があるのだろうか？ 系が外界との間で粒子をやり取りする場合は多い．また素励起としての準粒子 (フォノン等) は常に生成・消滅するので，全準粒子数は確定していない．占有数に制約を課さずに任意性を持たせることはできないだろうか？

実際のところ占有数を任意に決めることはできない．仮に N_j にまったく制約がないとしたら，$|N_j\rangle$ の組の数は不可算の無限大数になる．つまり各々の基本関数を整数に対応させることができず，実線上の点のような要素となってしまう．そのような基本関数によって張られる空間は数学的に難しい性質を持ってしまい，我々が扱い慣れている "無限次元ではない N 次元空間" と同様に扱うことができなくなる．しかし，ここで取り扱いたいのは "無限個の状態すべてに無限個の粒子がある状態" ではなく，単に "全粒子数の上限に制約がない" $|1,1,1,1,1,1,\ldots\rangle$ のような状態である．ここで，もし $\sum N_j = N$ という条件をそのままにして，ただし N は任意に大きな数に設定できるものとすれば問題は生じない．このような条件下にある $|N_j\rangle$ の組は [0]-セットと呼ばれ，その要素数は "可付番の" 無限大となる．実際 $\sum N_j < \infty$ のどのような状態においても $N_{j_{\max}}$ を決めることができ，$\left(\sum N_j\right) j_{\max}$ はゼロ以上の有限の整数となる (これを M とする)．M が決まると，有限の数の状態 $|N_j\rangle$ が決まることになる．従って我々は [0]-セットにおけるすべての状態を数え上げることができる ($M=0$ に対して n_0 個の状態，$M=1$ に対して n_1 個の状態 $\cdots$ という具合に)．このことは [0]-セットに含まれる状態の数と "整数の数" が "同じくらい多い" ことを意味している．すなわち [0]-セットが含む状態数は可付番の無限大である．

[0]-セットによって張られる Hilbert 空間は Fock 空間 (Fock's space) と呼ばれ，"第二量子化された演算子" は，この Fock 空間内の状態ベクトルに対して作用する．この空間において基本 (基底) となる各状態ベクトルは，既に述べたようにひと組の "占有数" で定義され，第二量子化された演算子は占有数を変えるようなベクトルの変換作用を持つ．任意の演算子は，以下に示すような基本的な性質を持つ生成演算子 (creation operator) と消滅演算子 (annihilation operator) を組み合わせて表現することができる (正しい係数因子は後から決める).

消滅演算子： $c_j|\ldots, N_j, \ldots\rangle \propto |\ldots, N_j - 1, \ldots\rangle$ (1.106)

生成演算子： $c_j^\dagger|\ldots, N_j, \ldots\rangle \propto |\ldots, N_j + 1, \ldots\rangle$ (1.107)

[0]-セットの任意の要素は "真空状態" (実粒子を含まない状態) $|0\rangle = |0,0,0,0,\ldots\rangle$ に対して，生成演算子を繰り返し作用させ得ることができる．

$$|N_1, N_2, \ldots, N_j, \ldots\rangle \propto (c_1^\dagger)^{N_1}(c_2^\dagger)^{N_2}\cdots(c_j^\dagger)^{N_j}\cdots|0\rangle \tag{1.108}$$

真空状態に消滅演算子を作用させると,状態が消滅する.

$$c|0\rangle = 0 \tag{1.109}$$

特に意識しておかなければならない重要な点は,第二量子化の表示を扱う際に,我々は占有数だけを扱うことになるが,取り上げる系の性質に則した1粒子波動関数の基本関数系を明示できなければ,計算は全く意味をなさないことである.この問題は真空状態の明確化と言い替えることもできる.真空状態を誤って設定すると,Fock空間を正しく設定することができない(多体系の真空を扱う際に次のような言葉の合理性が判る.「君は犬を飼っていないと言ったが,どういう種類の犬を飼っていないと言っているのか?」).我々はこの問題の恰好の例を,後から超伝導を扱う際に見ることになる[‡].

1.4.2 Bose粒子

1粒子の演算子,

$$\mathcal{F}_1 = \sum_j f_1(\xi_j) \tag{1.110}$$

から話を始めよう.$f_1(\xi_j)$は系の中の1粒子状態$\phi(\xi_j)$に作用する演算子であり,和はすべての粒子について取る.このような演算子のひとつの例は,次のような運動エネルギーの演算子である.

$$\mathcal{K} = \sum_j \left(-\frac{\hbar^2}{2m}\right)\nabla_j^2 \tag{1.111}$$

N個のBose粒子を含む2つの状態の間で,$\mathcal{F}_1$の行列要素$\langle\Phi_{B'}|\mathcal{F}_1|\Phi_B\rangle$を考えよう.演算子$f_1(\xi_j)$の値(行列要素)を得るために,我々は2つの1粒子波動関数を知る必要がある.任意の2つの1粒子波動関数$\phi_i(\xi),\phi_j(\xi)$は$i\neq j$ならば直交しているので,2種類の行列要素,すなわち(a)対角要素と,(b)1粒子の状態だけが異なる2つの状態$|\Phi_{B'}\rangle$と$|\Phi_B\rangle$の間の行列要素だけが残るはずである.後者の状態については,初め$\phi_i(\xi)$状態にあった粒子が$\phi_f(\xi)$に遷移したとして,$|\Phi_B\rangle = |\ldots, N_i, \ldots, N_f-1, \ldots\rangle$,$|\Phi_{B'}\rangle = |\ldots, N_i-1, \ldots, N_f, \ldots\rangle$と書ける.

[‡](訳註) しかし第4章では超伝導基底状態('真空状態')の関数形が明示されていない.付録Bを参照されたい.

対角要素は，次のようになる．

$$\langle \Phi_B | \mathcal{F}_1 | \Phi_B \rangle$$
$$= \sum_a \left(\frac{N_1! \cdots N_a! \cdots}{N!} \right) \int\int \cdots \int d\xi_1 d\xi_2 \cdots d\xi_N$$
$$\times \sum_{p,p'} \mathcal{P}_s [\phi_{p'_1}^*(\xi_1) \phi_{p'_2}^*(\xi_2) \cdots \phi_{p'_N}^*(\xi_N)] f_1(\xi_a) \mathcal{P}_s [\phi_{p_1}(\xi_1) \phi_{p_2}(\xi_2) \cdots \phi_{p_N}(\xi_N)]$$

下付きの $\mathcal{P}_s[\cdots]$ は，下付き添字に関する対称化の操作を意味する．添字の組 p_i と p'_i は一致しているので，p_i と p'_i は等価である．1粒子演算子の作用を受ける状態を p_a とすると，$f_1(\xi_a)$ の対角要素 $\langle p_a | f_1(\xi_a) | p_a \rangle = \int d\xi_a \phi_a^*(\xi_a) f_1(\xi_a) \phi_i(\xi_a)$ と他の積分 (基本関数系の規格化直交性により1に等しい) を計算したものは，残りの $(N-1)!$ 通りの占有状態を考慮して対称化できる．我々は同じ j 状態の中の粒子の $N_j!$ 通りの順列を区別できないので，この結果を $N_1!, N_2!, \ldots, (N_a-1)!, \ldots$ で割らなければならない (等価な別の言い方をすると，$f_1(\xi_a)$ によって作用を受ける1粒子波動関数を選ぶ方法が $(N-1)!/(N_1! N_2! \cdots (N_a-1)! \cdots)$ 通りあるということである)．したがって対角要素は，次のように表される．

$$\langle \Phi_B | \mathcal{F}_1 | \Phi_B \rangle = \sum_a \sum_{p_a} \frac{N_1! N_2! \cdots N_a! \cdots}{N!} \left(\frac{(N-1)!}{N_1! \cdots (N_a-1)! \cdots} \right) \langle p_a | f_1(\xi_a) | p_a \rangle$$
$$= \sum_a \sum_{p_a} \frac{N_a}{N} \langle p_a | f_1(\xi_a) | p_a \rangle$$
$$= \sum_q N_q \langle q | f_1 | q \rangle \tag{1.112}$$

したがって，f_1 が作用する粒子座標をあらわに示す必要はなくなる．

次に非対角要素を計算しよう．今度は左に $\phi_f^*(\xi)$，右に $\phi_i(\xi)$ が余分に現れるので，次のようになる．

$$\langle \Phi_{B'} | \mathcal{F}_1 | \Phi_B \rangle$$
$$= \sum_a \left(\frac{N_1! \cdots (N_i-1)! \cdots N_f! \cdots}{N!} \right)^{1/2} \left(\frac{N_1! \cdots N_i! \cdots (N_f-1)! \cdots}{N!} \right)^{1/2}$$
$$\times \int\int \cdots \int d\xi_1 d\xi_2 \cdots d\xi_N$$
$$\times \sum_{p,p'} \mathcal{P}_s [\phi_{p'_1}^*(\xi_1) \phi_{p'_2}^*(\xi_2) \cdots \phi_{p'_N}^*(\xi_N)] f_1(\xi_a) \mathcal{P}_s [\phi_{p_1}(\xi_1) \phi_{p_2}(\xi_2) \cdots \phi_{p_N}(\xi_N)]$$

1.4. 第二量子化

一致していない関数の間の積分 $\langle f|f_1(\xi_a)|i\rangle = \int d\xi_a \phi_f^*(\xi_a) f_1(\xi_a) \phi_i(\xi_a)$ を実行し，残りの $(N-1)!/(N_1!N_2!\cdots(N_i-1)!\cdots(N_f-1)!\cdots)$ 通りの組み合わせを考慮すると，結果は次のようになる．

$$\langle \Phi_{B'}|\mathcal{F}_1|\Phi_B\rangle = \sum_a \sqrt{N_i N_f} \frac{N_1!N_2!\cdots(N_i-1)!\cdots(N_f-1)!\cdots}{N!}$$
$$\times \left(\frac{(N-1)!}{N_1!\cdots(N_i-1)!\cdots(N_f-1)!\cdots}\right) \langle f|f_1(\xi_a)|i\rangle$$
$$= \sqrt{N_i N_f}\, \langle f|f_1|i\rangle \tag{1.113}$$

これで我々は，先に示した生成・消滅演算子を正確に定義できるところまで来た．Bose 粒子に対してそれらを $b^\dagger$ と b で表記し，次のように係数を付けて定義をする．

<u>Bose 粒子の消滅演算子</u>：

$$b_j|\ldots, N_j, \ldots\rangle_B = \sqrt{N_j}\,|\ldots, N_j-1, \ldots\rangle_B \tag{1.114}$$

この演算子はゼロでない行列要素 $\langle N_j-1|b_j|N_j\rangle = \sqrt{N_j}$ を持つ．これは Hermite^{エルミート}共役量と等しく，$\langle N_j-1|b_j|N_j\rangle^* = \langle N_j|b_j^\dagger|N_j-1\rangle$ である．このことは，ここで定義する生成演算子と消滅演算子が (Bose 粒子について) 互いに Hermite 共役であることを意味している．

<u>Bose 粒子の生成演算子</u>：

$$b_j^\dagger|\ldots, N_j, \ldots\rangle_B = \sqrt{N_j+1}\,|\ldots, N_j+1, \ldots\rangle_B \tag{1.115}$$

演算子積 $b_j b_j^\dagger$ と $b_j^\dagger b_j$ は $\langle N_j|b_j b_j^\dagger|N_j\rangle = N_j+1$, $\langle N_j|b_j^\dagger b_j|N_j\rangle = N_j$ のように対角成分だけを持つ．後者は " 占有数演算子 " (または粒子数演算子) と呼ばれるが，その理由は明らかである．

$$\mathcal{N}_j \equiv b_j^\dagger b_j$$
$$\mathcal{N}_j|N_j\rangle = N_j|N_j\rangle \tag{1.116}$$

これらの演算子同士の交換子は $[b_j, b_j^\dagger] = 1$ である．一般には次のようになる．

$$[b_j, b_k^\dagger] = \delta_{jk}$$
$$[b_j^\dagger, b_k^\dagger] = [b_j, b_k] = 0 \tag{1.117}$$

これらは Bose 演算子の交換関係である．我々はこの交換関係から議論を始めることもできる．これらの交換条件によって Bose 粒子系の波動関数が持つべき性質を規定できるのである．

1 粒子演算子に話を戻すと，これは生成・消滅演算子を用いて次のように表せる．

$$\mathcal{F}_1 = \sum_{i,f} \langle f|f_1|i\rangle b_f^\dagger b_i \tag{1.118}$$

実際に Fock 空間内の 2 つの状態の間でこの演算子の行列要素を取ると，既に計算した結果と同じ結果を与える．この表式は直観的に，1 粒子が "遷移" する (状態 $|i\rangle$ の粒子が消え，状態 $|f\rangle$ の粒子が現れる) 過程，すなわち散乱過程を表しているものと理解できる．上記の式でもうひとつ重要な点は，係数 $\langle f|f_1|i\rangle$ が 1 粒子演算子 f の 1 粒子状態間の行列要素となっていることである．演算子 $b^\dagger$ と b を用いた行列要素の表現だけでなく，$\mathcal{F} = \sum_a f_1(\xi_a)$ から再び元の f_1 をあらわにするように式を導くこともできる．式 (1.118) を次のように書き直せる．

$$\mathcal{F}_1 = \int d\xi\, \hat{\phi}^\dagger(\xi) f_1 \hat{\phi}(\xi) \tag{1.119}$$

Bose 粒子場の演算子

上記の式の中で，我々はいわゆる "場の演算子" $\hat{\phi}^\dagger(\xi)$ と $\hat{\phi}(\xi)$ を導入した．これらは次のように定義される．

$$\begin{aligned}\hat{\phi}(\xi) &= \sum_p \phi_p(\xi) b_p \\ \hat{\phi}^\dagger(\xi) &= \sum_p \phi_p^*(\xi) b_p^\dagger\end{aligned} \tag{1.120}$$

明らかに，これらの演算子も Fock 空間内の状態に対して作用する[3]．これらの演算子は何を生成・消滅するのだろう？ 演算子 $b_p^\dagger$ は波動関数 $\phi_p(\xi')$ を持つ粒子を生成する．演算子 $\hat{\phi}^\dagger(\xi)$ は，次のような波動関数を持つ粒子を生成するはずである．

$$\sum_p \phi_p^*(\xi) \phi_p(\xi') = \delta(\xi - \xi')$$

(ここでは 1 粒子状態の基本関数系の完全性を用いた．) すなわち場の演算子は，粒子を空間内の決められた点において生成 (消滅) させる．次に示す "密度" の演算子，

$$\varrho(\xi) = \hat{\phi}^\dagger(\xi)\hat{\phi}(\xi) = \sum_p |\phi_p(\xi)|^2 b_p^\dagger b_p \equiv \sum_p |\phi_p(\xi)|^2 \mathcal{N}_p \tag{1.121}$$

---

[3] 誤解を生じる心配がない場合には，演算子であることを表すハット記号「 ̂ 」を省略する．

は，決められた点における粒子密度を表す．

Bose粒子場の演算子は，その定義と式(1.117)により，次の交換関係を満たすことが分かる．

$$[\phi(\xi,t),\phi^\dagger(\xi',t)] = \delta(\xi-\xi'),$$
$$[\phi(\xi,t),\phi(\xi',t)] = [\phi^\dagger(\xi,t),\phi^\dagger(\xi',t)] = 0 \tag{1.122}$$

時間依存性は，演算子$b^\dagger$とb (Heisenberg表示)，または基本関数ϕ_p (Schrödinger表示)，またはその両方(相互作用表示)を通じて式に入ってくる．大切な点は，同時刻の演算子の間だけに決まった交換関係が成立することである．

式(1.120)を見ると，場の演算子は，生成・消滅演算子を用いて，1粒子波動関数を完全な関数系$\{\phi_i\}_{i=0}^\infty$で展開した一般Fourier級数と同じようにつくられていることが分かる．

$$\Psi(\xi) = \sum_i \phi_i(\xi) C_i$$
$$\hat{\psi}(\xi) = \sum_i \phi_i(\xi) b_i$$

これが，場を演算子化する手法を"第二"量子化と呼ぶ理由である．場の演算子は，量子力学的な波動関数を，もう一度量子化して演算子にしたもののように見える(p.52，問題1-3参照).

一般の演算子の第二量子化表示

任意の演算子を，簡単に第二量子化の形式に直すことができる．任意のn粒子演算子，

$$\mathcal{F}_n = \frac{1}{n!} \sum_{j_1 \neq j_2 \neq \cdots \neq j_n} f_n(\xi_{j1}, \xi_{j2}, \ldots)$$

($f_n(\xi_{j1}, \xi_{j2}, \ldots)$は粒子番号$j_1, j_2, \ldots, j_n$の粒子座標の関数である)を第二量子化した演算子は，次のように与えられる．

$$\mathcal{F}_n = \frac{1}{n!} \int d\xi_1 d\xi_2 \cdots d\xi_n \hat{\phi}^\dagger(\xi_1) \hat{\phi}^\dagger(\xi_2) \cdots \hat{\phi}^\dagger(\xi_n)$$
$$\times f_n(\xi_1, \xi_2, \ldots, \xi_n) \hat{\phi}(\xi_n) \hat{\phi}(\xi_{n-1}) \cdots \hat{\phi}(\xi_1) \tag{1.123}$$

これは1粒子波動関数を用いてf_nの平均値を計算する際に用いる式と全く同じ形をしている．違いは波動関数が場の演算子に置き換わっていることだけである．係数は

添字 $1, 2, \ldots, n$ の入れ替えにより，等価な $n!$ 通りの式が現れることを考慮して付けたものである ($\hat{\phi}$ は演算子なので順序を変えてはいけない. たとえば最初の生成演算子と最後の消滅演算子の引き数は一致していなければならない).

この規則は，任意の粒子数 n について証明できるが，3 体以上の相互作用 (衝突) が重要になることは稀である．1 粒子演算子については既に導出してあるので，ここでは $n = 2$ の場合を証明してみよう.

2 粒子の演算子は，

$$\mathcal{F}_2 = \frac{1}{2} \sum_{a \neq b} f_2(\xi_a, \xi_b)$$

と表される (例：スカラー関数で表される相互作用がある場合，$f_2(\xi_a, \xi_b)$ はスカラーポテンシャル $U(|\xi_a - \xi_b|)$ である)．我々はこの行列要素を，1 粒子演算子の場合と同様に計算する．対角要素の他に以下に示すようなゼロでない行列要素が現れる.

$$\langle N_f, N_i - 1, N_j - 1 | \mathcal{F}_2 | N_f - 2, N_i, N_j \rangle$$

$$\langle N_f, N_g, N_i - 1, N_j - 1 | \mathcal{F}_2 | N_f - 1, N_g - 1, N_i, N_j \rangle$$

$$\langle N_f, N_g, N_i - 2 | \mathcal{F}_2 | N_f - 1, N_g - 1, N_i \rangle$$

$$\langle N_f, N_i - 2 | \mathcal{F}_2 | N_f - 2, N_i \rangle$$

(これらは 2 粒子の可能な遷移すべてに対応している.) そしてもちろん,

$$\langle N_f, N_i - 1 | \mathcal{F}_2 | N_f - 1, N_i \rangle$$

も残る (これは 1 粒子だけに作用している). 演算子 $\mathcal{F}_2$ が,

$$\sum_{m, n, p, q} C_{m, n, p, q}\, b_m^\dagger b_n^\dagger b_p b_q$$

という形になることは明らかであり，この係数を見いだせばよい.

2 つの粒子が，状態 $|i\rangle, |j\rangle$ から，散乱後に $|f\rangle, |g\rangle$ へ遷移するときの行列要素を求めよう.

$$\langle N_f, N_g, N_i - 1, N_j - 1 | \mathcal{F}_2 | N_f - 1, N_g - 1, N_i, N_j \rangle$$

$$= \frac{1}{2} \sum_{a \neq b} \sqrt{\frac{\cdots N_f! \cdots N_g! \cdots (N_i - 1)! \cdots (N_j - 1)! \cdots}{N!}}$$

$$\times \sqrt{\frac{\cdots (N_f - 1)! \cdots (N_g - 1)! \cdots N_i! \cdots N_j! \cdots}{N!}}$$

$$\times \int d\xi_1 \cdots d\xi_N \sum_{p, p'} {}_{\mathcal{P}_s}[\phi_{p'_1}^*(\xi_1) \cdots \phi_{p'_N}^*(\xi_N)] f_2(\xi_a, \xi_b)\, {}_{\mathcal{P}_s}[\phi_{p_1}(\xi_1) \cdots \phi_{p_N}(\xi_N)]$$

1.4. 第二量子化

この式で 1 粒子状態の対応関係が破れている ϕ_f^*, ϕ_g^* と ϕ_i, ϕ_j のところから，次の積分が生じる．

$$\int d\xi_a \int d\xi_b \big(\phi_f^*(\xi_a)\phi_g^*(\xi_b)f_2(\xi_a,\xi_b)\phi_i(\xi_a)\phi_j(\xi_b)$$
$$+ \phi_g^*(\xi_a)\phi_f^*(\xi_b)f_2(\xi_a,\xi_b)\phi_i(\xi_a)\phi_j(\xi_b)$$
$$+ \phi_f^*(\xi_a)\phi_g^*(\xi_b)f_2(\xi_a,\xi_b)\phi_j(\xi_a)\phi_i(\xi_b)$$
$$+ \phi_g^*(\xi_a)\phi_f^*(\xi_b)f_2(\xi_a,\xi_b)\phi_j(\xi_a)\phi_i(\xi_b)\big)$$

2 粒子の対称化 $\mathcal{P}$ によって生じる項をあらわに書いたが，残りの ($N{-}2$) 個の 1 粒子状態の対称化により因子 $(N{-}2)!/(\ldots(N_f{-}1)!\ldots(N_g{-}1)!\ldots(N_i{-}1)!\ldots(N_j{-}1)!\ldots)$ が現れるので，結果として次式が得られる．

$$\langle N_f, N_g, N_i-1, N_j-1 | \mathcal{F}_2 | N_f-1, N_g-1, N_i, N_j \rangle$$

$$= \frac{1}{2}\sum_{a\neq b}\sqrt{\frac{\cdots N_f!\cdots N_g!\cdots (N_i-1)!\cdots (N_j-1)!\cdots}{N!}}$$
$$\times \sqrt{\frac{\cdots (N_f-1)!\cdots (N_g-1)!\cdots N_i!\cdots N_j!\cdots}{N!}}$$
$$\times \frac{(N-2)!}{\cdots (N_f-1)!\cdots (N_g-1)!\cdots (N_i-1)!\cdots (N_j-1)!\cdots}$$
$$\times \big(\langle fg|f_2|ij\rangle + \langle gf|f_2|ij\rangle + \langle fg|f_2|ji\rangle + \langle gf|f_2|ji\rangle\big)$$

$$= \left(\frac{1}{2}\frac{\sum_{a\neq b}1}{N(N-1)}\right)\sqrt{N_f N_g N_i N_j}$$
$$\times \big(\langle fg|f_2|ij\rangle + \langle gf|f_2|ij\rangle + \langle fg|f_2|ji\rangle + \langle gf|f_2|ji\rangle\big)$$

$$= \frac{1}{2}\sqrt{N_f N_g N_i N_j}\,\big(\langle fg|f_2|ij\rangle + \langle gf|f_2|ij\rangle + \langle fg|f_2|ji\rangle + \langle gf|f_2|ji\rangle\big)$$

演算子を $\sum_{m,n,p,q} C_{m,n,p,q} b_m^\dagger b_n^\dagger b_p b_q$ として各々の $b^\dagger b^\dagger bb$ からの寄与を調べると，次のようになる．

$$\langle N_f, N_g, N_i-1, N_j-1 | b_m^\dagger b_n^\dagger b_p b_q | N_f-1, N_g-1, N_i, N_j\rangle$$
$$= \sqrt{N_f N_g N_i N_j}$$
$$\times \langle N_f, N_g, N_i-1, N_j-1 | N_f, N_g, N_i-1, N_j-1\rangle$$
$$\times (\delta_{mf}\delta_{ng}\delta_{pi}\delta_{qj} + \delta_{mg}\delta_{nf}\delta_{pi}\delta_{qj} + \delta_{mf}\delta_{ng}\delta_{pj}\delta_{qi} + \delta_{mg}\delta_{nf}\delta_{pj}\delta_{qi})$$

これは $C_{m,n,p,q} = (1/2)\langle mn|f_2|pq\rangle$ を意味する．これが $\mathcal{F}_2$ を演算子 $b^\dagger, b$ で表す際に現れる係数である．残りの行列要素についても同じ結果が得られる．

1.4.3　粒子数演算子と位相演算子：不確定性関係

我々は占有数演算子 $\mathcal{N}$ を導入した．最も単純な単一調和振動子の場合には，これは量子数——すなわち振動の振幅を表す．これは，古典的極限では明確に定義された物理量である．したがってこれと共役な演算子と，その演算子に対応する古典的変数は何であるかを明らかにしておくことは意味があるであろう．仮想的な Hermite 演算子 $\hat{\varphi}$ と $\mathcal{N}$ との間の交換関係は，

$$[\mathcal{N}, \hat{\varphi}] = -i \tag{1.124}$$

としなければならない ($\hbar$ が出てこないが，その理由はすぐに明らかになる)．

調和振動子のハミルトニアンは，次のように書ける．

$$\mathcal{H} = \hbar\omega_0\left(\mathcal{N} + \frac{1}{2}\right) \tag{1.125}$$

ここで $\mathcal{N} = b^\dagger b$ であり，$b^\dagger, b$ は Bose 演算子で $[b, b^\dagger] = 1$ である (これは量子力学のあらゆるテキストに載っている基本的な練習問題である．たとえば **Landau and Lifshitz 1989** 参照)．式 (1.124) を $\hat{\varphi}$ に関する Heisenberg の運動方程式に用いると，次式が得られる．

$$i\hbar\frac{d\hat{\varphi}(t)}{dt} = [\hat{\varphi}, \mathcal{H}] = i\hbar\omega_0 \tag{1.126}$$

したがって，$\hat{\varphi}(t) = \omega_0 t$ は振動の"位相"を表す．結局，位相と量子数 (振幅) は互いに共役な観測量(オブザーバブル)となっている．ここから即座に導かれる関係は，"量子数-位相の不確定性関係"である．

$$\Delta N \cdot \Delta \varphi \geq \frac{1}{2} \tag{1.127}$$

この関係は，振動子の位相と振幅を同時に正確には測定できないことを示している (Planck(プランク)定数が現れないことへの疑問が生じるかもしれない．これは'古典的な'不確定性関係なのだろうか？　もちろんそうではなく，古典的な振動子ならば両者を同時に正確に測定できる．$\hbar$ は N に隠されているのである．振動子の量子数は古典的なエネルギーを $\hbar\omega_0$ で割ったものであり，式 (1.127) の両辺は $\hbar$ で割られているのである)．

より一般的に，Bose 演算子が次のように表されるような Hermite 演算子 $\hat{\varphi}$ を導入することを試みてみよう．

1.4. 第二量子化

$$b = e^{-i\hat{\varphi}}\sqrt{\mathcal{N}}$$
$$b^\dagger = \sqrt{\mathcal{N}}\,e^{i\hat{\varphi}} \tag{1.128}$$

上式により $b^\dagger b = \sqrt{\mathcal{N}}\,e^{i\hat{\varphi}} \cdot e^{-i\hat{\varphi}}\sqrt{\mathcal{N}} = \mathcal{N}$ となっているが,一方 $bb^\dagger = e^{-i\hat{\varphi}}\mathcal{N}e^{i\hat{\varphi}}$ が $b^\dagger b + 1$ にならなければならない.したがって,次の式が成立する必要がある.

$$[e^{-i\hat{\varphi}}, \mathcal{N}] = e^{-i\hat{\varphi}} \tag{1.129}$$

この条件は,次式を仮定すれば満足できる (指数関数を級数展開して各項を比較すればよい).

$$[\mathcal{N}, \hat{\varphi}] = -i \tag{1.130}$$

この式は,前に示した交換関係と一致している.

古典的な極限を考えた場合,式(1.128)の定義の意味は明らかである.このとき占有数は非常に大きい数になる (ここでは Bose 粒子を考える).$b^\dagger b$ と $bb^\dagger$ の違いは 1 に過ぎないので,$\mathcal{N}$ を古典的な数 n で近似することができ,したがって $\hat{\varphi}$ も単なる数として扱える.$b^\dagger$ と b は複素共役な数となり,それらの絶対値 (振幅) と位相はそれぞれ $\sqrt{n}$ と φ になる (第二量子化された波動関数の定義 $\Psi(x) = \sum_n \{b_n \phi_n(x) + b_n^\dagger \phi_n^*(x)\}$ は,電磁場 [フォトン系] や音波 [フォノン系] のような古典的な場になることが分かる).

量子力学的な状況は,残念ながらこれよりはるかに複雑である.たとえば $\mathcal{N}$ の固有状態 $\mathcal{N}|n\rangle = n|n\rangle$ を考えると,$\Delta N = 0$ なので式(1.127)により $\Delta\varphi = \infty$ となる.位相は 2π を法として定義されているので,その不確かさが 2π を超えるのは奇妙なことである.

詳細な解析 (**Carruthers and Nieto 1968** 参照) によると,位相は完全によい量子力学的な "観測量(オブザーバブル)" ではない.つまり $\hat{\varphi}$ は Hermite 演算子では "ない" のである.

このことは,以下のように証明できる.もし $\hat{\varphi}$ が Hermite 演算子であれば,$\hat{U} \equiv e^{-i\hat{\varphi}}$ はユニタリー演算子でなければならない.

$$\hat{U}\hat{U}^\dagger = \hat{U}^\dagger \hat{U} = \mathcal{I}$$

ここで $\hat{U}^\dagger = e^{i\hat{\varphi}}$ である.一方,式(1.129)によると,

$$\mathcal{N}\hat{U}|n\rangle = \hat{U}(\mathcal{N} - \mathcal{I})|n\rangle = (n-1)\hat{U}|n\rangle$$

となる.したがって $\hat{U}|n\rangle = |n-1\rangle$ である.$\hat{U}$ を真空に作用させると $\hat{U}|0\rangle = 0$ となり,状態を消滅させることに注意されたい (そうでなければ $\hat{U}|0\rangle$ に更に $\hat{U}$ を作用させることにより,負の占有数を持つ状態が生じてしまう!).

また，同様に $\hat{U}^\dagger |n\rangle = |n+1\rangle$ である．

したがって，ゼロ以上の任意の整数 n について $\langle m|\hat{U}\hat{U}^\dagger|n\rangle = \langle m|\hat{U}|n+1\rangle = \langle m|n\rangle = \delta_{mn}$ となるので，ここでは見かけ上 $\hat{U}\hat{U}^\dagger = \mathcal{I}$ である．しかし $\langle 0|\hat{U}^\dagger\hat{U}|0\rangle = 0$ なので，$\hat{U}^\dagger\hat{U}$ は n が正でないと $\mathcal{I}$ にならない．よって $\hat{U}^\dagger\hat{U} \neq \mathcal{I}$ であり，$\hat{\varphi}$ は Hermite 演算子ではない．このことは，負の占有数を持つ状態が存在しないことによる結果である．

しかしながら，先ほど示した $\mathcal{N}$ と $\hat{\varphi}$ の扱い方は，$N \gg 1$ の場合にはよい近似となる(幸い我々が扱う系は，通常この条件を満たす．占有数 N の平均値からの偏差は $[-N,\infty)$ の範囲に制約されるが，N が大きい場合には'ほとんど' $(-\infty,\infty)$ の範囲と見なし得る)．式(1.127)は $\Delta\varphi$ が小さい場合に成立する[4]．

上記の点を一応念頭においておくことにして，式(1.124)を用いると，φ で表示した波動関数 $\Psi(\varphi) \equiv \langle\varphi|\Psi\rangle$ に対する $\hat{\varphi}$ と $\mathcal{N}$ の作用は，次のように表される．

$$\hat{\varphi}\Psi(\varphi) = \varphi\Psi(\varphi) \tag{1.131}$$

$$\mathcal{N}\Psi(\varphi) = \frac{1}{i}\frac{\partial}{\partial\varphi}\Psi(\varphi) \tag{1.132}$$

φ で表示した $\mathcal{N}$ の固有状態は，

$$\langle\varphi|n\rangle \propto e^{in\varphi} \tag{1.133}$$

$$\mathcal{N}\langle\varphi|n\rangle = \frac{1}{i}\frac{\partial}{\partial\varphi}\langle\varphi|n\rangle = n\langle\varphi|n\rangle \tag{1.134}$$

となっている．一方 n で表示した波動関数に対して，演算子は次のように作用する．

$$\mathcal{N}\Psi(n) \equiv \mathcal{N}\langle n|\Psi\rangle = n\Psi(n) \tag{1.135}$$

$$\hat{\varphi}\Psi(n) = -\frac{1}{i}\frac{\partial}{\partial n}\Psi(n) \tag{1.136}$$

これらの表現は，次の Fourier 変換で関係づけられている．

$$\Psi(n) = \int_0^{2\pi}\frac{d\varphi}{2\pi}e^{in\varphi}\Psi(\varphi) \tag{1.137}$$

$$\Psi(\varphi) = \sum_n e^{-in\varphi}\Psi(n) \tag{1.138}$$

我々は，この表現が微小な超伝導体における輸送現象を扱う際に有用であることを後に見るであろう．この場合，位相は超伝導秩序パラメーターの位相であり，電子(Fermi粒子)が対を形成した，いわゆる Cooper 対が Bose 粒子と見なされる．

---

[4] 容易に推測されるように，$\mathcal{N}$ の固有状態における φ の期待値は $[0,2\pi)$ の範囲で一様な確率分布を持つ．

1.4.4 Fermi粒子

初めに,前節で述べた結果がFermi粒子に対しても同様に成立することを述べておく.Fermi粒子場の演算子をBose粒子場と同じ方法で導入でき,また同じ方法でn粒子演算子$\mathcal{F}_n$の第二量子化表現を得ることができる.唯一の決定的な違いは,Bose粒子の生成・消滅演算子の代わりにFermi粒子の生成・消滅演算子$a^\dagger, a$を用いることである.Bose粒子の場合と異なりPauliの排他律によって,任意のFermi粒子系における任意の1粒子状態pにおいて$a_p^\dagger a_p^\dagger|\Phi\rangle_\mathrm{F} = 0$, $a_p a_p |\Phi\rangle_\mathrm{F} = 0$, すなわち$(a_p^\dagger)^2 = (a_p)^2 = 0$となる(これは数学で'冪零(べきゼロ)'と呼ばれる性質である).これらの演算子の行列要素を見いだすために,1粒子演算子$\mathcal{F}_1$に戻り,Slater行列式(1.105)で定義されている下記のFermi粒子系の状態$|\Phi\rangle_\mathrm{F}$の間の行列要素を調べよう.

$$\Phi_\mathrm{F}^{N_1, N_2, \cdots}(\xi_1, \xi_2, \ldots, \xi_N) \equiv |N_1, N_2, \ldots\rangle_{(\mathrm{F})}$$

$$= \frac{1}{\sqrt{N!}} \begin{vmatrix} \phi_{p_1}(\xi_1) & \phi_{p_1}(\xi_2) & \cdots & \phi_{p_1}(\xi_N) \\ \phi_{p_2}(\xi_1) & \phi_{p_2}(\xi_2) & \cdots & \phi_{p_2}(\xi_N) \\ \cdots & \cdots & \cdots & \cdots \\ \phi_{p_N}(\xi_1) & \phi_{p_N}(\xi_2) & \cdots & \phi_{p_N}(\xi_N) \end{vmatrix}$$

波動関数の符号を決めるために$p_1 < p_2 < \cdots < p_N$としておく.

1粒子演算子については,ゼロでない非対角行列要素は$\langle 1_f, 0_i | \mathcal{F}_1 | 0_f, 1_i \rangle$という形のものである(Fermi粒子系の占有数$N_p$は0もしくは1である.添字$i, f$は演算子が作用を及ぼす占有状態と空状態を指している).行列式の定義から,次式を得ることができる.

$$\langle 1_f, 0_i | \mathcal{F}_1 | 0_f, 1_i \rangle = \sum_a \frac{1}{N!} \int d\xi_1 \cdots d\xi_N \sum_\mathcal{P} \sum_{\mathcal{P}'} (-1)^P (-1)^{P'}$$
$$\times \phi_{p'_1}^*(\xi_1) \cdots \phi_{p'_a}^* \cdots f_1(\xi_a) \phi_{p_1}(\xi_1) \cdots \phi_{p_a} \cdots$$

和は粒子のすべての添字の置換$\mathcal{P}[p_1, p_2, \cdots, p_N]$, $\mathcal{P}'[p'_1, p'_2, \cdots, p'_N]$について行う.$(-1)^{P, P'}$は置換の偶奇(パリティ:parity)に依存する符号である.

右辺の因子は右側に$\phi_i(\xi)$, 左側に$\phi_f^*(\xi)$を持ち,これらが演算子$f_1(\xi_a)$で関係づけられる.したがって行列要素に寄与するすべての項において置換$\mathcal{P}$と$\mathcal{P}'$は添字iとfのところだけが異なる.

$$\mathcal{P} : p_1 \; p_2 \; \ldots \; i \; \ldots\ldots \; p_N$$
$$\mathcal{P}' : p_1 \; p_2 \; \ldots\ldots \; f \; \ldots \; p_N$$

i の状態と f の状態の間 ($i<f$ ならば $i<p<f$) にある占有された状態の数を Q とすると，これらの置換の相対的なパリティの違いは $(-1)^Q$ と書ける．一般の置換 $\mathcal{P}$ のパリティは，$p_a<p_b<\cdots<i<\cdots$ から隣接変数の置換だけを繰り返して同じ置換結果を得るための置換回数を P とすると，$(-1)^P$ と書ける．置換 $\mathcal{P}'$ を得るためには，初めの i の代わりに f が入らなければならない．もし i と f の間に占有された状態がないならば余分な置換は不要である．しかし i と f の間に占有された状態があれば，同じ P 回の置換の後に Q 回の置換が必要となる．したがって $\mathcal{P}$ と $\mathcal{P}'$ の相対的なパリティは $(-1)^Q$ となる．

このことから，非対角行列要素を次のように書くことができる．

$$\langle 1_f, 0_i | \mathcal{F}_1 | 0_f, 1_i \rangle = \langle f | f_1 | i \rangle (-1)^Q$$

対角行列要素は，もちろん次のように書ける．

$$\langle | \mathcal{F}_1 | \rangle = \sum_j \langle j | f_1 | j \rangle N_j$$

ここで Bose 粒子系と同じ演算子の行列要素 f_1 の表示を用いた．

Fermi 粒子の生成・消滅演算子 $a^\dagger, a$ は明らかに，ただひとつのゼロでない行列要素を持つ．これを次のように定義する．

$$\langle 0_j | a_j | 1_j \rangle = \langle 1_j | a_j^\dagger | 0_j \rangle = (-1)^{\sum_{s=1}^{j-1} N_s} \tag{1.139}$$

まず Fermi 粒子系でも個数演算子 $\mathcal{N}_j$ が $a_j^\dagger a_j$ で表せるかを確認すると，予想通り，

$$\langle 0_j | a_j^\dagger a_j | 0_j \rangle = 0$$
$$\langle 1_j | a_j^\dagger a_j | 1_j \rangle = 1$$

となり，N_j が他の値を取ることはない．

"遷移"演算子 $a_f^\dagger a_i$ のゼロでない行列要素は，

$$\langle 1_f, 0_i | a_f^\dagger a_i | 0_f, 1_i \rangle = \langle 1_f, 0_i | a_f^\dagger | 0_f, 0_i \rangle \langle 0_f, 0_i | a_i | 0_f, 1_i \rangle$$
$$= (-1)^{\sum_{s=1}^{f-1} N'_s} (-1)^{\sum_{z=1}^{i-1} N_z}$$
$$= (-1)^Q$$

となる (ダッシュ記号は左側の占有数の和を初期状態の粒子が消滅した'後で'計算することを意味している．たとえば $i<f$ であれば $(-1)^{\sum_{s=i}^{f-1} N'_s} = (-1)^{\sum_{s=i+1}^{f-1} N_s} \equiv (-1)^Q$ である)．このことから 1 粒子演算子が Bose 粒子と同様に，$a^\dagger, a$ を用いて次のように表されることが分かる．

$$\mathcal{F}_1 = \sum_{f,i=1}^{N} \langle f|f_1|i\rangle a_f^\dagger a_i$$

他方,演算子 $a_i a_f^\dagger$ については,次のようになる.

$$\langle 1_f, 0_i | a_i a_f^\dagger | 0_f, 1_i\rangle = \langle 1_f, 0_i | a_i | 1_f, 1_i\rangle \langle 1_f, 1_i | a_f^\dagger | 0_f, 1_i\rangle$$
$$= (-1)^{\sum_{s=1}^{f-1} N'_s}(-1)^{\sum_{z=1}^{i-1} N_z}$$
$$= (-1)^{Q+1}$$

したがって Fermi 粒子の"反"交換関係は,

$$\{a_i, a_j^\dagger\} = \delta_{ij}, \quad \{a_i, a_j\} = \{a_i^\dagger, a_j^\dagger\} = 0 \tag{1.140}$$

と表される.ここで用いた表記 $\{\,,\,\}$ は反交換子を表しており,$\{\mathcal{A}, \mathcal{B}\} = \mathcal{AB} + \mathcal{BA}$ である.これに伴い Fermi 粒子場の"反"交換関係は,

$$\{\psi(\xi, t), \psi^\dagger(\xi', t)\} = \delta(\xi - \xi')$$
$$\{\psi(\xi, t), \psi(\xi', t)\} = \{\psi^\dagger(\xi, t), \psi^\dagger(\xi', t)\} = 0 \tag{1.141}$$

となる (Fermi 粒子場の演算子も Bose 粒子の場合と同様に $a^\dagger, a$ と 1 粒子波動関数を用いて作ることができる.式 (1.141) は,1 粒子波動関数系の完全性に基づいて導かれる).

読者は演習問題として,2 粒子演算子についても Bose 粒子系の場合と同様に第二量子化した演算子を作ることができるはずである."演算子の第二量子化表示"の方法をまとめておくことにする (表 1.3).

$\mathcal{F} = \dfrac{1}{n!} \displaystyle\sum_{a1 \neq a2 \neq \cdots \neq an} f_n(\xi_{a1}, \ldots, \xi_{an})$	n 粒子演算子
$\hat{\phi}(\xi, t) = \displaystyle\sum_{j=1}^{N} \phi_j(\xi, t) b_j(t)$	場の消滅演算子
$\hat{\phi}^\dagger(\xi, t) = \displaystyle\sum_{j=1}^{N} \phi_j^*(\xi, t) b_j^\dagger(t)$	場の生成演算子
$\mathcal{F}_n = \dfrac{1}{n!} \int d\xi_1 \cdots d\xi_n \hat{\phi}^\dagger(\xi_n, t) \cdots \hat{\phi}^\dagger(\xi_1, t)$ $\times f_n(\xi_1, \ldots, \xi_n) \hat{\phi}(\xi_1, t) \cdots \hat{\phi}(\xi_n, t)$	

表 1.3 演算子の第二量子化表示.

演習問題

1-1 以下に示すように1粒子伝播関数の定義から，伝播関数の運動量空間における径路積分表現を導け．

$$K(\mathbf{p},t;\mathbf{p}',t') = \langle \mathbf{p},t|\mathbf{p}',t'\rangle \theta(t-t') \to \int \frac{\mathcal{D}\mathbf{p}}{(2\pi\hbar)^3}\int \mathcal{D}\mathbf{x}\, e^{\frac{i}{\hbar}S(\mathbf{p},\mathbf{x})}$$

$|\mathbf{p},t\rangle$ は Heisenberg の運動量演算子 $\hat{\mathbf{p}}_H(t) = \mathcal{U}^\dagger(t)\hat{\mathbf{p}}\,\mathcal{U}(t)$ の固有状態である．この場合，作用 $S(\mathbf{p},\mathbf{x})$ はどのような形になるか．

- 古典力学におけるラグランジアンは，座標と時間を引き数とする任意の関数の時間微分，たとえば運動量と座標の内積の時間微分 $\frac{d}{dt}\bigl(\mathbf{p}(\mathbf{x},\dot{\mathbf{x}})\mathbf{x}\bigr)$ の増減分だけ不定性 (任意性) があること (**Goldstein 1980**, 2-5) に注意せよ．

結果が次式のように，座標空間における伝播関数の Fourier 変換に一致することを示せ．

$$K(\mathbf{p},t;\mathbf{p}',t') = \int d^3\mathbf{x}\int d^3\mathbf{x}'\, e^{-\frac{i}{\hbar}\mathbf{p}\mathbf{x}} K(\mathbf{x},t;\mathbf{x}',t')\, e^{\frac{i}{\hbar}\mathbf{p}'\mathbf{x}'}$$

1-2 外部ポテンシャルによる散乱について，次の Fourier 変換の下で，運動量空間における Feynman 規則を導出せよ．

$$V(\mathbf{x},t) = \int \frac{d^3\mathbf{p}\,dE}{(2\pi\hbar)^4} e^{\frac{i}{\hbar}(\mathbf{p}\mathbf{x}-Et)} v(\mathbf{p},E)$$

1-3 多粒子系の粒子間相互作用が，2体のスカラーポテンシャル u を用いて，

$$\mathcal{W} = \frac{1}{2}\sum_{a\neq b} u\bigl(|\mathbf{x}_a - \mathbf{x}_b|\bigr)$$

と表され，ハミルトニアンが，

$$\mathcal{H} = \mathcal{K}_{(\text{kin.energy})} + \mathcal{W}$$

であると仮定する．$\mathcal{K}$ と $\mathcal{W}$ を第二量子化の形式で表せ．Bose 粒子系，Fermi 粒子系の場合それぞれについて，場の演算子の運動方程式を，Heisenberg 表示と相互作用表示で書き下し，1粒子の Schrödinger 方程式と比較せよ．どのような違いがあるか．

第 2 章　絶対零度のGreen関数

Men say that Bodhisat Himself drew it with grains of rice upon dust, to teach His disciples the cause of things. Many ages have crystallised it into a most wonderful convention crowded with hundreds of little figures whose every line carries a meaning.

Rudyard Kipling. "Kim."

2.1　多体系のGreen関数：定義と性質

2.1.1　多体系におけるGreen関数の定義

　第二量子化の表現の基底として1粒子状態を用いるときに，数学的な観点からは，座標(およびスピン)を変数とする1粒子基本関数系として，任意の完全系を採用することが可能である．しかし実際には，あらかじめ物理的に見て適切な関数系を選択しておくことが望ましい．大抵の場合，方程式を厳密に解くことはできず，また任意の基本関数系から始めた場合，必ずしも"$\varepsilon - \delta$"のような収束が期待できるとは限らないので，基本関数系にはできるだけ最終的な解に近いものを選んでおく必要がある．

　1粒子状態としては，比較的安定で，測定可能な一定の性質を持ち，実際の粒子の状態に対するゼロ次近似としてふさわしい状態，すなわち"仮想的に相互作用を除いた自由な準粒子"の状態を選択するのが好ましい(準粒子については第1章でもある程度言及したが，ここでは定量的な議論に進み，その描像が一般的な摂動論の形式に適合していることを示す)．

　我々は，すでに場の演算子が"Schrödinger方程式"に従うことを見た．

$$i\hbar \frac{\partial}{\partial t}\psi(\xi,t) = \bigl(\mathcal{E}(\xi,t) + \mathcal{V}(\xi,t)\bigr)\psi(\xi,t)$$
$$+ \int d\xi' \psi^\dagger(\xi',t)\mathcal{U}(\xi',\xi)\psi(\xi',t)\psi(\xi,t) + \cdots \quad (2.1)$$

$\mathcal{E}$ と $\mathcal{V}$ は運動エネルギーと外部ポテンシャルの演算子であり，$\mathcal{U}$ は時間遅延のない粒子間相互作用を表す．1粒子の基本関数系を正しく選択した場合，この方程式の主要部分が1粒子のSchrödinger方程式になることは明らかである．

$$i\hbar \frac{\partial}{\partial t}\psi(\xi,t) \approx \bigl(\mathcal{E}(\xi,t) + \mathcal{V}(\xi,t)\bigr)\psi(\xi,t) \tag{2.2}$$

このことは，系が"準粒子"系——式(2.2)で近似的に記述されるような，弱く相互作用する粒子の系——と見なせることを，数式的に表している．このような記述からの実際のずれが小さいならば，仮想した準粒子の寿命は充分に長く，何らかの測定可能な性質を用いて，粒子として明確に定義することができるはずである．準粒子の性質は，大抵の場合，外場 $\mathcal{V}$ の影響下における自由粒子と大きく異なることはないが，この点を少し詳しく見てみよう．

たとえば金属中の電子系の性質を調べる場合，1電子状態の合理的なゼロ次近似としては，電子-電子相互作用を無視し，イオンを平衡位置に"固定"して考えた，結晶格子の周期ポテンシャル中の1粒子状態を採用することができる．このような大まかな近似でも，"準電子"の性質は，量子電磁力学における電子のそれ（質量 9.109×10^{-28} g，電荷 -4.803×10^{-10} esu）とは大きく異なってくる．質量は一般に異方性を持ち，電子質量より小さくなったり大きくなったりする．電荷が正になるような準粒子を新たに定義し得る場合もあり，また周期ポテンシャルによる反転過程が生じるために，運動量が保存量でなくなる．さらには同じ系の中でも，異なる種類の準粒子が存在し得るのである (図2.1)．

一方，金属における結晶格子の性質に目を向けるならば，我々はイオン系の運動を量子化して"フォノン"の概念に到達することができる．これも格子系の中だけで存在できる準粒子である．フォノンは式(2.1)の第3項のような項を通じて，電子や他のフォノンと相互作用する．

もちろん最終的な目的のためには，これらの相互作用の効果もすべて正しく考慮しなければならない．その結果として我々は，相互作用項のない式(2.2)で記述されるような，別の仮想粒子の概念に到達することになる．それが系における実際の準粒子となる．

上記の記述に矛盾はない．第1章では裸の粒子が相互作用によって"衣"をまとい，準粒子となることを説明した．そこでは2つの手続きを経て準粒子概念に到達している．第1の手続き(正しい1粒子状態の選択)は，通常は相互作用を表す摂動項には無関係に，系の対称性の考察(もしくは物理的蓋然性による推測)に基づいて行われる．たとえば離散的な並進対称性を持つ結晶格子の系では，平面波の代わりにBloch関数を用いなければならない．またイオン系の低エネルギー運動の適切な記述法としてはフォノンの概念が充てられる．このようにして選択した各1粒子状態('基本準粒子'とでも呼ぶべきもの)は，外部ポテンシャルが存在しない一様空間における自由粒子の平面波状態と同様の役割を，その系において担うことになる．格子系における

2.1. 多体系のGreen関数：定義と性質

図2.1 Fermi粒子系の準粒子.

Bloch状態は，自由空間における平面波状態と多くの共通した性質を持つ．たとえばそれらの状態の寿命は極めて長い(確定したエネルギーを持つこと，$\mathcal{E}\phi_j = E_j\phi_j$ による)．もし多くのテキストのように，一様な空間内で相互作用を持つFermi粒子の"液体"を扱うならば，"基本準粒子"として，相互作用がない場合の自由な1粒子状態を選択するのが最も自然である．

したがって我々は，今後このような1粒子状態を占める"基本準粒子"を，単に"粒子"と称し，"準粒子"という言葉は他の粒子との相互作用によって"衣をまとった"粒子に対してのみ用いることにする (Fermi液体が，弱い相互作用を持つそのような準Fermi粒子の気体として記述できるという仮定は，Landau(ランダウ)の現象論の基礎となっている)[‡]．

これで，多体系に対する準粒子の理論の構築にとりかかることができる．まず空間的に一様な，単一成分のFermi粒子系もしくはBose粒子系(先ほど指摘したように，

[‡](訳註) 本文では"準粒子"の定義を明確に記していないので，ここまでの準粒子に関する記述は少々曖昧なものになっている．p.7訳註参照．

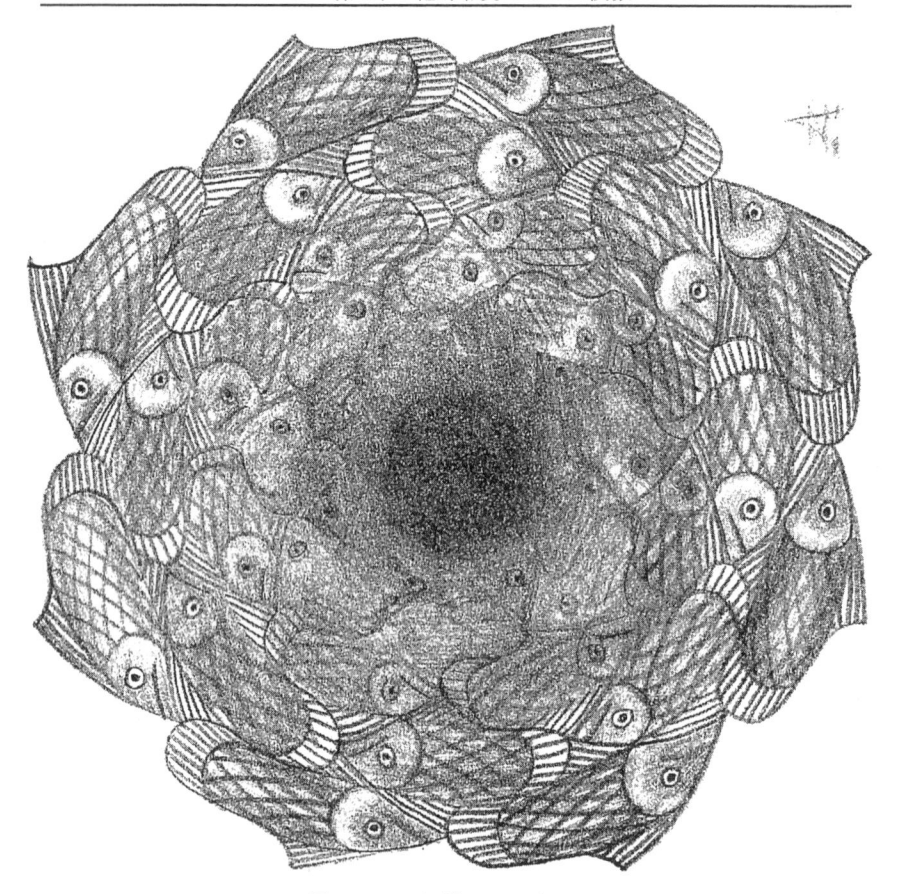

図2.2 Fermi面とFermi球.

通常のテキストでよく扱われる)の，絶対零度における常流動状態を考えてみよう．

このようなモデルは単純だが極めて重要なものである．ここでは超流動(超伝導)凝縮は扱わない(超伝導に関する議論は第4章で行う)．一様なFermi粒子系に関する議論は，バンド構造の複雑さを無視できる非超伝導の金属や半導体の問題に適用することができる．アルカリ金属が特によい例である．

一方，通常のBose粒子系は絶対零度ではBose凝縮を起こしているので，Bose粒子系に対するこのようなモデルは仮想的なものに見える．しかし少なくとも一例，凝縮を起こさない重要なBose粒子系が存在する．それはフォノン系である(これはフォノン数が保存しないという性質に一因があるが，大正準形式を採用すれば，この性質

2.1. 多体系のGreen関数:定義と性質

はさほど特異なものではない).

我々は第1章で,1粒子伝播関数,

$$K(x,t;x',t') = \langle x|\mathcal{S}(t,t')|x'\rangle = \langle xt|x't'\rangle$$

を導入した.これは時空点 (x',t') と (x,t) の間の,1粒子の伝播振幅を表している.この表現を直接一般化すると,N粒子系の状態とS演算子を用いた $\langle \Phi|\mathcal{S}(t,t')|\Phi'\rangle$ が得られる.しかしこれでは $N \approx 10^{23}$ 個の粒子の伝播振幅をすべて扱うことになってしまうので,実際上有用ではない.一方,上式の後の方は,次のような2つの1粒子励起状態の内積と見なすことができる.

$$|x,t\rangle_{\text{state}} \equiv \psi^\dagger(x,t)|\text{state}\rangle; \quad |x',t'\rangle_{\text{state}} \equiv \psi^\dagger(x',t')|\text{state}\rangle$$

(Heisenberg表示の場の演算子 $\psi^\dagger(x,t)$ は,指定された時空点に粒子をひとつ生成する.) したがって,次のようにGreen関数の定義を修正することができる.

$$\text{Green's function} \rightarrow \langle\text{state}|\psi(x,t)\psi^\dagger(x',t')|\text{state}\rangle$$

ひとつの準粒子が伝播する前後の,ひと組の座標もしくは運動量の変数だけを残して,他のすべての微視的な変数を消去してしまうために,多体系の状態ベクトルを用いて演算子の平均をとらなければならない.演算子 $\mathcal{A}$ のそのような平均化を(量子的かつ統計的に)行うには,統計演算子(密度行列)$\hat{\varrho}$ と $\mathcal{A}$ の積の対角和(トレース)をとればよい.

$$\langle \mathcal{A}\rangle = \text{tr}(\hat{\varrho}\mathcal{A}) \tag{2.3}$$

上に示したGreen関数の式は,Fermi粒子の N 粒子系にひとつの粒子を付け加え,それが (x',t') から (x,t) へ伝播した後でその粒子を取り除く過程を記述しているように見える.もうひと通りの可能な過程として,まず粒子をひとつ取り除き,それによって生じた"空孔[§]"(hole)が伝播した後に,系に粒子を加えてその空孔を埋めるという過程も考えることができる(図2.3).

上記の両方の過程を記述する"1粒子因果Green関数"(one-particle causal Green's function)は,Heisenberg表示の演算子を用いて,次のように表される[‡].

$$\begin{aligned}
&G_{\alpha\alpha'}(\mathbf{x},t;\mathbf{x}',t') \\
&= -i\langle\psi_\alpha(\mathbf{x},t)\psi^\dagger_{\alpha'}(\mathbf{x}',t')\rangle\theta(t-t') \mp i\langle\psi^\dagger_{\alpha'}(\mathbf{x}',t')\psi_\alpha(\mathbf{x},t)\rangle\theta(t'-t) \\
&\equiv -i\langle\mathcal{T}\psi_\alpha(\mathbf{x},t)\psi^\dagger_{\alpha'}(\mathbf{x}',t')\rangle
\end{aligned} \tag{2.4}$$

[§] (訳註) 電子系を対象とする場合,そこに生じた空孔は(負電荷の欠損の結果として正電荷を持つように見えるので)日本語では"正孔"と呼ばれる.英語では単にholeで区別はない.

[‡] (訳註) 複号は通例とは逆で,上の方がFermi粒子系,下の方がBose粒子系に対応しているので注意されたい.

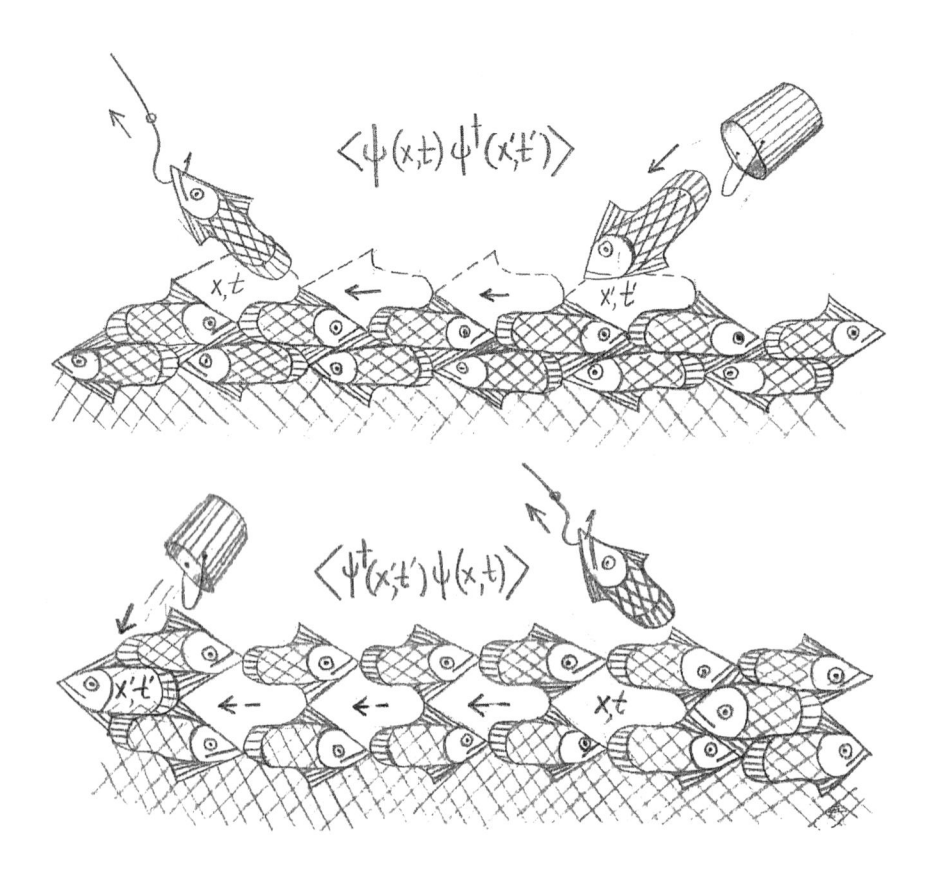

図2.3 因果Green関数：物理的なイメージ．

ここではスピン添字をあらわに書くことにする．通常の Fermi 粒子の場合，スピンは上向きと下向きの2つの値(状態)を取り得る[1] (フォノンの場合，スピン状態は1種類だけである)．

式(2.3)で示した平均化は線形な操作である．この性質を利用して時間微分演算子 $\partial/\partial t$ を $\mathcal{T}\psi_\alpha(\mathbf{x},t)\psi^\dagger_{\alpha'}(\mathbf{x}',t')$ に作用させてから平均化を行い，1粒子因果 Green 関数の運動方程式を得ることができる．

---

[1] 元の Fermi 粒子が持つスピンの値とは無関係に，Fermi 粒子系における準粒子のスピンの値は(準粒子の種類を問わず) $\frac{1}{2}$ となる．**Lifshitz and Pitaevskii 1980**, §1 参照．

2.1. 多体系のGreen関数：定義と性質

$$i\hbar\frac{\partial}{\partial t_1}G_{\alpha\beta}(\mathbf{x}_1,t_1;\mathbf{x}_2,t_2)$$
$$= \mathcal{E}(\mathbf{x}_1)G_{\alpha\beta}(\mathbf{x}_1,t_1;\mathbf{x}_2,t_2) + \mathcal{V}(\mathbf{x}_1,t_1)G_{\alpha\beta}(\mathbf{x}_1,t_1;\mathbf{x}_2,t_2)$$
$$- i\int d\mathbf{x}_3\, U(\mathbf{x}_3,\mathbf{x}_1)\langle \mathcal{T}\psi_\gamma^\dagger(\mathbf{x}_3,t_1)\psi_\gamma(\mathbf{x}_3,t_1)\psi_\alpha(\mathbf{x}_1,t_1)\psi_\beta^\dagger(\mathbf{x}_2,t_2)\rangle$$
$$+ \hbar\delta(\mathbf{x}_1-\mathbf{x}_2)\delta(t_1-t_2) \tag{2.5}$$

ここで定義した"多体系におけるGreen関数"は，数学で用いられるGreen関数とは異なる．多体系のGreen関数は式(2.5)の解であるが，この式は1粒子Green関数に関する閉じた式にはなっておらず，4つの演算子の積を平均化したもの（つまり2粒子Green関数）も含んでいる．すなわち式(2.5)は，古典統計力学におけるBBGKY階級方程式(Bogoliubov-Born-Green-Kirkwood-Yvon hierarchy equation)のうちの第1式に相当するものに過ぎない．BBGKY方程式は，古典的なn粒子系の分布関数に対する相互に関係する連立した運動方程式から成り立っている（たとえば**Balescu 1975** 参照）．

古典的な場合と同様に，階級方程式の連鎖を断つような操作を施すことによって，Green関数に関する"非線形な"偏微分方程式を得ることができる．このようにして得た式は，1粒子伝播関数$K(x,t;x',t')$を与える"線形な"式(1.25)とは異なっている．

平衡状態における平均化の操作は"正準集団"(canonical ensemble)もしくは"大正準集団"(grand canonical ensemble)を用いて行うことになる．この2通りの統計集団は，数学的には選択する独立変数の違い——$[T,V,N$：温度，体積，粒子数$]$もしくは$[T,V,\mu$：温度，体積，化学ポテンシャル$]$——によって区別される．物理的には，正準集団が外界とエネルギーだけしかやり取りできないのに対し，大正準集団ではエネルギーと粒子の出入りが可能であり，系の平均粒子数は化学ポテンシャルμによって決まる（図2.4）．正準集団でも大正準集団でも，系を構成する粒子の平均的な運動エネルギーは，温度によって決まる．

Gibbs形式の統計演算子の表式は§，

$$\hat{\varrho}_{\mathrm{CE}} = e^{\beta(F-\mathcal{H})} \tag{2.6}$$

もしくは，

$$\hat{\varrho}_{\mathrm{GCE}} = e^{\beta(\Omega-\mathcal{H}')} \tag{2.7}$$

---

§(訳註) 原著で式(2.5)に誤って式番号が2つ付けられているのを修正したので，本訳書における式番号は，本章の式(2.6)以降，原書とずれている．

図2.4 統計力学的な集団. 左側:正準集団. 右側:大正準集団.

となっている. ここで $\beta = 1/T$ であり (表記を簡単にするために $k_{\mathrm{B}} = 1$ と置いた), $F = -(1/\beta) \ln \mathrm{tr}\, e^{-\beta \mathcal{H}}$ は自由エネルギー, $\mathcal{H}' = \mathcal{H} - \mu \mathcal{N}$ で $\mathcal{N}$ は粒子数演算子, $\Omega = -(1/\beta) \ln \mathrm{tr}\, e^{-\beta \mathcal{H}'} = -PV$ は "大正準ポテンシャル" (grand potential) を表す (Lagrange項[‡] $-\mu \mathcal{N}$ はハミルトニアンの残りの部分と可換である). ここで我々は $\mathcal{H}$ の代わりに $\mathcal{H}'$ を用いた Heisenberg 表示と相互作用表示を導入することができるが, この場合, ハミルトニアンの各固有値も違ってくる.

熱力学的な極限として扱える巨視的な系では, 正準集団を用いたアプローチと大正準集団を用いたアプローチは事実上等価である. しかし対象となる系の寸法が小さくなり, 粒子数のゆらぎが無視できなくなると, この状況は変わってしまい, 2種類の集団は"物理的に"異なった系を表すことになる(孤立した導電体の粒と, 他の大きな導電体と導線でつながれている導電体の粒のように). 当面, 我々はそのような小さい系は考えないことにして, 大正準集団の方が取り扱いが容易なのでこれを採用する. また, 表記を簡単にするために, これ以降 $\hbar = 1$ とし, $\mathcal{H}'$ をあらためて $\mathcal{H}$ と書くことにする.

このようにすると, ハミルトニアンの固有状態 $|n\rangle$ に付随する固有値は, $E'_n = E_n - \mu N_n$ となる. N_n は状態 $|n\rangle$ における粒子数である. Heisenberg 表示で表した2つの場の演算子の時間順序積の平均(任意温度の G の i 倍)は, 次のようになる.

[‡](原著者の指示による追加註釈) 化学ポテンシャル μ は, 大正準統計分布を導出する際に "全" 大正準集団の粒子数の総和を一定に保つために導入する Lagrange の未定係数にあたるので, ここで現れる $-\mu \mathcal{N}$ を "Lagrange項" と呼んでおく. この項によるハミルトニアンの $\mathcal{H}$ から $\mathcal{H}'$ への変換は, 引き数を N から μ に変更する "Legendre (ルジャンドル) 変換" になっている.

2.1. 多体系のGreen関数：定義と性質

$$\langle \mathcal{T}\psi(t_1)\psi^\dagger(t_2)\rangle$$
$$= \mathrm{tr}\bigl(e^{\beta(\Omega-\mathcal{H})}\mathcal{T}\psi(t_1)\psi^\dagger(t_2)\bigr)$$
$$= \sum_{n,m}\langle n|e^{\beta(\Omega-\mathcal{H})}|m\rangle\langle m|\mathcal{T}\psi(t_1)\psi^\dagger(t_2)|n\rangle\langle m|m\rangle^{-1}\langle n|n\rangle^{-1}$$
$$= \sum_{n}e^{\beta\Omega-\beta(E_n-\mu N_n)}\langle n|\mathcal{T}\psi(t_1)\psi^\dagger(t_2)|n\rangle\langle n|n\rangle^{-1}$$
$$= \sum_{n}e^{-\beta(E_n-\mu N_n)}\langle n|\mathcal{T}\psi(t_1)\psi^\dagger(t_2)|n\rangle\langle n|n\rangle^{-1} \Big/ \sum_{n}e^{-\beta(E_n-\mu N_n)} \tag{2.8}$$

(この計算では，状態ベクトルの完全系一式を挿入する常套手段を用いている．完全系をなすベクトル $|m\rangle, |n\rangle$ は，ここでは規格化されていなくともよい．)

上の結果により，絶対零度 $(\beta \to \infty)$ における Green 関数は，次のように与えられる．

$$G_{\alpha\beta}(\mathbf{x}_1,t_1;\mathbf{x}_2,t_2) = -i\frac{\langle 0|\mathcal{T}\psi_\alpha(\mathbf{x}_1,t_1)\psi_\beta^\dagger(\mathbf{x}_2,t_2)|0\rangle}{\langle 0|0\rangle} \tag{2.9}$$

ここで $|0\rangle$ は Heisenberg 表示で示した系の正確な "基底状態" である[§]．この状態ベクトルは時間に依存せず，相互作用項による効果を含んでいる．

定常的で一様な系では，Green 関数は座標と時間それぞれの差だけに依存する関数になる．

$$G_{\alpha\beta}(\mathbf{x}_1,t_1;\mathbf{x}_2,t_2) = G_{\alpha\beta}(\mathbf{x}_1-\mathbf{x}_2,t_1-t_2) \tag{2.10}$$

更に，系が磁気的な秩序を持たず，外部磁場もない場合には，式 (2.10) のスピン変数依存性は，単位行列因子に還元される．

$$G_{\alpha\beta} = \delta_{\alpha\beta}G \tag{2.11}$$

ここで $G = \frac{1}{2}\mathrm{tr}\,G_{\alpha\beta}$ である (そうでなければ，系はスピンの量子化に関して特別な方向性を持っていることになる)．

非摂動Green関数

これで Fermi 粒子の非摂動 Green 関数を，その定義から直接計算できる．

$$G^0(\mathbf{x},t) = \frac{1}{i}\langle \mathcal{T}\psi(\mathbf{x},t)\psi^\dagger(0,0)\rangle_0 \tag{2.12}$$

[§] (訳註) 1.4節の $|0\rangle$ と意味が全くことなることに注意されたい．1.4節の $|0\rangle$ は電子がない状態．ここの $|0\rangle$ は (大雑把な言い方をすると) Fermi 準位のあたりまで電子が埋った状態である．

場の演算子を平面波で $\psi(\mathbf{x},t) = \dfrac{1}{\sqrt{V}}\sum_{\mathbf{k}} a_{\mathbf{k}} e^{i\mathbf{k}\mathbf{x} - i(\epsilon_{\mathbf{k}}-\mu)t}$ のように展開し[‡]，絶対零度の平衡系で $\langle a_{\mathbf{k}}^{\dagger} a_{\mathbf{k}'} \rangle_0 = \delta_{\mathbf{k},\mathbf{k}'} n_{\mathrm{F}}(\epsilon_{\mathbf{k}}) = \delta_{\mathbf{k},\mathbf{k}'} \theta(\mu - \epsilon_{\mathbf{k}})$ となることを考慮すると，次のようになる．

$$G^0(\mathbf{x},t) = \frac{1}{iV}\sum_{\mathbf{k}}\Big[\theta(t)\big(1-\theta(\mu-\epsilon_{\mathbf{k}})\big) - \theta(-t)\theta(\mu-\epsilon_{\mathbf{k}})\Big] e^{i\mathbf{k}\mathbf{x} - i(\epsilon_{\mathbf{k}}-\mu)t} \quad (2.13)$$

この式をFourier変換すると，次式が得られる．

$$\begin{aligned} G^0(\mathbf{p},\omega) &= \frac{1}{\omega - (\epsilon_{\mathbf{p}}-\mu) + i0\,\mathrm{sgn}(\epsilon_{\mathbf{p}}-\mu)} \\ &= \frac{1}{\omega - (\epsilon_{\mathbf{p}}-\mu) + i0\,\mathrm{sgn}\omega} \end{aligned} \quad (2.14)$$

分母にある無限小の項は，複素振動数平面において，対応する積分式が上半面，下半面のどちらで収束するかを決める．これは我々が既に遅延伝播関数において見ているものである（たとえば式 (2.13) の第1項に対する積分 $\int_0^{\infty} dt\, e^{i\omega t}$ は，$\mathrm{Im}\,\omega \to 0^+$ ならば収束する）．ここで新しい点は，因果Green関数を扱うために，$\theta(t)$ と $\theta(-t)$ の両方の項を含んでいることである．

次式で定義されるフォノンの非摂動Green関数の表式も，同様に導くことができる．

$$D(\mathbf{x},t;\mathbf{x}',t') = -i\langle 0|\mathcal{T}\varphi(\mathbf{x},t)\varphi(\mathbf{x}',t')|0\rangle \quad (2.15)$$

フォノンの場の演算子は，

$$\varphi(\mathbf{x},t) = \frac{1}{\sqrt{V}}\sum_{\mathbf{k}}\left(\frac{\omega_{\mathbf{k}}}{2}\right)^{1/2}\left\{b_{\mathbf{k}} e^{i(\mathbf{k}\mathbf{x}-\omega_{\mathbf{k}}t)} + b_{\mathbf{k}}^{\dagger} e^{-i(\mathbf{k}\mathbf{x}-\omega_{\mathbf{k}}t)}\right\} \quad (2.16)$$

であり，$b, b^{\dagger}$ は通常のBose演算子である（フォノン場は量子化された音波の場であり，古典的極限では媒体の変位を表すものなので，Hermite演算子でなければならない）．Fourier変換したフォノンのGreen関数は，次のようになる[§]．

$$D^0(\mathbf{k},\omega) = \frac{\omega_{\mathbf{k}}^2}{\omega^2 - \omega_{\mathbf{k}}^2 + i0} \quad (2.17)$$

非摂動Green関数は数学的なGreen関数と同じものになる．たとえばFermi粒子の非摂動Green関数は，次の線形な運動方程式を満たす．

[‡](訳註) ここでは，このように ψ のエネルギー規準を μ に設定してあるので，Green関数 (2.14) の引き数 ω は $\epsilon_{\mathbf{p}} - \mu$ に対応する．他の文献では ω を $\epsilon_{\mathbf{p}}$ に対応させている場合が多い．

[§](訳註) フォノン場 φ の定義は文献によって次元が異なり，伝播関数 D, D^0 の次元も違っている場合があるので注意が必要である．表2.3 (p.88) 参照．電子場の扱い方には異なる流儀はないので，電子-フォノン相互作用ハミルトニアン ($\propto$ [結合係数]$\times \varphi\psi^{\dagger}\psi$) がエネルギーの次元を持つように，フォノン場の次元と結合係数の次元の組合せにおいて辻褄が合っていればよい．

2.1. 多体系のGreen関数：定義と性質

$$\left(i\hbar\frac{\partial}{\partial t_1} - \mathcal{E}(\mathbf{x}_1)\right) G^0_{\alpha\beta}(\mathbf{x}_1,t_1;\mathbf{x}_2,t_2) = \delta(\mathbf{x}_1-\mathbf{x}_2)\delta(t_1-t_2) \quad (2.18)$$

この式を記号化して，次のように表すこともできる．

$$(G^0)^{-1}(1)\, G^0(1,2) = \mathcal{I}(1,2)$$

演算子 $(G^0)^{-1}(1)$ は，座標表示では $\left(i\partial/\partial t_1 - \mathcal{E}(\nabla_{\mathbf{x}_1})\right)$，運動量表示では $\left(\omega - \mathcal{E}(\mathbf{k})\right)$ である．

フォノンの非摂動伝搬関数 $D^0(1,2)$ の運動方程式の導出は，章末の演習問題とする．

2.1.2 Green関数の数学的な性質

我々は前章で取り上げた1粒子問題において，系の詳細には依らない一般的な物理的要請によって，伝搬関数のいくつかの重要な性質が決まることを見た．このような性質は多体系のGreen関数でも存在する．我々は運動量表示，すなわち $(\mathbf{p},\omega)$ の関数で表したGreen関数の"Källén-Lehmann表示"を導出することにする．この表示はGreen関数の ω に関する数学的な性質を表現し，物理的にも重要な結果を導く．

我々がここで仮定するのは，系が定常的で一様であるということ，すなわち系が時間的にも空間的にも不変であるということだけである．これは (1) 全ハミルトニアン $\mathcal{H}$ が時間に依存せず，(2) 運動量演算子 $\mathcal{P}$ が $\mathcal{H}$ と交換する (したがって全運動量が保存する)，ということを意味する．運動量演算子は，次のように定義される．

$$\mathcal{P} = \sum_\alpha \int d^3\mathbf{x}\, \psi^\dagger_\alpha(\mathbf{x})(-i\nabla)\psi_\alpha(\mathbf{x}) \quad (2.19)$$

同時刻の交換関係として，Bose粒子場の演算子についても，Fermi粒子場の演算子についても，

$$[\psi_\alpha(\mathbf{x},t), \mathcal{P}] = -i\nabla\psi_\alpha(\mathbf{x},t) \quad (2.20)$$

という関係が成立する ($\mathcal{P}$ にその定義式(2.19)を代入し，正準な交換関係もしくは反交換関係を適用すればよい)．式(2.20)はHeisenbergの運動方程式(1.84)とよく似ている．これらの式により，

$$\psi_\alpha(\mathbf{x},t) = e^{-i(\mathcal{P}\mathbf{x}-\mathcal{H}t)}\psi_\alpha\, e^{i(\mathcal{P}\mathbf{x}-\mathcal{H}t)}$$
$$\psi_\alpha \equiv \psi_\alpha(\mathbf{0},0) \quad (2.21)$$

という関係が導かれる．ハミルトニアンと全運動量演算子は，形式的にはそれぞれ時間推進操作および空間並進操作の生成子となっているのである．

上記の場の式を Green 関数 (2.4) に代入し，2つの交換する演算子 $\mathcal{H}$，$\mathcal{P}$ の同時固有状態の完全系によって作られるユニタリー演算子，

$$\mathcal{I} = \sum_s |s\rangle\langle s|$$

を必要なところに挿入して，計算を進めることができる．以下に示す計算は少々手間のかかるものではあるが，計算内容は平易である．

$$\langle 0|\mathcal{T}\psi(x,t)\psi^\dagger(x',t')|0\rangle = \theta(t-t')\sum_s \langle 0|\psi(x,t)|s\rangle\langle s|\psi^\dagger(x',t')|0\rangle$$
$$\mp \theta(t'-t)\sum_s \langle 0|\psi^\dagger(x',t')|s\rangle\langle s|\psi(x,t)|0\rangle$$
$$= \theta(t-t')\sum_s \langle 0|e^{i(\mathcal{H}t-\mathcal{P}x)}\psi e^{-i(\mathcal{H}t-\mathcal{P}x)}|s\rangle\langle s|e^{i(\mathcal{H}t'-\mathcal{P}x')}\psi^\dagger e^{-i(\mathcal{H}t'-\mathcal{P}x')}|0\rangle$$
$$\mp \theta(t'-t)\sum_s \langle 0|e^{i(\mathcal{H}t'-\mathcal{P}x')}\psi^\dagger e^{-i(\mathcal{H}t'-\mathcal{P}x')}|s\rangle\langle s|e^{i(\mathcal{H}t-\mathcal{P}x)}\psi e^{-i(\mathcal{H}t-\mathcal{P}x)}|0\rangle$$
$$= \theta(t-t')\sum_s e^{i(E_0-\mu N_0)t}\langle 0|\psi|s\rangle e^{-i\{(E_s-\mu N_s)t-P_s x\}}$$
$$\times e^{i\{(E_s-\mu N_s)t'-P_s x'\}}\langle s|\psi^\dagger|0\rangle e^{-i(E_0-\mu N_0)t'}$$
$$\mp \theta(t'-t)\sum_s e^{i(E_0-\mu N_0)t'}\langle 0|\psi^\dagger|s\rangle e^{-i\{(E_s-\mu N_s)t'-P_s x'\}}$$
$$\times e^{i\{(E_s-\mu N_s)t-P_s x\}}\langle s|\psi|0\rangle e^{-i(E_0-\mu N_0)t}$$

状態 $|0\rangle$ の運動量はゼロである．ここでエネルギーを表す指数は少し複雑な意味を持つことになる．場の演算子は一度にひとつずつ粒子を生成もしくは消滅させるので，上式の前半の $\langle 0|\psi|s\rangle\langle s|\psi^\dagger|0\rangle \equiv |\langle 0|\psi|s\rangle|^2$ において，状態 $|s\rangle$ は $|0\rangle$ よりひとつ粒子が多くなければならない．すなわち $N_s = N_0 + 1 \equiv N+1$ である (そうでなければ消滅演算子が作用して消滅させるべき粒子がないことになる)．他方，後半の $\langle 0|\psi^\dagger|s\rangle\langle s|\psi|0\rangle \equiv |\langle s|\psi|0\rangle|^2$ では $|s\rangle$ は $N-1$ 個の粒子を含む．一般に粒子数は，直接的にも $-\mu N$ 項を通じてもハミルトニアンに影響するので，指数部分は (固有エネルギーの粒子数依存性をあらわに用いて) 次のように計算される．

$$\exp\left[i\bigl(E_0(N)-\mu N\bigr)t - i\Bigl\{\bigl(E_s(N+1)-\mu(N+1)\bigr)t - P_s x\Bigr\}\right]$$
$$\times \exp\left[i\Bigl\{\bigl(E_s(N+1)-\mu(N+1)\bigr)t' - Px'\Bigr\} - i\bigl(E_0(N)-\mu N\bigr)t'\right]$$

2.1. 多体系のGreen関数：定義と性質

$$= \exp\left[i\left\{\left(E_0(N) - E_s(N+1) + \mu\right)(t-t') + P_s(x-x')\right\}\right]$$

$$\exp\left[i\left(E_0(N) - \mu N\right)t' - i\left\{\left(E_s(N-1) - \mu(N-1)\right)t' - P_s x'\right\}\right]$$

$$\times \exp\left[i\left\{\left(E_s(N-1) - \mu(N-1)\right)t - Px\right\} - i\left(E_0(N) - \mu N\right)t\right]$$

$$= \exp\left[i\left\{\left(E_0(N) - E_s(N-1) - \mu\right)(t'-t) + P_s(x'-x)\right\}\right]$$

容易に予想される通り，結果は座標の差と時刻の差だけに依存する．

"励起エネルギー"を次のように記すことにしよう．

$$\epsilon_s^{(+)} = E_s(N+1) - E_0(N) > \mu \tag{2.22}$$

$$\epsilon_s^{(-)} = E_0(N) - E_s(N-1) < \mu \tag{2.23}$$

明らかに前者は粒子がひとつ加えられたときのエネルギーの変化を表し，後者は粒子がひとつ取り除かれた時の変化を表す(絶対零度の基底エネルギーに関する式 $(\partial E_0/\partial N) = (\partial \Phi/\partial N)$ [Φは熱力学的ポテンシャル]と，化学ポテンシャルの定義 $(\partial \Phi/\partial N) = \mu$ から，上記の不等式の関係を確認することができる)．フォノンに関しては $\mu = 0$ である．

次の量を導入することにより，系の励起状態の詳細を調べることができるようになる．

$$A_s = \left[\frac{1}{2}\right]\langle 0|0\rangle^{-1}\left[\sum_\alpha\right]\left|\langle 0|\psi_\alpha|s\rangle\right|^2 \tag{2.24}$$

$$B_s = \left[\frac{1}{2}\right]\langle 0|0\rangle^{-1}\left[\sum_\alpha\right]\left|\langle s|\psi_\alpha|0\rangle\right|^2 \tag{2.25}$$

(括弧内の和はスピン自由度 α に関するものである．) これらの量はインデックス s だけの関数である．したがって我々は上記の結果を用いてGreen関数のFourier変換を行い，Källén-Lehmann表示を得ることができる．

$$G(\mathbf{p},\omega) = (2\pi)^3 \sum_s \left(\frac{A_s \delta(\mathbf{p}-\mathbf{P}_s)}{\omega - \epsilon_s^{(+)} + \mu + i0} \pm \frac{B_s \delta(\mathbf{p}+\mathbf{P}_s)}{\omega - \epsilon_s^{(-)} + \mu - i0}\right) \tag{2.26}$$

この表式の中の運動量を引き数とするデルタ関数は，変換前の指数関数因子 $\exp[i\mathbf{P}_s x]$ から生じている．これは1粒子励起に付随する運動量の値を示している(式(2.26)の

中の第2項は明らかに，運動量 $-\mathbf{P}_s$，エネルギー $\epsilon_s^{(-)}$ の空孔を表している)‡．分母の振動数に付け加えられている無限小項 $\pm i0$ は，非摂動 Green 関数の計算の際と同様に，時間を引き数とする段差関数から生じている．もちろんこの表式は，式 (2.14) や (2.17) と整合している．有限系における Green 関数は，数学的には複素変数 ω に関する "有理型の" 関数であり，特異点はすべて1位の極である．各々の極は系のある決まった励起エネルギー $\epsilon_s^{(\pm)}$ と，ある決まった系の運動量 $\pm\mathbf{P}_s$ に対応している．極は $\omega > 0$ のときは複素 ω 平面の下半面側に，$\omega < 0$ のときは上半面側に無限小量だけずれている．Green 関数はどちらの半平面においても解析的ではない．

熱力学的な極限では $(N, V \to \infty, N/V = \text{const.})$，式 (2.26) と異なる表式を用いた方が便利である．

$$G(\mathbf{p},\omega) = \int_{-\infty}^{\infty} \frac{d\omega'}{\pi} \left(\frac{\rho_A(\mathbf{p},\omega')}{\omega' - \omega - i0} + \frac{\rho_B(\mathbf{p},\omega')}{\omega' - \omega + i0} \right) \tag{2.27}$$

ここで，

$$\rho_A(\mathbf{p},\omega') = -\pi(2\pi)^3 \sum_s A_s \delta(\mathbf{p}-\mathbf{P}_s) \delta(\omega'-\epsilon_s^{(+)}+\mu) \tag{2.28}$$

$$\rho_B(\mathbf{p},\omega') = \mp\pi(2\pi)^3 \sum_s B_s \delta(\mathbf{p}+\mathbf{P}_s) \delta(\omega'-\epsilon_s^{(-)}+\mu) \tag{2.29}$$

である．熱力学的な極限では，個々の準位 $\epsilon_s^{\pm}$ を孤立準位と見なすことができなくなる．密度関数 $\rho_{A,B}(\mathbf{p},\omega')$ は，元々の離散した一連のデルタ関数が相互に融合した連続的な関数に変わり§，これらは実軸上の負の (または正の) 振動数においてゼロとなる．複素 ω 平面において，実軸に沿った $-i0$ の部分 $(\omega > 0)$ と $+i0$ の部分 $(\omega < 0)$ に "切断線" が形成される．

実の振動数に対する Green 関数の実部と虚部は，式 (2.26) から Weierstrass の公式,
<small>ワイエルシュトラス</small>

$$\frac{1}{x \pm i0} = \mathcal{P}\frac{1}{x} \mp i\pi\delta(x) \tag{2.30}$$

によって得ることができる．$\mathcal{P}$ は積分の主値を意味する．これは "一般関数" であって，積分可能な関数 $F(x)$ と一緒に積分するときに，はじめて意味を持つ．

$$\int dx\, F(x) \frac{1}{x \pm i0} = \mathcal{P}\int dx\, \frac{F(x)}{x} \mp i\pi F(0)$$

---

‡(訳註) 粒子間に相互作用がある場合，決められた $\mathbf{p}$ に対して $\mathbf{p} = \mathbf{P}_s$ を満足する $(N+1)$ 粒子状態 $|s\rangle$ は一般に複数存在する．$|s\rangle$ は全ハミルトニアン $\mathcal{H}$ と $\mathcal{P}$ の同時固有状態と定義されているので，粒子間の相互作用がある場合には，単純に基底状態に運動量の確定した粒子をひとつ加えた状態にはならない．

§(訳註) 熱力学的極限だけを考えた場合，同じことを "非相互作用系で見られるデルタ関数状の単一ピークが，実軸に沿って幅を持つピークへ拡がる" と表現することもできる．

2.1. 多体系のGreen関数：定義と性質

積分の主値 $\mathcal{P}\int dx\, F(x)/x$ は，$\lim_{\varepsilon\to 0}\left[\int^{-\varepsilon} dx\, F(x)/x + \int_\varepsilon dx\, F(x)/x\right]$ と定義される．もうひとつの項は極 $x=0$ の周りの無限小の半円積分路から生じている．この式は留数を用いた複素解析の手法によって簡単に証明できる．

上述の方法により，次式を得ることができる．

$$\mathrm{Re}\, G(\mathbf{p},\omega) = (2\pi)^3 \sum_s \mathcal{P}\left(\frac{A_s\,\delta(\mathbf{p}-\mathbf{P}_s)}{\omega-\epsilon_s^{(+)}+\mu} \pm \frac{B_s\,\delta(\mathbf{p}+\mathbf{P}_s)}{\omega-\epsilon_s^{(-)}+\mu}\right) \tag{2.31}$$

$$\mathrm{Im}\, G(\mathbf{p},\omega) = (2\pi)^3\pi \begin{cases} -\sum_s A_s\,\delta(\mathbf{p}-\mathbf{P}_s)\delta(\omega-\epsilon_s^{(+)}+\mu),\ \omega>0 \\ \pm\sum_s B_s\,\delta(\mathbf{p}+\mathbf{P}_s)\delta(\omega-\epsilon_s^{(-)}+\mu),\ \omega<0 \end{cases} \tag{2.32}$$

ここから，次の重要な関係式が得られる．

$$\begin{aligned} \mathrm{sgn}\,\mathrm{Im}\, G(\mathbf{p},\omega) &= -\mathrm{sgn}\,\omega \quad \text{for Fermi systems} \\ \mathrm{sgn}\,\mathrm{Im}\, G(\mathbf{p},\omega) &= -1 \quad\quad\quad \text{for Bose systems} \end{aligned} \tag{2.33}$$

両者の違いは，Bose粒子系にFermi面（および'粒子'と'空孔'の区別）がないことによるものである．

$|\omega|\to\infty$ としたときの $G(\omega)$ の振舞いは単純である．

$$G(\omega)\sim 1/\omega \tag{2.34}$$

これを証明するには，式(2.26)の分母に現れる ω 以外の項をすべて無視できることに注意すればよい．

$$G(\mathbf{p},\omega) \sim \frac{1}{\omega}(2\pi)^3 \sum_s \left(A_s\,\delta(\mathbf{p}-\mathbf{P}_s) \pm B_s\,\delta(\mathbf{p}+\mathbf{P}_s)\right)$$

この式に逆Fourier変換を施し，座標表示の場の演算子の間に正準な交換関係（反交換関係）を適用して，和の部分を計算することができる．

$$\begin{aligned}
&(2\pi)^3 \sum_s \left(A_s\,\delta(\mathbf{p}-\mathbf{P}_s) \pm B_s\,\delta(\mathbf{p}+\mathbf{P}_s)\right) \\
&= \sum_s \int d^3(\mathbf{x}-\mathbf{x}')\left(A_s\, e^{i(\mathbf{p}-\mathbf{P}_s)(\mathbf{x}-\mathbf{x}')} \pm B_s\, e^{i(\mathbf{p}+\mathbf{P}_s)(\mathbf{x}-\mathbf{x}')}\right) \\
&= \sum_s \int d^3(\mathbf{x}-\mathbf{x}')\left[\frac{1}{2}\sum_\alpha\right]\{|\langle 0|\psi_\alpha(0)|s\rangle|^2 e^{i(\mathbf{p}-\mathbf{P}_s)(\mathbf{x}-\mathbf{x}')} \\
&\quad\quad\quad \pm |\langle s|\psi_\alpha(0)|0\rangle|^2 e^{i(\mathbf{p}+\mathbf{P}_s)(\mathbf{x}-\mathbf{x}')}\}
\end{aligned}$$

$$= \int d^3(\mathbf{x}-\mathbf{x}')\left[\frac{1}{2}\sum_\alpha\right]e^{i\mathbf{p}(\mathbf{x}-\mathbf{x}')}\langle 0|\psi_\alpha(\mathbf{x},t)\psi_\alpha^\dagger(\mathbf{x}',t)\pm\psi_\alpha^\dagger(\mathbf{x}',t)\psi_\alpha(\mathbf{x},t)|0\rangle$$

$$= 1$$

Green 関数の極と準粒子励起

Källén-Lehmann 表示を見ると，複素 ω 平面において，系の励起状態における運動量と全エネルギーの関係に合致するような位置に極の候補が用意された場合にのみ，熱力学的な極限でも孤立した極として残り，それが系の準粒子励起に対応することが分かる．この表示では，実軸に沿った切断線が形成されるために，実軸から離れた孤立極を直接に扱うことはできないが，Källén-Lehmann 表示の代わりに G として ω の実軸から複素 ω 平面の上下へ解析接続している複素関数を考えて，複素 ω 平面の中で，その孤立極を見出すこともできる．準粒子の分散関係 (ω と $\mathbf{p}$ の関係) は，そのように解析接続を施して得た G の孤立極の位置を与える次式によって決まる§．

$$\frac{1}{G(\mathbf{p},\omega)} = 0 \tag{2.35}$$

2.1.3 遅延 Green 関数と先進 Green 関数

新たに 2 種類の関数，遅延 Green 関数 G^{R} と先進 Green 関数 G^{A} を定義する‡．

$$G_{\alpha\beta}^{\mathrm{R}}(\mathbf{x}_1,t_1;\mathbf{x}_2,t_2) = -i\langle\psi_\alpha(\mathbf{x}_1,t_1)\psi_\beta^\dagger(\mathbf{x}_2,t_2)\pm\psi_\beta^\dagger(\mathbf{x}_2,t_2)\psi_\alpha(\mathbf{x}_1,t_1)\rangle\theta(t_1-t_2) \tag{2.36}$$

---

§(訳註) このパラグラフの原書の記述は分かりにくいので，訳者の裁量で表現をかなり変えてある．Green 関数において実験事実と比較すべき部分は ω が実数のところだけである．したがって，複素 ω 平面内で実軸以外の部分は，実軸上の特性の解釈のために恣意的に付け加えられた部分と見るべきもので，切断線の導入の仕方などには任意性があってもよい．初めに相互作用のない粒子系を考えると，実軸上の $\omega = \epsilon_{\mathbf{p}} - \mu = p^2/2m - \mu$ に孤立極がある (便宜的には $\omega > 0$ において $-i0$ 側，$\omega < 0$ において $+i0$ 側と見る．式(2.14))．系に粒子間相互作用を導入すると，元々実軸上にあった孤立極が，孤立極のまま実軸から離れるというのが，複素面内へ解析接続した Green 関数によって得られるひとつの見方である (式(2.35) および p.71, 図 2.5 参照)．他方 Källén-Lehmann 表示の見方に立てば，$\mathrm{Im}\,\omega = +0$ と $\mathrm{Im}\,\omega = -0$ に切断線が導入されるので "複素 ω 平面" と言っても実質的には実軸の近傍 $\pm i0$ の領域までしか考えず，相互作用を導入すると，孤立極が実軸に沿った方向に拡がるように "変形" する (エネルギー準位が拡がる) という捉え方になる．式(2.35) は原書では準粒子エネルギー ω の規準が μ ではなく運動エネルギーがゼロの準位になるように読み替えることを想定して $1/G(\mathbf{p}, \omega-\mu) = 0$ としてあるが，こうすると ω の意味がここだけ本書の前後の記述と変わってしまい，あまり適切な措置には見えないので，$1/G(\mathbf{p},\omega) = 0$ としておく (p.62 訳註参照)．

‡(訳註) 前と同様に複号の上が Fermi 粒子系，下が Bose 粒子系を表す．式(2.4) 参照．

2.1. 多体系のGreen関数：定義と性質

$$G^{\mathrm{A}}_{\alpha\beta}(\mathbf{x}_1,t_1;\mathbf{x}_2,t_2) = +i\langle \psi_\alpha(\mathbf{x}_1,t_1)\psi^\dagger_\beta(\mathbf{x}_2,t_2) \pm \psi^\dagger_\beta(\mathbf{x}_2,t_2)\psi_\alpha(\mathbf{x}_1,t_1)\rangle\theta(t_2-t_1) \tag{2.37}$$

これらの定義は，次のような性質を保証できるように決めたものである．(1) 遅延 (先進) Green関数は，時刻の差 $t-t'$ が負 (正) のとき，常にゼロになる．(2) $t=t'$ において，両者は因果Green関数と同様に $-i\delta(x-x')$ の不連続性を持つ．後者の性質は両者の時間微分をとり，正準交換関係を用いることで簡単に確認できる．

$$\lim_{t\to t'}\frac{\partial}{\partial t}G^{\mathrm{R(A)}}(t-t') = \mp i\langle 0|[\psi_\alpha(\mathbf{x},t),\psi^\dagger_\beta(\mathbf{x}',t')]_\pm|0\rangle \cdot \bigl(\pm\delta(t-t')\bigr)$$
$$= -i\delta(\mathbf{x}-\mathbf{x}')$$

ここで再び一様で定常的な系を考え，$G^{\mathrm{R(A)}}_{\alpha\beta}(\mathbf{x}_1,t_1;\mathbf{x}_2,t_2) = G^{\mathrm{R(A)}}(\mathbf{x}_1-\mathbf{x}_2,t_1-t_2)\delta_{\alpha\beta}$ としてみる．たとえば非摂動系における遅延および先進Green関数を，直接的な計算によって求めることができる．

$$G^{0\,\mathrm{R,A}}(\mathbf{p},\omega) = \frac{1}{\omega-(\epsilon_{\mathbf{p}}-\mu)\pm i0}$$
$$D^{0\,\mathrm{R,A}}(\mathbf{k},\omega) = \frac{\omega_{\mathbf{k}}}{2}\left(\frac{1}{\omega-\omega_{\mathbf{k}}\pm i0} - \frac{1}{\omega+\omega_{\mathbf{k}}\pm i0}\right)$$
$$= \frac{\omega_{\mathbf{k}}^2}{\omega^2-\omega_{\mathbf{k}}^2+i0\,\mathrm{sgn}\,\omega} \tag{2.38}$$

$G^{\mathrm{R,A}}$ のKällén-Lehmann表示も，因果Green関数の場合と同様に得られる．

$$G^{\mathrm{R}}(\mathbf{p},\omega) = (2\pi)^3 \sum_s \left(\frac{A_s\delta(\mathbf{p}-\mathbf{P}_s)}{\omega-\epsilon_s^{(+)}+\mu+i0} \pm \frac{B_s\delta(\mathbf{p}+\mathbf{P}_s)}{\omega-\epsilon_s^{(-)}+\mu+i0}\right) \tag{2.39}$$

$$G^{\mathrm{A}}(\mathbf{p},\omega) = (2\pi)^3 \sum_s \left(\frac{A_s\delta(\mathbf{p}-\mathbf{P}_s)}{\omega-\epsilon_s^{(+)}+\mu-i0} \pm \frac{B_s\delta(\mathbf{p}+\mathbf{P}_s)}{\omega-\epsilon_s^{(-)}+\mu-i0}\right) \tag{2.40}$$

これらの式の実部と虚部をそれぞれ調べてみると，以下に示す関係が見いだされる．

$$\begin{aligned}
&\mathrm{Re}\,G^{\mathrm{R}}(\mathbf{p},\omega) = \mathrm{Re}\,G^{\mathrm{A}}(\mathbf{p},\omega) = \mathrm{Re}\,G(\mathbf{p},\omega)\\
&\mathrm{Im}\,G^{\mathrm{R}}(\mathbf{p},\omega) = \mathrm{Im}\,G(\mathbf{p},\omega);\quad \omega>0\\
&\mathrm{Im}\,G^{\mathrm{A}}(\mathbf{p},\omega) = \mathrm{Im}\,G(\mathbf{p},\omega);\quad \omega<0\\
&G^{\mathrm{R}}_{\alpha\beta}(\mathbf{p},\omega) = \bigl[G^{\mathrm{A}}_{\beta\alpha}(\mathbf{p},\omega)\bigr]^*
\end{aligned} \tag{2.41}$$

また遅延 (先進) Green関数は，複素 ω 平面の実軸を含む上半面 (下半面) において明らかに解析的である．このことはこれらの関数が，因果Green関数の半直線領域 $\omega>0$ ($\omega<0$) から"解析接続"して得られる関数にあたることを意味する．関数の漸近的挙動はもちろん因果Green関数と同様に，

となっている.

$$G^{R,A}(\omega) \sim 1/\omega, \quad |\omega| \to \infty$$

となっている.

熱力学的な極限では，式(2.27)と同様に，次のようなスペクトル表示ができる．

$$G^{R,A}(\mathbf{p},\omega) = \int_{-\infty}^{\infty} \frac{d\omega'}{\pi} \frac{\rho^{R,A}(\mathbf{p},\omega')}{\omega' - \omega \pm i0} \tag{2.42}$$

"スペクトル密度" (spectral density) は，まとめて次のように表される．

$$\rho^{R,A}(\mathbf{p},\omega') = -\pi(2\pi)^3 \sum_s \big\{ A_s \delta(\mathbf{p}-\mathbf{P}_s)\delta(\omega' - \epsilon_s^{(+)} + \mu) \\ \pm B_s \delta(\mathbf{p}+\mathbf{P}_s)\delta(\omega' - \epsilon_s^{(-)} + \mu) \big\} \tag{2.43}$$

(添字 R, A は，それぞれ $\omega' > 0$, $\omega' < 0$ の部分を意味する．) ここで，明らかに，

$$\rho^R(\mathbf{p},\omega') = -\mathrm{Im}\, G^R(\mathbf{p},\omega') \tag{2.44}$$

である．式(2.43)から $\rho^R(\mathbf{p},\omega')$ が，運動量 $\mathbf{p}$, エネルギー ω を持つ素励起の密度に比例する量となっていることは明白である．相互作用のない場合，すなわち $-\mathrm{Im}\, G^{0,R} = \pi\delta(\omega - (\epsilon_\mathbf{p} - \mu))$ のとき，系の準粒子は "基本準粒子" と一致し，分散関係は $\epsilon_\mathbf{p}$ によって与えられる．

準粒子の励起と遅延・先進 Green 関数

準粒子励起の概念と，$G(\mathbf{p},\omega)$ の孤立した極との関係を，視覚的に理解することができる．$\omega = \Omega - i\Gamma$, $\Gamma > 0$ において孤立した極が存在するものとしよう§（これは状態 $\mathbf{p}$ に付け加えられたひとつの粒子に対応する）．演算子 $a_\mathbf{p}^\dagger$ で生成された励起の時間発展を見てみるために，$(\mathbf{p},t)$-表示の Green 関数を導入する．

$$G(\mathbf{p},t) = \int_{-\infty}^{\infty} \frac{d\omega}{2\pi} e^{-i\omega t} G(\mathbf{p},\omega)$$

t が負の場合，積分路を上半面で閉じることができるが，ここでは上半面で特異点がないものとしているので積分はゼロとなる．t が正の場合，積分路を下半面で閉じなければならないので，積分路の内側に極が含まれる．しかし因果 Green 関数は下半面全体として解析的ではないので，単純に留数計算をすることはできない．そこで，因果 Green 関数を $\mathrm{Re}\,\omega = 0$ において分割して $G^{R,A}$ の解析接続関数に置き換え，積分路を図2.5に示すように閉じることにする．$G(\mathbf{p},\omega)$ は，$\mathrm{Re}\,\omega < 0$ では $G^A(\mathbf{p},\omega)$

---

§（訳註）ここでは天下りで有限の Γ が導入されているが，これは後から出てくる自己エネルギー Σ の虚部として現れるものである (2.2.2項)．Γ は他の準粒子の励起などに起因する準粒子自身のエネルギーの不定性を表しており，準粒子の寿命は文中にもある通り $\sim 1/\Gamma$ となる．

2.1. 多体系のGreen関数：定義と性質

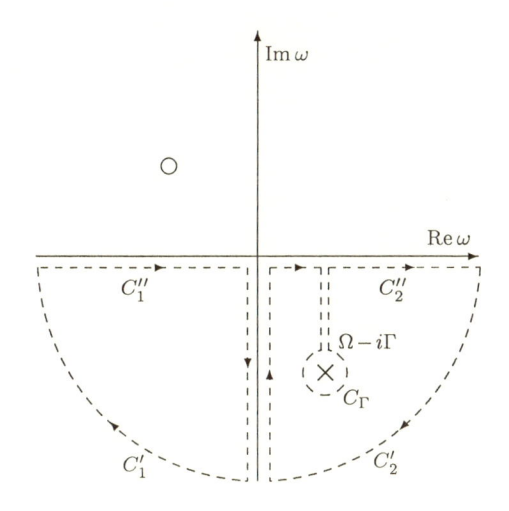

図2.5 複素 ω 平面内の積分路．$G^{\mathrm{R}}(\omega)$ の極を×印，$G^{\mathrm{A}}(\omega)$ の極を○印で示している．

に，$\mathrm{Re}\,\omega > 0$ では $G^{\mathrm{R}}(\mathbf{p},\omega)$ に置き換えることができ，Cauchy(コーシー)の複素解析の定理から，我々が求めたい積分を，次のように書くことができる．

$$G(\mathbf{p},t) = -\int_{C_1'+C_1''} \frac{d\omega}{2\pi} e^{-i\omega t} G^{\mathrm{A}}(\mathbf{p},\omega) - \int_{C_2'+C_2''+C_\Gamma} \frac{d\omega}{2\pi} e^{-i\omega t} G^{\mathrm{R}}(\mathbf{p},\omega)$$

Watson の補助定理と Green 関数の $1/\omega$ への漸近性により，円周の4分の1の積分径路 C_1' と C_2' からの寄与は，径を無限大にするとゼロになることが判る．したがって極からの寄与と，虚軸の負の部分に沿った積分路からの寄与の2つの項が残る．

$$G(\mathbf{p},t) = -iZe^{-i\Omega t}e^{-\Gamma t} + \int_{-i\infty}^{0} \frac{d\omega}{2\pi} e^{-i\omega t} \left[G^{\mathrm{A}}(\mathbf{p},\omega) - G^{\mathrm{R}}(\mathbf{p},\omega)\right] \quad (2.45)$$

Z は $G^{\mathrm{R}}(\omega)$ の極の留数である．第1項は有限の寿命 $\sim 1/\Gamma$ を持つ自由な準粒子を表している．$\Omega t \gg 1$, $\Gamma t \ll 1$ であれば，積分からの寄与は小さい（これは準粒子の減衰の速さ(レート)が極めて遅く，$\Gamma \ll \Omega$ であることを意味している）．第2項については，次のように確認することができる．

$$\int_{-i\infty}^{0} \frac{d\omega}{2\pi} e^{-i\omega t} \left[G^{\mathrm{A}}(\mathbf{p},\omega) - G^{\mathrm{R}}(\mathbf{p},\omega)\right]$$
$$\approx \int_{-i\infty}^{0} \frac{d\omega}{2\pi} e^{-i\omega t} \left[\frac{A}{\omega - \epsilon_{\mathbf{p}} + \mu - i\Gamma} - \frac{A}{\omega - \epsilon_{\mathbf{p}} + \mu + i\Gamma}\right]$$

$$= -2i\Gamma A \int_{-i\infty}^{0} \frac{d\omega}{2\pi} \frac{e^{-i\omega t}}{(\omega - \epsilon_{\mathbf{p}} + \mu)^2 + \Gamma^2}$$

$$\approx \frac{-\Gamma A}{\pi t} \frac{e^{-i\mu t}}{(\mu - \epsilon_{\mathbf{p}})^2} \ll Ze^{-i\Omega t}e^{-\Gamma t}$$

最後の不等式は，$\Gamma \ll (\epsilon_{\mathbf{p}} - \mu) = \Omega$ のときに成立する．

Kramers-Kronig の関係式

遅延 Green 関数と先進 Green 関数に対する Källén-Lehmann 表示 (式 (2.39) および式 (2.40)) から，"実"振動数におけるこれらの関数の実部と虚部の間に，美しくかつ重要な関係——"Kramers-Kronig の関係式"(クラマース クローニッヒ)——を見いだすことができる．

$$\text{Re}\, G^{\text{R,A}}(\mathbf{p}, \omega) = \pm \mathcal{P} \int_{-\infty}^{\infty} \frac{d\omega'}{\pi} \frac{\text{Im}\, G^{\text{R,A}}(\mathbf{p}, \omega')}{\omega' - \omega} \tag{2.46}$$

(式 (2.39) と式 (2.40) の実部と虚部をとることによって，上記の関係が直接に導かれる．) この関係が成立する理由は "因果律"，すなわち先進 Green 関数および遅延 Green 関数が，それぞれ "時間"が $t > (<) \, t'$ のときにゼロになることに依っている．このことの証明 (まったく自明なものであるが) は，第 1 章で示した伝播関数の Fourier 変換において，$K(t)$ に $\theta(t)$ の性質を持たせるために，$K(\omega)$ の極を実軸から無限小量ずらしたのと同じ方法を用いて行うことができる．$G^{\text{R,A}}$ がそれぞれ ω の半平面において解析的であることを利用し，Cauchy の定理を用いて実軸上の積分 $\int_{-\infty}^{\infty} \frac{d\omega'}{\pi} \frac{\text{Im}\, G^{\text{R,A}}(\mathbf{p}, \omega')}{\omega' - \omega}$ を実行すれば，上記の関係が得られる．このような関係は，数学において Plemelj(プレメリ) の定理として知られているものである (**Nussenzveig 1972**)．

2.1.4 Green 関数と観測量

Green 関数が分かっているときに，そこから観測量 (量子力学的演算子の期待値) を求める方法は，Green 関数の定義式そのものから直接に導くことができる (今，扱っている 1 粒子 Green 関数は 2 つの場の演算子の平均だけを含むので，この方法で扱えるのは 1 粒子演算子だけである)．

たとえば系の粒子密度 (実粒子——'基本準粒子'の密度) は，その定義により，

$$n(\mathbf{r}) = \sum_{\alpha} \langle \psi_{\alpha}^{\dagger}(\mathbf{r}) \psi_{\alpha}(\mathbf{r}) \rangle \equiv \mp i \sum_{\alpha} G_{\alpha\alpha}(\mathbf{r}, t-0; \mathbf{r}, t) \tag{2.47}$$

である．したがって空間的に一様で，スピンの方向に秩序のない Fermi 粒子系では，

$$n = \frac{N}{V} = -2iG(\mathbf{r}=\mathbf{0}, t=-0) = 2\mathrm{Im}\, G(\mathbf{r}=\mathbf{0}, t=-0) \tag{2.48}$$

となる.

この粒子密度と Green 関数の関係によって,系の $T=0$ における熱力学的な性質を,Green 関数を用いて表すことができるようになる.$T=0$ では $S(0) = 0$ となるため,系の大正準ポテンシャルは次のように与えられる (たとえば **Lifshitz and Pitaevskii 1980** 参照).

$$d\Omega = -SdT - Nd\mu = -Nd\mu$$

この式を,$\Omega(\mu=0) = 0$ を踏まえて積分すると,

$$\Omega = -\int_0^\mu d\mu N(\mu)$$

となる.こうなると,$N(\mu)$ に式 (2.47) もしくは式 (2.48) を代入して,Ω の具体的な式を得ることができる (Green 関数はあらわに μ に依存する.p.104, 問題 2-1 参照).

もう少し複雑な観測量の例としては,電流がある.1.4 節の流儀に基づき,電流は場の演算子を用いて次のように表される.

$$\mathbf{j}(\mathbf{r}) = \frac{ie}{2m} \sum_\alpha \langle \{\nabla \psi_\alpha^\dagger(\mathbf{r})\} \psi_\alpha(\mathbf{r}) - \psi_\alpha^\dagger(\mathbf{r}) \{\nabla \psi_\alpha(\mathbf{r})\} \rangle$$

2 つの同じ座標変数に"微小な差を設定するトリック"を用いて,2 つの微分操作を分離し,次式を得ることができる.

$$\begin{aligned}\mathbf{j}(\mathbf{r}) &= \frac{ie}{2m} \sum_\alpha \lim_{\mathbf{r}'\to\mathbf{r}} (\nabla_{\mathbf{r}'} - \nabla_\mathbf{r}) \langle \psi_\alpha^\dagger(\mathbf{r}') \psi_\alpha(\mathbf{r}) \rangle \\ &= \frac{ie}{2m} \sum_\alpha \lim_{t\to -0} \lim_{\mathbf{r}'\to\mathbf{r}} (\nabla_{\mathbf{r}'} - \nabla_\mathbf{r}) \big(\mp i G_{\alpha\alpha}(\mathbf{r}', t; \mathbf{r}, 0)\big)\end{aligned} \tag{2.49}$$

2.2 摂動論:Feynman ダイヤグラム

ここまでに我々が複素解析の手法と物理的な考察によって得た美しい式は,残念ながら現実的な系——相互作用を持つ粒子系——に関する具体的な情報を与えるものではない.このような一般的な議論の水準では,Fermi 粒子系と Bose 粒子系の区別はできるにしても,まだ様々な Fermi 粒子系や Bose 粒子系の特徴や違いを考察できない.たとえば Källén-Lehmann 表示における場の演算子の行列要素を求める具体的な手段を持たない限り,我々は相互作用に依存した系の性質の違いを調べることができないのである.

図 2.6 Feynman ダイヤグラムを描く方法の違い.

ここから摂動論を利用する必要がある. Feynman が確立した摂動論の形式では, 複雑な項を含む摂動展開のすべてが, 視覚的で物理的な意味を把握しやすいグラフ——"Feynman ダイヤグラム"——によって表現される.

Feynman ダイヤグラムには中世の絵画のように, それを描いたり, その意味を理解するために用意された綿密な一連の規則がある (それらの規則は系のハミルトニアンの形によって規定される). この規則によって, ダイヤグラムは独特な表記上の様式を持つことになる (図 2.6 に示すように, 学派や文献によっても様式の違いがある).

相互作用を持つ粒子系の Green 関数を計算したいときには, 演算子の平均化に必要な系の波動関数 (状態) が分からないという問題点に直面する. 我々は系の正確な基底状態 $|0\rangle$ も, 励起状態も知らない. その上, 我々が扱う近似された状態は, 正規の多体系の状態に対して事実上"直交"することになる. しかし幸いそのような近似を利用しても, Green 関数のような"行列要素"は極めて正確なものになり得る. この一見矛盾するように見える事情は, 波動関数が N 粒子すべての状態を含むのに対して, Green 関数が 2 つの 1 粒子状態 (初めと終り) だけしか扱っていないという事実を反映したものである. Thouless (サゥレス) が指摘したように (**Thouless 1972**), もし 1 粒子状態を, 誤差の割合が α となるように近似した場合, この近似に基づく多体系の状態の, 真の状態への射影は $(1-\alpha)^N \sim e^{-N\alpha}$ のオーダーで, α が有限である限り,

2.2. 摂動論：Feynmanダイヤグラム

$N \to \infty$ とするとゼロになってしまう．しかしその一方でGreen関数の1粒子演算子の平均は，α 程度の小さい誤差しか含まない．

2つの結論を先回りして述べると次のようになる．(1) Green関数の摂動論は多体問題に対して，物理的に見通しのよい一貫した取り扱い方法を与える (問題に関係した書棚の文書を一瞥するだけで，そこに本を追加すべきかどうかを自ずから判断できる)．(2) 修正された多体波動関数をあらわに用いなくとも，系の非摂動状態に関する平均量だけによって結果を表すことができる (1体問題を扱う量子力学では，両者は等価である)．

2.2.1 Feynman規則の導出：Wickの定理と簡約定理

多体系の摂動論を構築するために，我々は相互作用表示を採用する．相互作用表示が摂動論を扱う自然な方法であることは，既に第1章で見た通りである．煩雑な添字を省くために，相互作用表示の場の演算子を，ギリシャ文字の大文字で示すことにする．Heisenberg表示の演算子との関係は，次式のようになっている．

$$\psi(\mathbf{x},t) = \mathcal{U}^\dagger(t)\psi_S(\mathbf{x})\mathcal{U}(t) = \mathcal{U}^\dagger(t)e^{-i\mathcal{H}_0 t}\Psi(\mathbf{x},t)e^{i\mathcal{H}_0 t}\mathcal{U}(t)$$

これをGreen関数の定義式(2.4)に代入すると，次のようになる．

$$\begin{aligned}
&G_{\alpha\alpha'}(\mathbf{x},t;\mathbf{x}',t') \\
&= -i\left[\langle 0|\mathcal{U}^\dagger(t)e^{-i\mathcal{H}_0 t}e^{i\mathcal{H}_0 t}\mathcal{U}(t)|0\rangle\right]^{-1} \\
&\quad \times \Big\{\langle 0|\mathcal{U}^\dagger(t)e^{-i\mathcal{H}_0 t}\Psi_\alpha(\mathbf{x},t)\mathcal{S}_{(I)}(t,t')\Psi^\dagger_{\alpha'}(\mathbf{x}',t')e^{i\mathcal{H}_0 t'}\mathcal{U}(t')|0\rangle\,\theta(t-t') \\
&\quad \pm \langle 0|\mathcal{U}^\dagger(t')e^{-i\mathcal{H}_0 t'}\Psi^\dagger_{\alpha'}(\mathbf{x}',t')\mathcal{S}_{(I)}(t',t)\Psi_\alpha(\mathbf{x},t)e^{i\mathcal{H}_0 t}\mathcal{U}(t)|0\rangle\,\theta(t'-t)\Big\}
\end{aligned}$$
(2.50)

S演算子 (S行列) は，常に相互作用表示のものを用いるので，ここから先はS演算子の添字 (I) も省略することにする．したがって，

$$\mathcal{S}(t,t') = \mathcal{T}e^{-i\int_{t'}^{t}dt\,\mathcal{W}(t)}, \quad t > t'$$

である．

$|0\rangle$ はHeisenberg表示の基底状態である．相互作用表示の基底状態との関係は，$e^{i\mathcal{H}_0 t'}\mathcal{U}(t')|0\rangle = e^{i\mathcal{H}_0 t'}|0(t')\rangle_S = |0(t')\rangle_I$ である．S演算子の引き数を t' と t'' として，t'' を負の無限大にすると，時刻 t' における相互作用表示の基底状態を，

$$|0(t')\rangle_I = \mathcal{S}(t',t'')|0(t'')\rangle_I\,(t' > t'') = \mathcal{S}(t',-\infty)|0(-\infty)\rangle_I \tag{2.51}$$

と表すことができる.

また,この議論を $\langle 0|\mathcal{U}^\dagger(t)e^{-i\mathcal{H}_0 t}$ にも同じように適用し,両者の結果をまとめると,次のようになる.

$$e^{i\mathcal{H}_0 t'}\mathcal{U}(t')|0\rangle = \mathcal{S}(t', -\infty)|0(-\infty)\rangle_\mathrm{I} \tag{2.52}$$

$$\langle 0|\mathcal{U}^\dagger(t)e^{-i\mathcal{H}_0 t} = \langle 0(\infty)|_\mathrm{I}\,\mathcal{S}(\infty, t) \tag{2.53}$$

ここで"断熱仮説"(adiabatic hypothesis)を導入する.まず無限の過去において摂動はなかったものとして,ゆっくりと徐々に摂動が印加されてきたものと仮想する.すなわち $\mathcal{W}(t \leq t_1) = \mathcal{W}\exp\bigl(\alpha(t-t_1)\bigr)$, $\alpha \to 0_+$ とするのである.また無限の未来においても同様に摂動が消滅し,$\mathcal{W}(t \geq t_2) = \mathcal{W}\exp\bigl(-\alpha(t-t_2)\bigr)$, $\alpha \to 0_+$ と表されるものとする.我々は $[t_1, t_2]$ の時間範囲だけで系の挙動を調べることにする (その範囲外の時刻に生じることは関知しない).

摂動が外部ポテンシャルの場合,これを徐々に印加したり除いたりする状況を物理的に想定することは可能であるが,摂動が粒子間相互作用によるものである場合,そのような状況を自由に作り出すことはできない.しかし数学的にはハミルトニアンの摂動項として,断熱的な時間依存性を持つ項の取り扱いを避けなければならない先見的な理由はないし,最終的には $\alpha = 0$ とおくので,断熱摂動を実際に実現できるかどうかは問題にはならない(数学の素養のある読者は,我々が条件収束積分に対するAbel(アーベル)の正則化を念頭に置いていることを推察できるかもしれない.このことには少し後でふれる).

無限の過去において摂動が働いていないので,$|0(-\infty)\rangle_\mathrm{I}$ の代わりに"非摂動の基底状態"$|\Phi_0\rangle$ を用いることができる $(i\partial|\Phi_0(t\to -\infty)\rangle/\partial t = \mathcal{W}\exp\bigl(\alpha(t-t_1)\bigr)|\Phi_0(t\to -\infty)\rangle \to 0$ なので $|\Phi_0\rangle$ は時間に依存しない).議論を簡単にするために,あらかじめ $\langle \Phi_0|\Phi_0\rangle = 1$ のように規格化された状態ベクトルを用いることにする.

無限の過去において相互作用を消失させて,系の状態を非摂動の基底状態にすることができたので,同様に相互作用が消失する無限の未来にも,系の状態は全く同じ非摂動の基底状態に戻るように考えたくなるが,これには注意が必要である.量子力学では,断熱的にゆっくり加えられる摂動によって,系が同じエネルギーを持つ別の状態へ遷移し得ることが知られている.しかし幸いここでは基底状態が縮退していないと考えてよいので,その唯一の基底状態だけを用いればよい.無限の過去と無限の未来の状態の違いは位相因子だけで,$|0(+\infty)\rangle_\mathrm{I} = \exp(iL)|\Phi_0\rangle$ となる.この位相因子は,式(2.50)では,常に分子と分母に現れて相殺されることになる.

これで,我々は次の重要な公式に到達した.

2.2. 摂動論：Feynmanダイヤグラム

$$iG_{\alpha\alpha'}(x,t;x',t') = \frac{\langle\Phi_0|\mathcal{T}\mathcal{S}(\infty,-\infty)\Psi_\alpha(x,t)\Psi_{\alpha'}^\dagger(x',t')|\Phi_0\rangle}{\langle\Phi_0|\mathcal{S}(\infty,-\infty)|\Phi_0\rangle} \qquad (2.54)$$

(時間順序化演算子の下にあるすべての S 演算子の部分を集めて，$\mathcal{S}(\infty,-\infty) = \mathcal{T}\exp\left\{-i\int_{-\infty}^{\infty}dt\mathcal{W}(t)\right\}$ にまとめた．) この式が摂動論の基礎となる式である．我々は指数関数で表された S 演算子を展開して，1粒子伝播関数の摂動の際と同様に，級数展開した式を得ることができる．この級数には，次のような項が含まれることになる．

$$\langle\Phi_0|\mathcal{T}\mathcal{W}(t_1)\mathcal{W}(t_2)\cdots\mathcal{W}(t_m)\Psi_\alpha(x,t)\Psi_{\alpha'}^\dagger(x',t')|\Phi_0\rangle$$

1粒子伝播関数の摂動と異なる点は，(1) 1粒子の座標 (もしくは運動量) の固有状態に関する行列要素ではなく，多体系の基底状態による平均化が必要となることと，(2) $\langle\Phi_0|\mathcal{S}(\infty,-\infty)|\Phi_0\rangle$ による割り算が必要になることである．

Wickの定理

Wickの定理 (Wick's theorem) は場の量子論の核心をなす定理であり，あらゆる場の量子論の式は，この定理によってはじめて現実的な取り扱いが可能となる．S演算子を表す指数関数の表式を展開した後で，我々は $\langle\Phi_0|\mathcal{T}\phi_1\phi_2\cdots\phi_m|\Phi_0\rangle$ といった行列要素を計算しなければならない．$\phi_1,\phi_2,\ldots,\phi_m$ は，相互作用表示で表した Fermi 粒子もしくは Bose 粒子の場の演算子で，Wickの定理はこのような演算子の時間順序積の計算に関するものである．

記述を簡単にするために，今後 $(\mathbf{x},t,\alpha)$ といった変数の組を，ひとつの数字もしくは大文字で代表させて書くことにする．たとえば，

$$\Psi_\alpha(\mathbf{x},t) \quad\rightarrow\quad \Psi_X$$
$$\Psi_{\gamma_1}(\mathbf{x}_1,t_1) \quad\rightarrow\quad \Psi_1$$
$$\sum_\alpha \int d^3\mathbf{x}\int dt \quad\rightarrow\quad \int dX$$
$$\sum_{\gamma_1}\int d^3\mathbf{x}_1\int dt_1 \quad\rightarrow\quad \int d1$$

と表記する．

"Wickの定理" は次のようなものである．

相互作用表示で表した複数の場の演算子の時間順序積は，積を構成する演算子の任意の対によってつくられるいくつかの "縮約" (contraction) と，その残りの演算子

の"正規積"(normal product)との積で表される項を，すべて足し合わせたものに等しい．

$$\begin{aligned}
\mathcal{T}\phi_1\phi_2\cdots\phi_m\phi_{m+1}\phi_{m+2}\cdots\phi_n = \quad & :\phi_1\phi_2\cdots\phi_m\phi_{m+1}\phi_{m+2}\cdots\phi_n: \\
& + :\overline{\phi_1\phi_2}\cdots\phi_m\phi_{m+1}\phi_{m+2}\cdots\phi_n: \\
& + :\phi_1\phi_2\cdots\overline{\phi_m\phi_{m+1}}\phi_{m+2}\cdots\phi_n: \\
& + \cdots \\
& + :\underline{\phi_1\overline{\phi_2\cdots\phi_m}\phi_{m+1}\phi_{m+2}\cdots\phi_n}: \\
& + \cdots
\end{aligned} \quad (2.55)$$

言葉の定義を以下に示す．

場の演算子の"正規積"：$\phi_1\phi_2\cdots\phi_m$：は，演算子積の中のすべての"消滅"演算子を他の"生成"演算子よりも右に移し，そのときに行ったFermi演算子同士の置換回数の偶奇に対応する符号因子を付けたものである．多体系の"消滅"演算子とは，非摂動系の基底状態(真空状態)に作用させたときにゼロになる演算子のことであり，"生成"演算子はそれと共役な演算子である．Fermi粒子系の場合，真空状態はFermi球の内部が粒子に占有された状態であり，$p>p_\mathrm{F}$ におけるFermi粒子消滅演算子 $a_\mathbf{p}$ と，$p<p_\mathrm{F}$ におけるFermi粒子の生成演算子 $a_\mathbf{p}^\dagger$ が系の"消滅"演算子となる．もし望むならば，Fermi粒子場の演算子を，このような観点から2つの成分に分離することができる．

$$\begin{aligned}
\psi_X &= \psi_X^{(-)} + \psi_X^{(+)} \\
&= \frac{1}{\sqrt{V}}\sum_{p>p_\mathrm{F}} e^{i(\mathbf{p}\mathbf{x}-\epsilon_\mathbf{p}t)}a_\mathbf{p} + \frac{1}{\sqrt{V}}\sum_{p<p_\mathrm{F}} e^{i(\mathbf{p}\mathbf{x}-\epsilon_\mathbf{p}t)}a_\mathbf{p}
\end{aligned} \quad (2.56)$$

Bose粒子(たとえばフォノン)の場は，あらかじめこれに似た形で与えられている．

$$\begin{aligned}
\varphi_X &= \varphi_X^{(-)} + \varphi_X^{(+)} \\
&= \frac{1}{\sqrt{V}}\sum_\mathbf{k} \left(\frac{\omega_\mathbf{k}}{2}\right)^{1/2} b_\mathbf{k} e^{i(\mathbf{k}\mathbf{x}-\omega_\mathbf{k}t)} + \frac{1}{\sqrt{V}}\sum_\mathbf{k} \left(\frac{\omega_\mathbf{k}}{2}\right)^{1/2} b_\mathbf{k}^\dagger e^{-i(\mathbf{k}\mathbf{x}-\omega_\mathbf{k}t)}
\end{aligned} \quad (2.57)$$

時間順序積も正規積も分配則が適用できるので，$(+)$ の部分と $(-)$ の部分を分離して扱える．成分を分けたこれらの演算子 $\psi^{(\pm)}$, $\varphi^{(\pm)}$ を用いて，すべての操作を行うことができる．

2.2. 摂動論：Feynmanダイヤグラム

正規積の定義により，任意の一連の場の演算子 $A, B, C, \ldots$ の正規積について，非摂動基底状態 $|\Phi_0\rangle$ で平均をとったものはゼロになる．

$$\langle \Phi_0 | : ABC \cdots : |\Phi_0\rangle = 0 \tag{2.58}$$

2つの演算子の"縮約" $\overline{\phi_m \phi_n}$ とは，時間順序積‡と正規積の差である．

$$\overline{\phi_m \phi_n} = \mathcal{T}\phi_m \phi_n - :\phi_m \phi_n : \tag{2.59}$$

2つの演算子が同じ種類のものであれば(両者とも生成演算子であるか，両者とも消滅演算子の場合)，縮約は常にゼロになる．これは正規積化に際して積の順序を変える必要がないためである．

$$\begin{aligned}
\overline{\phi_1 \phi_2} &= \theta(t_1-t_2)\phi_1\phi_2 \mp \theta(t_2-t_1)\phi_2\phi_1 - \phi_1\phi_2 \\
&= \bigl(\theta(t_1-t_2) + \theta(t_2-t_1)\bigr)\phi_1\phi_2 - \phi_1\phi_2 \\
&= 0
\end{aligned}$$

一方，共役な場の演算子同士の縮約は，普通の"数"(c-数)になる．演算子が相互作用表示になっていて，その時間依存性が自明であることから，たとえば，

$$\begin{aligned}
\overline{\phi_1^\dagger \phi_2} &= \sum_k \sum_q (e^{iE_k t_1} \overline{\phi_k^\dagger)(e^{-iE_q t_2} \phi_q}) \\
&= \sum_k \sum_q e^{iE_k t_1} e^{-iE_q t_2} \bigl(\theta(t_1-t_2)\phi_k^\dagger\phi_q \mp \theta(t_2-t_1)\phi_q\phi_k^\dagger - \phi_k^\dagger\phi_q\bigr) \\
&= \sum_k \sum_q e^{iE_k t_1} e^{-iE_q t_2} \Bigl[\bigl(\theta(t_1-t_2) + \theta(t_2-t_1)\bigr)\phi_k^\dagger\phi_q - \phi_k^\dagger\phi_q \\
&\qquad\qquad\qquad\qquad\qquad\qquad + \theta(t_2-t_1)\delta_{kq}\Bigr]
\end{aligned}$$

のようになり，演算子の項は残らない．Fermi粒子およびBose粒子の場の演算子の縮約が，通常の数になることは重要である．同種粒子の演算子の縮約は結局，次のようになる(フォノンのような実Bose粒子の場合 '†' は不要)．

$$\begin{aligned}
\overline{\phi_1 \phi_2^\dagger} &= \langle \Phi_0 | \overline{\phi_1 \phi_2^\dagger} |\Phi_0\rangle \\
&= \langle \Phi_0 | \mathcal{T}\phi_1\phi_2^\dagger |\Phi_0\rangle - \langle \Phi_0 | :\phi_1\phi_2^\dagger: |\Phi_0\rangle \\
&= \langle \Phi_0 | \mathcal{T}\phi_1\phi_2^\dagger |\Phi_0\rangle = iG^0(12)
\end{aligned} \tag{2.60}$$

‡(訳註) 場の演算子を扱う場合，時間順序積 ($\mathcal{T}$-積) も正規積と同様に，Fermi演算子同士の置換回数の偶奇に対応する符号因子を付けたものとして定義される．符号因子を省いた時間順序化演算子をこれと区別して P もしくは $\mathcal{P}$ と書く場合がある．

つまりFermi/Bose粒子の演算子同士の縮約は，我々が既に求め方を知っている"非摂動系のGreen関数"になるのである．もし我々が扱う場の演算子の交換子が，デルタ関数の代わりに演算子になってしまう場合には(スピン演算子のように)，多数の演算子の積を計算する際にWickの定理が利用できない．似たような演算子積を計算する問題でも，ダイヤグラムによる方法がない場合が多い理由はここにある．

しかしながらBose粒子とFermi粒子の系において，我々は$\langle \Phi_0 | \phi(1) \cdots \phi(N) | \Phi_0 \rangle$のような平均量を計算するためにWickの定理を利用することができる．縮約はすべて正規積の外に出せることに注意しよう(演算子同士の順序の入れ替えを繰り返して，縮約をとりたい演算子同士を隣接させたら，それらを縮約して通常の'数'にしてしまい，正規積の外に出せばよい．この操作に伴ってFermi演算子の交換回数の偶奇による因子$(-1)^P$が生じることになる)．したがって系の真空状態(非摂動基底状態)について平均化する場合，すべての演算子を残さず縮約した項からの寄与だけが残る(他の項は演算子の正規積を残しているので，真空平均はゼロになる)．明らかに演算子数が偶数の項だけが完全に縮約化できる．このようにして導いた各項の総和は，いろいろな非摂動Green関数同士の積について和をとったものになっている．各項は，演算子積を構成する演算子群の中から，共役な演算子の対をすべて拾い上げ，偶奇性による符号因子を付加したものになっている．それぞれの項を，それぞれ異なったFeynmanダイヤグラムを用いて表現することができる．我々はFeynmanダイヤグラムを描き，読み取り，計算に利用するための規則を，これから確立することにする．

しかしその前に，Wickの定理の正当性を確認することにしよう．完全な証明はひどく骨の折れるものであるが，たとえば**Fetter and Walecka 1971**において見ることができる．ここではその代わりに**Lifshitz and Pitaevskii 1980**に従って，演算子そのものに対しては成立しないが，その行列要素に対して熱力学的な極限で成立する，不充分ではあるが簡潔な議論を紹介することにしよう．

演算子積の平均をFourier成分を用いて$\langle X | \phi_1 \phi_2 \cdots | X \rangle = \Omega^{-1/2} \Sigma_{k_1} \Omega^{-1/2} \Sigma_{k_2} \cdots e^{ik_1 x_1 - iE_1 t_1} e^{ik_2 x_2 - iE_2 t_2} \cdots \langle X | c_{k_1} c_{k_2} \cdots | X \rangle$と表してみる．$\Omega$は系の体積である．偶数個の演算子が含まれており，同じkの値を持つ生成演算子と消滅演算子の組が$N/2$組見いだせるものとする(そうでなければ行列要素はゼロである)．したがってkの値は最大でも$N/2$種類しかないはずである．$N/2$の異なるkがある場合，上記の平均量は次のようになる．

$$\Omega^{-N/2} \sum_{k_1} \sum_{k_2} \cdots e^{ik_1(x_1 - x_1') - iE_1(t_1 - t_1')} \cdots \langle X | c_{k_1}^\dagger c_{k_1} | X \rangle$$
$$\times \langle X | c_{k_2}^\dagger c_{k_2} | X \rangle \cdots \langle X | c_{k_{N/2}}^\dagger c_{k_{N/2}} | X \rangle (-1)^P$$

(ここでは単位演算子の完全な表式$\sum_s |s\rangle\langle s|$の代わりに$|X\rangle\langle X|$を挿入した．他の項

は寄与を持たないからである.）　この式はWickの定理によって完全に縮約をとった形になっている．熱力学的な極限 $\Omega \to \infty$ でも，Ω の冪（べき）で表される規格化因子と k に関する和の効果が打ち消し合って，有限の値が得られる (両者は系の粒子数に比例する).

他方，$\langle X|\phi_1\phi_2\cdots|X\rangle$ の中に，異なる k の値が $N/2-1$ 個，$N/2-2$ 個，$\cdots$ しか含まれず，したがって和をとるための独立な変数の数も $N/2-1, N/2-2, \cdots$ となる場合には，分母にある体積の冪の一部が和によって相殺されなくなるために，ゼロになる．これで，Wickの定理の簡単な確認は完了した．

ここから先の筋道は明確である．

(1) Green関数の定義式(2.54)の中の，時間順序化演算子の下にある指数関数 (S演算子) を級数展開する．

(2) Wickの定理を適用して，各項の基底状態に関する平均を，非摂動Green関数の積 (の適切な積分) によって表される複数の項へ更に分解する．

(3) これらの項を，グラフ (Feynmanダイヤグラム) で表現する．

一旦，各グラフと，級数展開によって得られた個々の項の解析的表現との対応関係を確認できれば，はじめからダイヤグラムを用いて計算を行う方がはるかに簡単になる．グラフは級数展開した各項の構造について，明確な解釈を与えるのである．

Feynmanダイヤグラムを書いたり読み取ったりするための規則は，もちろん相互作用項の形に依存しているが，都合の悪いことに，それぞれの本や論文の著者の流儀に依存する部分もある (図2.6). 大別すると3種類の流儀があるが，本書では時間が右から左に流れるものとして，Green関数を表す線を左向きに描く方法を採用する．この流儀の利点は，ダイヤグラムに添える変数の順序が，解析的な表式に現れる変数の順序 (後の時刻が左側) と一致する点にある．

ダイヤグラムの方法を概説するために，電子間に単純なスカラー関数で表される2体相互作用がはたらく場合の規則を導くことにしよう．1種類の粒子 (電子) で構成される多体系が，時間遅延を持たず，スピンに依存しないポテンシャル U によって相互作用をしているものとする．

$$\mathcal{W}(t) = \frac{1}{2}\sum_{\alpha_1}\sum_{\alpha_2}\int d^3\mathbf{x}_1 \int d^3\mathbf{x}_2\, \Psi_{\alpha_1}^\dagger(\mathbf{x}_1,t)\Psi_{\alpha_2}^\dagger(\mathbf{x}_2,t) U(\mathbf{x}_1-\mathbf{x}_2)$$
$$\times \Psi_{\alpha_2}(\mathbf{x}_2,t)\Psi_{\alpha_1}(\mathbf{x}_1,t)$$

表記を簡単にするために，

$$U(1-2) \equiv U(\mathbf{x}_1-\mathbf{x}_2)\delta(t_1-t_2)$$

図2.7

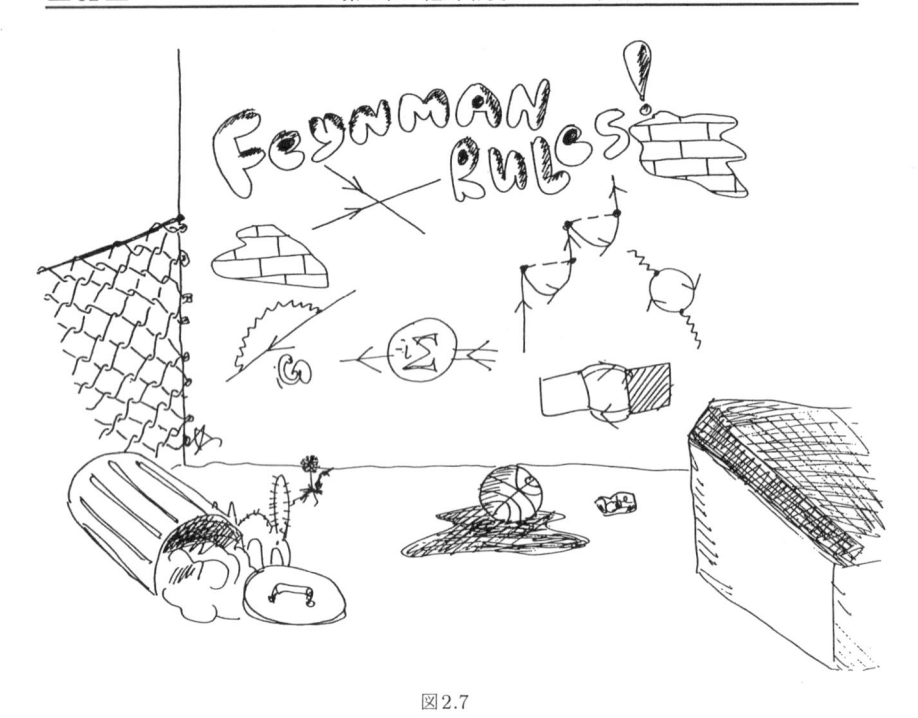

と書き，空間座標と時刻座標について同様に積分を施すものとする．前に示したように，変数の組 $(\mathbf{x}, t, \alpha)$ を X と書く (α はスピンを表す)．

$iG(X, X')$ の一般式の中にあるＳ演算子の指数関数を相互作用 U の１次の項まで展開して，上記のスカラー相互作用を代入すると，次式が得られる．

$$iG(X, X') \approx \frac{\langle\Phi_0|\Psi_X\Psi_{X'}^\dagger|\Phi_0\rangle + \left(-\dfrac{i}{\hbar}\right)\dfrac{1}{2}\int d1\int d2\, U(1-2)\langle\Phi_0|\mathcal{T}\Psi_1^\dagger\Psi_2^\dagger\Psi_2\Psi_1\Psi_X\Psi_{X'}^\dagger|\Phi_0\rangle}{1 + \left(-\dfrac{i}{\hbar}\right)\dfrac{1}{2}\int d1\int d2\, U(1-2)\langle\Phi_0|\mathcal{T}\Psi_1^\dagger\Psi_2^\dagger\Psi_2\Psi_1|\Phi_0\rangle}$$

(2.61)

以上が第１段階である．第２段階では，分子の６個の演算子の平均と，分母の４個の演算子の平均を，Wick の定理を用いて計算する．

$\langle\Phi_0|\mathcal{T}\Psi_1^\dagger\Psi_2^\dagger\Psi_2\Psi_1\Psi_X\Psi_{X'}^\dagger|\Phi_0\rangle$ は６通りの方法で完全に縮約をとることができる．たとえば $\langle\Phi_0|\mathcal{T}\Psi_1^\dagger\Psi_2^\dagger\Psi_2\Psi_1\Psi_X\Psi_{X'}^\dagger|\Phi_0\rangle = n^0(1)n^0(2)iG^0(X, X')$ となる．

2.2. 摂動論：Feynman ダイヤグラム

$X \xleftarrow{\quad} X'$	$iG(X,X') \equiv iG_{\alpha\alpha'}(\mathbf{x},t;\mathbf{x}',t')$	因果 Green 関数
$X \xleftarrow{\quad} X'$	$iG^0(X,X') \equiv iG^0(\mathbf{x}-\mathbf{x}',t-t')\delta_{\alpha\alpha'}$	非摂動因果 Green 関数
$1 \bullet\text{-----}\bullet 2$	$-iU(1-2) \equiv -iU(\mathbf{x}_1-\mathbf{x}_2)\delta(t_1-t_2)$	相互作用ポテンシャル
$1 \bullet\bigcirc$	$n^0(1) \equiv \langle\Phi_0|\Psi_1^\dagger\Psi_1|\Phi_0\rangle$	非摂動電子密度
ダイヤグラムの外線の端以外に現れる，すべての座標と時刻の変数に関して積分を行い，かつスピン添字に関して和をとるものとする．		

表2.1 電子間相互作用を持つ系の Feynman 規則．

$n^0(1) = \langle\Psi_1^\dagger\Psi_1\rangle_0$ は，非摂動系の電子密度である．見てわかるように，この項では "外から加えられた" 粒子 (X' から X へ伝播する仮想的な粒子) が，系の他の部分と分離している．すなわち粒子は系の他の部分と相互作用していない．

もうひとつの項，

$$\langle\Phi_0|\mathcal{T}\Psi_1^\dagger\Psi_2^\dagger\Psi_2\Psi_1\Psi_X\Psi_{X'}^\dagger|\Phi_0\rangle = -iG^0(1,2)iG^0(2,1)iG^0(X,X')$$

も，加えられた粒子が分離している例であるが，この場合 Fermi 粒子の演算子を奇数回入れ替えて縮約をつくっているので，負号が現れている．

次のような例が，加えられた粒子が系と相互作用をする "連結項" になっている．

$$\langle\Phi_0|\mathcal{T}\Psi_1^\dagger\Psi_2^\dagger\Psi_2\Psi_1\Psi_X\Psi_{X'}^\dagger|\Phi_0\rangle = iG^0(X,2)iG^0(2,1)iG^0(1,X')$$

このような連結項は，縮約の組合せ方により，上式を含めて4通りのものが現れる．

上述の式の展開作業は少々退屈なものではあるが，それぞれの式の諸要素 (相互作用が生じる点，非摂動 Green 関数など) に表2.1に示す図形を充てることによって，Green 関数の相互作用が1次までの項を，図2.8のように描くことができる．得られたダイヤグラムは，1粒子伝播関数について第1章で得たものとよく似ている．加えられた粒子は，系の他の粒子 (もしくはその粒子自身) との相互作用によって散乱されるが，散乱から次の散乱までの間は自由に伝播する．"背景にある" 粒子も相互作用に関与し，これもグラフに現れるので，グラフは多様なものとなる．

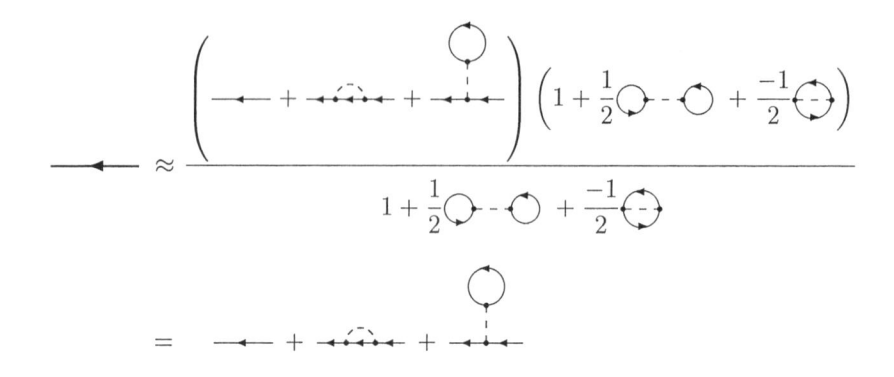

図2.8 電子間スカラー相互作用を1次まで考慮したGreen関数.

U の1次の展開項の中で，Wick展開の初めの2つの項は非連結グラフに対応する．残りの4つの項は連結グラフに対応しており，これらの連結グラフは，系に加えられた粒子が散乱する(他の粒子やその粒子自身と相互作用する)過程を表している．

"連結ダイヤグラム(連結グラフ)"とは，2箇所の外線の解放端，すなわち仮想的に粒子を付け加える座標点と取り除く座標点(ここでは X と X')を結ぶひと繋がりのグラフだけから成り，他の孤立部分を持たないダイヤグラムのことである．外線の端は，我々が計算したいGreen関数の引き数(座標とスピン)を担っており，ダイヤグラムの内部に現れる他の座標変数は，最終的に積分(和)を取るときに用いるダミーの変数に過ぎない．もちろんそれぞれのダミー用の変数として，どの変数を割り当てても実質的な計算内容は同じなので，途中の変数だけが異なるダイヤグラムは，同じものと見なし得る．

連結グラフに対応する項には，ダミー変数1と2に関する積分が含まれている．U の1次の項に現れる4つの連結項の中で，トポロジー的に互いに異なる項は2種類だけなので，それらをそれぞれ1回だけ考えることにして，2体相互作用ハミルトニアンの係数に由来する因子 $\frac{1}{2}$ を省けばよい[§]．

分母を展開すると，次のようになる．

$$\langle \Phi_0 | \mathcal{S}(-\infty, \infty) | \Phi_0 \rangle = 1 + \frac{1}{2}\bigcirc - \bigcirc + \frac{-1}{2}\bigcirc$$

分子からも同等の精度(高次の相互作用項を省く)の範囲内で，これと同じ因子を分

[§] (訳註) 結局，散乱を表す "4つの連結項" に対応するのが，図2.8の2行目において第2項と第3項のように表してある2つの連結グラフである．後者のグラフ単独ではHartree近似，両者のグラフを同時に考慮することはHartree-Fock近似の考え方に対応する．

離できる．したがって分母は，分子から生じる非連結な因子との約分によって消去される．

Green関数の簡約定理[‡]

Green関数を相互作用表示で表す公式(式(2.54))の分子の摂動級数に現れる非連結ダイヤグラムの部分は，分母全体と同じものであり，約分の結果，分子の連結ダイヤグラムの部分だけが残る．したがってGreen関数を，改めて，摂動級数の中に現れる連結ダイヤグラムの総和として定義し直すことができる．

相互作用項 $\mathcal{W}$ の形を特定せずに，Green関数の分子の ν 次の項を考えてみよう．

$$\sum_{n=0}^{\infty}\sum_{m=0}^{\infty}\delta_{m+n,\nu}(-i)^{m+n}\frac{1}{\nu!}\left(\frac{\nu!}{m!n!}\right)$$
$$\times\int_{-\infty}^{\infty}dt_1\cdots dt_m\langle\Phi_0|\mathcal{T}\mathcal{W}(t_1)\cdots\mathcal{W}(t_m)\Psi(X)\Psi^{\dagger}(X')|\Phi_0\rangle_{\text{connected}}$$
$$\times\int_{-\infty}^{\infty}dt_{m+1}\cdots dt_{\nu}\langle\Phi_0|\mathcal{T}\mathcal{W}(t_{m+1})\cdots\mathcal{W}(t_{m+n})|\Phi_0\rangle$$

この ν 次の項は，m 次の連結部分と n 次の非連結部分の積の形になっている．各項には ν 個の相互作用演算子 $\mathcal{W}(t_i)$ を m 個と n 個に分ける組み合わせの因子 $\left(\frac{\nu!}{m!n!}\right)$ が付いている(相互作用項はFermi演算子を偶数個含むので，このような演算子の並べ換えの際に符号の変化は生じない)．この因子と指数関数の展開によって生じる係数因子 $\frac{1}{\nu!}$ を一緒にすると $\frac{1}{m!}\frac{1}{n!}$ が残る．

ν に関する 0 から ∞ までの和によって因子 $\delta_{m+n,\nu}$ は消える．2つの級数の積のうち，非連結部分は，積分変数の簡単な入れ替えによって，次のようになる．

$$\frac{1}{n!}\sum_{n=0}^{\infty}\int_{-\infty}^{\infty}dt_1\cdots dt_n(-i)^n\langle\Phi_0|\mathcal{T}\mathcal{W}(t_1)\ldots\mathcal{W}(t_n)|\Phi_0\rangle = \langle\Phi_0|\mathcal{T}e^{-i\int_{-\infty}^{\infty}dt\mathcal{W}(t)}|\Phi_0\rangle$$

これはGreen関数の分母と全く同じものである！ この非連結部分は分母と約分されるので，これで簡約定理が証明されたことになる．

m 次の連結部分を見ると，$\langle\Phi_0|\mathcal{T}\mathcal{W}(t_1)\cdots\mathcal{W}(t_m)\Psi(X)\Psi^{\dagger}(X')|\Phi_0\rangle_{\text{connected}}$ の中の変数 $t_1,\ldots,t_m$ を入れ替えることによって，$m!$ 個の同じ形の項が現れることが分かる．これは因子 $\frac{1}{m!}$ を打ち消すので，高次の摂動を扱う場合でも，結局トポロ

[‡] (訳註) "cancellation theorem" を "簡約定理" と訳してみたが，原語・訳語とも必ずしも一般に認知されているものではない．

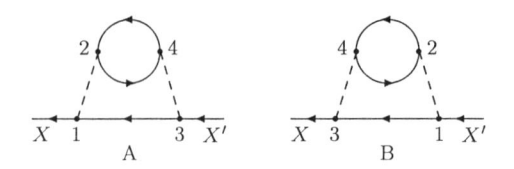

図2.9 トポロジー的に等価なグラフ.

ジー的に異なるグラフだけを，係数因子を付けずに1回ずつ扱えばよいことになる．$m = 2$ のひとつの例を示す (図2.9)．これら2つのダイヤグラムは，相互作用線の両端に付されたラベル (変数) が $12 \leftrightarrow 34$ のように入れ替わっているが，同じ構造を持っている．我々が扱う相互作用項を考えると，2粒子相互作用の係数 $1/2$ のために，各項には $\dfrac{1}{m!}$ 以外に $\dfrac{1}{2^m}$ という因子も付くが，相互作用線の両端に始点と終点の区別がなく，1●- - - - - -●2 と 2●- - - - - -●1 が同じであるために，やはり同じ構造を持つダイヤグラムを各々ひとつずつ考慮することにして，この相互作用の係数因子を省いて考えることができる (図2.9のA, Bそれぞれを，既にこの措置が施された結果と見なしてよい)．既に述べたように，最終的に残るのは外線の端の変数だけであり，他の変数は積分のためのダミー変数である．したがって，以下のように規則をまとめることができる．

一般的なダイヤグラム規則

1. トポロジー的に異なる，連結したFeynmanダイヤグラムをすべて描く．
2. 表2.1 (p.83) に従って，ダイヤグラムの構成要素に因子を対応させる．
3. 各ダイヤグラムに $(-1)^F$ を掛ける．F は2つ以上の結節点 (vertex) を含むFermi粒子線の閉じたループの数である ('単純気泡' n^0 は対象外とする)．

規則3の理由は明白である．複数のFermi粒子線でループが構成される場合，縮約化する演算子対を隣接させるためFermi演算子を $\psi(1)\psi^\dagger(2)\psi(2)\psi^\dagger(3)\cdots\psi(N)\psi^\dagger(1)$ のように並べなければならない．ハミルトニアンの中でこれらの演算子は $\psi^\dagger(1)\psi(1)$ のように扱われているので，元々左端にある演算子 $\psi^\dagger(1)$ を，他のすべての演算子と順序入れ替えを行って右端まで移動させなければならない．入れ替えを行うべき演算子は，$\psi^\dagger(1)$ 自身の共役演算子と，何組かの共役な演算子対 $\psi^\dagger\psi$ であり，必ず奇数個になる．この結果，各ループに必ず負号が付くことになり，規則3が成立する．単純気泡では $\psi^\dagger\psi$ だけが必要で，演算子の入れ替えが不要なので負号は必要ない．

2.2. 摂動論：Feynman ダイヤグラム

⟵ P	$iG(P) \equiv iG_{\alpha\alpha'}(\mathbf{p},\omega)$	因果 Green 関数
⟵ P	$iG^0(P) \equiv iG^0(\mathbf{p},\omega)\delta_{\alpha\alpha'}$	非摂動因果 Green 関数
•--Q--•	$-iU(Q) \equiv -iU(\mathbf{q})$	相互作用ポテンシャルの Fourier 変換
◯	$n^0(\mu)$	非摂動電子密度

すべての結節点におけるエネルギー(振動数)／運動量保存を考慮しながらダイヤグラムの外線以外のすべての運動量と振動数変数に関して $dP/(2\pi)^4$ のように積分を行い，かつスピン添字に関して和をとるものとする．

表2.2 電子間相互作用に対する Feynman 規則 (運動量表示).

運動量表示へ Fourier 変換を行った Green 関数についても，同様のダイヤグラム規則を作ることができるが，因子の対応の仕方は表 2.2 のようになる．ここで P は $(\mathbf{p},\omega)$ という変数の組を表す．各結節点におけるエネルギーと運動量の保存によって，積分回数を結節点あたり 1 回ずつ減らすことができるが，この理由は単純である．座標表示では，結節点の変数 $Y = (\mathbf{y}, t_y)$ に関して $\int d^4 Y G^0(..-Y)G^0(Y-..)U(Y-..)$ のような積分が行われる (非摂動 Green 関数と相互作用ポテンシャルが空間的に一様であることを仮定する)．Fourier 成分を書くと，次のようになる．

$$\int \frac{d^4 K}{(2\pi)^4} \int \frac{d^4 K_1}{(2\pi)^4} \int \frac{d^4 K_2}{(2\pi)^4} \int d^4 Y e^{iK(..-Y)+iK_1(Y-..)+iK_2(Y-..)} G^0(K)G^0(K_1)U(K_2)$$

Y に関する積分は，単純な指数関数の積分であり，デルタ関数になる．

$$\int d^4 Y e^{iY(-K+K_1+iK_2)} = \int dt_y e^{-it_y(-\omega+\omega_1-\omega_2)} \int d^3\mathbf{y} e^{i\mathbf{y}(-\mathbf{k}+\mathbf{k}_1+\mathbf{k}_2)}$$
$$= (2\pi)^4 \delta(-\omega+\omega_1-\omega_2)\delta(-\mathbf{k}+\mathbf{k}_1+\mathbf{k}_2)$$

したがって，エネルギー(振動数)と運動量(波数ベクトル)は各々の結節点で保存する．このことの物理的な意味は明らかである．ダイヤグラムの中の各々の結節点は散乱過程を表している．我々が扱っている(散乱を記述する)ハミルトニアンは，空間的に一様で時間にも依存しないので，物理学の一般的な要請から，散乱の前後で運動量とエネルギーは保存するのである．

~~K~~~	$iD(K) \equiv iD(\mathbf{k}, \omega)$	フォノン伝播関数
Abrikosov, Gor'kov and Dzyaloshinski 1975		
~~K~~~	$iD^0(K) \equiv iD^0(\mathbf{k}, \omega)$ $= i\dfrac{\omega_\mathbf{k}^2}{\omega^2 - \omega_\mathbf{k}^2 + i0}$	非摂動フォノン伝播関数
p+k / p \ k	$-ig$	電子-フォノン結合係数
Mahan 1990		
~~K~~~	$iD^0(K) \equiv iD^0(\mathbf{k}, \omega)$ $= i\dfrac{2\omega_\mathbf{k}}{\omega^2 - \omega_\mathbf{k}^2 + i0}$	非摂動フォノン伝播関数
p+k / p \ k	$-i|M_\mathbf{k}|$	電子-フォノン結合係数

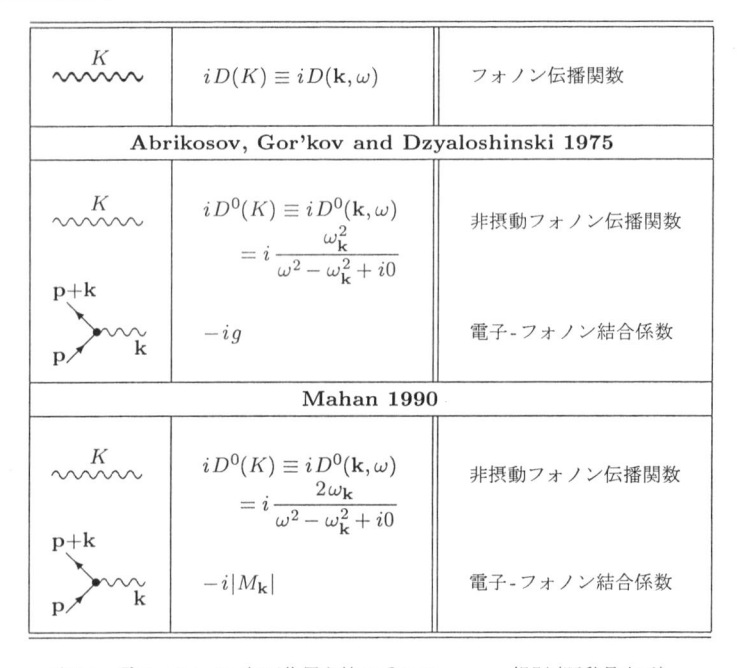

表2.3 電子-フォノン相互作用を持つ系のFeynman規則(運動量表示).

電子間のスカラー相互作用以外で,固体電子系において重要となるもうひとつの相互作用は,電子-フォノン相互作用である.これに関する詳細な議論は固体物理学に関する他の本に譲ることとし,ここでは電子とフォノンの演算子を用いたハミルトニアンを扱うことはしない.ただ電子-フォノン間の相互作用項が$\varphi(X)\psi^\dagger(X)\psi(X)$のような形の項で構成されることを指摘しておく(フォノンの場φが,その定義により実数場なので,この相互作用項はHermite演算子になっている).奇数個のフォノン演算子を含む演算子積の真空平均はゼロになるので,偶数次の項だけが摂動展開に現れることになる.偶数次の摂動項では,フォノン演算子が対をなして非摂動フォノンのGreen関数(伝播関数)$D^0(\mathbf{k}, \omega)$を形成する.結節点とフォノン伝播関数の定義は,流儀による違いがある.ここで読者の便宜のために,2つの文献で用いられている規則を示すことにする(表2.3).次節以降の議論は,このような規則の詳細には依らないものであるが,読者が自らこの種の計算を実行したり確認したりする際には,あらかじめこの表のように計算規則を確認しておくことが肝要である.

2.2. 摂動論：Feynman ダイヤグラム

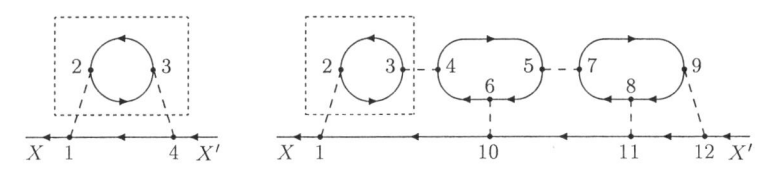

図2.10 2つのダイヤグラム．

2.2.2 ダイヤグラムの利用：自己エネルギーと Dyson 方程式

Green 関数が広く用いられている理由のひとつは，Green 関数に対応するダイヤグラムが便利な性質を持つことにある．その性質とは，任意の Feynman ダイヤグラムと同じ構造が，ダイヤグラムの中の構成要素としても随所に見いだされるというものである．

したがって，ダイヤグラム中の任意の部分 (サブダイヤグラム) に対する計算結果が与えられれば，それを同じ構造を持つ任意のダイヤグラムに適用できることになる (ただしこれは，大正準集団に関するダイヤグラムの展開にはあてはまらない)．

これは何を意味するのだろうか？ 図2.10に示した2次摂動項と6次摂動項の2つのダイヤグラムを見てみよう．それらを式に直して，ダイヤグラム中で点線で囲んだ部分に相当する因子に下線を引いてみる．

$$\int d1\,d2\,d3\,d4 \left[iG^0(X1)\underline{(-1)iG^0(23)iG^0(32)} \right.$$
$$\left. \times iG^0(14)iG^0(4X')\bigl(-iU(12)\bigr)\bigl(-iU(34)\bigr) \right]$$

$$\int d1\,d2\,d3\,d4\,d5\,d6\,d7\,d8\,d9\,d10\,d11\,d12$$
$$\times \left[iG^0(X1)\underline{(-1)iG^0(23)iG^0(32)} \right.$$
$$\times iG^0(54)iG^0(46)iG^0(65)(-1)iG^0(97)iG^0(78)iG^0(89)$$
$$\times (-1)iG^0(1,10)iG^0(10,11)iG^0(11,12)iG^0(12,X')$$
$$\left. \times \bigl(-iU(12)\bigr)\bigl(-iU(34)\bigr)\bigl(-iU(57)\bigr)\bigl(-iU(6,10)\bigr)\bigl(-iU(8,11)\bigr)\bigl(-iU(9,12)\bigr) \right]$$

ここで着目した共通部分は，次のような要素である．

$$2\!\bigcirc\!3 \;=\; -iG^0(23)iG^0(32)$$

このように，同じ構造の構成要素を等価なものとして扱える性質は，大正準ポテンシャル Ω の下でのダイヤグラムには見られない性質である．その場合は n 次のダイ

ヤグラムにそれぞれ因子 $1/n$ が付くために，単純にダイヤグラムの部分和を扱うことができなくなる．

ダイヤグラムの和をとることは，考え方として理解しやすいものではあるが，無限級数を扱う場合には数学的に疑わしい面も生じ得る．例として，

というダイヤグラムを考えてみよう．Green 関数を展開する無限級数の中に，

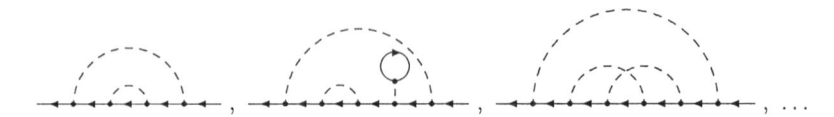

のように，内線に対して修正を施したダイヤグラムのサブセットを見いだすことができる．摂動の次数が異なっても，ダイヤグラムを式に直す方法に違いを生じないので，我々は着目している相互作用部分の外側に接続するグラフのことは忘れて，そのグラフの部分の内部だけを考察することができる．上記のような部分的なグラフに対する一連の修正は，グラフ中の細線 (非摂動 Green 関数 G^0) を，正確な Green 関数を与える無限摂動級数に対応する太線 (正確な Green 関数 G) に置き換えて，

のようにすることと等価である．このような考え方の下で，Green 関数の無限級数の部分和を扱うことができる．

上述のように部分和の概念を導入して Green 関数の自己無撞着な方程式を得ることができるが，これで目的が達成されたわけではない．第 1 に，そのようにして得た方程式は，非線形な積分方程式か積分微分方程式であり，これを解くのは簡単ではない．第 2 に，このような方程式が絶対的に正しいという保証もない．数学が教えるところによれば，収束する級数の中でもごく限られたものだけが，項の順序に無関係な一定の和の値を与える (絶対収束)．我々が行ったことは，摂動級数の項の並べ換えを含んでいるが，そもそも我々は摂動級数全体が収束するかどうかさえ全く知らない (そして通常は知り得ない) のである！我々は得られた結果を見て，その正当性を判断しなければならない．もし結果に問題があれば，部分和の扱い方に何らかの問題があるのである (そのような例は少なくない．実際には着目する系列以外の項を無視して方程式を立てるので，各々の結果はそれぞれ特定の近似に基づく結果に過ぎない)．また何かおかしな結果が生じること自体が有益な知見に結びつく場合もあるが，我々は後で

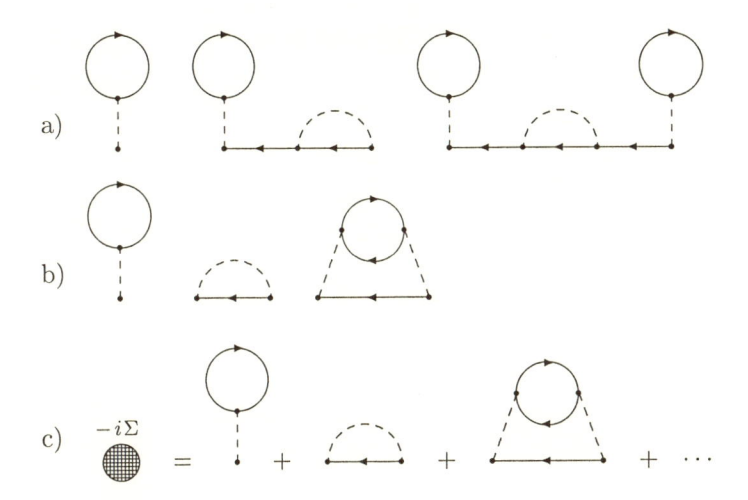

2.2. 摂動論：Feynmanダイヤグラム

図2.11 自己エネルギーを表すダイヤグラム．(a) 自己エネルギー部分．(b) 既約な自己エネルギー部分．(c) 固有自己エネルギー (質量演算子)．

超伝導を扱う際に，このような例を見ることになる．多くの場合，部分和の中に重要な過程を含むようにすれば，結果はほぼ正しいものになる．通常は，数学的な観点よりもむしろ物理的な視点から，重要なダイヤグラムとそうでないものとを区別して，重要な過程を含むダイヤグラムだけで部分和を構成する．そのような部分和は，系の基本的な性質を反映したものになる．

部分和を構成する際に用いられる概念を，いくつか定義しておく．

"自己エネルギー部分"(self energy part) とは，ダイヤグラムの他の部分と2本の粒子線だけで繋がるような部分の総称である (図2.11)．

"既約な"自己エネルギー部分 (irreducible self energy part) とは，図2.11(b) のように，1本の粒子線を切断するだけでは2つの部分に分離することができないようなダイヤグラムで表される自己エネルギー部分を意味する．

"固有自己エネルギー"(proper self energy)，もしくは"質量演算子"(mass operator) と呼ばれるものは，すべての既約な自己エネルギー部分の総和であり[§]，$\Sigma_{\alpha\alpha'}(X,X')$ と表記される．質量演算子という名前は，場の量子論の歴史に由来するものであるが，その意味は少し後で明らかになる．

あらかじめ因子 $(-i)$ を考慮して，固有自己エネルギーを図2.11のように定義しておくと都合がよい．そうするとGreen関数を，次のような級数で表すことができる．

[§](訳註) したがって "既約な全自己エネルギー" という呼び方もある．

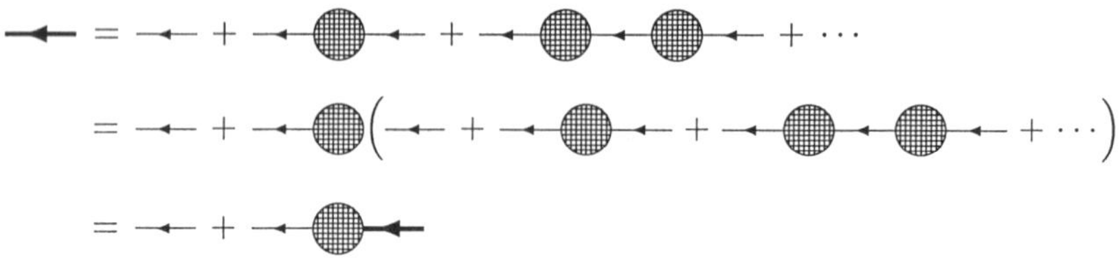

図2.12 Dyson方程式.

$$iG = iG^0 + iG^0\Sigma G^0 + iG^0\Sigma G^0\Sigma G^0 + \cdots \tag{2.62}$$

これでGreen関数を表す無限級数が(グラフを利用することによって!)固有自己エネルギーと非摂動Green関数の冪和の形に再構成された(もちろんこれは'演算子'の級数であり,すべての必要な積分と,スピン添字に関する行列積の計算を含んでいるものと考える).

因子iG^0を分離することにより,予想通りに自己無撞着な形をした"Dyson方程式"を得ることができる(図2.12).

$$G(X,X') = G^0(X,X') + \int dX'' \int dX''' G^0(X,X'')\Sigma(X'',X''')G(X''',X') \tag{2.63}$$

(もちろんiG^0を右側に分離して,$G = G^0 + G\Sigma G^0$とすることもできる.) 系が空間的に一様で定常的であり,磁性を持たないならば(これはGとΣがスピン添字について対角行列になることを意味する),上記の式をFourier変換したものは$G(P) = G^0(P) + G^0(P)\Sigma(P)G(P)$となる.これにより,次式が得られる[‡].

$$G(\mathbf{p},\omega) = \left[\left(G^0(\mathbf{p},\omega)\right)^{-1} - \Sigma(\mathbf{p},\omega)\right]^{-1} = \frac{1}{\omega - \epsilon_\mathbf{p} + \mu - \Sigma(\mathbf{p},\omega)} \tag{2.64}$$

この式を,次のように記号化して表すこともできる.

$$G = \left[i\frac{\partial}{\partial t} - \mathcal{E} - \hat{\Sigma}\right]^{-1} \tag{2.65}$$

$[\cdots]^{-1}$は逆演算子を表すが,この式はGとΣが非対角の場合でも(たとえば連続並進対称性を持たない系でも)成立する.

[‡](訳註) 結局"1粒子Green関数Gを求めること"は"固有自己エネルギーΣを求めること"と内容的に等価である.この作業によって複素ω平面内に解析接続したGの($\mathbf{p}$を任意に決めたときの)複素極の位置$\omega = \epsilon_\mathbf{p} - \mu + \Sigma(\mathbf{p},\omega)$が分かり,その位置から多体系における準粒子励起の性質が決まる(p.68, p.70). 1粒子Green関数を求めることの第一義的な目的は,2.1.4項のようなことよりも,むしろ相互作用を持つ多体系の中の準粒子特性それ自体の解明である.

式(2.64)が持つ重要な特徴は，固有自己エネルギー Σ に有限次数までの適当な近似式を代入して得られる G の近似式が，そのような固有自己エネルギーの近似を使った"無限"級数の計算結果(式(2.62))に相当することである．得られた計算結果は，Green関数の摂動級数を各項毎に計算する単純な方法よりも，はるかに良い結果を与える場合が多い．

上述のことは，自己無撞着な手法の性質から，ある程度予想されることである．しかし近似として用いた固有自己エネルギーが本当に妥当なものであるかどうかを判断するために，得られたGreen関数の近似式が，一般にGreen関数が持つべき解析的性質(詳しい説明は省くが，因果律に起因する性質)を備えているかどうかを確認しなければならない．式(2.64)に戻り，Källén-Lehmann表示を思い出すと，次の条件が満たされなければならないことが分かる．

$$\begin{cases} \mathrm{Im}\Sigma(\mathbf{p},\omega) \geq 0, & \omega < 0 \\ \mathrm{Im}\Sigma(\mathbf{p},\omega) \leq 0, & \omega > 0 \end{cases} \tag{2.66}$$

$\mathrm{Im}\Sigma$ が素励起の寿命の逆数にあたり，$\mathrm{Re}\Sigma$ が相互作用によって生じる分散関係の変更を規定するものであることも，式(2.64)から見て取れる(場の量子論では分散関係の変更を見かけ上の粒子質量の変化と見なす．Σ が質量演算子と呼ばれる理由はここにある)．

2.2.3 相互作用の修正：分極演算子

粒子線に対する修正と同じ考え方で，相互作用線に挿入できる"分極部分"のダイヤグラムを考えることもできる(図2.13)．

"分極部分"(polarization partもしくはpolarization insertion)とは，ダイヤグラムの他の部分と2本の相互作用線だけで接続する部分の総称である．分極部分のうちで1本の相互作用線を切断するだけではダイヤグラムを2つの部分に分離できないようなものを"既約な"分極部分と称する．"分極演算子"(polarization operator)

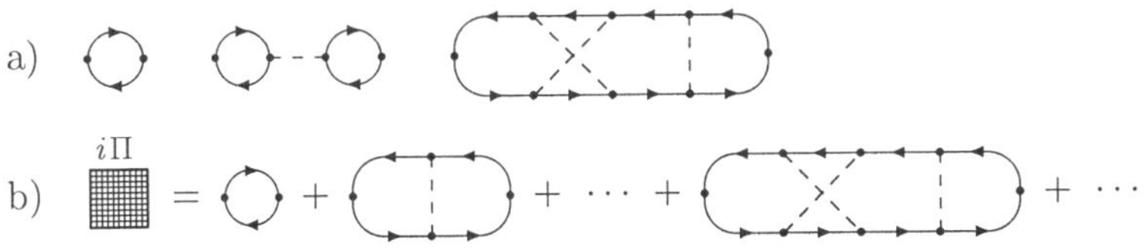

図2.13 相互作用の修正．(a) 相互作用線に挿入できる分極部分．(b) 分極演算子．

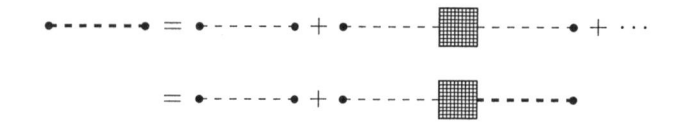

図2.14 分極演算子に関する方程式.

Π は，すべての既約な分極部分の和であり，粒子線に対する固有自己エネルギー(質量演算子)の役割とよく似た役割を，相互作用線に対して持つ．

相互作用線の定義に因子 $(-i)$ が含まれているので，分極演算子を図2.13(b)のように，因子 (i) を分離して定義しておくと便利である．相互作用についても，分極演算子を用いて Dyson 方程式に類似した式をつくることができる (図2.14).

$$U_{\text{eff}}(P) = U(P) + U(P)\Pi(P)U_{\text{eff}}(P) \tag{2.67}$$

この修正された相互作用 U_{eff} を用いて "一般化誘電関数" $\kappa(\mathbf{p}, \omega)$ を定義できる．

$$U_{\text{eff}}(\mathbf{p}, \omega) \equiv \frac{U(\mathbf{p}, \omega)}{\kappa(\mathbf{p}, \omega)} = \frac{U(\mathbf{p}, \omega)}{1 - U(\mathbf{p}, \omega)\Pi(\mathbf{p}, \omega)} \tag{2.68}$$

一般化誘電関数は，粒子間に相互作用がある粒子系の分極効果を記述する．このような分極効果の例を以下に示す．

Coulomb 相互作用の遮蔽

荷電 Fermi 粒子気体における Coulomb ポテンシャルの遮蔽について，Thomas-Fermi のモデルによる遮蔽と同じ結果を，乱雑位相近似 (random phase approximation: RPA) を採用し，分極演算子の最低次の項だけを考慮して導出することもできる．

$$i\Pi_0(\mathbf{p}, \omega) = 2\int \frac{d^3\mathbf{q}\,d\zeta}{(2\pi)^4} G^0(\mathbf{p}+\mathbf{q}, \omega+\zeta) G^0(\mathbf{q}, \zeta) \tag{2.69}$$

計算の結果，静的な遮蔽に関する分極部分は次のようになる．

$$\text{Re}\,\Pi_0(\mathbf{p}, 0) = -\frac{mp_{\text{F}}}{2\pi^2}\left(1 + \frac{p_{\text{F}}^2 - p^2/4}{p_{\text{F}}\,p}\ln\left|\frac{p_{\text{F}} + p/2}{p_{\text{F}} - p/2}\right|\right) \tag{2.70}$$

$$\text{Im}\,\Pi_0(\mathbf{p}, 0) = 0 \tag{2.71}$$

2.2. 摂動論：Feynmanダイヤグラム

図2.15 乱雑位相近似

長距離の遮蔽 ($p \ll p_\mathrm{F}$) の場合，

$$\Pi_0 \approx -2\mathcal{N}(\mu)$$

となる．$\mathcal{N}(\mu) \equiv \dfrac{mp_\mathrm{F}}{2\pi^2}$ は，ここでは Fermi 準位における状態密度§を表す．したがって，相互作用を Fourier 変換したものは，次式で表される．

$$V_\mathrm{eff}(q) \approx \frac{4\pi e^2/q^2}{1+2\mathcal{N}(\mu)4\pi e^2/q^2} = \frac{4\pi e^2}{q^2+8\pi e^2\mathcal{N}(\mu)} \tag{2.72}$$

ここで，

$$q_\mathrm{TF}^2 = 8\pi e^2 \mathcal{N}(\mu)$$

は Thomas-Fermi 波数の平方であり，実空間ポテンシャルは，湯川型になっている．

$$V_\mathrm{eff}(r) = \frac{e^2}{r}\exp\bigl(-q_\mathrm{TF}r\bigr) \tag{2.73}$$

元々長距離に及ぶはずの Coulomb 相互作用は，周囲に荷電粒子系が存在するために，有限の Thomas-Fermi 半径までで遮蔽される．この遮蔽が起こる様子を，単純な分極ダイヤグラムで理解できる．相互作用によって"仮想的な"電子-正孔対が生成される(仮想的なものであることは，内線においてエネルギー-運動量の関係が保たれていないことから判る．我々はすべてのエネルギー変数とすべての運動量変数について'独立に'積分を実行する！ 実粒子であれば $E=p^2/2m$ のような関係を保たなければならない)．今，扱っている近似では，そのような仮想的な電子-正孔対の生成消滅過程が，それぞれ独立に起こるものとしている．相互作用線に沿ってエネルギーと運動量は保存しなければならないので，電子-正孔対の量子力学的な位相は急速に失われ，次の電子-正孔対には影響を与えない．これが RPA すなわち乱雑位相近似である．本書の初めの方で触れたように，この種の近似は，相互作用が及ぶ範囲内に多数の粒子が含まれる場合に正しい結果を与える．この場合，ある粒子が他のひとつの粒子と続けて2回相互作用するよりも，直前に相互作用した粒子とは別の粒子と相互作用する可能性が極めて高くなる．

---

§(訳註) 一方向スピンあたりの状態密度．通常の単位系では $\mathcal{N}(\mu)=mk_\mathrm{F}/2\pi\hbar^2$．($\hbar\to 1$ により $p_\mathrm{F}=k_\mathrm{F}$ となることに注意せよ．) **Fetter and Walecka 1971**, Ch.4 参照．

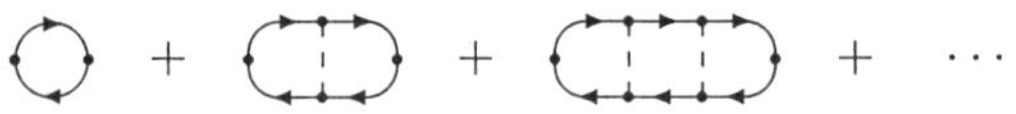

図 2.16 梯子近似.

反対に,粒子密度が低い場合に RPA は成立しなくなり,代わりに"梯子近似"(ladder approximation) が有効になる.この近似では,仮想対 (準粒子 - 準正孔対) が繰り返し相互作用をしてから消滅する.粒子密度が低い場合,相互作用が及ぶ範囲内で,直前に相互作用をした準粒子以外に別の準粒子を見いだすことが難しくなるので,このような近似が理に適うことになる.

2.2.4　多粒子 Green 関数と Bethe-Salpeter 方程式

我々は Green 関数が多体系の性質を記述するのに便利な道具となることを見てきた.ここまで扱ってきたのは,多体系を背景としたひとつの準粒子励起を記述する"1粒子 Green 関数"である.この Green 関数は,たとえば 2 粒子が相互に束縛する状態を記述することができない.1 粒子 Green 関数は Fermi 粒子を扱うものであるが,そのような 2 粒子状態は Bose 粒子のような性質を持つことになる.

この問題は簡単に解決できる.我々が考察する平均化量を $\langle\psi\psi^\dagger\rangle$ だけに限定しなければならない理由はない.$G(X, X')$ に対する運動方程式 (2.5) は $\langle\psi\psi\psi^\dagger\psi^\dagger\rangle$ などの項を含むので,ここで"n 粒子 Green 関数"を導入するのは自然なことである (例によって n 粒子 Green 関数の定義の仕方にも確立された慣例はないので,一般の文献を読む際には,そこで採用されている定義をよく確認する必要がある).

n 粒子 Green 関数 ($2n$ 点 Green 関数) を,次のように定義する (図 2.17 参照).

$$\begin{aligned}
&G_{(n)\alpha_1\alpha_2\cdots\alpha_n,\alpha_1'\alpha_2'\cdots\alpha_n'}(\mathbf{x}_1 t_1, \mathbf{x}_2 t_2, \ldots \mathbf{x}_n t_n; \mathbf{x}_1' t_1', \mathbf{x}_2' t_2', \ldots \mathbf{x}_n' t_n')\\
&\equiv G_{(n)}(12\cdots n; 1'2'\cdots n')\\
&= \frac{1}{(i)^n}\langle\mathcal{T}\psi(1)\psi(2)\cdots\psi(n)\psi^\dagger(n')\cdots\psi^\dagger(2')\psi^\dagger(1')\rangle
\end{aligned} \tag{2.74}$$

Feynman ダイヤグラムを描いたり式に読み替えたりする方法は,1 粒子 Green 関数の場合と同様に,平均量 $\langle\mathcal{T}\cdots\psi^\dagger\psi\rangle$ の中の S 演算子を摂動展開することによって導かれる.

このダイヤグラムには因子 $(-1)^S$ が付く.S は Fermi 粒子線の端の交換 $(1'2'\cdots n')$ $\leftrightarrow (12\cdots n)$ に関する偶奇を表す (図 2.18 参照).

2.2. 摂動論：Feynmanダイヤグラム

図2.17 多粒子(n粒子)Green関数．(便利な'引き伸ばした薄皮のグラフ'は**Mattuck 1976**において導入されている．●は外向きの外線が接続する端を表す．)

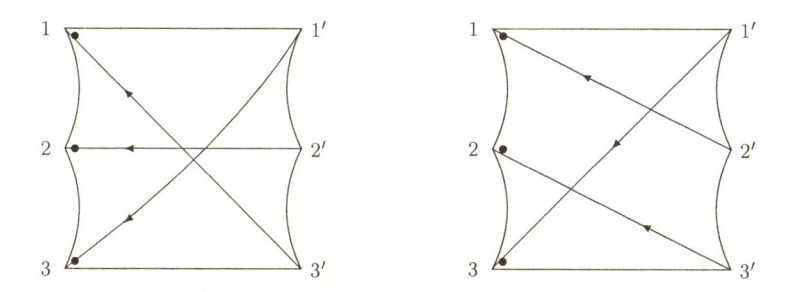

図2.18 多粒子Green関数の符号の規則．左：$(1,2,3) \leftrightarrow (3',2',1')$，符号 -1．右：$(1,2,3) \leftrightarrow (2',3',1')$，符号 $+1$．

この規則が生じる理由は，Wickの定理を2粒子Green関数の最低次の展開に適用してみると，簡単に理解できる．

$$\begin{aligned}
G_{(2)}(12,1'2') &\equiv (-i)^2 \langle \mathcal{T}\psi_1\psi_2\psi_{2'}^\dagger\psi_{1'}^\dagger\rangle \\
&\approx (-i)\langle \mathcal{T}\psi_1\psi_{1'}^\dagger\rangle_0 \, (-i)\langle \mathcal{T}\psi_2\psi_{2'}^\dagger\rangle_0 \\
&\quad \mp (-i)\langle \mathcal{T}\psi_1\psi_{2'}^\dagger\rangle_0 \, (-i)\langle \mathcal{T}\psi_2\psi_{1'}^\dagger\rangle_0 \\
&= G^0(11')G^0(22') \mp G^0(12')G^0(21') \quad (2.75)
\end{aligned}$$

簡約定理によって除かれるのは，外線に繋がっていないダイヤグラムだけである．したがって外線を含まない部分的なダイヤグラムを考えるときに，連結していないように見える部分がそのまま非連結部分となるわけではない．たとえば式(2.75)に対応するダイヤグラム(図2.19参照)は非連結ではなく，簡約のために除く必要はない．実際にそれらのダイヤグラムは，2粒子Green関数に対するHartree-Fock近似を与える(ダイヤグラムの構造から，直接項と交換項を表していることは明らかである)．

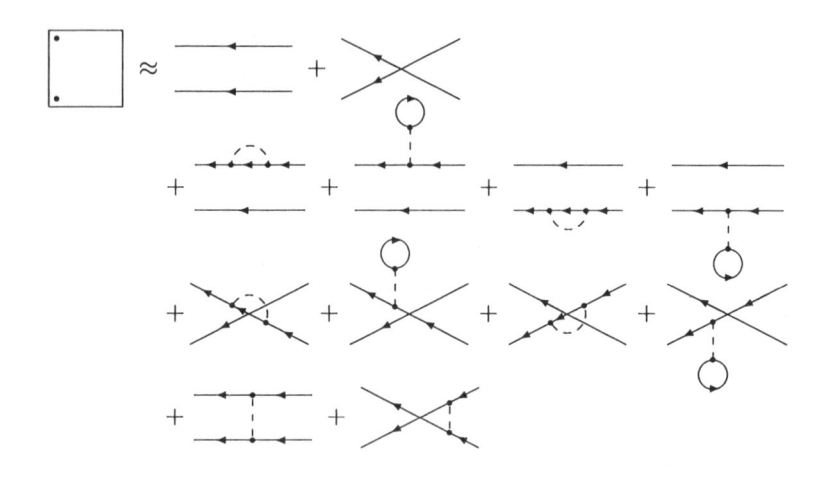

図2.19　2粒子Green関数の1次摂動までの摂動展開.

2粒子Green関数は広く用いられており，通常 K と表記される．

$$K(12;1'2') = -\langle \mathcal{T}\psi(1)\psi(2)\psi^\dagger(2')\psi^\dagger(1')\rangle \tag{2.76}$$

摂動展開の1次の項までのダイヤグラムを，図2.19に示す．

　2粒子Green関数が重要となる理由は，(1) 準粒子同士の散乱振幅，すなわち相互作用による相関挙動を記述していることと，(2) 2粒子励起 (たとえばゼロ音波のような，常伝導Fermi粒子系におけるBose粒子的励起) の分散関係や，準粒子対の束縛状態の発生――超伝導転移点が，その極によって決まることにある．

　我々は"非連結に見える"ダイヤグラムを除いて"既約な"2粒子Green関数を定義することができる．まず，既約な部分のうち，図2.20のような2種類の一連のグラフの和として表される式は，2粒子Green関数に対する自己無撞着なHartree-Fock近似を与える (正確な1粒子Green関数を含むので，自己無撞着な式になっている)．

$$G(11')G(22') \mp G(12')G(21') = G^0(11')G^0(22') \mp G^0(12')G^0(21') + \cdots \tag{2.77}$$

"既約な2粒子Green関数"の残りの部分 $\tilde{K}$ は，"結節部分関数"(ヴァーテックス vertex function) Γ によって表される (図2.21)．

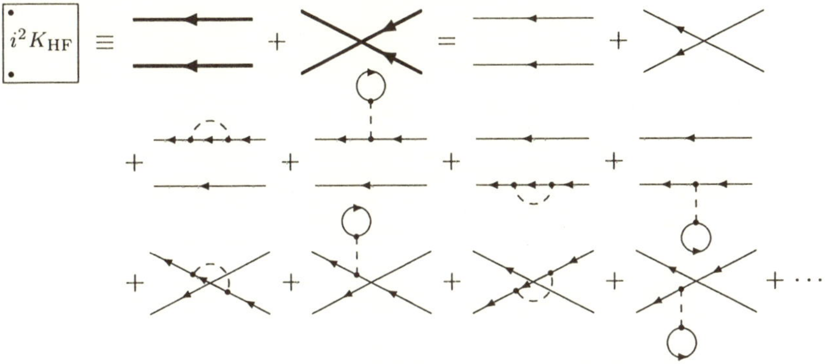

2.2. 摂動論：Feynmanダイヤグラム

図2.20 2粒子Green関数に対するHartree-Fock近似．

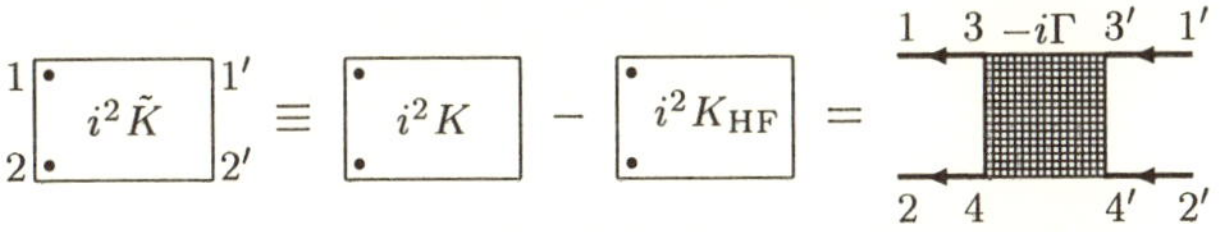

図2.21 2粒子Green関数の既約な部分と結節部分関数．

$$\tilde{K}(12;1'2') = K(12;1'2') - \bigl[G(11')G(22') \mp G(12')G(21')\bigr]$$
$$= \int d3 \int d3' \int d4 \int d4' G(13)G(24) i\Gamma(34;3'4') G(3'1') G(4'2')$$
(2.78)

1粒子Green関数の極がひとつの準粒子の励起を表していたのと同様に，2粒子Green関数の極は，系の"2粒子励起"(two-particle excitation)を表す．Fermi粒子系におけるそのような励起の例は，ゼロ音波とプラズモンである．外部につながる"脚"の部分は，単なる1粒子Green関数なので新たな効果を生じることはない．2粒子Green関数において特徴的な極が，結節部分関数から生じることは明らかである．それゆえ，ここでは結節部分関数に注目する必要がある．

定常的で一様な系を仮定すると，運動量表示を採用する方が議論が簡単になる．4つの変数の組のうち，3組が独立であることは明らかである(座標の並進と時間推進について不変なので)．我々は，次の独立な変数の組合せを用いることにする．

$$X_1 - X_{1'}, \quad X_2 - X_{2'}, \quad X_{1'} - X_{2'}$$
(2.79)

これ以降，$X = (\mathbf{x},t)$，$P = (\mathbf{p},\omega)$として，これらの"内積"を $PX = \mathbf{p}\cdot\mathbf{x} - \omega t$ と定義する．

運動量表示の2粒子Green関数は，次式で定義される．

$$\int dX_1 \int dX_{1'} \int dX_2 \int dX_{2'} e^{-i(P_1 X_1 + P_2 X_2 - P_{1'} X_{1'} - P_{2'} X_{2'})} K(X_1, X_2; X_{1'}, X_{2'})$$
$$= (2\pi)^4 \delta(P_1 + P_2 - P_{1'} - P_{2'}) K(P_1, P_2; P_{1'}, P_1 + P_2 - P_{1'}) \quad (2.80)$$

これらの4つの変数の組を用いた任意の関数のFourier変換は，次のように定義される．

$$K(P_1, P_2; P_{1'}, P_1 + P_2 - P_{1'})$$
$$= \int d(X_1 - X_{1'}) \int d(X_2 - X_{2'}) \int d(X_{1'} - X_{2'})$$
$$\times e^{-iP_1(X_1 - X_{1'}) - iP_2(X_2 - X_{2'}) + iP_{1'}(X_{1'} - X_{2'})} K(X_1, X_2; X_{1'}, X_{2'})$$

$$K(X_1, X_2; X_{1'}, X_{2'})$$
$$= \int \frac{dP_1}{(2\pi)^4} \int \frac{dP_2}{(2\pi)^4} \int \frac{dP_{1'}}{(2\pi)^4}$$
$$\times e^{iP_1(X_1 - X_{1'}) + iP_2(X_2 - X_{2'}) - iP_{1'}(X_{1'} - X_{2'})} K(P_1, P_2; P_{1'}, P_1 + P_2 - P_{1'})$$

したがって式 (2.78) を，次のように書き直すことができる．

$$\tilde{K}(P_1, P_2; P_{1'}, P_1 + P_2 - P_{1'})$$
$$= G(P_1) G(P_2) i\Gamma(P_1, P_2; P_{1'}, P_1 + P_2 - P_{1'}) G(P_{1'}) G(P_1 + P_2 - P_{1'}) \quad (2.81)$$

ここから，電子間スカラー相互作用を持つ一様で定常的な系で成立する，結節部分関数と自己エネルギーの間の重要な一般的関係を導くことができる．Σ と Γ は共に既約なダイヤグラムの総和によって定義されているので，両者の間に関係があることが予想される．初めにグラフを用いた簡単な説明を行い，あとから解析的な式による厳密な証明を与えることにする (これはグラフを数式化したものにほかならない)．

まず，座標空間における1粒子Green関数の運動方程式を書くことから始めよう．既に見たように，G の運動方程式は，2粒子Green関数 K を含んでいる．

$$\left(i\frac{\partial}{\partial t} + \frac{1}{2m}\nabla_{\mathbf{x}}^2 + \mu\right) G_{\alpha\alpha'}(X, X') = \delta_{\alpha\alpha'}\delta(X - X')$$
$$- i \int d^4 Y\, U(X - Y) K_{\alpha\gamma, \alpha'\gamma}(X, Y; X', Y) \quad (2.82)$$

(定義 $\langle \mathcal{T} \Psi_\gamma^\dagger(Y) \Psi_\gamma(Y) \Psi_\alpha(X) \Psi_\alpha^\dagger(X') \rangle \equiv K_{\alpha\gamma, \alpha'\gamma}(X, Y; X', Y)$ を用いた．) $G = G^0 + G^0 \Sigma G$ なので，問題とする Σ と Γ の関係が，上式に含まれている (Γ は K に含まれる)．それを明示してみよう．

2.2. 摂動論：Feynmanダイヤグラム

上の運動方程式は，記号的に $[iG^0]^{-1}iG = \mathcal{I} - (-iU)(i^2K)$ と書ける．グラフとしては，次のように表される．

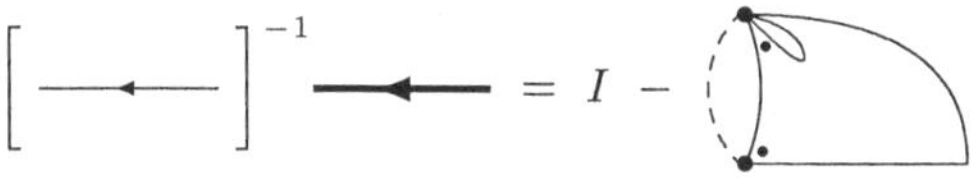

これを書き直すと，次のようになる．

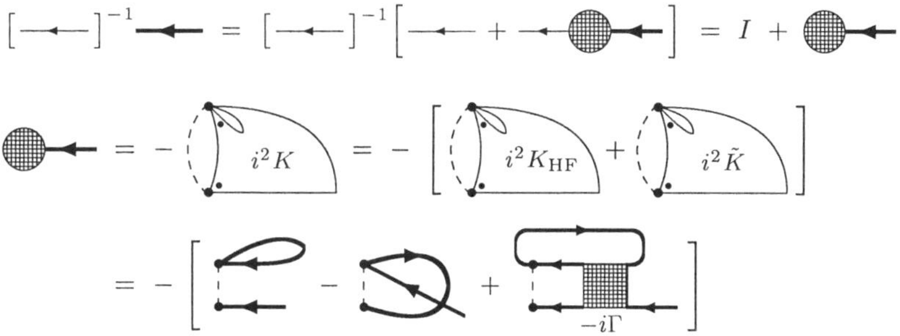

上の結果を踏まえ，Σ と Γ の関係は図2.22のように表される．右辺の初めの2項の符号を，$(n>2)$-粒子Green関数の符号の付け方に合わせて決めていることに注意してもらいたい．もし1粒子Green関数の規則に従うならば，粒子線の端の入れ替えに伴う因子 (-1) による符号の逆転は起こらない．

この関係に解析的な表現を与えると，次式になる（これもDyson方程式と呼ばれることがある）．

$$\Sigma(P)\delta_{\alpha\beta} = U(0)n(\mu)\delta_{\alpha\beta} + i\delta_{\alpha\beta}\int\frac{dP_1}{(2\pi)^4}U(P-P_1)G(P_1)$$
$$+\int\frac{dP_1}{(2\pi)^4}\int\frac{dP_2}{(2\pi)^4}G(P_1)G(P_2)\Gamma_{\alpha\gamma,\beta\gamma}(P_1,P_2;P,P_1+P_2-P)$$
$$\times G(P_1+P_2-P)U(P-P_1) \qquad (2.83)$$

次に，この式をグラフを用いずに導出してみよう．一様で定常的な系を仮定すると，式(2.82)を運動量表示にして，次式を得ることができる．

図2.22　自己エネルギーと結節部分関数の関係．

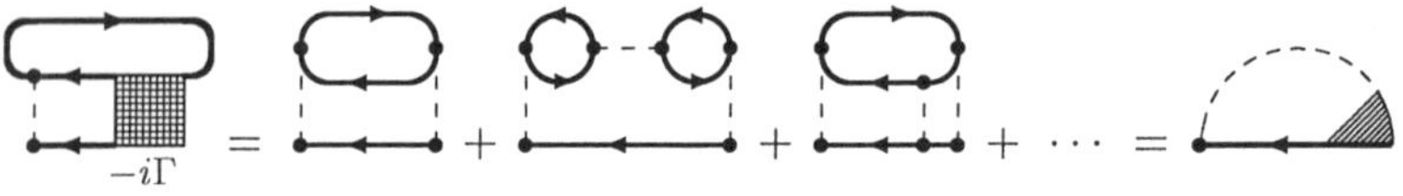

図2.23 結節部分関数と修正された相互作用.

$$[(G^0(P))^{-1}G(P)-1]\delta_{\alpha\alpha'}$$
$$= -i\int \frac{dP_1 dP_2}{(2\pi)^8} K_{\alpha\gamma,\alpha'\gamma}(P_1,P_2;P,P_1+P_2-P)U(P-P_1)$$

(ここで $(G^0(P))^{-1} \equiv \omega - p^2/2m + \mu$ は演算子ではなく単なる関数で, $1/G^0(P)$ に等しい.) 式(2.78)を代入し, $G(P)$ で両辺を割ると, 次の式が得られる.

$$\begin{aligned}[1/G^0(P) - 1/G(P)]\delta_{\alpha\alpha'} &= -i\delta_{\alpha\alpha'}U(0)\int \frac{dP_2}{(2\pi)^4}G(P_2) \\ &\pm i\delta_{\alpha\alpha'}\int \frac{dP_1}{(2\pi)^4}U(P-P_1)G(P_1) \\ &+ \iint \frac{dP_1 dP_2}{(2\pi)^8}\Gamma_{\gamma\alpha,\gamma\alpha'}(P_1,P_2;P,P_1+P_2-P) \\ &\times G(P_1)G(P_2)G(P_1+P_2-P)U(P-P_1)\end{aligned}$$

Dyson方程式により $1/G^0(P) - 1/G(P) = \Sigma(P)$ なので, 上式は式(2.83)と同じものである. 実際に計算をしてみると, ダイヤグラムを用いる方がはるかに簡単であることが分かるであろう. またダイヤグラムは式の物理的な意味を, 分かりやすい形で表現している. 式(2.83)の初めの2つの項は, 元々の(裸の)ポテンシャルの下での自己無撞着なHartree-Fock近似を与えている. これらは粒子の媒質との相互作用と, その粒子自身との相互作用(交換項)を表している. 残りの部分では相互作用に対する修正が考慮されており, 3番目のグラフは"結節部分"を含んでいる(図2.23). この部分は, 相互作用線に対するあらゆる分極部分の挿入を含む. これが図2.22や式(2.83)において相互作用に裸のポテンシャルを用いている理由である. これらの相互作用を修正してしまうと, ダイヤグラムの重複が生じる. ダイヤグラムを用いて計算を行う場合, 同じダイヤグラムを重複しないように特別な注意が必要である.

Bethe-Salpeter方程式

我々は"既約な全自己エネルギー"を, 1本のFermi粒子線を切断することによって2つの部分に分離できないすべてのダイヤグラムの和として定義した. これを一般

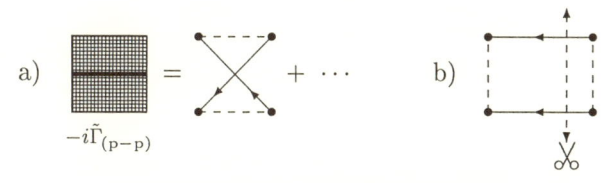

2.2. 摂動論：Feynmanダイヤグラム

図2.24 粒子間相互作用の既約な結節部分関数と可約な結節部分．

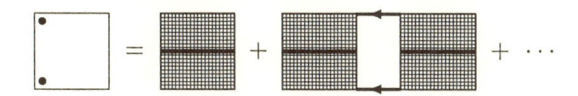

図2.25 既約な結節部分関数．

化して，2本のFermi粒子線を切断することで，2粒子の入射部分と2粒子の出射部分を分離できないすべてのダイヤグラムを含む，粒子間相互作用の"既約な結節部分関数" $\tilde{\Gamma}_{(\mathrm{p-p})}$ を導入することにしよう（図2.24の(a)は既約だが，(b)は可約である）．

そうすると，既約な結節部分（外線を付ければ'既約な2粒子Green関数'である）のダイヤグラムの級数は，図2.25のようになる．

1粒子Green関数に対するDyson方程式との直接的な類推から，我々は結節部分関数に関する"Bethe-Salpeter方程式[2]"を得ることができる（図2.26）．

$$\Gamma(12;1'2') = \tilde{\Gamma}_{(\mathrm{p-p})}(12;1'2')$$
$$+i\int d3\int d3'\int d4\int d4'\tilde{\Gamma}_{(\mathrm{p-p})}(12;34)G(33')G(44')\Gamma(3'4';1'2') \qquad (2.84)$$

2粒子関数の端の扱い方を変えて，別の捉え方をすることもできる．粒子-空孔間相互作用の結節部分関数 $\tilde{\Gamma}_{(\mathrm{p-h})}$ を考えると，図2.27で，ダイヤグラム(a)の方が既約で，(b)の方は可約という扱いになる．粒子-空孔間相互作用の結節部分関数につ

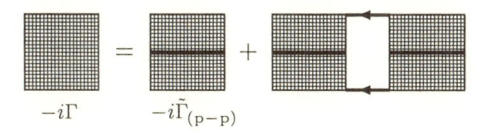

図2.26 Bethe-Salpeter方程式（粒子-粒子チャネル）．

---

[2] Bethe-Salpeter方程式を，結節部分関数ではなく2粒子Green関数に関する式として表すこともできる．

図2.27 粒子-空孔間相互作用の結節部分関数.

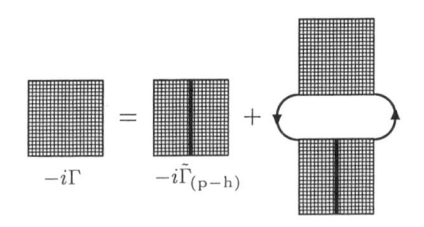

図2.28 Bethe-Salpeter方程式(粒子-空孔チャネル).

いても，別途Bethe-Salpeter方程式をつくることができる(図2.28).

$$\Gamma(12;1'2') = \tilde{\Gamma}_{(p-h)}(12;1'2') \\ + i\int d3\int d3'\int d4\int d4'\tilde{\Gamma}_{(p-h)}(42;4'2')G(43)G(3'4')\Gamma(13;1'3') \tag{2.85}$$

もちろん，これら2通りのBethe-Salpeter方程式は数学的に等価であるが，物理的には異なる意味を持つ．厳密解が得られる可能性は非常に少ないので，適当な近似の下でより良い結果を与える方を選択しなければならない．たとえば後者の粒子-空孔間の結節部分関数を用いた式の方が，準粒子間の微小な運動量の遷移を調べるために便利であるが，このことは本書が扱う範囲外の事項に属する．

演習問題

2-1 大正準ポテンシャル $\Omega = -PV$ の式,

$$\Omega = \int_0^\mu d\mu(2iV)\lim_{t\to -0}\int \frac{d\mathbf{p}d\omega}{(2\pi)^4}e^{-i\omega t}G(\mathbf{p},\omega)$$

から，絶対零度の理想Fermi気体の圧力を求めよ．

$$\left(G(\mathbf{p},\omega) = G^0(\mathbf{p},\omega) = \frac{1}{\omega - (\epsilon_{\mathbf{p}} - \mu) + i0\mathrm{sgn}\omega}\right)$$

演習問題 (第2章)

古典的な式 $P = nk_\mathrm{B}T$ と比較して"圧力から見た実効温度"を求めよ．"エネルギーから見た実効温度" $T_\mathrm{F} = \mu/k_\mathrm{B}$ と，どのような関係があるか．

2-2 2粒子Green関数のグラフに対する"梯子近似"を積分方程式に変換せよ．

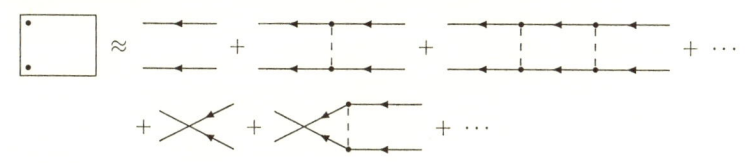

2-3 分極演算子の最低次のオーダーを計算して，式 (2.70), (2.71) を導出せよ．

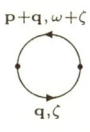

2-4 フォノンの非摂動Green関数の運動方程式を，Green関数の定義式 (2.15) から導け．

第 3 章　種々のGreen関数とその応用

> Such, such were the joys
> When we all, girls and boys,
> In our youth time were seen
> On the Ecchoing Green.
>
> *William Blake*
> *"Songs of Innocence"*

3.1　熱平衡Green関数の数学的な性質

　我々が前章で得た形式は，絶対零度(基底状態)の多体系にしか適用できないものである．これは基底状態が縮退していないことに基づき，断熱仮定を用いたトリックを適用しているためである．相互作用をゆっくりと印加してゆっくりと除いたときに，非縮退の状態ベクトルには位相因子の係数が付くだけであり，この因子は約分で消えてしまう．このことに立脚して絶対零度におけるダイヤグラムの技法を構築することができたのである．

　理論が $T=0$ だけに制約されることは物理学として不都合である．Green関数の定義式における平均化の操作は，原理的には任意の量子力学的状態について行うことができるはずであり，したがって統計力学的な状態一式を用いることもできる．我々は少なくともそのようなGreen関数の数学的な性質を，$T=0$ の場合と同様の手続きによって知ることができる．たとえば有限温度における熱平衡Green関数を定義することができ，そのような有限温度のGreen関数に対するダイヤグラムの技法も見いだすことができる．本章ではこのような技法が，どのように得られるかを見てみることにしよう．

3.1.1　統計演算子(密度行列)とLiouville方程式

　系がエネルギーの確定したひとつの量子力学的状態 $|\Phi\rangle$ にある場合，系は"純粋状態"(pure state)にあると言う．そうでなければ(状態に対して統計力学的な条件だ

けが与えられている場合)，系は"混合状態"(mixed state) にあると言う．この場合，系の状態をエネルギーの確定した単一の状態ベクトルで表すことはできず，"統計演算子" $\hat{\rho}$ が必要になる．

$$\hat{\rho} = \sum_m |\Phi_m\rangle W_m \langle\Phi_m| \tag{3.1}$$

W_m は系が状態 $|\Phi_m\rangle$ にある確率である．もちろん，

$$\sum_m W_m = 1 \tag{3.2}$$

となっている．($\{\Phi_m\}_{m=1}^\infty$ は系のエネルギー固有状態系であり，各状態は規格化されているものとする．) 統計演算子を用いて，混合状態における任意の演算子 $\mathcal{O}$ の平均値を表すことができる．

$$\langle\mathcal{O}\rangle \equiv \sum_m W_m \langle\Phi_m|\mathcal{O}|\Phi_m\rangle = \mathrm{tr}(\hat{\rho}\mathcal{O}) \tag{3.3}$$

(混合状態に対しては '平均化' の操作を2回行わなければならない．第1に各々の量子力学的状態に関する平均化を行い，第2にそれらの全状態について重み W_m を付けて平均化しなければならない．上記の統計演算子による公式は，この両者の平均化を含んでいる．) 式(3.2)は，系が各状態をとる確率の総和が1になることを示しており，この条件によって統計演算子はユニタリーになっている．

任意の規格化直交系 $\{|n\rangle\}$ を用いると，統計演算子は次のように書き直される．

$$\hat{\rho} = \sum_n \sum_{n'} |n\rangle \rho_{nn'} \langle n'| \tag{3.4}$$

$$\rho_{nn'} = \sum_m W_m \langle n|\Phi_m\rangle\langle\Phi_m|n'\rangle \tag{3.5}$$

このように，統計演算子を行列要素 $\{\rho_{nn'}\}$ で表したものは"密度行列"と呼ばれる[1]．

密度行列の対角要素 $\rho_{nn} \geq 0$ は，系が $|n\rangle$ の状態にある確率を与え，非対角要素は異なる状態間の"量子相関"を記述する．

統計演算子の定義から直接，対角和(トレース)に関する便利な性質が導かれる．

---

[1] 1粒子系の場合，規格化直交状態として座標の固有状態系 $\{|\mathbf{x}\rangle\}$ を用いることができるので，$\langle n|\Phi_m\rangle \to \langle\mathbf{x}|\Phi_m\rangle = \Phi_m(\mathbf{x})$ となり，密度行列はよく見慣れた式で表される．

$$\rho(\mathbf{x},\mathbf{x}') = \sum_m W_m \Phi_m(\mathbf{x})\Phi_m^*(\mathbf{x}')$$

3.1. 熱平衡Green関数の数学的な性質

$$\mathrm{tr}(\hat{\rho}) = 1 \tag{3.6}$$

$$\mathrm{tr}(\hat{\rho}^2) \leq \left(\mathrm{tr}(\hat{\rho})\right)^2 \tag{3.7}$$

(式(3.7)における等号条件は，系が純粋状態のときに成立する．) 式(3.6)は確率保存を保証しているが，これは式(3.2)から直接に導かれる．行列(もしくは演算子)の対角和は，座標のユニタリー変換の下で不変であり，式(3.2)において密度行列の対角和が1である特例の存在が保証されているので，密度行列の対角和は，表現の基底に用いる規格化直交系にはよらず常に1となる．

統計演算子の時間依存性は，定義式(3.1)において $|\Phi(t)\rangle = \mathcal{U}(t)|\Phi(0)\rangle$ であることから得られる．

$$\hat{\rho}(t) = \sum_m |\Phi_m(t)\rangle W_m \langle \Phi_m(t)| = \mathcal{U}(t)\hat{\rho}(0)\mathcal{U}^\dagger(t) \tag{3.8}$$

したがって，統計演算子は"Liouville方程式"を満たす(古典的な分布関数に対するLiouville方程式との直接的な類似によって，このように呼ばれる)．

$$i\frac{d\hat{\rho}(t)}{dt} = [\mathcal{H}(t), \hat{\rho}(t)] \tag{3.9}$$

この式がSchrödinger表示で表されたものであり，Heisenberg表示ではないことに注意しよう．ハミルトニアンもSchrödinger演算子であり，ハミルトニアンの時間依存性は，外場の変化のようなあらわな時間変化がある場合にのみ生じる．

3.1.2 熱平衡Green関数の定義と数学的な性質

熱平衡状態における1粒子因果Green関数，遅延Green関数，先進Green関数の一般的な定義は，以下のようになっている[‡]．

$$G_{\alpha\beta}(\mathbf{x}_1, t_1; \mathbf{x}_2, t_2) = -i\,\mathrm{tr}\left(\hat{\rho}\mathcal{T}\psi_\alpha(\mathbf{x}_1, t_1)\psi_\beta^\dagger(\mathbf{x}_2, t_2)\right) \tag{3.10}$$

$$\begin{aligned}G_{\alpha\beta}^{\mathrm{R}}(\mathbf{x}_1, t_1; \mathbf{x}_2, t_2) \\ = -i\,\mathrm{tr}\left(\hat{\rho}\{\psi_\alpha(\mathbf{x}_1, t_1)\psi_\beta^\dagger(\mathbf{x}_2, t_2) \pm \psi_\beta^\dagger(\mathbf{x}_2, t_2)\psi_\alpha(\mathbf{x}_1, t_1)\}\right)\theta(t_1-t_2)\end{aligned} \tag{3.11}$$

$$\begin{aligned}G_{\alpha\beta}^{\mathrm{A}}(\mathbf{x}_1, t_1; \mathbf{x}_2, t_2) \\ = +i\,\mathrm{tr}\left(\hat{\rho}\{\psi_\alpha(\mathbf{x}_1, t_1)\psi_\beta^\dagger(\mathbf{x}_2, t_2) \pm \psi_\beta^\dagger(\mathbf{x}_2, t_2)\psi_\alpha(\mathbf{x}_1, t_1)\}\right)\theta(t_2-t_1)\end{aligned} \tag{3.12}$$

[‡](訳註) 複号の上側はFermi粒子系，下側はBose粒子系に対応する．

これらの定義式は，系が有限温度の平衡状態にあり，統計演算子が次の Gibbs の式で表されることを前提としたものである．

$$\hat{\rho} = e^{-\beta(\mathcal{H}-\Omega)}$$
$$= \sum_s e^{-\beta(E_s - \mu N_s - \Omega)} |s\rangle\langle s|$$
$$= \sum_s \rho_s |s\rangle\langle s| \qquad (3.13)$$
$$\beta \equiv \frac{1}{k_{\mathrm{B}} T}$$

我々は，状態ベクトルの完全系として，エネルギーと粒子数の同時固有状態系 $\{|s\rangle\}$ を選択し，大正準集団 (grand canonical ensemble) を想定することにする．

$$\mathcal{H}_{\mathrm{GCE}}|s\rangle \equiv (\mathcal{H}_{\mathrm{CE}} - \mu \mathcal{N})|s\rangle = (E_s - \mu N_s)|s\rangle$$

統計演算子は対角的で $\hat{\rho}_{ss'} \equiv \delta_{ss'} \rho_s = e^{\beta(\Omega - E_s - \mu N_s)}$ となる．規格化因子 $e^{\beta\Omega} = \mathrm{tr}\, e^{\beta \mathcal{H}}$ は大正準ポテンシャル Ω を含む．

定常的で一様な系では，もちろん，

$$G_{\alpha\beta}(\mathbf{x}_1, t_1; \mathbf{x}_2, t_2) = \delta_{\alpha\beta} G(\mathbf{x}_1 - \mathbf{x}_2, t_1 - t_2), \quad \text{etc.}$$

となる．ここから前章で絶対零度の Green 関数に対して行ったのと同様な数学的な性質の議論を，熱平衡 Green 関数について簡単に繰り返すことにする．

一般化した Källén-Lehmann 表示

一般化した Källén-Lehmann 表示も，絶対零度の Green 関数の場合 (式(2.26)) と同様に導出されるが，ここではすべての励起状態がゼロでない確率で寄与を持つので，系が取り得る任意の状態間のすべての行列要素 $\langle s|\psi(X)|s'\rangle$ を考慮しなければならない．その結果，因果 Green 関数のスペクトル表示として，以下の式を得る．

$$G(\mathbf{p}, \omega) = \left[\frac{1}{2}\right] (2\pi)^3 \sum_m \sum_n \rho_n A_{mn} \delta(\mathbf{p} - \mathbf{P}_{mn}) \left\{ \frac{1}{\omega - \omega_{mn} + i0} \pm \frac{e^{-\beta \omega_{mn}}}{\omega - \omega_{mn} - i0} \right\}$$
$$(3.14)$$

$$A_{mn} = \left[\sum_\alpha\right] |\langle n|\psi_\alpha|m\rangle|^2 \qquad (3.15)$$

$$\omega_{mn} = E_m - \mu N_m - (E_n - \mu N_n) \qquad (3.16)$$

3.1. 熱平衡Green関数の数学的な性質

実振動数の下で，Weierstrassの公式(2.30)を使って式(3.14)の実部と虚部を分離すると，次のようになる．

$$\mathrm{Re}\,G(\mathbf{p},\omega) = (2\pi)^3 \left[\frac{1}{2}\right] \mathcal{P} \sum_m \sum_n \rho_n A_{mn} \delta(\mathbf{p}-\mathbf{P}_{mn})(1\pm e^{-\beta\omega_{mn}})\frac{1}{\omega-\omega_{mn}} \tag{3.17}$$

$$\mathrm{Im}\,G(\mathbf{p},\omega) = -\pi(2\pi)^3 \left[\frac{1}{2}\right] \sum_m \sum_n \rho_n A_{mn} \delta(\mathbf{p}-\mathbf{P}_{mn})(1\mp e^{-\beta\omega_{mn}})\delta(\omega-\omega_{mn}) \tag{3.18}$$

また，遅延Green関数と先進Green関数の式も，同様に導くことができる．

$$G^{\mathrm{R}}(\mathbf{p},\omega) = \left[\frac{1}{2}\right](2\pi)^3 \sum_m \sum_n \rho_n A_{mn} \delta(\mathbf{p}-\mathbf{P}_{mn}) \left\{\frac{1\pm e^{-\beta\omega_{mn}}}{\omega-\omega_{mn}+i0}\right\} \tag{3.19}$$

$$G^{\mathrm{A}}(\mathbf{p},\omega) = \left[\frac{1}{2}\right](2\pi)^3 \sum_m \sum_n \rho_n A_{mn} \delta(\mathbf{p}-\mathbf{P}_{mn}) \left\{\frac{1\pm e^{-\beta\omega_{mn}}}{\omega-\omega_{mn}-i0}\right\} \tag{3.20}$$

熱力学的な極限 ($N, V \to \infty$, $N/V = \mathrm{const.}$) では，一般化したKällén-Lehmann表示も，連続表示に直した方が都合がよい．

$$G^{\mathrm{R,A}}(\mathbf{p},\omega) = \int_{-\infty}^{\infty} \frac{d\omega'}{\pi} \frac{\rho^{\mathrm{R,A}}(\mathbf{p},\omega')}{\omega'-\omega\pm i0} \tag{3.21}$$

密度関数(スペクトル密度) $\rho^{\mathrm{R,A}}$ は，一括した形として，

$$\rho^{\mathrm{R,A}}(\mathbf{p},\omega') = -\pi(2\pi)^3 \left[\frac{1}{2}\right] \sum_m \sum_n \rho_n A_{mn}(1\pm e^{-\beta\omega_{mn}})\delta(\mathbf{p}-\mathbf{P}_{mn})\delta(\omega'-\omega_{mn}) \tag{3.22}$$

と表される．再びWeierstrassの公式を適用すると，以下の関係が得られる．

$$\mathrm{Re}\,G^{\mathrm{R,A}}(\mathbf{p},\omega) = \mathrm{Re}\,G(\mathbf{p},\omega) \tag{3.23}$$

$$\mathrm{Im}\,G^{\mathrm{R,A}}(\mathbf{p},\omega) = \pm\mathrm{Im}\,G(\mathbf{p},\omega) \times \begin{cases} \coth\dfrac{\beta\omega}{2} & \text{Fermi統計} \\ \tanh\dfrac{\beta\omega}{2} & \text{Bose統計} \end{cases} \tag{3.24}$$

これらは $\beta \to \infty$ の極限で，もちろん式(2.41)に一致する．

ここから，実振動数における有限温度の先進/遅延Green関数を，因果Green関数を用いて表す次の重要な式が得られる．

$$G^{\mathrm{R,A}}(\mathbf{p},\omega) = \mathrm{Re}\,G(\mathbf{p},\omega) + \begin{cases} \pm i\coth\dfrac{\beta\omega}{2}\mathrm{Im}\,G(\mathbf{p},\omega) & \text{Fermi統計} \\ \pm i\tanh\dfrac{\beta\omega}{2}\mathrm{Im}\,G(\mathbf{p},\omega) & \text{Bose統計} \end{cases} \tag{3.25}$$

$G(\omega)$ が分かれば，式 (3.25) によって $G^{\mathrm{R,A}}(\omega)$ を求めることができる．$G(\omega)$ は実軸全体で解析的ではなく，$G^{\mathrm{R,A}}(\omega)$ の解析接続関数において複素 ω 平面の下半面 (上半面) に存在する極から，準粒子励起が定義される．

読者は既に，これらの 2 つの Green 関数の物理的な意味を知っているので，上記の内容を当然のことと思うであろう．後から論じる"線形応答の理論"では，これらの Green 関数を用いることになる．しかし $G^{\mathrm{R,A}}$ を直接，摂動論によって計算することはできないので，通常は回り道をすることになる．因果 Green 関数と似た性質を持つ温度 Green 関数を求める普遍的な方法は存在するので (松原形式)，温度 Green 関数を求めた後で，後出の式 (3.53), (3.54) を通じて遅延 Green 関数と先進 Green 関数を得ればよい．

不適切な近似による誤りを犯さないように，"Kramers-Kronig の関係式"を用いて結果の確認を行うことができる．この関係式は，任意の温度で成立する．

$$\operatorname{Re} G^{\mathrm{R,A}}(\mathbf{p},\omega) = \pm \mathcal{P} \int_{-\infty}^{\infty} \frac{d\omega'}{\pi} \frac{\operatorname{Im} G^{\mathrm{R,A}}(\mathbf{p},\omega')}{\omega' - \omega}$$

Green 関数の漸近形は，

$$G(\omega), G^{\mathrm{R,A}}(\omega)\big|_{|\omega|\to\infty} \sim \frac{1}{\omega}$$

となるが，この形は交換関係と確率保存則に基づくものである．

Kramers-Kronig の関係式と式 (3.21) から，熱力学的極限における実振動数の下でのスペクトル密度 $\rho^{\mathrm{R}}(\mathbf{p},\omega)$ は，

$$\rho^{\mathrm{R}}(\mathbf{p},\omega) = \operatorname{Im} G^{\mathrm{R}}(\mathbf{p},\omega) \equiv -\frac{1}{2}\Gamma(\mathbf{p},\omega) \tag{3.26}$$

と表される．関数 $\Gamma(\mathbf{p},\omega)$ の方もスペクトル密度と呼ぶことがしばしばあるが，錯誤を生じる心配はない (はずである)．

スペクトル密度の和則

結果の確認のために有用なもうひとつの関係は，スペクトル密度 Γ (錯誤は生じないはずである) に関する次の和則 (積分則) である．

$$\int \frac{d\omega}{2\pi} \Gamma(\mathbf{p},\omega) = 1 \tag{3.27}$$

実際の Γ の式は，

$$\Gamma(\mathbf{p},\omega) = (2\pi)^4 \left[\frac{1}{2}\right] \sum_m \sum_n \rho_n A_{mn} \left(1 \pm e^{-\beta\omega_{mn}}\right) \delta(\mathbf{p}-\mathbf{P}_{mn}) \delta(\omega-\omega_{mn}) \tag{3.28}$$

3.1. 熱平衡Green関数の数学的な性質

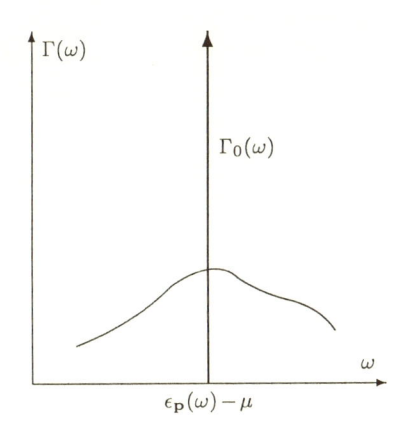

図3.1 遅延Green関数のスペクトル密度.

と表される．Green関数の漸近形 ($\sim 1/\omega$) を求めたときと同様に振動数の積分を行い，正準交換関係を適用することによって，上記の和則を確認できる．

この和則の物理的な意味は何であろうか？ $\Gamma(\mathbf{p},\omega)$ は，運動量 $\mathbf{p}$ の準粒子がエネルギー ω を持つ確率 (またはその逆でもよい) である．我々は既に，粒子間の相互作用のために運動量とエネルギーの交換関係が生じて，非相互作用系で見られる密度関数の単一ピーク $\delta(\epsilon_\mathbf{p} - \mu - \omega)$ が幅を持つピークへと拡がることを論じた．準粒子は与えられた運動量に対して何らかのエネルギー値を持たねばならないので，エネルギーに関する積分は (適切な規格化の下で) 1 にならなければならない．そして実際にそのようになるということである．

非摂動Green関数

非摂動の因果Green関数を定義式から直接に計算することもできるが，まず先に遅延Green関数と先進Green関数を求め，式(3.25)によって因果Green関数を得る方が簡単である．結果は次のようになる．

$$G^{\mathrm{R,A}(0)}(\mathbf{p},\omega) = \frac{1}{\omega - \epsilon_\mathbf{p} + \mu \pm i0} \tag{3.29}$$

$$G^{(0)}(\mathbf{p},\omega) = \mathcal{P}\frac{1}{\omega - \epsilon_\mathbf{p} + \mu} - i\pi\delta(\omega - \epsilon_\mathbf{p} + \mu) \begin{cases} \tanh\left(\dfrac{\beta\omega}{2}\right) & \text{Fermi統計} \\ \coth\left(\dfrac{\beta\omega}{2}\right) & \text{Bose統計} \end{cases} \tag{3.30}$$

これらの式はもちろん，一般に要請される条件を満たしている．

Fermi/Bose粒子系の粒子密度

運動量空間における粒子密度 (1 方向スピン) は,

$$n_{\mathbf{p}} = \left[\frac{1}{2}\sum_{\alpha}\right]\langle c^{\dagger}_{\mathbf{p}[\alpha]} c_{\mathbf{p}[\alpha]} \rangle \tag{3.31}$$

である.ここで $c^{\dagger}_{\mathbf{p}[\alpha]}$ と $c_{\mathbf{p}[\alpha]}$ は Fermi (Bose) 粒子の生成/消滅演算子である.また次式も成り立つ.

$$\langle c^{\dagger}_{\mathbf{p}[\alpha]} c_{\mathbf{p}'[\alpha']} \rangle = (2\pi)^3 \delta(\mathbf{p}-\mathbf{p}')[\delta_{\alpha\alpha'}] n_{\mathbf{p}} \tag{3.32}$$

そして,

$$(2\pi)^3 \delta(\mathbf{p}-\mathbf{p}')[\delta_{\alpha\alpha'}] n_{\mathbf{p}}$$
$$= \left[\frac{1}{2}\sum_{\alpha}\right]\sum_{m}\rho_m \langle m| \int d^3\mathbf{x}\, e^{i\mathbf{p}\mathbf{x}} \psi^{\dagger}_{[\alpha]}(\mathbf{x}) \int d^3\mathbf{x}'\, e^{-i\mathbf{p}'\mathbf{x}'} \psi_{[\alpha']}(\mathbf{x}') |m\rangle$$

であり,$n_{\mathbf{p}}$ は,

$$n_{\mathbf{p}} = \left[\frac{1}{2}\right]\sum_{m}\sum_{n}\rho_m \delta(\mathbf{p}-\mathbf{P}_{mn}) A_{mn} \tag{3.33}$$

と表される.これと式(3.28)を比較すると,次の美しい公式が得られる.

$$n_{\mathbf{p}} = \int \frac{d\omega}{2\pi} \Gamma(\mathbf{p},\omega) n_{\mathrm{F,B}}(\omega) \tag{3.34}$$

$$n_{\mathrm{F}}(\omega) = \frac{1}{e^{\beta\omega}+1} \tag{3.35}$$

$$n_{\mathrm{B}}(\omega) = \frac{1}{e^{\beta\omega}-1} \tag{3.36}$$

この式は明確な物理的意味を持つ.Fermi (Bose) 分布関数は,与えられた温度の下で,エネルギー ω の 1 粒子状態が占有される確率を決め,スペクトル密度 $\Gamma(\mathbf{p},\omega)$ は,このエネルギーを持つ粒子が運動量 $\mathbf{p}$ を持つ確率を与える.

3.2 松原形式

3.2.1 Bloch方程式

有限温度における熱平衡Green関数の数学的な性質は分かったが,実際のGreen関数をどのように計算するかという難問が残っている.

3.2. 松原形式

有限温度では，系のあらゆる励起状態を考慮して平均化する操作が必要なので，基底状態だけを考える絶対零度のダイヤグラムの方法を直接に援用することはできない．基底状態は非縮退であるが，励起状態は多くの状態が同じエネルギー値に縮退しているので (熱力学的極限では無限個の状態が縮退する)，断熱仮定が計算の役に立たない．非摂動状態に対して相互作用項を加えて除く操作を断熱的に行ったしても，$t = +\infty$ における系の状態は $t = -\infty$ の状態とまったく異なり，初期条件や相互作用の形，その加え方と除き方に依存して，系の励起状態のあらゆる線形結合状態に移行し得ることになる．このことにより $1/\langle \mathcal{S} \rangle$ を簡約することができなくなり，絶対零度における形式はまったく成立しなくなる．熱平衡因果 Green 関数は，基本的に解析関数ではないので，級数和によって求めることはできない．

上記の問題を避けるための異なる方法もある．第 1 の方法は，式 (2.82) のような Green 関数の運動方程式をつくり，高次の Green 関数を省く近似を施す方法である (Kramers-Kronig の関係等が満足されるかどうかの確認は必要)．この方法の問題点は，一定の決まった手順が存在しないことで，近似の方法を個別の問題に応じた推測に頼らなければならない．

第 2 の方法は，Green 関数の一般式 (3.10) において直接 Heisenberg 演算子の各平均 $\langle n|\psi\psi^\dagger|n\rangle = \langle n|\mathcal{S}^{-1}\mathcal{T}(\Psi\Psi^\dagger \mathcal{S})|n\rangle$ を計算してしまう方法である．このような計算を実際に実行するための巧妙な方法が存在し (Keldysh 形式)，この方法は，系の非平衡状態にまで応用できるという利点を持つ．これについては後ほど論じることにする．この方法の難点は，Green 関数や自己エネルギーが 2 行 2 列の行列になってしまい，計算が複雑になることである．非平衡状態を扱う必要がない場合には，より簡単な方法を採用する方がよい．

第 3 の方法として，時間発展演算子 $\mathcal{U} = e^{-i\mathcal{H}t}$ と，熱平衡状態における (規格化因子を省いた) 統計演算子 $\hat{\rho} = e^{-\beta\mathcal{H}}$ ($\beta = 1/T$) との類似性を利用する方法がある．松原によって提案された考え方は，通常の実時間を引き数とする熱平衡因果 Green 関数と密接な関係を持つ，新たな Green 関数 ('松原 Green 関数' または '温度 Green 関数' と呼ぶ) を定義するというものであった．温度 Green 関数に対しては，単純で有用なダイヤグラムの方法を構築することが可能である．

β の代わりに仮想変数 τ ($0 < \tau < \beta$) を考えるならば，$\hat{\rho}$ は次の"Bloch 方程式"を満足する．

$$\frac{\partial}{\partial \tau}\hat{\rho}(\tau) = -\mathcal{H}\hat{\rho}(\tau) \tag{3.37}$$

初期条件は $\hat{\rho}(0) = \mathcal{I}$ である．次の変数変換，

$$t \leftrightarrow -i\tau \quad (it \leftrightarrow \tau) \tag{3.38}$$

を想定すると，この方程式は，虚数範囲 $0 > t > -i\beta$ における $\hat{\rho}(it)$ の Schrödinger 方程式になる．

$$i\frac{\partial}{\partial t}\hat{\rho}(it) = \mathcal{H}\hat{\rho}(it) \tag{3.39}$$

統計演算子は，Schrödinger 波動関数を統計集団を扱うために一般化したものなので，何らかの "Schrödinger 方程式" を満たすことは当然である．少々奇異に見えるのは虚数の時間が現れることだが，しかし平衡状態への緩和を扱う際に虚数の振動数を扱うことなど (例えば古典的な減衰振動) を思い起こせば，特別に奇異というわけでもない．ここでは，このような統計演算子の "内部" $(0 < \tau < \beta)$ の構造を念頭に置きながら，統計演算子自体の外部変数は β のままにして，これと併せて用いる元々実時間を引き数に持つ場の演算子 ψ の方の時間軸を，統計演算子の性質に合わせて複素面内で $\pi/2$ 回転させると都合がよくなる (図 3.2 参照)．

この "Wick 回転" (Wick's rotation) により，Heisenberg 演算子は "松原演算子" へと変換される．

$$\psi(\mathbf{x},t) = e^{i\mathcal{H}t}\psi(\mathbf{x})e^{-i\mathcal{H}t} \quad \rightarrow \quad \psi^{\mathrm{M}}(\mathbf{x},\tau) = e^{\mathcal{H}\tau}\psi(\mathbf{x})e^{-\mathcal{H}\tau} \tag{3.40}$$

$$\psi^{\dagger}(\mathbf{x},t) \quad \rightarrow \quad \bar{\psi}^{\mathrm{M}}(\mathbf{x},\tau) = e^{\mathcal{H}\tau}\psi^{\dagger}(\mathbf{x})e^{-\mathcal{H}\tau} \tag{3.41}$$

共役な松原演算子は，松原演算子の Hermite 共役では "ない" ことを，ここで強調しておこう．

$$\bar{\psi}^{\mathrm{M}}(\mathbf{x},\tau) \neq \left(\psi^{\mathrm{M}}(\mathbf{x},\tau)\right)^{\dagger}$$

これらの演算子は，Heisenberg の運動方程式 (1.84) を虚時間へ "解析接続" した運動方程式を満たす．

$$\frac{\partial}{\partial \tau}\psi^{\mathrm{M}}(\mathbf{x},\tau) = [\mathcal{H}, \psi^{\mathrm{M}}(\mathbf{x},\tau)] \tag{3.42}$$

$$\frac{\partial}{\partial \tau}\bar{\psi}^{\mathrm{M}}(\mathbf{x},\tau) = [\mathcal{H}, \bar{\psi}^{\mathrm{M}}(\mathbf{x},\tau)] \tag{3.43}$$

3.2.2 温度 Green 関数 (松原 Green 関数)

温度 Green 関数 (temperature Green's function) を定義しよう．まず "温度順序化演算子" (temperature ordering operator) $\mathcal{T}_\tau$ を導入する．この演算子は複数の演算子の積に作用して，引き数 τ の大きいものほど左側に来るように演算子を並べ変える操作を施す．熱平衡 Green 関数 (3.10) からの直接の類推により，次のように温度 Green 関数を定義してみる．

3.2. 松原形式

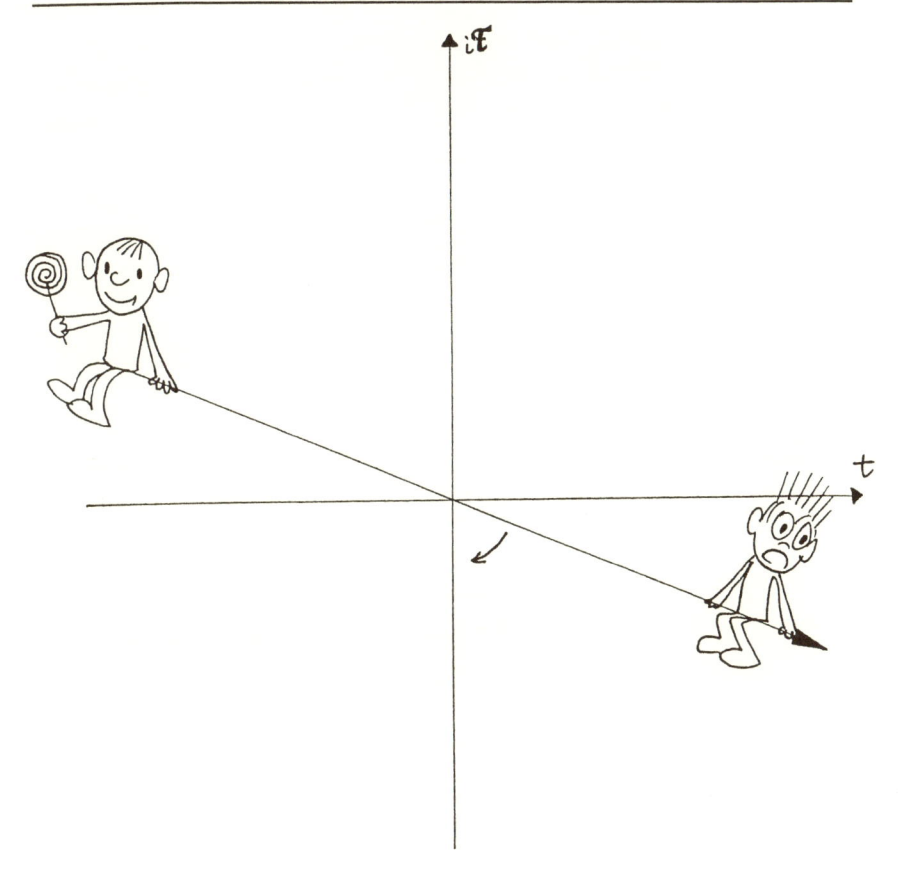

図 3.2 複素時間平面内の Wick 回転.

$$\mathcal{G}_{\alpha\alpha'}(\mathbf{x},\tau;\mathbf{x}',\tau') = -\langle \mathcal{T}_\tau \psi_\alpha^{\mathrm{M}}(\mathbf{x},\tau)\bar{\psi}_{\alpha'}^{\mathrm{M}}(\mathbf{x}',\tau')\rangle$$
$$= -\mathrm{tr}\left\{e^{-\beta(\mathcal{H}-\Omega)}\mathcal{T}_\tau \psi_\alpha^{\mathrm{M}}(\mathbf{x},\tau)\bar{\psi}_{\alpha'}^{\mathrm{M}}(\mathbf{x}',\tau')\right\} \tag{3.44}$$

通例として磁気的秩序のない一様な系を考え，座標変数を $\mathbf{x}-\mathbf{x}'$ に置き換え，スピン変数依存性は(もしあれば) $\delta_{\alpha\alpha'}$ と置けるものとする．

この温度 Green 関数の性質を，数式的な取り扱いによって導くことができる．第 1 に，温度 Green 関数は，引き数 τ,τ' に関しても，その差だけに依存する．

$$\mathcal{G}(\mathbf{x}-\mathbf{x}',\tau,\tau') = \mathcal{G}(\mathbf{x}-\mathbf{x}',\tau-\tau') \tag{3.45}$$

たとえば，もし $\tau > \tau'$ ならば，

$$\begin{aligned}
\mathcal{G}(\mathbf{x},\tau;\mathbf{x}',\tau') &= -\text{tr}\left\{e^{-\beta(\mathcal{H}-\Omega)}\psi^{\text{M}}(\mathbf{x},\tau)\bar{\psi}^{\text{M}}(\mathbf{x}',\tau')\right\} \\
&= -e^{\beta\Omega}\text{tr}\left\{e^{-\beta\mathcal{H}}e^{\mathcal{H}\tau}\psi(\mathbf{x})e^{-\mathcal{H}\tau}e^{\mathcal{H}\tau'}\psi^{\dagger}(\mathbf{x}')e^{-\mathcal{H}\tau'}\right\} \\
&= -e^{\beta\Omega}\text{tr}\left\{e^{-(\beta-\tau+\tau')\mathcal{H}}\psi(\mathbf{x})e^{-\mathcal{H}(\tau-\tau')}\psi^{\dagger}(\mathbf{x}')\right\}
\end{aligned}$$

となる(対角和(トレース)の巡回不変性を用いた).

したがって,温度 Green 関数は変数 $\tau-\tau'$ に依存する. $0<\tau,\tau'<\beta$ なので,差 $\tau-\tau'$ がとり得る値の範囲は $-\beta$ から β までに限られる.この差を改めて τ と置いて温度 Green 関数の引き数と見なすならば,温度 Green 関数 $\mathcal{G}(\tau)$ が τ の全実軸上において 2β の周期を持つものとして扱えばよい.この境界条件の制約の下で,温度 Green 関数を,次のような Fourier 級数展開の形で表すことができる.

$$\mathcal{G}(\tau) = \frac{1}{\beta}\sum_{n=-\infty}^{\infty}\mathcal{G}(\omega_n)e^{-i\omega_n\tau} \tag{3.46}$$

上式で用いるべき"松原振動数" ω_n を,次のように与えることにより,上述の $\mathcal{G}(\tau)$ の境界条件の要請が満たされる.

$$\omega_n = \frac{\pi n}{\beta} \tag{3.47}$$

ここで更に,系に含まれる粒子の統計 (Fermi/Bose) を特定すると,この Fourier 級数が,次のように奇数番目もしくは偶数番目の松原振動数の成分だけしか含まないことを示してみよう.

$$\omega_\nu^{\text{F}} = \frac{(2\nu+1)\pi}{\beta} \tag{3.48}$$

$$\omega_\nu^{\text{B}} = \frac{2\nu\pi}{\beta} \tag{3.49}$$

これを調べるために,$\tau<0$ において $\mathcal{G}(\tau)$ と $\mathcal{G}(\tau+\beta)$ を計算してみる.

$$\begin{aligned}
\mathcal{G}(\tau) &= \pm\text{tr}\left\{e^{\beta(\Omega-\mathcal{H})}\psi^{\dagger}e^{\mathcal{H}\tau}\psi e^{-\mathcal{H}\tau}\right\} \\
&= \pm e^{\beta\Omega}\text{tr}\left\{e^{-\mathcal{H}(\tau+\beta)}\psi^{\dagger}e^{\mathcal{H}\tau}\psi\right\} \\
\mathcal{G}(\tau+\beta) &= -\text{tr}\left\{e^{\beta(\Omega-\mathcal{H})}e^{\mathcal{H}(\tau+\beta)}\psi e^{-\mathcal{H}(\tau+\beta)}\psi^{\dagger}\right\} \\
&= e^{\beta\Omega}\text{tr}\left\{e^{\mathcal{H}\tau}\psi e^{-\mathcal{H}(\tau+\beta)}\psi^{\dagger}\right\} \\
&= \mp\mathcal{G}(\tau)
\end{aligned}$$

ここでも対角和(トレース)の巡回不変性を用いた.複号の上の方が Fermi 統計の場合に対応する (図 3.3).このように温度 Green 関数は,周期 β の周期関数 (Bose 粒子系) もしく

3.2. 松原形式

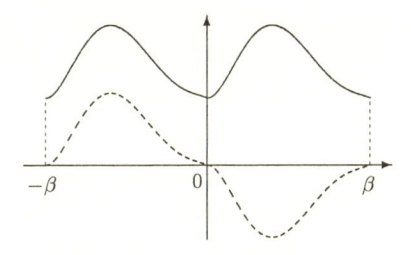

図 3.3 虚時間の差の変数 τ に関する周期関数と反周期関数.

は "反周期関数" (Fermi 粒子系) となる．この性質は，以下に示す関係から分かるように，Fourier 級数 (3.46) において偶数番目もしくは奇数番目の松原振動数だけを残すことによって，適正に再現される．

$$e^{-i\omega_\nu^{\rm F}(\tau+\beta)} = e^{-i\omega_\nu^{\rm F}\tau} e^{-i(2\nu+1)\pi}$$
$$= -e^{-i\omega_\nu^{\rm F}\tau}$$
$$e^{-i\omega_\nu^{\rm B}(\tau+\beta)} = e^{-i\omega_\nu^{\rm B}\tau} e^{-i2\nu\pi}$$
$$= e^{-i\omega_\nu^{\rm B}\tau}$$

最後に，$\mathcal{G}$ のもう一方の引き数 $\mathbf{x}$ (元々の 2 つの引き数 $\mathbf{x}, \mathbf{x}'$ の差) の方も考えて，$\mathcal{G}(\mathbf{x}, \omega_n)$ を運動量に関する Fourier 積分に展開すると，次の変換式に到達する．

$$\mathcal{G}(\mathbf{x}, \tau) = \frac{1}{\beta} \sum_{\nu=-\infty}^{\infty} \int \frac{d^3\mathbf{p}}{(2\pi)^3} e^{i(\mathbf{p}\mathbf{x}-\omega_\nu\tau)} \mathcal{G}(\mathbf{p}, \omega_\nu) \tag{3.50}$$

逆変換は，次式で表される．

$$\mathcal{G}(\mathbf{p}, \omega_\nu) = \int_0^\beta d\tau \int d^3\mathbf{x}\, e^{-i(\mathbf{p}\mathbf{x}-\omega_\nu\tau)} \mathcal{G}(\mathbf{x}, \tau) \tag{3.51}$$

一般化した Källén-Lehmann 表示

導出の詳細は省くが (演習問題として確認されたい)，ここまでの結果を踏まえて，次式を得ることができる．

$$\mathcal{G}(\mathbf{p}, \omega_\nu) = \left[\frac{1}{2}\right] (2\pi)^3 \sum_m \sum_n \rho_n A_{mn} \delta(\mathbf{p}-\mathbf{P}_{mn}) \left\{ \frac{1 \pm e^{-\beta\omega_{mn}}}{i\omega_\nu - \omega_{mn}} \right\} \tag{3.52}$$

係数 A_{mn} は，実時間を引き数とする熱平衡 Green 関数の式 (3.14), (3.19), (3.20) に出てくるものと同じである．式 (3.52) とこれらの式を比較すると，温度 Green 関数と

実時間の熱平衡Green関数との関係が，直ちに導かれる．

$$\mathcal{G}(\mathbf{p},\omega_\nu) = G^{\mathrm{R}}(\mathbf{p},i\omega_\nu); \quad \omega_\nu > 0 \tag{3.53}$$

$$\mathcal{G}(\mathbf{p},\omega_\nu) = G^{\mathrm{A}}(\mathbf{p},i\omega_\nu); \quad \omega_\nu < 0 \tag{3.54}$$

結局，温度Green関数が分かれば，虚振動数との簡単な解析接続によって熱平衡Green関数を得ることができるのである！（ここで一言注意が必要であろう．解析接続の概念はそれ自体明確だが，計算で直接それを扱うのは困難である．系の静的な諸性質は温度Green関数から直接に求めることができる．）

3.2.3 温度Green関数に対する摂動級数とダイヤグラムの技法

ようやく我々は，有限温度のグラフを書くことに議論を戻すことができる．まず系のハミルトニアンを通例に従い，

$$\mathcal{H} = \mathcal{H}_0 + \mathcal{H}_1$$

と表すことにしよう（ここではSchrödinger表示において両方の項が時間依存性を持たないものとする．そうしないと熱平衡状態が実現されない！）．"松原の相互作用表示"は，次のように定義される．

$$\Psi^{\mathrm{M}}(\mathbf{x},\tau) = e^{\mathcal{H}_0\tau}\psi(\mathbf{x})e^{-\mathcal{H}_0\tau} \tag{3.55}$$

したがって"松原のHeisenberg演算子"は，次のようになる．

$$\psi^{\mathrm{M}}(\mathbf{x},\tau) = e^{\mathcal{H}\tau}e^{-\mathcal{H}_0\tau}\Psi^{\mathrm{M}}(\mathbf{x},\tau)e^{\mathcal{H}_0\tau}e^{-\mathcal{H}\tau} \tag{3.56}$$

前に示した実時間発展に関する手順と同様にして（1.3節および2.2.1項），"相互作用表示の虚時間S行列" σ を導入しよう．

$$\sigma(\tau_1,\tau_2) = e^{\mathcal{H}_0\tau_1}e^{-\mathcal{H}(\tau_1-\tau_2)}e^{-\mathcal{H}_0\tau_2} \tag{3.57}$$

これが，次のような性質を持つことは明白である．

$$\sigma(\tau_2,\tau_1) = \sigma^{-1}(\tau_1,\tau_2) \tag{3.58}$$

$$\sigma(\tau_1,\tau_3)\sigma^{-1}(\tau_2,\tau_3) = \sigma(\tau_1,\tau_2) \tag{3.59}$$

$\sigma(\tau,\tau_2)$ について，次の微分方程式が成立する．

$$\frac{\partial}{\partial \tau}\sigma(\tau,\tau_2) = -\mathcal{H}_1(\tau)\sigma(\tau,\tau_2)$$

$$\mathcal{H}_1(\tau) = e^{\mathcal{H}_0\tau}\mathcal{H}_1 e^{-\mathcal{H}_0\tau} \tag{3.60}$$

3.2. 松原形式

逐次代入を行うと，Dyson展開と同様な展開を σ に対して行うことができる．$\tau_1 > \tau_2$ ならば，

$$\sigma(\tau_1, \tau_2) = \mathcal{T}_\tau \exp\left\{-\int_{\tau_2}^{\tau_1} d\tau \mathcal{H}_1(\tau)\right\} \tag{3.61}$$

と表される．

既に読者は，この後の手順を容易に推察できるものと思うが，正確な $\mathcal{G}$ を表す式を導出することにする．温度Green関数は，松原演算子に対する"松原相互作用表示"を用いて，次のように表される．

$$\begin{aligned}\mathcal{G}(\mathbf{x}_1, \mathbf{x}_2; \tau_1 - \tau_2) = -e^{\beta\Omega}\Big[&\mathrm{tr}\big(e^{-\beta\mathcal{H}}e^{\mathcal{H}\tau_1}e^{-\mathcal{H}_0\tau_1}\Psi^{\mathrm{M}}(\tau_1)e^{\mathcal{H}_0\tau_1}e^{-\mathcal{H}\tau_1}\\ &\times e^{\mathcal{H}\tau_2}e^{-\mathcal{H}_0\tau_2}\bar{\Psi}^{\mathrm{M}}(\tau_2)e^{\mathcal{H}_0\tau_2}e^{-\mathcal{H}\tau_2}\big)\theta(\tau_1-\tau_2)\\ \mp&\mathrm{tr}\big(e^{-\beta\mathcal{H}}e^{\mathcal{H}\tau_2}e^{-\mathcal{H}_0\tau_2}\bar{\Psi}^{\mathrm{M}}(\tau_2)e^{\mathcal{H}_0\tau_2}e^{-\mathcal{H}\tau_2}\\ &\times e^{\mathcal{H}\tau_1}e^{-\mathcal{H}_0\tau_1}\Psi^{\mathrm{M}}(\tau_1)e^{\mathcal{H}_0\tau_1}e^{-\mathcal{H}\tau_1}\big)\theta(\tau_2-\tau_1)\Big]\end{aligned}$$

この式の第1項を取り上げてみよう．$\sigma(\tau_1, \tau_2)$ の定義式(3.57)を用いると，次のように書ける．

$$-e^{\beta\Omega}\mathrm{tr}\big\{e^{-\beta\mathcal{H}_0}\sigma(\beta,\tau_1)\Psi^{\mathrm{M}}(\tau_1)\sigma(\tau_1,\tau_2)\bar{\Psi}^{\mathrm{M}}(\tau_2)e^{\mathcal{H}_0\tau_2}\sigma(\tau_2,0)\big\}\theta(\tau_1-\tau_2)$$

したがって，温度Green関数は，次のように表される．

$$\begin{aligned}\mathcal{G}(\mathbf{x}_1,\mathbf{x}_2;\tau_1-\tau_2) &= -e^{\beta\Omega}\mathrm{tr}\big\{e^{-\beta\mathcal{H}_0}\mathcal{T}_\tau\big(\sigma(\beta,0)\Psi^{\mathrm{M}}(\tau_1)\bar{\Psi}^{\mathrm{M}}(\tau_2)\big)\big\}\\ &= -e^{-\beta(\Omega-\Omega_0)}\big\langle\mathcal{T}_\tau\big(\sigma(\beta,0)\Psi^{\mathrm{M}}(\tau_1)\bar{\Psi}^{\mathrm{M}}(\tau_2)\big)\big\rangle_0\end{aligned}$$

(ここで $\langle\cdots\rangle_0$ は，非摂動の統計演算子 $e^{\beta(\Omega_0-\mathcal{H}_0)}$ による規格化平均を表す．) これは絶対零度のGreen関数の公式(2.54)と比べると，分母の $\langle\mathcal{S}(\infty,-\infty)\rangle_0$ が $e^{\beta(\Omega-\Omega_0)}$ に置き換わった形になっている．しかし，

$$\begin{aligned}e^{\beta(\Omega-\Omega_0)} &= \big[e^{\beta(\Omega_0-\Omega)}\big]^{-1}\\ &= \big[e^{\beta\Omega_0}\mathrm{tr}\,e^{-\beta\mathcal{H}}\big]^{-1}\\ &= \big[\mathrm{tr}\,e^{\beta(\Omega_0-\mathcal{H}_0)}\sigma(\beta,0)\big]^{-1}\\ &= \big[\langle\sigma(\beta,0)\rangle_0\big]^{-1}\end{aligned}$$

となることに注意すると，次のように絶対零度のGreen関数の場合と正確に対応した次の形になることが判る[§]．

[§](訳註) 摂動を実時間 t に沿った $\pm\infty \to$ finite t において断熱的に導入する代わりに，虚時間 τ に沿った $0 \to \beta$ において導入する形になっている．つまり絶対零度の基底状態を非摂動の基点とする代わりに，むしろ熱統計因子 $e^{-\beta\mathcal{H}}$ が"効かない"$\beta = 0$ $(T\to\infty)$ における統計状態を仮想的な基点として，そこから摂動を導入するわけである．

$$\mathcal{G}_{\alpha_1,\alpha_2}(\mathbf{x}_1,\mathbf{x}_2;\tau_1-\tau_2) = -\frac{\langle \mathcal{T}_\tau \Psi^{\mathrm{M}}_{\alpha_1}(\mathbf{x}_1,\tau_1) \bar{\Psi}^{\mathrm{M}}_{\alpha_2}(\mathbf{x}_2,\tau_2) \sigma(\beta,0) \rangle_0}{\langle \sigma(\beta,0) \rangle_0} \qquad (3.62)$$

この式が松原のダイヤグラムの基礎となる．我々は再びS行列 $\sigma(\beta,0)$ を $\mathcal{H}_1$ について級数展開し，各項を非摂動基底状態に関する平均で表すことにする．Wickの定理と簡約定理は虚時間を扱う場合でも成立する．その証明はここでは繰り返さないが，

座標空間のダイヤグラム		
$X \longleftarrow X'$	$-\mathcal{G}(X,X')$ $\equiv -\mathcal{G}_{\alpha\alpha'}(\mathbf{x}-\mathbf{x}',\tau-\tau')$	温度Green関数
$X \longleftarrow X'$	$-\mathcal{G}^0(X,X')$ $\equiv -\mathcal{G}^0(\mathbf{x}-\mathbf{x}',\tau-\tau')\delta_{\alpha\alpha'}$	非摂動温度Green関数
$1 \bullet\text{-}\text{-}\text{-}\bullet 2$	$-U(1-2) \equiv -U(\mathbf{x}_1-\mathbf{x}_2)$ $\times \delta(\tau_1-\tau_2)\delta_{\alpha_1\alpha_2}$	相互作用ポテンシャル
$1 \bigcirc$	$n^0(\mathbf{x})$	非摂動電子密度
ダイヤグラムの外線の端以外に現れるすべての座標変数に関する積分と"時間"変数に関する積分 $\left(\int_0^\beta d\tau\right)$ を行い，スピン添字に関して和をとる．		
運動量空間のダイヤグラム		
$\mathbf{p},\omega_\nu \longleftarrow$	$-\mathcal{G}(\mathbf{p},\omega_\nu)$	温度Green関数
$\mathbf{p},\omega_\nu \longleftarrow$	$-\mathcal{G}^0(\mathbf{p},\omega_\nu)$	非摂動温度Green関数
$\mathbf{p} \bullet\text{-}\text{-}\text{-}\bullet$	$-U(\mathbf{p})$	相互作用ポテンシャル
$\bigcirc$	$n^0(\mu)$	非摂動電子密度
ダイヤグラムの外線以外のすべての運動量変数に関する積分 $\left(\int d^3\mathbf{p}/(2\pi)^3\right)$ と，離散した振動数に関する和の計算 $\left(\frac{1}{\beta}\sum_{\nu=-\infty}^\infty\right)$ を行い，スピン添字に関して和をとるものとする．すべての結節部分においてエネルギー(振動数)/運動量の保存を考慮する．		

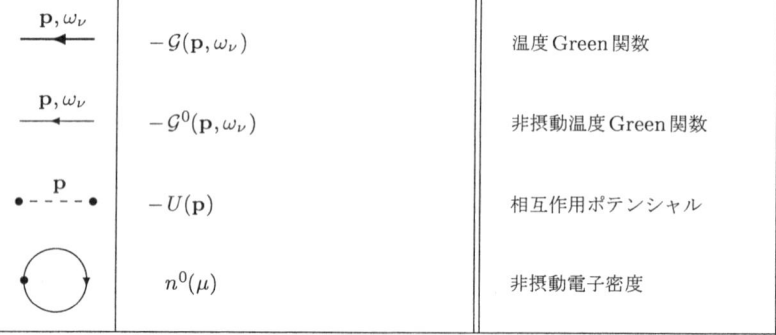

表3.1　温度Green関数を計算する際のFeynman規則(電子間スカラー相互作用)．

3.2. 松原形式

$it \to \tau$ と置くことで"熱力学的な"Wickの定理を確認できる．したがって我々は各項をFeynmanダイヤグラムで表すことができるようになる．すべての非連結ダイヤグラムは簡約定理によって省くことができるので，一連の連結ダイヤグラムを計算すればよいことになる．計算規則を表3.1に示す．

絶対零度の場合と異なる点は，Fourier表示におけるダミーの振動数について負の無限大から正の無限大までの積分を実行する代わりに，離散的な松原振動数に関する和の計算を行わなければならないことである．これは(離散数学の常として)一般に連続な積分計算よりも難しいが，これを扱うための有用な技法(トリック)がある．基本的な技法を以下に紹介する．

松原振動数に関する和

複素変数 z を引き数とする関数 $f(z)$ が $|z|\to\infty$ のときに $f(z)\sim|z|^{-(1+\varepsilon)}$ であれば (ε は無限小の正数)，松原振動数の和について，以下の恒等式が成立する．

$$\text{Fermi振動数:} \quad \frac{1}{\beta}\sum_{\nu=-\infty}^{\infty} f(i\omega_\nu^{\text{F}}) = -\frac{1}{2}\sum_s \tanh\frac{\beta z_s}{2} \operatorname*{Res}_{z=z_s} f(z) \tag{3.63}$$

$$\text{Bose振動数:} \quad \frac{1}{\beta}\sum_{\nu=-\infty}^{\infty} f(i\omega_\nu^{\text{B}}) = -\frac{1}{2}\sum_s \coth\frac{\beta z_s}{2} \operatorname*{Res}_{z=z_s} f(z) \tag{3.64}$$

つまり $f(z)$ の持つ極が有限個であれば，松原の無限級数の計算が，有限個の留数の計算に置き換わる．

複素変数 z の関数 $\tanh\dfrac{\beta z}{2}=\dfrac{e^{\beta z}-1}{e^{\beta z}+1}$ が，点 $z_\nu=i\pi(2\nu+1)/\beta=i\omega_\nu^{\text{F}}$ におい

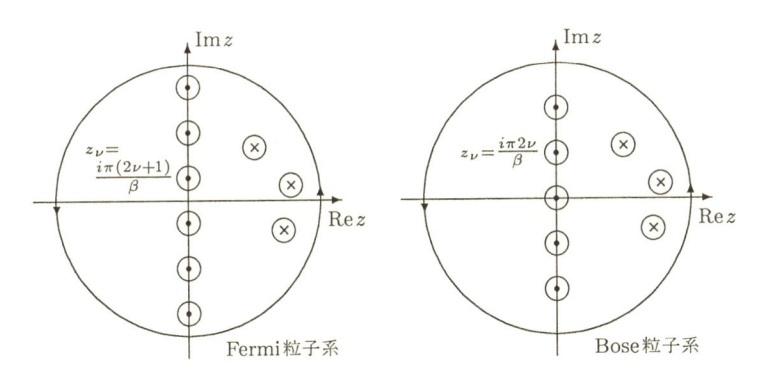

図3.4 松原振動数の和の計算に利用する複素積分路．×印は $f(z)$ の極を表す．

て, 留数 $2/\beta$ の極を持つことに注意すると, 式(3.63) が成立する理由は, 次のように示される. 図3.4に示してある積分 $\oint dz f(z) \tanh \frac{\beta z}{2}$ の積分路のうち, 半径無限大の円周の部分からの寄与はゼロになる ($|z|$ を無限大にしたときに $f(z)$ が $1/|z|$ より速くゼロに近づくことによる). 他方, Cauchyの定理により, この積分は被積分関数が持つすべての極の留数の和に比例する. $\tanh$ の極から生じる留数は式(3.63) の左辺を与え, 残りの極から生じる留数は同式の右辺を与える. $\tanh(\beta z/2)$ の代わりに $\coth(\beta z/2)$ を用いると, 同様にして式(3.64) が得られる. $\tanh(\beta z/2) = n_B(z)/n_F(z)$ なので, これらの式には熱平衡の分布関数が含まれていることを見て取ることができる.

3.3 線形応答の理論

3.3.1 線形応答の理論：久保公式

我々は熱平衡状態の Green 関数を計算する方法を, 絶対零度および有限温度の場合について検討してきた. その一方で $G^R(t)$ が, 外部からの摂動に対する系の応答を記述していることにも繰り返し言及してきた. これらのことは矛盾しているように思われるかもしれない. 我々が検討してきた熱平衡状態の Green 関数は, 外部からの摂動がないことを想定している. それにもかかわらず, 熱平衡 Green 関数を用いて"弱い"摂動に対する系の"線形な"応答を求めることもできるのである. これがいわゆる線形応答の理論 (linear response theory) になる. 基本的な考え方としては, 摂動に対する応答の1次の項だけを考え, 2次以上の項は小さいものとして無視する. このような考え方のよく知られた例は, Hooke の法則 ($F = kx$) と Ohm の法則 ($V = IR$) である. これらの法則では, 定数 k, R として伸縮ゼロ, 電流ゼロの極限の値を採用し, x や I の高次の項による補正は無視し得るものとしてある.

系に外部から弱い摂動がかかるものと想定しよう (摂動項は一般に時間に依存する. たとえば時間に依存する外部電場や外部磁場の印加など). Schrödinger表示のハミルトニアンを,

$$\mathcal{H}(t) = \mathcal{H}_0 + \mathcal{H}_1(t)$$

と書く ($\mathcal{H}_0$ は外部からの摂動を除いた全ハミルトニアンで, 粒子間相互作用なども含む). ある観測量 (電流など) に着目し, これを $\mathcal{A}$ と書くことにする. この観測量の平均値 $\langle A \rangle_t$ を, 摂動の強さの関数として表してみよう.

通常の手順に従って, 相互作用表示の統計演算子を導入する.

$$\tilde{\rho}(t) = e^{i\mathcal{H}_0 t}\hat{\rho}(t)e^{-i\mathcal{H}_0 t} \tag{3.65}$$

3.3. 線形応答の理論

この統計演算子は，次の Liouville 方程式を満足する．

$$i\frac{\tilde{\rho}(t)}{dt} = [\tilde{H}_1(t), \tilde{\rho}(t)] \tag{3.66}$$

ここで $\tilde{H}_1(t) = e^{i\mathcal{H}_0 t}\mathcal{H}_1(t)e^{-i\mathcal{H}_0 t}$ である．

統計演算子の式 (3.66) を用いて $\langle \mathcal{A} \rangle_t$ を計算してみよう．対角和(トレース)の巡回不変性により，次式を得る．

$$\langle \mathcal{A} \rangle_t = \mathrm{tr}\{\hat{\rho}(t)\mathcal{A}\} = \mathrm{tr}\{\tilde{\rho}(t)\tilde{\mathcal{A}}(t)\} \tag{3.67}$$

$\tilde{\rho}(t)$ に関する Liouville 方程式を積分式に書き直すと，次のようになる．

$$\tilde{\rho}(t) = -i\int_{-\infty}^{t} dt'[\tilde{H}_1(t'), \tilde{\rho}(t')] + \tilde{\rho}(-\infty)$$

久保による線形応答理論へのアプローチは，次のようなものである．$t = -\infty$ では摂動がなかった (その後断熱的に印加された) と仮定し，最初に系は平衡状態にあったものとする．

$$\tilde{\rho}(-\infty) = \hat{\rho}_0 \equiv \exp\beta(\Omega - \mathcal{H}_0)$$

摂動に対する系の線形応答は，次式で与えられる．

$$\Delta\tilde{\rho}(t) \equiv \tilde{\rho}(t) - \hat{\rho}_0 = -i\int_{-\infty}^{t} dt'[\tilde{H}_1(t'), \hat{\rho}_0] + \mathcal{O}((H_1)^2) \tag{3.68}$$

つまり我々は，非平衡統計演算子に対して1次の摂動論を用いるのである．もちろん更に精度を上げて2次摂動や3次摂動まで考慮することも可能であるが，そのような摂動の扱いにくい点は，n 次の"交換子" $[\tilde{H}_1(t'), [\tilde{H}_1(t''), [\tilde{H}_1(t'''), \ldots [\tilde{H}_1(t^{(n)}), \hat{\rho}_0] \ldots]]]$ の級数が現れてしまい，高次の項を時間順序積のような便利な方法で表せないことである．しかし線形な理論を考える限り，このようなことが問題にならない．

摂動によって生じる演算子 $\mathcal{A}$ の平均値の変化の1次の項 (線形応答) は，

$$\begin{aligned}\Delta A(t) &= \mathrm{tr}\left(\Delta\tilde{\rho}(t)\tilde{\mathcal{A}}(t)\right) \\ &= -i\int_{-\infty}^{t} dt'\mathrm{tr}\left([\tilde{H}_1(t'), \hat{\rho}_0]\tilde{\mathcal{A}}(t)\right) \\ &= -i\int_{-\infty}^{t} dt'\langle[\tilde{\mathcal{A}}(t), \tilde{H}_1(t')]\rangle\end{aligned} \tag{3.69}$$

となる ($\langle \cdots \rangle \equiv \mathrm{tr}(\hat{\rho}_0 \cdots)$).

摂動項を，次のように書いておくと都合がよい.

$$\mathcal{H}_1(t) = -f(t)\mathcal{B} \tag{3.70}$$

c-数の値を持つ関数 $f(t)$ はいわゆる "一般化力" (generalized force) であり，$\mathcal{B}$ は考察する系において定義された演算子である．このような摂動項を，"外力" $f(t)$ の $\mathcal{B}$ との結合による摂動と呼ぶ．具体例としては，$-\hat{\mathbf{S}}\cdot\mathbf{H}(t)$ (外部磁場のスピンとの結合)，$-\dfrac{1}{c}\hat{\mathbf{j}}\cdot\mathbf{A}(t)$ (ベクトルポテンシャルの電流との結合) などがある．一般化力として扱うべき量を見いだすことは，いつもこのように簡単なわけではない．次のような手順が便利である．摂動項(3.70)において(もしくは全ハミルトニアン $\mathcal{H}$ において)時間に依存する因子は $f(t)$ だけなので，外場による単位時間あたりの系の"エネルギー散逸"を書くことができれば，適切な一般化力の式を見いだすことができる．

$$\begin{aligned}
\mathcal{Q} &= \dot{\mathcal{E}} \\
&= \langle \dot{\mathcal{H}} \rangle \\
&= q(t)\langle \mathcal{B} \rangle
\end{aligned} \tag{3.71}$$

$$\Rightarrow q(t) = -\dot{f}(t) \tag{3.72}$$

ここで "2演算子の遅延Green関数" を導入しよう.

$$\langle\!\langle \mathcal{A}(t)\mathcal{B}(t') \rangle\!\rangle^{\mathrm{R}} = \frac{1}{i}\langle [\mathcal{A}(t),\mathcal{B}(t')] \rangle \theta(t-t') \tag{3.73}$$

この定義式は少々奇妙に見えるかもしれないが，前に示した遅延Green関数の定義と整合しており，$G^{\mathrm{R}}(t,t') = \langle\!\langle \psi(t)\psi^\dagger(t') \rangle\!\rangle^{\mathrm{R}}$ であることは明白である．結局のところ $\mathcal{A}(t)$ や $\mathcal{B}(t')$ を場の演算子で表すことができるので，上記のように定義したGreen関数も，我々が既に知っている遅延Green関数に還元される．しかしこの式は，物理的にもっと直接の意味を持っている．すなわち上記の遅延Green関数は，時刻 t' に受けた摂動(演算子 $\mathcal{B}(t')$ との結合による)に対する，それより後の時刻 $t > t'$ における系の応答(観測量 $\mathcal{A}(t)$ に着目)を定義しているのである．同様に先進Green関数 $\langle\!\langle \mathcal{A}(t)\mathcal{B}(t') \rangle\!\rangle^{\mathrm{A}} = -\dfrac{1}{i}\langle [\mathcal{A}(t),\mathcal{B}(t')] \rangle \theta(t'-t)$ を定義することもできるが，これは物理的にさほど明瞭な意味を持たない．

演算子の上のティルデ記号(˜)を省略したことに注意されたい．演算子はすべて，外部からの摂動項に着目した相互作用表示 $\mathcal{A}(t) = \exp(i\mathcal{H}_0 t)\mathcal{A}(0)\exp(-i\mathcal{H}_0 t)$ となっている．ここで $\mathcal{H}_0$ から除外されているのは，外部からの摂動を表す項(3.70)だけである．したがって平均量の計算は，相互作用項を含んだものについて摂動級数を用いて行わなければならない．演算子は外場を除いた系のHeisenberg表示の演算子である．

これで，式(3.69)を，次の"久保公式"(Kubo formula)と呼ばれる式に書き直すことができる．

$$\Delta A(t) = -\int_{-\infty}^{\infty} dt' f(t') \langle\langle \mathcal{A}(t)\mathcal{B}(t') \rangle\rangle^{\mathrm{R}} \tag{3.74}$$

この式の意味は明らかである．ある時刻における観測量の変化量は，それ以前の時刻に外から印加された"力"$f(t')$（の1次の項）によって決定され，積分核は正確に"$\mathcal{AB}$"-Green関数になる．一般に$\mathcal{A}$や$\mathcal{B}$はスカラー量とは限らないので，このGreen関数は一般にはテンソルである．

系が熱平衡状態にある場合，時刻に対する依存性は生じない．したがって，

$$\langle\langle \mathcal{A}(t)\mathcal{B}(t') \rangle\rangle^{\mathrm{R}} = \langle\langle \mathcal{A}(0)\mathcal{B}(t'-t) \rangle\rangle^{\mathrm{R}} = \langle\langle \mathcal{A}(t-t')\mathcal{B}(0) \rangle\rangle^{\mathrm{R}} \tag{3.75}$$

であり，次のようなFourier成分の関係式が成立する．

$$\Delta A(\omega) = -f(\omega) \langle\langle \mathcal{AB} \rangle\rangle^{\mathrm{R}}_{\omega} \tag{3.76}$$

ここで"一般化感受率"(generalized susceptibility)を，

$$\chi(\omega) = \frac{\Delta A(\omega)}{f(\omega)} \tag{3.77}$$

のように定義すると，

$$\chi(\omega) = -\langle\langle \mathcal{AB} \rangle\rangle^{\mathrm{R}}_{\omega}$$

である．感受率の実例は多々ある．導電率σ_{ab}は$\mathbf{j}_a(\omega) = \sigma_{ab}(\omega)\mathbf{E}_b(\omega)$，磁化率$\chi_{ab}$は$\mathbf{m}_a(\omega) = \chi_{ab}(\omega)\mathbf{H}_b(\omega)$のように定義されている．テンソル添字$a, b = x, y, z$に関してEinstein（アインシュタイン）の和の規約を適用する．

久保公式を書く方法はいろいろあるが，上記のものが最も一般的な書き方であろう．外力が着目する観測量の演算子そのものと結合しているならば，久保公式は見慣れた式になる．たとえば導電率を計算したい場合，観測量$\mathcal{A}$は電流演算子$\hat{j}$である（ここではテンソル添字は省く．細線の中で1方向の電流成分だけが存在するものとしよう）．他方，外場Aは系と$-\frac{1}{c}\hat{j}A$のように結合する．$E(t) = \frac{1}{c}\dot{A}(t)$なので，摂動項のFourier成分は$-\frac{1}{c}\hat{j}\left(-\frac{ic}{\omega}\right)E(\omega) = \frac{i}{\omega}\hat{j}E(\omega)$である．我々が知りたいのは外部電場に対する系の応答であって，ベクトルポテンシャルへの応答を調べたいわけではないので，このような摂動項の表記の方が適切である．導電率を表すGreen関数は，観測量としての$\hat{j}$と，外力に結合する演算子としての$\hat{j}$を含んだ$\langle \hat{j}(t)\hat{j}(t') \rangle_0$のような平衡状態の平均によって表される．ここではこのGreen関数について詳述し

ないが，一般的な性質に言及しておく．外部電場に対する系の線形応答——"非平衡な"電流——は"平衡状態における"電流の相関関数によって決まるのである．外部電場はある意味で，平衡状態におけるゆらぎを顕在化させる．次節では，このような実例に即して"揺動散逸定理"の具体例を示す．

3.3.2 揺動散逸定理

まず，ゆらぎの理論に関する数式的な道具立てを準備する．

演算子 $\mathcal{A}$ の"自己相関関数"(autocorrelation function) は，次式で定義される．

$$K_A(t,t') = \frac{1}{2}\langle\{\mathcal{A}(t),\mathcal{A}(t')\}\rangle \tag{3.78}$$

この定義式は，同じ演算子でも異なる時刻に属するものは互いに交換しないことを前提としている．

定常的な状況だけを考察することにしよう．これはすべての観測量の平均値が時間に依存しないことを意味する．したがって自己相関関数は，2つの時刻の引き数の差だけに依存する．

$$K_A(t) = \frac{1}{2}\langle\{\mathcal{A}(t),\mathcal{A}(0)\}\rangle \tag{3.79}$$

また，次の"自己分散関数"(autocovariation function) を扱う方が都合がよい場合もある．

$$\begin{aligned}K_{\delta A}(t) &= \frac{1}{2}\langle\{\delta\mathcal{A}(t),\delta\mathcal{A}(0)\}\rangle \\ &\equiv \frac{1}{2}\langle\{\mathcal{A}(t)-\langle\mathcal{A}\rangle,\mathcal{A}(0)-\langle\mathcal{A}\rangle\}\rangle \\ &= K_A(t) - \langle\mathcal{A}\rangle^2 \end{aligned} \tag{3.80}$$

この関数を用いると，平均値を基準としたゆらぎを考察することができる．

自己相関関数の Fourier 変換は，"ゆらぎのスペクトル密度"と呼ばれる．

$$\left(\mathcal{A}^2\right)_\omega = \int_{-\infty}^{\infty} dt\, e^{i\omega t} K_A(t) \tag{3.81}$$

(この関数が $S(\omega)$ と表記されることもあるが，ここではこの表記を使わない．)

乱雑な過程に関する Wiener-Khintchin の定理によると，スペクトル密度 (3.81) の意味は，振動数の区間 $[\omega,\omega+\Delta\omega]$ における $\mathcal{A}$ のゆらぎの区分散逸積分が $\left(\mathcal{A}^2\right)_\omega \Delta\omega$ になるということであり，この散逸強度は，直接的な測定の対象となる．たとえば抵

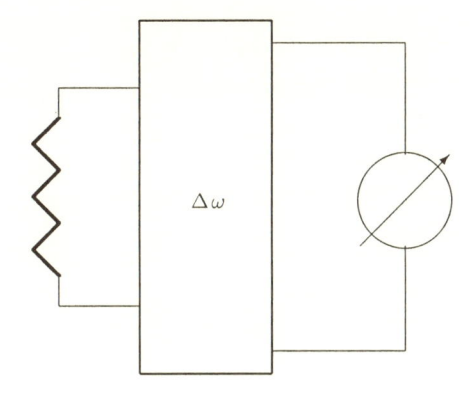

図3.5 抵抗器における雑音の測定.

抗器において電圧がゆらぎを持つ場合 (図3.5), 電力計の表示がこの散逸強度に相当する.

平衡状態における 2 つの演算子 $\mathcal{A}$ と $\mathcal{B}$ の積の平均について, 次のような Kubo(久保)-Martin-Schwinger の恒等式が成立する.

$$\langle \mathcal{A}(t)\mathcal{B}(0) \rangle = \mathrm{tr}\bigl(e^{\beta(\Omega-\mathcal{H})}e^{i\mathcal{H}t}\mathcal{A}(0)e^{-i\mathcal{H}t}\mathcal{B}(0)\bigr) = \langle \mathcal{B}(0)\mathcal{A}(t+i\beta) \rangle \tag{3.82}$$

これは対角和の巡回不変性と, 平衡状態の統計演算子の形に基づく自明な結果である. この関係によってスペクトル密度を, 次のように書き直すことができる.

$$\bigl(\mathcal{A}^2\bigr)_\omega = \frac{1}{2}\bigl(1+e^{\beta\omega}\bigr)\int_{-\infty}^\infty dt\, e^{i\omega t}\langle \mathcal{A}(0)\mathcal{A}(t) \rangle \tag{3.83}$$

この式には反交換子 $\{\mathcal{A}(t),\mathcal{A}(0)\}$ の Fourier 変換が含まれている. 交換子に関しても, 同様な式を得ることができる.

$$\begin{aligned}\bigl([A,A]\bigr)_\omega &\equiv \int_{-\infty}^\infty dt\, e^{i\omega t}\langle [\mathcal{A}(t),\mathcal{A}(0)] \rangle \\ &= \bigl(e^{\beta\omega}-1\bigr)\int_{-\infty}^\infty dt\, e^{i\omega t}\langle \mathcal{A}(0)\mathcal{A}(t) \rangle \end{aligned} \tag{3.84}$$

したがって,

$$\bigl(\mathcal{A}^2\bigr)_\omega = \frac{1}{2}\coth\frac{\beta\omega}{2}\bigl([A,A]\bigr)_\omega \tag{3.85}$$

という関係が成立する.

一方，式(3.84)を，次のように書き直すこともできる．

$$\bigl([A,A]\bigr)_\omega = -\int_0^\infty dt\, e^{-i\omega t}\langle[\mathcal{A}(t),\mathcal{A}(0)]\rangle + \int_0^\infty dt\, e^{i\omega t}\langle[\mathcal{A}(t),\mathcal{A}(0)]\rangle$$

よって，次の関係式が得られる．

$$\bigl([A,A]\bigr)_\omega = -2\,\mathrm{Im}\,\langle\!\langle \mathcal{A}\mathcal{A}\rangle\!\rangle_\omega^{\mathrm{R}} \tag{3.86}$$

我々は"揺動散逸定理"(fluctuation-dissipation theorem；別名 Callen-Welton の公式)を証明することができた．すなわち平衡状態における観測量 $\mathcal{A}$ のゆらぎのスペクトル密度は，この観測量と結合する弱い摂動に対する，この系の一般化感受率の虚部に比例する．

$$\bigl(\mathcal{A}^2\bigr)_\omega = \coth\frac{\beta\omega}{2}\,\mathrm{Im}\,\chi(\omega) \equiv -\coth\frac{\beta\omega}{2}\,\mathrm{Im}\,\langle\!\langle \mathcal{A}\mathcal{A}\rangle\!\rangle_\omega^{\mathrm{R}} \tag{3.87}$$

これは，感受率の虚部によって系のエネルギー散逸が決まることを表しているので，揺動散逸定理という名前が付いている．

線形回路における電流と電圧のゆらぎ：Nyquistの定理

揺動散逸定理の最も重要な応用例を考察しよう．単純な電気回路(図3.6)を考え，電流の演算子を $\mathcal{J}$ とする．充分に低い周波数では ($\omega \ll c/L$．L は回路の大きさ)，回路全体で電流が同じ値を持つ，電流は時間だけに依存する変数として扱われる．

$$\langle\mathcal{J}(t)\rangle = J(t)$$

回路に外部からの起電力 $W(t)$ が働く場合，単位時間あたりのエネルギー散逸は次式で表される．

$$Q = JW = \langle\mathcal{J}\rangle W$$

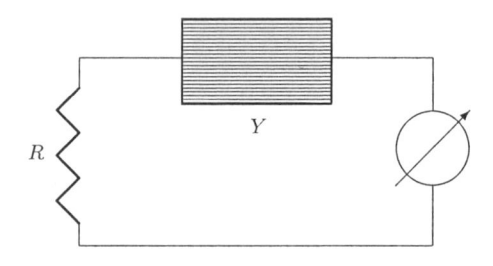

図3.6 電気回路における揺動散逸定理：Johnson-Nyquist雑音．

前項で示した考察 (式(3.71)-(3.72)) により，一般化力 f は次のように設定される．

$$\dot{f} = -W; \quad i\omega f(\omega) = W(\omega)$$

そして，

$$J(\omega) = \chi(\omega) f(\omega)$$

もしくは，電気回路理論の慣例に従って，

$$J(\omega) = \frac{W(\omega)}{Z(\omega)} = \frac{i\omega f(\omega)}{Z(\omega)}$$

と置く．$Z(\omega)$ は回路のインピーダンス (impedance) と呼ばれる．感受率は次のように表される．

$$\chi(\omega) = \frac{i\omega}{Z(\omega)} = \frac{i\omega}{R(\omega) + iY(\omega)} \tag{3.88}$$

$$\mathrm{Im}\,\chi(\omega) = \frac{\omega}{|Z(\omega)|^2} R(\omega) \tag{3.89}$$

揺動散逸定理を用いると，直ちに電流ゆらぎの式が得られる．

$$\begin{aligned}\left(J^2\right)_\omega &= \frac{\omega}{|Z(\omega)|^2} R(\omega) \coth \frac{\beta\omega}{2} \\ &= \mathrm{Re}\left\{Z(\omega)^{-1}\right\} \omega \coth \frac{\beta\omega}{2}\end{aligned} \tag{3.90}$$

(感受率の虚部がインピーダンスの実部，すなわち '実抵抗' に対応している．)

これに対応する電圧ゆらぎ $W(\omega) = Z(\omega) J(\omega)$ は，次のように与えられる．

$$\left(W^2\right)_\omega = \mathrm{Re}\, Z(\omega)\, \omega \coth \frac{\beta\omega}{2} \tag{3.91}$$

古典的な極限 ($T \gg \omega$) において，有名な "Nyquist（ナイキスト）の定理" が得られる．

$$\left(J^2\right)_\omega = 2TG(\omega) \tag{3.92}$$

$$\left(W^2\right)_\omega = 2TR(\omega) \tag{3.93}$$

($G = 1/R$ は回路のコンダクタンスである．) この定理は平衡状態にある電気回路の熱雑音を，回路の抵抗と関係づける．この美しい関係は実験的には Johnson（ジョンソン）によって発見され，理論的に Nyquist によって導出されたため，この式で記述される熱雑音を Johnson-Nyquist 雑音と呼ぶことが多い．

3.4 非平衡Green関数

3.4.1 非平衡因果Green関数：定義

式(2.4)において定義した一般的な多体系の1粒子Green関数,

$$G_{\alpha\beta}(\mathbf{x}_1,t_1;\mathbf{x}_2,t_2) = -i\langle\mathcal{T}\psi_\alpha(\mathbf{x}_1,t_1)\psi_\beta^\dagger(\mathbf{x}_2,t_2)\rangle$$
$$\equiv -i\mathrm{tr}\bigl(\hat{\varrho}\mathcal{T}\psi_\alpha(\mathbf{x}_1,t_1)\psi_\beta^\dagger(\mathbf{x}_2,t_2)\bigr) \tag{3.94}$$

では,対象とする量子力学的状態,すなわち統計演算子$\hat{\varrho}$について何の制約も課していない.基底状態$(T=0)$や熱平衡状態$(T\neq 0)$を扱う場合は,それぞれが持つ特別な性質を利用して,摂動論に基づくダイヤグラムの技法を適用することになる.前者では基底状態の(位相因子を除く)一意性,後者では熱平衡統計演算子と時間発展演算子の(解析接続に基づく)形式的な等価性が利用される.

これらの手法は,熱力学的な諸性質の究明のためには大変有用なものであるが,運動論的な問題に対しては無力である.しかし凝縮系の物理では,運動論的な見方が重要になる場合もある.たとえば上記の手法は,時間に依存する外部摂動に対する系の振舞いを,絶対零度においてさえ記述することができない(そのような摂動は,系にエネルギーを与え,系は励起状態に移行する).線形応答の理論は,この種の問題に解答を与えるが,それは1次の効果までに限られてしまい,高次の項の効果を導く簡単な方法は存在しない.

しかしながら,いくつかの型のGreen関数を同時に考慮するならば,非平衡Green関数のためのダイヤグラムの技法を展開できる余地がある.その場合,Green関数は"行列"になるが,この点が理論の一般化のために払わねばならない代価である.Keldysh(ケルディッシュ)によって見いだされたこの方法は,他の2つの方法では代替できないものである.

非平衡因果Green関数を,次のように定義する.

$$G_{\alpha\beta}^{--}(\mathbf{x}_1,t_1;\mathbf{x}_2,t_2) = -i\langle\Phi|\mathcal{T}\psi_\alpha(\mathbf{x}_1,t_1)\psi_\beta^\dagger(\mathbf{x}_2,t_2)|\Phi\rangle \tag{3.95}$$

$|\Phi\rangle$は,考察の対象とする系の"任意の量子力学的状態"(Heisenberg表示)である[2]

この式は,状態$|\Phi\rangle$が一般に基底状態ではないという点を除けば,式(2.9)で導入したGreen関数の定義式と,本質的に同じものである.

---

[2] 統計力学的な平均化の操作,

$$\mathrm{tr}(\hat{\varrho}\mathcal{A}) \equiv \sum_\Phi W_\Phi\langle\Phi|\mathcal{A}|\Phi\rangle$$

は線形な操作なので,計算過程の任意の段階で実行できる.

3.4. 非平衡Green関数

絶対零度のGreen関数に対する摂動論の基礎となる式(2.54)を導いたときと同じ手順を，ここで繰り返すことにしよう．Heisenberg表示の演算子 ψ と相互作用表示の演算子 Ψ との関係は，次式で表される．

$$\psi(\mathbf{x},t) = \mathcal{U}^\dagger(t) e^{-i\mathcal{H}_0 t} \Psi(\mathbf{x},t) e^{i\mathcal{H}_0 t} \mathcal{U}(t)$$

また，Heisenberg表示の状態 $|\Phi\rangle$ は，相互作用表示の状態 $|\Phi(t)\rangle_\mathrm{I}$ と次の関係を持つ．

$$e^{i\mathcal{H}_0 t} \mathcal{U}(t)|\Phi\rangle = |\Phi(t)\rangle_\mathrm{I} \equiv \mathcal{S}(t,-\infty)|\Phi_0\rangle \tag{3.96}$$

S行列(相互作用表示のDyson展開において与えられる．第2章参照)は，実際の状態 $|\Phi(t)\rangle_\mathrm{I}$ と，仮想的な非摂動状態 $|\Phi(-\infty)\rangle_\mathrm{I} \equiv |\Phi_0\rangle$ すなわち自由粒子系の状態を関係づける．

上記の関係によって，Green関数を次のように書き直すことができる[3]．

$$G^{--}(\mathbf{x}_1,t_1;\mathbf{x}_2,t_2) = -i\langle\Phi(\infty)|\mathcal{T}\mathcal{S}(\infty,-\infty)\Psi(\mathbf{x}_1,t_1)\Psi^\dagger(\mathbf{x}_2,t_2)|\Phi_0\rangle \tag{3.97}$$

絶対零度のGreen関数の式(2.54)と上式との根本的な違いは，$t=\infty$ における状態 $|\Phi(\infty)\rangle$ が，$t=-\infty$ における初めの非摂動状態 $|\Phi_0\rangle$ と位相因子だけが異なる状態に戻るのではなく，別の状態になってしまうことである．両者の関係としては，下記の式を用いなければならない．

$$|\Phi(\infty)\rangle = \mathcal{S}(\infty,-\infty)|\Phi_0\rangle \tag{3.98}$$

したがって，非平衡因果Green関数の基本的な表式は，次のようになる．

$$G^{--}(\mathbf{x}_1,t_1;\mathbf{x}_2,t_2) = \langle\Phi_0|\mathcal{S}^\dagger(\infty,-\infty)\mathcal{T}\mathcal{S}(\infty,-\infty)\Psi(\mathbf{x}_1,t_1)\Psi^\dagger(\mathbf{x}_2,t_2)|\Phi_0\rangle \tag{3.99}$$

この式の中のS行列に対して，式(1.91)と同様に，以下のDyson展開を適用する．

$$\mathcal{S}(\infty,-\infty) = \mathcal{T}\exp\left\{-\frac{i}{\hbar}\int_{-\infty}^{\infty} d\tau \mathcal{W}(\tau)\right\} \tag{3.100}$$

$$\mathcal{S}^\dagger(\infty,-\infty) = \tilde{\mathcal{T}}\exp\left\{\frac{i}{\hbar}\int_{-\infty}^{\infty} d\tau \mathcal{W}(\tau)\right\} \tag{3.101}$$

"反時間順序化演算子"(anti time ordering operator) $\tilde{\mathcal{T}}$ は，演算子を時間順序化演算子 $\mathcal{T}$ と逆の順序に並べ換える演算子である．

---
[3] 煩雑さを避けるため，ここではスピン添字を省略する．

絶対零度の理論で見られた性質が，ここでも同様に成立することになる．すなわち(1) Wickの定理が成立し，任意のGreen関数を非摂動状態に関する縮約を用いて表すことができる．また(2)真空のダイヤグラム(非連結ダイヤグラム)は簡約される．

3.4.2　時間順路と4種類の非平衡Green関数

非平衡因果Green関数を求める技法が，絶対零度のそれと異なる点は，式の中に2種類の時間順序化操作を含むことである．

$$G^{--}(\mathbf{x}_1, t_1; \mathbf{x}_2, t_2)$$
$$= \langle \Phi_0 | \tilde{\mathcal{T}} e^{\frac{i}{\hbar} \int_{-\infty}^{\infty} d\tau \mathcal{W}(\tau)} \mathcal{T} e^{-\frac{i}{\hbar} \int_{-\infty}^{\infty} d\tau \mathcal{W}(\tau)} \Psi(\mathbf{x}_1, t_1) \Psi^\dagger(\mathbf{x}_2, t_2) | \Phi_0 \rangle \quad (3.102)$$

2つの時間順序化が現れるのは，相互作用を除いた後の状態を直接知ることができないため，相互作用が印加される前の非摂動状態(こちらは既知のものとする)へと時間を遡る必要が生じるからである．このような順序化は形式的に時間軸に沿って$-\infty$から∞へ行き，再び$-\infty$へ戻る単一の順路によって，図3.7のように表現することができる(∞を経由して$-\infty$へ戻る時間順序化はSchwingerによって最初に提唱された)．式(3.102)において$\mathcal{T}$の右にある演算子は時間順路の右向きの径路($-$)に属し，他の演算子は左向きの径路($+$)に属する．$+$に属する演算子は常に$-$に属する演算子の左側に来る．

ここでWickの定理を用いると，我々は以下に示す4種類の縮約を得ることになる．($\pm$は演算子が属する径路を表す．)

$$\langle \mathcal{T} \Psi_- \Psi_-^\dagger \rangle, \quad \langle \tilde{\mathcal{T}} \Psi_+ \Psi_+^\dagger \rangle, \quad \langle \Psi_+ \Psi_-^\dagger \rangle, \quad \langle \Psi_+^\dagger \Psi_- \rangle \quad (3.103)$$

初めのものは因果Green関数であるが，残りの3つは今まで扱っていないものである．非平衡状態に対するダイヤグラムの技法は，これらの縮約に対応する4種類の

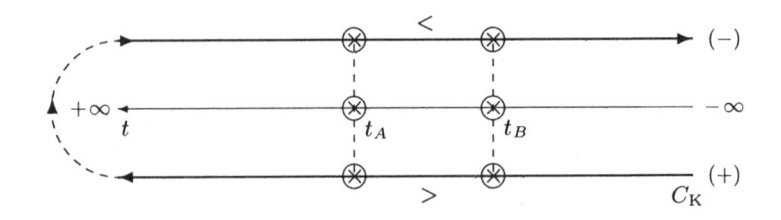

図3.7　Keldyshの時間順路に沿った時間順序化．

Green関数を含むことになる．

$$G^{--}(1,2) = -i\langle \mathcal{T}\psi(1)\psi^\dagger(2)\rangle \tag{3.104}$$

$$G^{+-}(1,2) = -i\langle \psi(1)\psi^\dagger(2)\rangle \tag{3.105}$$

$$G^{-+}(1,2) = \pm i\langle \psi^\dagger(2)\psi(1)\rangle \tag{3.106}$$

$$G^{++}(1,2) = -i\langle \tilde{\mathcal{T}}\psi(1)\psi^\dagger(2)\rangle \tag{3.107}$$

3番目の G^{-+} は，系の粒子密度に比例する[4]．

異なる非平衡Green関数の間の関係

ここで定義した4種類のGreen関数は，それぞれがすべて独立ではない．定義により，次の関係式が成り立つ．

$$G^{--}(1,2) + G^{++}(1,2) = G^{-+}(1,2) + G^{+-}(1,2) \tag{3.108}$$

そして以下の関係が成立する‡．

$$G^{--}(1,2) = -\left(G^{++}(2,1)\right)^* \tag{3.109}$$

$$G^{-+}(1,2) = -\left(G^{-+}(2,1)\right)^* \tag{3.110}$$

$$G^{+-}(1,2) = -\left(G^{+-}(2,1)\right)^* \tag{3.111}$$

前と同様に遅延Green関数と先進Green関数を定義すると，それらを次のように書くこともできる．

$$G^{\mathrm{R}}(1,2) = G^{--}(1,2) - G^{-+}(1,2) = G^{+-}(1,2) - G^{++}(1,2) \tag{3.112}$$

$$G^{\mathrm{A}}(1,2) = G^{--}(1,2) - G^{+-}(1,2) = G^{-+}(1,2) - G^{++}(1,2) \tag{3.113}$$

---

[4] 式(3.104)-(3.107)の複号は，上の方がFermi粒子系に対応する．(以下訳註) G^{+-} は利用可能な状態密度(Fermi系ならば空孔密度)を表す．G^{+-} を $G^>$，G^{-+} を $G^<$ と表記する文献が多い．G^{--} と G^{++} の表記はいろいろあり，前者は G_{11}，G_c，G_t，後者は G_{22}，$G_{\tilde{c}}$，$G_{\tilde{t}}$ とも書かれる．

‡(訳註) 原著では式(3.109)および後から出てくる式(3.151)(3.188)(3.190)の番号が欠落している．訳稿ではこれらを補ったので，本章末までの式番号は原著と一致していない．

相互作用のない粒子系の非平衡 Green 関数

非摂動 Green 関数は，次の線形微分方程式を満足する．

$$\left(i\hbar\frac{\partial}{\partial t_1} - \mathcal{E}(\mathbf{x}_1)\right)G_0^{--}(1,2) \equiv (\mathcal{G}_0)^{-1}(1)\, G_0^{--}(1,2) = \hbar\delta(1-2) \tag{3.114}$$

$$(\mathcal{G}_0)^{-1}(1)\, G_0^{-+}(1,2) = 0 \tag{3.115}$$

$$(\mathcal{G}_0)^{-1}(1)\, G_0^{+-}(1,2) = 0 \tag{3.116}$$

$$(\mathcal{G}_0)^{-1}(1)\, G_0^{++}(1,2) = -\hbar\delta(1-2) \tag{3.117}$$

系が相互作用を持たない粒子で構成され(理想量子気体)，定常的で一様な状態にあるものとしよう．その場合，系の状態は，運動量空間における(非平衡)分布関数 $n_\mathbf{p}$ によって決まる．この分布関数を用いて，すべての Green 関数を表すことができる．

$$G_0^{--}(\mathbf{p},\omega) = \frac{1}{\omega-(\epsilon_\mathbf{p}-\mu)+i0} \pm 2\pi i n_\mathbf{p}\delta\bigl(\omega-(\epsilon_\mathbf{p}-\mu)\bigr) \tag{3.118}$$

$$G_0^{-+}(\mathbf{p},\omega) = \pm 2\pi i n_\mathbf{p}\delta\bigl(\omega-(\epsilon_\mathbf{p}-\mu)\bigr) \tag{3.119}$$

$$G_0^{+-}(\mathbf{p},\omega) = -2\pi i(1\mp n_\mathbf{p})\delta\bigl(\omega-(\epsilon_\mathbf{p}-\mu)\bigr) \tag{3.120}$$

$$G_0^{++}(\mathbf{p},\omega) = -\frac{1}{\omega-(\epsilon_\mathbf{p}-\mu)-i0} \pm 2\pi i n_\mathbf{p}\delta\bigl(\omega-(\epsilon_\mathbf{p}-\mu)\bigr) \tag{3.121}$$

$$G_0^{\mathrm{R}}(\mathbf{p},\omega) = \frac{1}{\omega-(\epsilon_\mathbf{p}-\mu)+i0} \tag{3.122}$$

$$G_0^{\mathrm{A}}(\mathbf{p},\omega) = \frac{1}{\omega-(\epsilon_\mathbf{p}-\mu)-i0} \tag{3.123}$$

$$G_0^{\mathrm{K}}(\mathbf{p},\omega) = -2\pi i(1\mp 2n_\mathbf{p})\delta\bigl(\omega-(\epsilon_\mathbf{p}-\mu)\bigr) \tag{3.124}$$

ここで我々は $G^{\pm\pm}$ の1次結合で定義される，いわゆる Keldysh の Green 関数を導入した．

$$G^{\mathrm{K}}(1,2) = G^{-+}(1,2) + G^{+-}(1,2) = G^{--}(1,2) + G^{++}(1,2) \tag{3.125}$$

系全体の状態に関する情報 $n_\mathbf{p}$ は，先進 Green 関数や遅延 Green 関数には含まれておらず，Keldysh の Green 関数の方に含まれていることに注意してもらいたい．これらの3つの関数は，いずれも $G^{\pm\pm}$ の1次結合であり，互いに独立ではない4つの関数 $G^{\pm\pm}$ を用いる代わりに，これらの3つの関数を互いに"独立な"関数として扱うことができる．後から見るように多くの実例において $(G^{\mathrm{R}}, G^{\mathrm{A}}, G^{\mathrm{K}})$ を扱う方が，元の $(G^{--}, G^{-+}, G^{+-}, G^{++})$ を扱うよりも簡単である．

3.4.3 Keldysh形式

Keldyshによるダイヤグラムの規則は，式(3.99)の中のS行列の展開によって直接に導かれる[5]．まず外場 $W(x,t)$ とのスカラー相互作用に対する規則を考察しよう．

絶対零度の場合との唯一の違いは，それぞれの電子の線や相互作用線の端に±の添字が付くことである．その添字は，演算子がKeldysh順路のうちどちらの径路に属しているかを示す．"+"の方は演算子 $\mathcal{S}^\dagger$ から生じるので，"+"の結節点には $-i$ の代わりに因子 $+i$ が付く．このことはKeldysh空間における"行列Green関数"を導入することによって，簡潔に扱うことができる．

$$\hat{G}(1,2) = \begin{pmatrix} G^{--}(1,2) & G^{-+}(1,2) \\ G^{+-}(1,2) & G^{++}(1,2) \end{pmatrix} \tag{3.126}$$

外場を表す行列は，次のようになる．

$$-i\hat{W}(1) = \begin{pmatrix} -iW(1) & 0 \\ 0 & iW(1) \end{pmatrix} = -iW(1)\hat{\tau}_3 \tag{3.127}$$

$\hat{\tau}_3$ は，Pauli行列のひとつである．

このような行列表記によって，互いに±の添字だけが異なる一群のダイヤグラムを単一のダイヤグラムで代表させ，行列の式に対応する表現としてダイヤグラムを扱うことができる．±添字だけが異なるダイヤグラムの例を図3.8に示す(外線の端以外の座標変数と時間変数に関する積分を行うものとする)．

$$i\hat{G}_1(1,2) = i\hat{G}_0 \cdot i\hat{W} \cdot i\hat{G}_0 \,(1,2) \tag{3.128}$$

$$i\begin{pmatrix} G_1^{--}(1,2) & G_1^{-+}(1,2) \\ G_1^{+-}(1,2) & G_1^{++}(1,2) \end{pmatrix} = \begin{pmatrix} iG_0^{--}(-iW)iG_0^{--}(1,2) & iG_0^{--}(-iW)iG_0^{-+}(1,2) \\ +iG_0^{-+}(+iW)iG_0^{+-}(1,2) & +iG_0^{-+}(+iW)iG_0^{++}(1,2) \\ iG_0^{+-}(-iW)iG_0^{--}(1,2) & iG_0^{+-}(-iW)iG_0^{-+}(1,2) \\ +iG_0^{++}(+iW)iG_0^{+-}(1,2) & +iG_0^{++}(+iW)iG_0^{++}(1,2) \end{pmatrix} \tag{3.129}$$

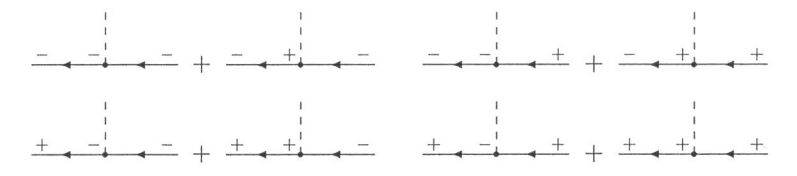

図3.8 非平衡Green関数に対する1次のダイヤグラム．

---

[5] Rammer and Smith 1986 の表記法に従う．

1 ←――― 2	$i\hat{G}(1,2)$	電子の行列Green関数
1 ←――― 2	$i\hat{G}_0(1,2)$	電子の非摂動行列Green関数
╎1 ○	$-i\hat{W}(1) \equiv -iW(1)\hat{\tau}_3$	外部ポテンシャル
1 ------ 2	$-iU(1,2)$	電子間スカラー相互作用
○	$\hat{\tau}_3$	裸の電子-電子結節点
1 ∿∿∿ 2	$i\hat{D}(1,2) = \begin{pmatrix} \langle \mathcal{T}\phi(1)\phi(2)\rangle & \langle \phi(2)\phi(1)\rangle \\ \langle \phi(1)\phi(2)\rangle & \langle \tilde{\mathcal{T}}\phi(1)\phi(2)\rangle \end{pmatrix}$	フォノンの行列伝播関数
1 ∿∿∿ 2	$i\hat{D}_0(1,2)$	フォノンの非摂動行列伝播関数
j ↘ ∿ k i ↗	$-ig(\hat{\tau}_3)_{ik}\delta_{ij}$	裸の電子-フォノン結節点

ダイヤグラムの外線の端以外に現れる,すべての座標と時刻の変数に関して積分を行い,かつスピン添字に関して和をとるものとする.

表3.2 行列 $\hat{G}$ に対する Feynman 規則 (**Rammer and Smith 1986** による).

各過程に関する Feynman 規則を表3.2に示す.非摂動 Green 関数に対する4つの微分方程式(3.114)-(3.117)が,次に示すひとつの簡潔な式にまとまることに注意してもらいたい.

$$(\mathcal{G}_0)^{-1}(1)\hat{G}_0(1,2) = \hat{\tau}_3\delta(1-2) \tag{3.130}$$

我々は $G^{\pm\pm}$ の関数の間の関係を用いて,別の行列表示を得ることもできる.次の変換を考えてみよう.

$$\hat{G} \to \bar{G} = \frac{1}{2}(\hat{\tau}_0 - i\hat{\tau}_2)\hat{\tau}_3\hat{G}(\hat{\tau}_0 - i\hat{\tau}_2)^\dagger \tag{3.131}$$

3.4. 非平衡 Green 関数

1 ⟵ 2	$i\bar{G}(1,2)$	電子の行列 Green 関数
○¦1	$-i\bar{W}(1) \equiv -iW(1)\hat{\tau}_0$	外部ポテンシャル
1 ---◂--- 2	$-iU(1,2)$	電子間スカラー相互作用
$\overset{j}{\underset{i}{\diagdown}}\!\!\!\circ\!\!\!\overset{}{\underset{k}{\diagup}}$	γ_{ij}^{k}	裸の電子-電子結節点(吸収)
$\overset{j}{\underset{i}{\diagdown}}\!\!\!\circ\!\!\!\overset{}{\underset{k}{\diagup}}$	$\tilde{\gamma}_{ij}^{k}$	裸の電子-電子結節点(放出)
1 ∿∿∿ 2	$i\bar{D}(1,2)$	フォノンの行列伝播関数
$\overset{j}{\underset{i}{\diagdown}}\!\!\!\overset{}{\underset{k}{\diagup}}$	$-ig\gamma_{ij}^{k}$	裸のフォノン結節点(吸収)
$\overset{j}{\underset{i}{\diagdown}}\!\!\!\overset{}{\underset{k}{\diagup}}$	$-ig\tilde{\gamma}_{ij}^{k}$	裸のフォノン結節点(放出)
	$\gamma_{ij}^{1} = \tilde{\gamma}_{ij}^{2} = \delta_{ij}/\sqrt{2}$ $\gamma_{ij}^{2} = \tilde{\gamma}_{ij}^{1} = (\tau_1)_{ij}/\sqrt{2}$	
ダイヤグラムの外線の端以外に現れる，すべての座標と時刻の変数に関して積分を行い，かつスピン添字に関して和をとるものとする．		

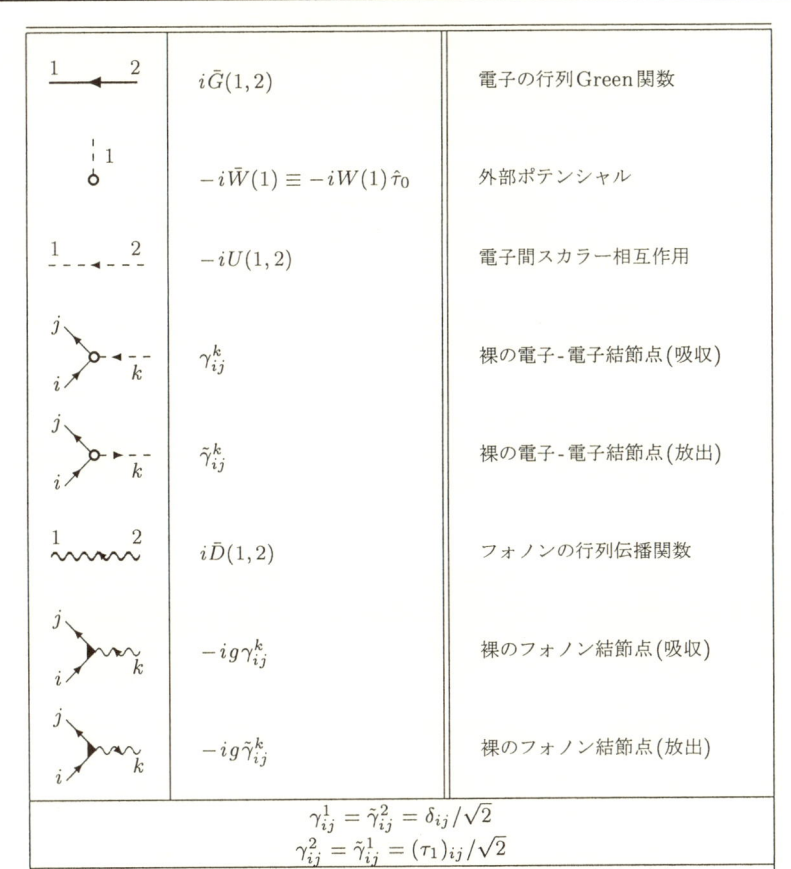

表3.3 行列 $\bar{G}$ に対する Feynman 規則 (**Rammer and Smith 1986** による).

そうすると，変換後の行列 Green 関数は，次のようになる(各自確認されたい！).

$$\bar{G} = \begin{pmatrix} G^{\mathrm{R}} & G^{\mathrm{K}} \\ 0 & G^{\mathrm{A}} \end{pmatrix} \tag{3.132}$$

この行列の運動方程式は，次のように表される．

$$(\mathcal{G}_0)^{-1}(1)\bar{G}_0(1,2) = \delta(1-2) \tag{3.133}$$

この表示に対する Feynman 規則は，元々の行列表示に対する規則に，式(3.131)

の変換を適用して得ることができる．これを表3.3に示す．

3.5　Keldysh方程式と運動論的方程式

　Keldysh形式の非平衡Green関数は，必要以上の情報を含むことが多い．既に見たように，行列$\bar{G}$の独立な3成分のうち，G^RとG^Aは系の分散関係の情報だけを含むが，G^Kは分散関係に加えて各状態の占有状態に関する情報も含んでいる．系全体の正確な状態よりも運動学，すなわち各状態がどのように占有され，どのように空くかという挙動の方に関心が持たれる場合も少なくない(結局のところ我々は何らかの近似された分散関係$\epsilon_\mathbf{p}$を用いることになり，その近似以前の状態については忘れることにするのである)．行列形式は扱いにくいので，本質的でない情報を除いた簡略化した記述法が望まれる．このような考え方に基づき，古典統計力学の分布関数に関するBoltzmann方程式からの類推によって，"量子論的な運動論的方程式" (quantum kinetic equation) を導くことにする．

　量子力学的な極限における統計分布関数の定義は，自明なものではない．不確定性関係のために古典的分布関数$f(\mathbf{r}, \mathbf{p}, t)$そのものは使えない．代わりに以下に示す"Wigner関数"（ウィグナー）を導入する．

$$f^W(\mathbf{r}, \mathbf{p}, t) \equiv \int d^3\boldsymbol{\xi}\, e^{-i\mathbf{p}\cdot\boldsymbol{\xi}/\hbar} \left\langle \psi^\dagger\left(\mathbf{r}-\frac{\boldsymbol{\xi}}{2}, t\right) \psi\left(\mathbf{r}+\frac{\boldsymbol{\xi}}{2}, t\right) \right\rangle \tag{3.134}$$

　Wigner関数は，多くの有用な性質を持つ一方で，常に正の値になるようには定義されていないという扱いにくい面も持っている．位相空間の中で$f^W(\mathbf{r}, \mathbf{p})$が負になる領域も存在するのである．このような複雑さは，量子系に運動量と座標の確定した関係を無理に持ち込んだことから生じている．しかし$f^W(\mathbf{r}, \mathbf{p})$を$h^d$ (dは系の次元)の範囲で平均化したものは，古典的な分布関数$f(\mathbf{r}, \mathbf{p})$に，$h$の冪（べき）の程度まで一致する．

$$\int_h \frac{d^d\mathbf{p}\,d^d\mathbf{r}}{h^d} f^W(\mathbf{r}, \mathbf{p}, t) = f(\mathbf{r}, \mathbf{p}, t) + o(h^d) \tag{3.135}$$

これはf^Wが対応原理に基づく正当な量子論的分布関数であることを示している．Wignerの分布関数と，それに関係する形式の詳細な議論は**Balescu 1975**に見られる．

　$f^W(\mathbf{r}, \mathbf{p}, t)$は，同じ時刻における非平衡Green関数の$(-+)$成分と，特殊なFourier変換によって関係づけられていることに注意してもらいたい．我々はG^{-+}もしくはG^Kを含む行列に対するDyson方程式から出発して，$f^W(\mathbf{r}, \mathbf{p}, t)$の運動論的方程式を

3.5. Keldysh方程式と運動論的方程式

導くことができる．このためには"勾配展開"(gradient expansion)を行えばよい．まずGreen関数 $G(\mathbf{r}_1, \mathbf{r}_2) = \langle \psi(\mathbf{r}_1) \psi^\dagger(\mathbf{r}_2) \rangle$ を，$\mathbf{R} = \dfrac{\mathbf{r}_1 + \mathbf{r}_2}{2}$, $\boldsymbol{\xi} = \mathbf{r}_1 - \mathbf{r}_2$ として $G(\mathbf{R}, \boldsymbol{\xi})$ と書き直し，$\mathbf{R}$ に依存する"巨視的な"変化は，量子的な尺度 λ_B (Fermi粒子系の場合はFermi波長) に比べて緩やかであると仮定する．$\boldsymbol{\xi}$ に依存する微視的な変化は λ_B に支配される．Wigner関数は $\mathbf{R}$ ('巨視的な'変数)，および $\boldsymbol{\xi}$ ('微視的な'変数) の共役量である $\mathbf{p}$ に依存するので，このようなアプローチが適している．我々は $\nabla_\mathbf{R}$, $\nabla_{\boldsymbol{\xi}}$ を用いたTaylor展開によって単純な式を導き，その有用性を見ることにする．

3.5.1 非平衡Green関数に対するDyson方程式とKeldysh方程式

まず，行列Green関数に対するDyson方程式から議論を始めることにしよう．

$$\hat{G} = \hat{G}_0 + \hat{G}_0 \hat{\Sigma} \hat{G} \tag{3.136}$$

$$\left(\bar{G} = \bar{G}_0 + \bar{G}_0 \bar{\Sigma} \bar{G} \right) \tag{3.137}$$

もしくは，次の共役な方程式を考えてもよい．

$$\hat{G} = \hat{G}_0 + \hat{G} \hat{\Sigma} \hat{G}_0 \tag{3.138}$$

$$\left(\bar{G} = \bar{G}_0 + \bar{G} \bar{\Sigma} \bar{G}_0 \right) \tag{3.139}$$

ここで，次の"自己エネルギー行列"を導入した．

$$\hat{\Sigma} = \begin{pmatrix} \Sigma^{--} & \Sigma^{-+} \\ \Sigma^{+-} & \Sigma^{++} \end{pmatrix} \tag{3.140}$$

$$\left(\bar{\Sigma} = \begin{pmatrix} \Sigma^R & \Sigma^K \\ 0 & \Sigma^A \end{pmatrix} \right) \tag{3.141}$$

次の関係があるので，行列成分のうち独立なものは3つである．

$$\Sigma^{--} + \Sigma^{++} = -\left(\Sigma^{-+} + \Sigma^{+-} \right) \tag{3.142}$$

互いに独立な行列成分の組み合わせは，以下のように与えられる．

$$\begin{aligned} \Sigma^K &= \Sigma^{--} + \Sigma^{++} \\ \Sigma^R &= \Sigma^{--} + \Sigma^{-+} \\ \Sigma^A &= \Sigma^{--} + \Sigma^{+-} \end{aligned} \tag{3.143}$$

Dyson方程式に左から(もしくはその共役な方程式に右から)演算子$\mathcal{G}_0^{-1}$を作用させることによって"Keldysh方程式"が得られる．この方程式は，行列Green関数の各成分に対する連立微分積分方程式(運動方程式)と等価である．

$$\left(\mathcal{G}_0^{-1} - \hat{\tau}_3\hat{\Sigma}\right) \cdot \hat{G}(1,2) = \hat{\tau}_3\delta(1-2) \tag{3.144}$$

$$\hat{G}(1,2) \cdot \left(\mathcal{G}_0^{-1} - \hat{\Sigma}\hat{\tau}_3\right) = \hat{\tau}_3\delta(1-2) \tag{3.145}$$

$\bar{G}$に関する式に直すと，次のようになる．

$$\left(\mathcal{G}_0^{-1} - \bar{\Sigma}\right) \cdot \bar{G}(1,2) = \delta(1-2) \tag{3.146}$$

$$\bar{G}(1,2) \cdot \left(\mathcal{G}_0^{-1} - \bar{\Sigma}\right) = \delta(1-2) \tag{3.147}$$

3.5.2 分布関数の運動論的方程式

上述の結果を踏まえて，Wigner関数に対する運動論的方程式を導くことができる．より直接的な$\hat{G}$の方の表示を用いることにする．
$T = \frac{t_1+t_2}{2}$, $\tau = t_1 - t_2$, $\mathbf{R} = \frac{\mathbf{x}_1+\mathbf{x}_2}{2}$, $\boldsymbol{\xi} = \mathbf{x}_1 - \mathbf{x}_2$ のように変数変換すると，Wigner関数をG^{-+}によって次のように書ける．

$$f^{\mathrm{W}}(\mathbf{R}, \mathbf{p}, T) = -i\int_{-\infty}^{\infty}\frac{d\omega}{2\pi}G^{-+}(\mathbf{R}, T; \mathbf{p}, \omega) \tag{3.148}$$

$$G^{-+}(\mathbf{R}, T; \mathbf{p}, \omega) = \int d^3\boldsymbol{\xi}\, d\tau\, e^{i\omega\tau - i\mathbf{p}\cdot\boldsymbol{\xi}}\, G^{-+}\left(\mathbf{R}+\frac{\boldsymbol{\xi}}{2}, T+\frac{\tau}{2}; \mathbf{R}-\frac{\boldsymbol{\xi}}{2}, T-\frac{\tau}{2}\right) \tag{3.149}$$

式(3.144), (3.145)から(−+)成分に関して，次式が得られる．

$$\left(\mathcal{G}_0^{-1}\right)(1)\, G^{-+}(1,2) = \int d^4 3\left(\Sigma^{--}(1,3)G^{-+}(3,2) + \Sigma^{-+}(1,3)G^{++}(3,2)\right) \tag{3.150}$$

$$\left(\mathcal{G}_0^{-1}\right)^{*}(2)\, G^{-+}(1,2) = -\int d^4 3\left(G^{--}(1,3)\Sigma^{-+}(3,2) + G^{-+}(1,3)\Sigma^{++}(3,2)\right) \tag{3.151}$$

これらを辺々引いて，そこに，

$$\left(\mathcal{G}_0^{-1}\right)^{*}(2) - \left(\mathcal{G}_0^{-1}\right)(1) = -i\left(\frac{\partial}{\partial T} - \frac{i}{m}\nabla_{\mathbf{R}}\cdot\nabla_{\boldsymbol{\xi}}\right) \tag{3.152}$$

3.5. Keldysh方程式と運動論的方程式

の関係を適用し，$\dfrac{d\omega}{2\pi}$ で積分して得られる式は，次の形になる[6]．

$$\left(\frac{\partial}{\partial T} + \frac{\mathbf{p}}{m}\cdot\nabla_{\mathbf{R}}\right) f^{\mathrm{W}}(\mathbf{R}, \mathbf{p}, T) = \mathrm{I}(\mathbf{R}, \mathbf{p}, T) \tag{3.153}$$

これが，Wigner分布関数が従うべき運動論的方程式である．右辺は準古典的な極限において，古典的な衝突積分 (collision integral) $\mathrm{St}\left[f^{\mathrm{W}}(\mathbf{R},\mathbf{p},T)\right]$ に対応する．一般には，古典的な衝突積分以外に，準粒子のエネルギースペクトルを補正する項も現れるはずであるが，この効果は式(3.153)の左辺の動的な項に繰り込むことができる．このことは自己エネルギーの虚部 (衝突過程の影響を反映する) が準粒子の寿命を決め，自己エネルギーの実部が分散関係に変更をもたらす (運動論的方程式の動的な項を修正する) ということに整合している．

しかし準古典的極限では，分散関係の変更を無視できるものと見なし，衝突積分だけを残す．まず準古典的極限では，次のように書ける．

$$\begin{aligned}
\int d^4 3\, \Sigma(1,3)\, G(3,2) &= \int d^4 3\, \Sigma\left(\frac{X_1+X_3}{2} + \frac{X_1-X_3}{2}, \frac{X_1+X_3}{2} - \frac{X_1-X_3}{2}\right) \\
&\quad \times G\left(\frac{X_3+X_2}{2} + \frac{X_3-X_2}{2}, \frac{X_3+X_2}{2} - \frac{X_3-X_2}{2}\right) \\
&\approx \int d^4 3\, \Sigma\big(X_3 + (X_1-X_3),\, X_3 - (X_1-X_3)\big) \\
&\quad \times G\big(X_3 + (X_3-X_2),\, X_3 - (X_3-X_2)\big)
\end{aligned}$$

$\hat{G}$ と $\hat{\Sigma}$ の各成分の間の関係式を利用すると，衝突積分が次の形になることが見いだされる．

$$\begin{aligned}
\mathrm{St}\left[f^{\mathrm{W}}(\mathbf{R},\mathbf{p},T)\right] = \int_{-\infty}^{\infty} \frac{d\omega}{2\pi} \big(&-\Sigma^{-+}(\mathbf{R},T;\mathbf{p},\omega)\, G^{+-}(\mathbf{R},T;\mathbf{p},\omega) \\
&+ \Sigma^{+-}(\mathbf{R},T;\mathbf{p},\omega)\, G^{-+}(\mathbf{R},T;\mathbf{p},\omega)\big)
\end{aligned} \tag{3.154}$$

準古典的な場合には，分布関数の変化が緩やかであると想定するので，前に示した一様で定常的な理想気体のGreen関数の式(3.118)-(3.124)において，$n_{\mathbf{p}}$ を $f^{\mathrm{W}}(\mathbf{R},\mathbf{p},T)$ に変更したものを用いることができる．

$$\begin{aligned}
\mathrm{St}\left[f^{\mathrm{W}}(\mathbf{R},\mathbf{p},T)\right] = &\, i\Sigma^{-+}(\mathbf{R},T;\mathbf{p},\epsilon_{\mathbf{p}}-\mu)\left[1 - f^{\mathrm{W}}(\mathbf{R},\mathbf{p},T)\right] \\
&+ i\Sigma^{+-}(\mathbf{R},T;\mathbf{p},\epsilon_{\mathbf{p}}-\mu)\, f^{\mathrm{W}}(\mathbf{R},\mathbf{p},T)
\end{aligned} \tag{3.155}$$

---

[6] 最も一般的な形式としては，4つの共役な変数すべてを引き数とする分布関数 $f(\mathbf{R},\mathbf{p},T,\epsilon)$ を導入することもできる．外場が存在するとき，この分布関数は次式を満たす．

$$\left(\frac{\partial}{\partial T} + \frac{\mathbf{p}}{m}\cdot\nabla_{\mathbf{R}} - \nabla_{\mathbf{R}}U(\mathbf{R},T)\cdot\nabla_{\mathbf{p}} + \frac{\partial U(\mathbf{R},T)}{\partial T}\frac{\partial}{\partial \epsilon}\right) f(\mathbf{R},\mathbf{p},T,\epsilon) = \mathrm{I}[f(\mathbf{R},\mathbf{p},T,\epsilon)]$$

衝突積分の式は相互作用の形に依存し，相互作用の効果は，自己エネルギーを通じて運動論的方程式に取り入れられる．

3.6 応用：量子ポイントコンタクトの電気伝導

前節において展開した非平衡を扱う形式を適用できる具体例として，量子ポイントコンタクト (quantum point contact) のコンダクタンスを論じてみよう．ポイントコンタクトは，キャリヤの非弾性散乱長 l_i に比べて充分に小さい寸法を持つ部分によって，2つの導電体を結合したものである（図3.9）．"量子ポイントコンタクト"は，結合部分を Fermi 波長と同程度か，もしくはそれ以下の寸法にしたものである．

量子ポイントコンタクトは，この10年ほどの間に，半導体ヘテロ構造における高移動度の2次元電子気体を利用し，互いに近接するように配置した2つのゲート電極から負の電圧を印加して電子気体を"搾り込む"ことによって容易に実現できるようになった．この手法には2つの利点がある．それはコンタクトの実効的な寸法をゲート電圧によって変化させることができることと，2次元電子気体の Fermi 波長 λ_F が約 400 Å と非常に長いので，簡単に量子ポイントコンタクトが得られることである．これに比べて金属を用いた量子ポイントコンタクトは原子レベルの寸法が必要であり，さまざまな実験上の工夫が要求される．

まず3次元量子ポイントコンタクトに対する Itskovich and Shekhter 1985 の解析を見てみる．コンタクトのモデルを図3.10に示す．2つの導電領域が薄い絶縁膜 Σ で仕切られており，その絶縁膜に半径 a の丸い穴が開いていて，その部分において2つの導電領域間のコンタクトが形成されている．

行列 Green 関数は，Keldysh 方程式(3.144)を満たす．電子-フォノン相互作用の

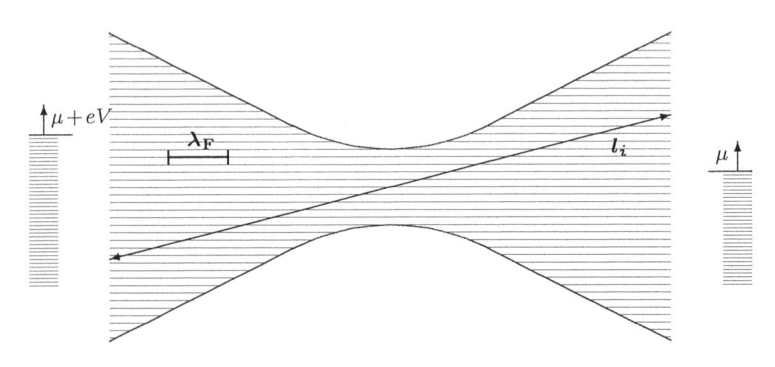

図3.9 量子ポイントコンタクト．

3.6. 応用:量子ポイントコンタクトの電気伝導

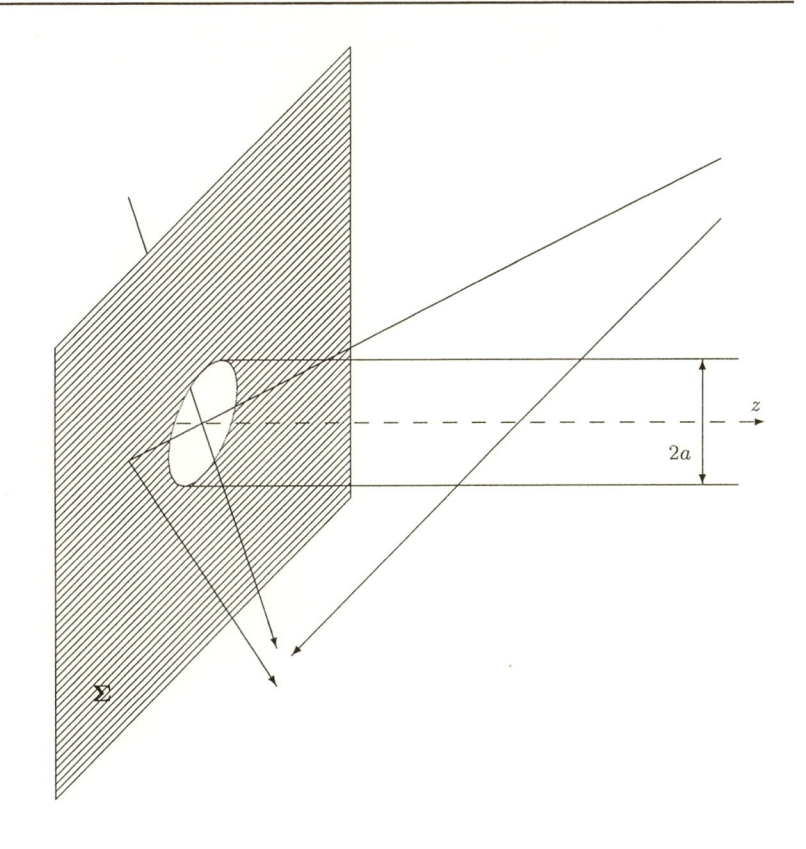

図3.10 3次元量子ポイントコンタクトのモデル.

効果は自己エネルギー演算子に取り入れられる(ここでは相互作用として電子-フォノン相互作用だけが存在するものと考える).

境界条件は系の形状によって決まる.コンタクトの部位から充分に離れた導電領域(電極部分)では,電子気体の状態がコンタクトの存在による影響を受けず,平衡状態にある.したがって Wigner の分布関数(式(3.148)によって Keldysh の行列 Green 関数の $(-+)$ 成分と関係している)は,次の境界条件を満たさなければならない.

$$\lim_{r \to \infty} f^{\mathrm{W}}(\mathbf{r}, \mathbf{p}) = n_{\mathbf{p}, \sigma}, \quad \sigma = \begin{cases} 1, & z > 0 \\ 2, & z < 0 \end{cases} \tag{3.156}$$

$$n_{\mathbf{p},\sigma} = \frac{1}{\exp\dfrac{\epsilon_{\mathbf{p}} - \mu_\sigma}{T} + 1} \tag{3.157}$$

$n_{\mathbf{p},\sigma}$ は熱平衡分布関数である．2つの電極 $(\sigma = 1, 2)$ の化学ポテンシャルには，外部から与えているバイアス電圧によって，差が生じているものとする．

$$\mu_1 - \mu_2 = eV \tag{3.158}$$

絶縁膜 Σ に電子が侵入できないという条件は，次式で表される．

$$\hat{G}(1,2)\big|_{\mathbf{r}_1 \in \Sigma} = \hat{G}(1,2)\big|_{\mathbf{r}_2 \in \Sigma} = 0 \tag{3.159}$$

この系の中の電流密度は，次式で与えられる．

$$\mathbf{j}(\mathbf{r}) = \frac{e\hbar}{m}\left(\frac{\partial}{\partial \mathbf{r}_2} - \frac{\partial}{\partial \mathbf{r}_1}\right) G^{-+}(1,2)\big|_{1=2} \tag{3.160}$$

$$\mathbf{j}(\mathbf{r}) = 2e \int \frac{d^3\mathbf{p}}{(2\pi\hbar)^3} \mathbf{v} f^{\mathrm{W}}(\mathbf{r}, \mathbf{p}) \tag{3.161}$$

ここで，$\mathbf{v} = \mathbf{p}/m$ である．

3.6.1 弾性極限における量子コンダクタンス

散乱がない場合 $(l \to \infty)$，電子の運動は散逸を伴わない．そのような電子の運動は右側 $(\sigma = 1)$ もしくは左側 $(\sigma = 2)$ からポイントコンタクトに入射する運動量 $\hbar \mathbf{k}$ の電子の波動関数 $\chi_{\mathbf{k}\sigma}(\mathbf{r})$ の完全系で記述できる．それらは Schrödinger 方程式[§]，

$$-\Delta \chi_{\mathbf{k}\sigma}(\mathbf{r}) = \epsilon_{\mathbf{k}} \chi_{\mathbf{k}\sigma}(\mathbf{r}) \tag{3.162}$$

の，次の境界条件の下での解である．

$$\chi_{\mathbf{k}\sigma}(\mathbf{r})\big|_{r \to \infty} = (-1)^\sigma \left(e^{i\mathbf{k}\mathbf{r}} - e^{i\mathbf{k}_R \mathbf{r}}\right) \theta\left(-(-1)^\sigma z\right) \tag{3.163}$$

$$\chi_{\mathbf{k}\sigma}(\mathbf{r})\big|_{\mathbf{r} \in \Sigma} = 0 \tag{3.164}$$

ここでは $k_z > 0$ とし，$\mathbf{k}_R$ は $\mathbf{k}$ の z 成分に対して反対向きの波数ベクトルとする[7]．

非摂動の遅延 Green 関数と先進 Green 関数は，$(\mathbf{r}, \omega)$-表示で次のように表される．

$$G^{\mathrm{R(A)}}(\mathbf{r}_1, \mathbf{r}_2, \omega) = \sum_{\mathbf{k}, \sigma} \frac{\chi_{\mathbf{k}\sigma}(\mathbf{r}_1) \chi^*_{\mathbf{k}\sigma}(\mathbf{r}_2)}{\omega - \epsilon_{\mathbf{k}} \pm i0} \tag{3.165}$$

[§](訳註) ここでは $\hbar^2/2m \to 1$ と置いてある．

[7] ここでは電場の効果を無視することができるが，その理由はコンタクト近傍における電位降下が，全電圧 V に比べて a/r_{D} 倍程度に小さいからである．半導体の場合，遮蔽距離 r_{D} が非常に長いので，ポイントコンタクトにおいて $r_{\mathrm{D}} \gg a$ の条件が容易に実現される．

3.6. 応用：量子ポイントコンタクトの電気伝導

この表式は明らかに，非摂動Green関数に対する一種のKällén-Lehmann表示になっている．この式が適正な性質を持っていることは，この式を式(3.19)-(3.20)と比較し，1粒子固有状態系の完全性 $\sum_{\mathbf{k},\sigma} \chi_{\mathbf{k}\sigma}(\mathbf{r}_1)\chi^*_{\mathbf{k}\sigma}(\mathbf{r}_2) = \delta(\mathbf{r}_1-\mathbf{r}_2)$ を利用することで確認できる．

式(3.118)-(3.124)を用いて，自己エネルギーがゼロの場合（弾性極限）の，正しい境界条件を満たしたKeldysh方程式(3.144)の解を，次の形に構築できる．

$$\hat{G}_0(1,2) = i \sum_{\sigma=1}^{2} \int \frac{d^3\mathbf{k}}{(2\pi)^3} \theta(k_z) \hat{n}_{\mathbf{k}\sigma}(t_1-t_2) e^{-i\epsilon_{\mathbf{k}}(t_1-t_2)} \chi_{\mathbf{k}\sigma}(\mathbf{r}_1)\chi^*_{\mathbf{k}\sigma}(\mathbf{r}_2) \quad (3.166)$$

行列 $\hat{n}_{\mathbf{k}\sigma}(t)$ は，次式で与えられる．

$$\hat{n}_{\mathbf{k}\sigma}(t) = \begin{pmatrix} n_{\mathbf{k}\sigma} - \theta(t) & n_{\mathbf{k}\sigma} \\ n_{\mathbf{k}\sigma} - 1 & n_{\mathbf{k}\sigma} - \theta(-t) \end{pmatrix} \quad (3.167)$$

行列Green関数の式(3.166)を，電流密度の式(3.160)に代入し，ポイントコンタクトを右側($z>0$)もしくは左側($z<0$)から覆うような任意の面の上で積分を実行することにより，弾性極限における全電流の式を得ることができる．

$$I(V) = \frac{2em}{\hbar} \int \frac{d^3\mathbf{k}}{(2\pi)^3} \theta(k_z)(n_{\mathbf{k}2} - n_{\mathbf{k}1}) \int_{S_1} d\mathbf{S} (\chi^*_{\mathbf{k}2}\nabla\chi_{\mathbf{k}1}) \quad (3.168)$$

この式は，次のようにも書ける．

$$I(V) = \int \frac{d^3\mathbf{k}}{(2\pi)^3} \theta(k_z)(n_{\mathbf{k}2} - n_{\mathbf{k}1}) J_{\mathbf{k}} \quad (3.169)$$

$$J_{\mathbf{k}} = \frac{2em}{\hbar} \theta(k_z) \int_{S_1} d\mathbf{S} (\chi^*_{\mathbf{k}2}\nabla\chi_{\mathbf{k}1})$$

$J_{\mathbf{k}}$ は，無限遠から運動量 $\mathbf{k}$ で入射してくる電子がコンタクトを通過することによって生じる"電流成分"を表す．この式は，メソスコピック系の弾性極限におけるコンダクタンスを計算するのに便利な式である．

準古典的極限における電流

$k_F a \gg 1$ の極限において，波動関数はコンタクト部分から充分に離れたところで，次の漸近形を持つ(右側 $\sigma=2$ の場合)．

$$\chi_{\mathbf{k}2}(\mathbf{r}) = -\frac{iae^{ikr}}{2qr}\left(k_z + \frac{kz}{r}\right) J_1(qa), \quad z>0 \quad (3.170)$$

$q = \left|\mathbf{k}_\| - k\mathbf{r}_\|/r\right|$ で，$\mathbf{k}_\|$ は絶縁膜に平行なベクトル成分を表す．$J_1(x)$ は Bessel 関数である．

コンタクト電流は，次のように与えられる．

$$I(V) = I_1(V) - I_2(V) \tag{3.171}$$

$$I_\sigma(V) = I_\sigma^{(0)} \left[1 - \frac{(k_{\mathrm{F}\sigma}a)^{-9/2}}{64\sqrt{2\pi}} \cos\left(4k_{\mathrm{F}\sigma}a - \frac{\pi}{4}\right)\right] \tag{3.172}$$

ここで，

$$I_\sigma^{(0)} = \frac{|e|ma^2\mu_\sigma^2}{4\pi\hbar^3} \tag{3.173}$$

は古典的極限におけるポイントコンタクト電流である．上の結果は，線形応答の範囲において，古典的なポイントコンタクト抵抗 (Sharvin抵抗) を与える．

$$R_0^{-1} = \frac{e^2 S S_{\mathrm{F}}}{h^3} \tag{3.174}$$

$S = \pi a^2$ はコンタクトの面積，$S_{\mathrm{F}} = 4\pi p_{\mathrm{F}}^2$ は Fermi 面の面積である．式(3.171)および (3.172) を見ると，$k_{\mathrm{F}}a \gg 1$ の極限ではコンタクトの寸法 a に対して k_{F} で振動するごく小さな補正だけが加わることが分かる．

上記のモデルを2次元に移すと，2つの半平面導電領域 ($y < 0, y > 0$) が直線 (正確には $-\infty < x < -d/2, d/2 < x < \infty$ の2つの半直線) によって分離されているモデルになる (Zagoskin and Kulik 1989)．式(3.169) に相当する2次元系の電流の式が，次のようになることは明らかである．

$$I(V) = \int \frac{d^2\mathbf{k}}{4\pi^2} J_{\mathbf{k}} \theta(k_y)(n_{\mathbf{k}2} - n_{\mathbf{k}1}) \tag{3.175}$$

たとえば **Morse and Feschbach 1953** の第7章に記されているように，古典的な波動方程式に対する Green 関数の方法を用いると，電流の式を $y = 0$ における波動関数の値 $\chi_{\mathbf{k}}(x, 0)$ を用いて表すことができる．

$$J_{\mathbf{k}} = \frac{ek^2\hbar}{m^*} \int_{-d/2}^{d/2} dx \int_{-d/2}^{d/2} dx' \frac{\chi_{\mathbf{k}}(x,0)\chi_{\mathbf{k}}(x,0)^*}{k(x'-x)} J_1\big(k(x-x')\big) \tag{3.176}$$

ここで $J_1(z)$ は Bessel 関数である．古典的な極限では $\chi_{\mathbf{k}}(x, 0) \approx e^{ik_x x}$ とおくことができ，次式が得られる．

$$I(V) = G(d)V = \frac{e^2}{\pi\hbar} V \left(\frac{k_{\mathrm{F}}d}{\pi} + \frac{\sin 2k_{\mathrm{F}}d}{2\pi k_{\mathrm{F}}d} - \frac{1}{4}\right) \tag{3.177}$$

ここでもSharvin抵抗に相当するコンダクタンス成分 $R_{0,2\text{D}}^{-1} = \dfrac{e^2}{\pi\hbar}\dfrac{k_\text{F}d}{\pi}$ と，小さな振動成分が得られている．このような問題は具体的な実験に対応しており，単なる仮想的な練習問題ではない．

ここで当然，次の疑問が生じるであろう．Sharvin抵抗とは何か？

3.6.2 ポイントコンタクトにおける弾性抵抗：Sharvin抵抗・Landauer公式・コンダクタンスの量子化

図3.9 (p.144) に戻って考えてみよう．我々はポイントコンタクトの両側から電圧を加える．キャリヤはポイントコンタクトを通過するが，コンタクトは有限の寸法を持つので，いかなる有限電圧値 V の下でも，電流値 I は有限になる．すなわちコンタクト抵抗も有限であり，この抵抗がSharvin抵抗 R_0 である．単位時間あたりのエネルギー散逸は $IV = I^2 R$ である．しかしコンタクトの寸法は非弾性散乱長 l_i に比べて小さいので，キャリヤがコンタクト部分でエネルギーを失うことはない！

この 逆理(パラドックス) は，コンタクトから l_i 以上離れたところで生じる過程を考慮することによって解決される．コンタクトから無限遠の領域では平衡状態 (式(3.156), (3.157))になっており，コンタクトの左右で化学ポテンシャルが異なる．電子がコンタクト近傍から l_i 以上に離れ，無限遠に至るまでの過程で，電子は熱平衡の統計分布を構成するような状態へ，種々の非弾性過程によって緩和される．散逸はコンタクトから離れた領域で起こり，散逸過程は非弾性散乱を無視して求めたコンタクト抵抗 R_0 と直接の関係を持たない！

これは全く奇妙なことに思われるが，しかし我々は無限遠での境界条件(3.156)を仮定した際に，上述のような非弾性緩和過程を想定しているのである．このような境界条件は自明のものに見えるが，実はコンタクトを通過したすべての電子が最終的に熱平衡分布に従うこと——すなわち完全に平衡状態へ緩和され，それ以前の過程の"記憶"を失う，ということを意味している．熱平衡化の過程の存在は，この理論に不可欠な要点であり，系の中で充分に強い非弾性の散乱緩和過程が存在する場合にのみ，上記の理論が適用できる．l_i がコンタクトの寸法に比べて充分に長い限り，緩和過程の詳細には無関係に，Sharvin抵抗によって散逸の速さ(レート)が決まるのである．

ポイントコンタクトは，微小な系の輸送理論において有用な"Landauer(ランダウアー)公式"とも関係する．Landauerは1次元導線の小片をひとつの散乱体のように見なし，その量子力学的な透過振幅 t と反射振幅 r が $|t|^2 + |r|^2 = 1$ の関係を持つものとして，そのような導線の電気抵抗はどのようになるか，という設問を行った．この問題を扱うために，彼はこの導線の両端を，化学ポテンシャルが $\mu_1 - \mu_2 = eV$ だけ異なる2つ

の"電極"(膨大な数の電子を含み,熱平衡状態にあり,エネルギーや運動量を効果的に緩和する機構を持つ系)に接続することを想定した(p.144,図3.9).導線中の電子が一旦,電極へ入ると,その電子は導線に戻らない(瞬時に緩和される)ものと仮定すると——これは境界条件として式(3.156)を設定したことに対応しているが——電流の式を容易に得ることができる(電流値は導線全体で同じ値を取るので,導線の右側で電流を計算すればよい).

$$\begin{aligned} I(V) &= 2e \int \frac{dk}{2\pi} v(k) \big(n_1(k) |t|^2 - n_2(k)(1-|r|^2) \big) \\ &= |t|^2 \frac{2e}{2\pi\hbar} \int d\epsilon \frac{1}{v(\epsilon)} v(\epsilon) \big(n_{\rm F}(\epsilon-\mu-eV) - n_{\rm F}(\epsilon-\mu) \big) \\ &\approx \frac{2e^2}{h} |t|^2 V \end{aligned} \tag{3.178}$$

$v(\epsilon) = \dfrac{\partial \epsilon}{\partial \hbar k}$ は電子の速度であり,因子2はスピンによって生じている.複数の1次元導線が平行してある場合には,各導線の担う電流を加算した電流値が得られる.このようにして,我々は量子細線(もしくは量子コンタクト)のコンダクタンスに関する"Landauer公式"を得ることができる.

$$G \equiv \frac{1}{R} = \frac{2e^2}{h} \sum_{a=1}^{N_\perp} |t_a|^2 \tag{3.179}$$

ここに現れる量子抵抗 $h/(2e^2)$ は,量子Hall効果に現れるものと(因子2を除いて)同じである($137\pi/3 \times 10^{-10}$ sec/cm. 実用単位では約 13 kΩ). 和は"量子チャネル"それぞれについて取る.理想量子チャネルのコンダクタンスは $2e^2/h$ である.

このコンダクタンスはSharvin抵抗とどのように関係するだろうか? Sharvin抵抗については,既に次式を得ている.

$$\begin{aligned} R_{0,3{\rm D}}^{-1} &= \frac{e^2 \pi a^2 4\pi p_{\rm F}^2}{h^3} = \frac{2e^2}{h} \left(\frac{2\pi a}{\lambda_{\rm F}} \right)^2 \\ R_{0,2{\rm D}}^{-1} &= \frac{e^2}{\pi\hbar} \frac{k_{\rm F} d}{\pi} = \frac{2e^2}{h} \frac{2d}{\lambda_{\rm F}} \end{aligned}$$

上記の両方の場合において,コンダクタンスは近似的に $2e^2/h$ の $N_\perp \approx (a/\lambda_{\rm F})^{\rm dim}$ 倍であることが見て取れる.a はコンタクトの寸法,dim はコンタクト部分の次元である(余分な散乱は無いものとするので $|t|^2 = 1$ である).このチャネル数に相当する因子は,Fermi面近傍にある電子(すなわち電流を運ぶ電子)が,不確定性関係の要請から互いに $\approx \lambda_{\rm F}$ の距離を隔てつつ,同時にコンタクト領域を通過できる個数を表している.しかしこのように定義したチャネル数の概念は曖昧なものであり,コンダクタンスはコンタクト領域の寸法に依存して連続的に変化する.

3.6. 応用:量子ポイントコンタクトの電気伝導

薄い絶縁膜に開けたコンタクト領域のかわりに,両端が電極にスムーズに結合している長い細線を考えた場合,状況は著しく変わる.このような系は,Landauer公式で扱われる量子細線に近いものになる.細線の幅を変えるとモードの数は離散的に1ずつ変化し,コンダクタンスは $2e^2/h$ の単位で量子化されることが予想される.このようなコンダクタンスの量子化は,先ほど言及した2次元の量子ポイントコンタクトにおいて実際に観測されている (van Wees *et al.* 1988, Wharam *et al.* 1988). 2次元量子ポイントコンタクトの実験系では,ゲート電圧を変えることによってコンタクトの寸法を連続的に変化させることができ,これに伴って $2e^2/h$ 単位の段差を持つコンダクタンスの階段状の変化が現れる (観測されるコンダクタンスの段差は,量子Hall効果の場合ほど明確なものではないが).

このことを理解するために,式(3.169)に戻って考えてみよう.電流成分 $J_\mathbf{k}$ は,無限遠からコンタクト領域に入射する粒子が運ぶものである.スムーズな(断熱的な)細線 (断面の径 $d(z)$ が電流方向の座標 z に対して緩やかに変化している細線) における波動関数は,近似的に $\chi_{k,a}(\rho, z) = \phi_a(\rho; z) e^{ikz}$ と表すことができる.k は電流方向の運動量で,ρ は横方向の座標,a は横方向の固有関数を区別する添字である (たとえば2次元系では $\approx \sin\{\pi a \rho/d(z)\}$ である).これらの導線内のチャネルを実効的に,Landauerの量子細線の役割をはたす1次元の"サブバンド"一式と見ることができる.細線の最も細い部分において,横方向の運動エネルギー $\approx \hbar^2 a^2/(2m^* d_{\text{dim}}^2)$ がFermiエネルギーよりも小さいモードだけが,伝導に寄与できる.それ以外のモードの粒子は反射されて元の電極に戻る.伝導モードの数は,細線の最も細い部分を通ることのできるモードの数で決まる (Glazman *et al.* 1988).

上述の描像は3次元の場合でも成立するが,異なる横方向モードの間に縮退が起こり得るために,$n \times 2e^2/h$ の段差も現れてくる (Bogachek, Zagoskin and Kulik 1990). 実際にこのようなコンダクタンスの量子化も,機械的に制御された亀裂接合 (Krans *et al.* 1995) や,走査トンネル顕微鏡を用いた実効的な3次元ポイントコンタクト (Pascual *et al.* 1995) において観測されている.

Landauer公式やポイントコンタクト,その他のメソスコピックデバイスにおける伝導について更に詳しく知りたい読者は,**Imry 1986**, **Washburn and Webb 1992**, **Datta 1995** などを参照してもらいたい.

3.6.3 3次元量子ポイントコンタクトの電子-フォノン衝突積分

ここで再び相互作用の問題に目を向けることにしよう.既に述べたように,本来,運動論的方程式(3.153)の右辺は,準古典的な衝突積分だけではなく,繰り込みの効

果も含むべきものである．そこで，準古典的近似を施さない，一般化した"衝突積分"を改めて考えてみよう．

$$\mathrm{I}_{\mathrm{ph}}(\mathbf{r},\mathbf{p}) = \int d^3\boldsymbol{\xi}\, e^{-i\mathbf{p}\boldsymbol{\xi}}\, \mathrm{I}_{\mathrm{ph}}\left(\mathbf{r}+\frac{\boldsymbol{\xi}}{2},t;\mathbf{r}-\frac{\boldsymbol{\xi}}{2},t\right) \tag{3.180}$$

変数変換の前の，右辺の I_{ph} は，次のように与えられる．

$$\begin{aligned}\mathrm{I}_{\mathrm{ph}}(1,2) = -\int d^4 3\, \big\{ & \Sigma^{-+}(1,3)G^{++}(3,2) + \Sigma^{--}(1,3)G^{-+}(3,2) \\ & + G^{--}(1,3)\Sigma^{-+}(3,2) + G^{-+}(1,3)\Sigma^{++}(3,2) \big\} \end{aligned} \tag{3.181}$$

電子-フォノン相互作用の最低次のオーダーにおいて，自己エネルギー成分は次のように表される (p.138, 表3.2 参照)．

$$\hat{\Sigma} = \quad \text{[diagram]} \tag{3.182}$$

$$\begin{aligned}\Sigma^{-+}(1,3) &= -iG_0^{-+}(1,3)D_0^{+-}(3,1) \\ \Sigma^{+-}(1,3) &= -iG_0^{+-}(1,3)D_0^{-+}(3,1) \\ \Sigma^{--}(1,3) &= iG_0^{--}(1,3)D_0^{--}(3,1) \\ \Sigma^{++}(1,3) &= iG_0^{++}(1,3)D_0^{++}(3,1) \end{aligned} \tag{3.183}$$

(フォノンの演算子を再定義して $g=1$ となるようにした．)

$\mathrm{I}_{\mathrm{ph}}(1,2)$ を次のように書き直すと都合がよい．

$$\begin{aligned}\mathrm{I}_{\mathrm{ph}}(1,2) = -\int d^3\mathbf{r}_3 \int \frac{d\omega}{2\pi} \big\{ & \Sigma^{-+}(\mathbf{r}_1,\mathbf{r}_3;\omega)G^{++}(\mathbf{r}_3,\mathbf{r}_2;\omega) \\ & + \Sigma^{--}(\mathbf{r}_1,\mathbf{r}_3;\omega)G^{-+}(\mathbf{r}_3,\mathbf{r}_2;\omega) \\ & + G^{--}(\mathbf{r}_1,\mathbf{r}_3;\omega)\Sigma^{-+}(\mathbf{r}_3,\mathbf{r}_2;\omega) \\ & + G^{-+}(\mathbf{r}_1,\mathbf{r}_3;\omega)\Sigma^{++}(\mathbf{r}_3,\mathbf{r}_2;\omega) \big\} \end{aligned} \tag{3.184}$$

フォノン場の演算子は，次のように書ける．

$$\varphi(\mathbf{r},t) = \sum_q \left(\Phi_q(\mathbf{r}) e^{-i\omega_q t} b_q + \Phi_q^*(\mathbf{r}) e^{i\omega_q t} b_q^\dagger \right) \tag{3.185}$$

フォノンの分布関数 N_q (熱平衡とは限らない) は，次式で定義される．

$$\langle b_q^\dagger b_q \rangle \equiv N_q; \quad \langle b_q b_q^\dagger \rangle \equiv N_q + 1 \tag{3.186}$$

式 (3.183), (3.185) を用いて，自己エネルギー成分を次のように得ることができる (紙面の節約のため，これ以降 $(\mathbf{k},\sigma)$ の組合せ $(k_z > 0)$ を K と書くことにする)．

3.6. 応用：量子ポイントコンタクトの電気伝導

$$\Sigma^{--}(\mathbf{r}_1, \mathbf{r}_3; \omega) = \sum_{q,K} \chi_K(\mathbf{r}_1) \chi_K^*(\mathbf{r}_3)$$
$$\times \left\{ \Phi_q(\mathbf{r}_3) \Phi_q^*(\mathbf{r}_1) \left(\frac{n_K(N_q+1)}{\omega + \omega_q - \epsilon_K - i0} + \frac{(1-n_K)N_q}{\omega + \omega_q - \epsilon_K + i0} \right) \right.$$
$$\left. + \Phi_q^*(\mathbf{r}_3) \Phi_q(\mathbf{r}_1) \left(\frac{n_K N_q}{\omega - \omega_q - \epsilon_K - i0} + \frac{(1-n_K)(N_q+1)}{\omega - \omega_q - \epsilon_K + i0} \right) \right\}$$
$$(3.187)$$

$$\Sigma^{++}(\mathbf{r}_1, \mathbf{r}_3; \omega) = -\sum_{q,K} \chi_K(\mathbf{r}_1) \chi_K^*(\mathbf{r}_3)$$
$$\times \left\{ \Phi_q(\mathbf{r}_3) \Phi_q^*(\mathbf{r}_1) \left(\frac{n_K(N_q+1)}{\omega + \omega_q - \epsilon_K + i0} + \frac{(1-n_K)N_q}{\omega + \omega_q - \epsilon_K - i0} \right) \right.$$
$$\left. + \Phi_q^*(\mathbf{r}_3) \Phi_q(\mathbf{r}_1) \left(\frac{n_K N_q}{\omega - \omega_q - \epsilon_K + i0} + \frac{(1-n_K)(N_q+1)}{\omega - \omega_q - \epsilon_K - i0} \right) \right\}$$
$$(3.188)$$

$$\Sigma^{-+}(\mathbf{r}_1, \mathbf{r}_3; \omega) = -2\pi i \sum_{q,K} \chi_K(\mathbf{r}_1) \chi_K^*(\mathbf{r}_3)$$
$$\times \left\{ \Phi_q(\mathbf{r}_3) \Phi_q^*(\mathbf{r}_1) n_K (N_q+1) \delta(\omega + \omega_q - \epsilon_K) \right.$$
$$\left. + \Phi_q^*(\mathbf{r}_3) \Phi_q(\mathbf{r}_1) n_K N_q \delta(\omega - \omega_q - \epsilon_K) \right\} \quad (3.189)$$

$$\Sigma^{+-}(\mathbf{r}_1, \mathbf{r}_3; \omega) = -2\pi i \sum_{q,K} \chi_K(\mathbf{r}_1) \chi_K^*(\mathbf{r}_3)$$
$$\times \left\{ \Phi_q(\mathbf{r}_3) \Phi_q^*(\mathbf{r}_1) (n_K - 1) N_q \delta(\omega + \omega_q - \epsilon_K) \right.$$
$$\left. + \Phi_q^*(\mathbf{r}_3) \Phi_q(\mathbf{r}_1) (n_K - 1)(N_q+1) \delta(\omega - \omega_q - \epsilon_K) \right\}$$
$$(3.190)$$

これらを式 (3.184) と (3.180) に代入して計算すると，最終的に電子-フォノン衝突積分の式として，次式が得られる．

$$I_{\text{ph}}(\mathbf{r}, \mathbf{p}) = -2 \sum_{K,K'} \sum_q C_{K'K}^q \text{Im} \left[S_{K'K}^q(\mathbf{r}, \mathbf{p}) \frac{n_K(1-n_{K'})(N_q+1) - n_{K'}(1-n_K)N_q}{\epsilon_K - \epsilon_{K'} - \omega_q - i0} \right]$$
$$(3.191)$$

ここに出てくる因子,

$$C_{K'K}^q \equiv \int d^3 \mathbf{r}_3 \, \chi_{K'}^*(\mathbf{r}_3) \Phi^*(\mathbf{r}_3) \chi_K(\mathbf{r}_3) \qquad (3.192)$$

は，空間的に一様な系においては $C^q_{K'K} \propto \delta(\mathbf{k}-\mathbf{k}'-\mathbf{q})$ となり，運動量保存則を表す．関数 $S^q_{K'K}(\mathbf{r},\mathbf{p})$ は，次式のように定義される．

$$S^q_{K'K}(\mathbf{r},\mathbf{p}) = \int d^3\boldsymbol{\xi}\, e^{-i\mathbf{p}\boldsymbol{\xi}} \chi_{K'}\!\left(\mathbf{r}+\frac{\boldsymbol{\xi}}{2}\right)\chi^*_K\!\left(\mathbf{r}-\frac{\boldsymbol{\xi}}{2}\right)\left\{\Phi_q\!\left(\mathbf{r}+\frac{\boldsymbol{\xi}}{2}\right)-\Phi_q\!\left(\mathbf{r}-\frac{\boldsymbol{\xi}}{2}\right)\right\} \tag{3.193}$$

式(3.191)から2種類の異なる項が現れる．一方はエネルギー保存を表すデルタ関数 $\delta(\epsilon_K-\epsilon_{K'}-\omega_q)$ に，フォノンの放出もしくは吸収を伴った電子散乱に対応する統計因子を掛けた，直接の衝突過程を表す項である．もう一方は (積分の主値を通じて表される) スペクトルの変更 (繰り込み) をもたらす項である．

3.6.4 *ポイントコンタクト電流の非弾性成分の計算

式(3.153)の運動論的方程式を，定常状態において考え，

$$\mathbf{v}\nabla_\mathbf{r} f^{\mathrm{W}}(\mathbf{r},\mathbf{p}) = I_{\mathrm{ph}}(\mathbf{r},\mathbf{p}) \tag{3.194}$$

をポイントコンタクトに適用する際に，適当な境界条件を補わなければならない．境界条件は，Wigner関数のFourier変換，

$$f^{\mathrm{W}}(\mathbf{r}_1,\mathbf{r}_2) = \int \frac{d^3\mathbf{p}}{(2\pi)^3} e^{i\mathbf{p}(\mathbf{r}_1-\mathbf{r}_2)} f^{\mathrm{W}}\!\left(\frac{\mathbf{r}_1+\mathbf{r}_2}{2},\mathbf{p}\right) \tag{3.195}$$

を用いて，次のように書くことができる．

$$\begin{aligned}
&f^{\mathrm{W}}(\mathbf{r}_1,\mathbf{r}_2)\big|_{\substack{r_1,r_2\to\infty \\ z_1,z_2>0}} = 0 \\
&f^{\mathrm{W}}(\mathbf{r}_1,\mathbf{r}_2)\big|_{\mathbf{r}_1\in\Sigma} = f^{\mathrm{W}}(\mathbf{r}_1,\mathbf{r}_2)\big|_{\mathbf{r}_2\in\Sigma} = 0
\end{aligned} \tag{3.196}$$

式(3.194), (3.196)の解を，

$$f^{\mathrm{W}}(\mathbf{r},\mathbf{p}) = \int d^3\mathbf{p}' \int d^3\mathbf{r}'\, g_{\mathbf{p}\mathbf{p}'}(\mathbf{r},\mathbf{r}')\, I_{\mathrm{ph}}(\mathbf{r}',\mathbf{p}') \tag{3.197}$$

のように書くと，関数 $g_{\mathbf{p}\mathbf{p}'}(\mathbf{r},\mathbf{r}') = -g_{\mathbf{p}'\mathbf{p}}(\mathbf{r}',\mathbf{r})$ は，

$$\mathbf{v}\nabla_\mathbf{r} g_{\mathbf{p}\mathbf{p}'}(\mathbf{r},\mathbf{r}') = \delta(\mathbf{r}-\mathbf{r}')\delta(\mathbf{p}-\mathbf{p}') \tag{3.198}$$

という線形方程式を満たす．この関数は，式(3.196)と同じ境界条件を持つ．

これによって，ポイントコンタクト電流に対する非弾性散乱補正を，次のように書き表すことができる (式(3.161)を用いた)．

3.6. 応用：量子ポイントコンタクトの電気伝導

$$I_{\text{ph}} = \frac{2e}{(2\pi\hbar)^3} \int d^3\mathbf{p} \int d^3\mathbf{r} \, F_{\mathbf{p}}(\mathbf{r}) \, I_{\text{ph}}(\mathbf{r}, \mathbf{p}) \tag{3.199}$$

関数 F は，次式で定義される．

$$F_{\mathbf{p}}(\mathbf{r}) \equiv \int_O dS' \int d^3\mathbf{p}' v_z' \, g_{\mathbf{p}'\mathbf{p}}(\mathbf{r}', \mathbf{r}) \tag{3.200}$$

(積分はコンタクト領域 O で実行する．) F の境界条件は，以下に示す通りである．

$$\mathbf{v}\nabla_{\mathbf{r}} F_{\mathbf{p}}(\mathbf{r}) = -v_z \, \delta(z)$$
$$F(\mathbf{r}_1, \mathbf{r}_2)\big|_{\substack{r_1, r_2 \to \infty \\ z_1, z_2 > 0}} = 0$$
$$F(\mathbf{r}_1, \mathbf{r}_2)\big|_{\mathbf{r}_1 \in \Sigma} = F(\mathbf{r}_1, \mathbf{r}_2)\big|_{\mathbf{r}_2 \in \Sigma} = 0 \tag{3.201}$$

この F という量を，次のように表せる (Itskovich and Shekhter 1985)．

$$F_{\mathbf{p}}(\mathbf{r}) = \alpha_{-\mathbf{p}}(\mathbf{r}) - \theta(z) \tag{3.202}$$

ここで $\alpha_{\mathbf{p}}(\mathbf{r})$ は，

$$\alpha_{\mathbf{p}}(\mathbf{r}) = \int d^3\mathbf{r}' \, e^{-i\mathbf{p}\mathbf{r}'} \int_{k_z>0} \frac{d^3\mathbf{k}}{(2\pi)^3} \chi_{\mathbf{k}1}\left(\mathbf{r} + \frac{\mathbf{r}'}{2}\right) \chi_{\mathbf{k}2}^*\left(\mathbf{r} - \frac{\mathbf{r}'}{2}\right) \tag{3.203}$$

と定義されるが，これは無限遠から入射する運動量 $\mathbf{p}$ の電子が，コンタクトの右側の点 $\mathbf{r}$ で見いだされる確率を量子論的に表したものである．

　上記の結果は，ポイントコンタクトにおける非線形な電流の電圧依存性 $I(V)$ を説明する手段を与える．非線形な伝導特性の起源は，前項で示したような，(1) 電子-フォノン相互作用と，(2) 電子質量の繰り込みの I_{ph} への影響である．関数 $d^2I/dV^2 (eV)$ のピークは，フォノンの状態密度の極大に対応する．これは定性的に次のように理解することができる．ポイントコンタクトから注入された電子の分布関数は，周囲の電子系に対して eV だけエネルギーがずれた状態になり，その分布が緩和する過程において，エネルギー $\hbar\omega = eV$ のフォノンの放出が必要になるのである．

　このような効果 (Yanson 1974, Kulik, Omelyanchuk, and Shekhter 1977) が，ポイントコンタクトの非線形な電流-電圧特性からフォノンの状態密度を求める"ポイントコンタクト分光"の基礎となっている (レビューとしては **Jansen, van Gelder, and Wyder 1980**)．ポイントコンタクト分光は，最初は遮蔽距離と Fermi 波長が共に短く，準古典的な理論で説明が可能な金属試料の実験によって進展した．

3.7 トンネルハミルトニアンの方法

トンネルハミルトニアン (tunneling Hamiltonian) の近似は，本書で後から扱う Josephson効果——弱く結合した2つの超伝導体(ポテンシャル障壁によって分離されている)の理論において最もよく用いられるものである．しかしこの近似法の適用範囲はもっと広いもので，電子がトンネル障壁やポイントコンタクトなどの"弱い結合"を介して流れるような一般の問題に対して利用できる．したがってこの近似を，ここでとりあげるのが自然であろう．

系のハミルトニアンを，次のように表す．

$$\mathcal{H} = \mathcal{H}_\mathrm{L} + \mathcal{H}_\mathrm{R} + \mathcal{H}_\mathrm{T} \tag{3.204}$$

$\mathcal{H}_\mathrm{L,R}$ は孤立した(つまり摂動のない)左/右の導電体のハミルトニアンである．"トンネル項" $\mathcal{H}_\mathrm{T}$ は，両者の間の電子の遷移を表す．

$$\mathcal{H}_\mathrm{L} = \sum_{\mathbf{k},\sigma} \epsilon_{\mathbf{k},\sigma} c^\dagger_{\mathbf{k},\sigma} c_{\mathbf{k},\sigma} \tag{3.205}$$

$$\mathcal{H}_\mathrm{R} = \sum_{\mathbf{q},\sigma} \epsilon_{\mathbf{q},\sigma} d^\dagger_{\mathbf{q},\sigma} d_{\mathbf{q},\sigma} \tag{3.206}$$

$$\mathcal{H}_\mathrm{T} = \sum_{\mathbf{k},\mathbf{q},\sigma} \left(T_{\mathbf{kq}} c^\dagger_{\mathbf{k},\sigma} d_{\mathbf{q},\sigma} + T^*_{\mathbf{kq}} d^\dagger_{\mathbf{q},\sigma} c_{\mathbf{k},\sigma} \right) \tag{3.207}$$

$\mathcal{H}_\mathrm{L,R}$ は見て分かるように，導電体がそれぞれ無限に広がっており，準粒子状態を運動量で指定できるものとして扱われている(運動量は本当はよい量子数ではない)．

時間反転不変性を仮定すると，トンネル過程の行列要素は次の関係を満たす．

$$T^*_{\mathbf{kq}} = T_{-\mathbf{k},-\mathbf{q}} \tag{3.208}$$

エネルギー障壁の高さが U，厚さが d の平面的なポテンシャル障壁の場合，WKB 近似により，次式が得られる．

$$T_{\mathbf{kq}} \propto k_x q_x e^{-\frac{1}{\hbar}\sqrt{2mUd}} \delta(\mathbf{k}_\perp - \mathbf{q}_\perp)$$

しかし，$T_{\mathbf{kq}}$ の詳細はここでは必要でない．界面に平行な運動量成分が保存され，また多くの場合にFermiエネルギーの尺度において行列要素のエネルギー依存性を無視し得るということに注意しておけば充分である．

左側の導電体に電圧 V を加えると，ハミルトニアンは次のような変更を受ける．

$$\mathcal{H}_\mathrm{L}(V) = \mathcal{H}_\mathrm{L}(0) - |e|V\mathcal{N}_\mathrm{L} \tag{3.209}$$

3.7. トンネルハミルトニアンの方法

左右の導電体の粒子数演算子は,

$$\mathcal{N}_L = \sum_{\mathbf{k},\sigma} c^{\dagger}_{\mathbf{k},\sigma} c_{\mathbf{k},\sigma}; \quad \mathcal{N}_R = \sum_{\mathbf{q},\sigma} d^{\dagger}_{\mathbf{q},\sigma} d_{\mathbf{q},\sigma} \tag{3.210}$$

と定義され，それぞれが非摂動ハミルトニアンと可換である．左右の粒子数を変える項は $\mathcal{H}_T$ だけである.

ゼロでないバイアス電圧の下で，左の導電体中の電子の消滅演算子 $\tilde{c}(t)$ に対する Heisenberg の運動方程式は，次のようになる．

$$i\hbar \dot{\tilde{c}}_{\mathbf{k},\sigma}(t) = [\tilde{c}_{\mathbf{k},\sigma}(t), \mathcal{H}_L(0)] - |e|V \tilde{c}_{\mathbf{k},\sigma}(t) \tag{3.211}$$

トンネル電流は，次式で表される．

$$I(V,t) = -|e|\langle \dot{\mathcal{N}}_R(t)\rangle \tag{3.212}$$

$\mathcal{N}_R$ の $\mathcal{H}_T$ との交換関係により，次式を得ることができる．

$$I(V,t) = \frac{2|e|}{\hbar} \operatorname{Im} \sum_{\mathbf{k},\mathbf{q},\sigma} T_{\mathbf{kq}} \langle \tilde{c}^{\dagger}_{\mathbf{k}\sigma}(t) d_{\mathbf{q}\sigma}(t)\rangle \tag{3.213}$$

これで我々は，電流を計算する問題を，非平衡状態における演算子積の平均の計算へと還元できた．このような平均量は，既によく馴染んだ考え方に基づき，摂動項 $\mathcal{H}_T$ の無限級数によって表すことができる[‡]．ここで非平衡状態を扱うために Keldysh 形式を採用し，行列要素が定数で表される単純な場合を考察することにする．

$$T_{\mathbf{kq}} \equiv T$$

この場合には，全級数の和を正確に実行することができる．

電流を，次のように書ける．

$$I = -\frac{4|e|T}{\hbar} \operatorname{Im} \sum_{\mathbf{k},\mathbf{q}} \langle d^{\dagger}_{\mathbf{q}} \tilde{c}_{\mathbf{k}}\rangle = \frac{4|e|T}{\hbar} \operatorname{Re} \sum_{\mathbf{k},\mathbf{q}} F^{-+}_{\mathbf{kq}}(0) \tag{3.214}$$

上式において，コンタクトの両側の導電体の状態を結合する Keldysh の Green 関数 F を導入した．Keldysh 行列は，次のように定義される．

$$\hat{F}_{\mathbf{kq}}(t) = \begin{pmatrix} F^{--}_{\mathbf{kq}}(t) & F^{-+}_{\mathbf{kq}}(t) \\ F^{+-}_{\mathbf{kq}}(t) & F^{++}_{\mathbf{kq}}(t) \end{pmatrix} \tag{3.215}$$

$$F^{--}_{\mathbf{kq}}(t) = \frac{1}{i}\langle \mathcal{T}\tilde{c}_{\mathbf{k}}(t) d^{\dagger}_{\mathbf{q}}(0)\rangle \quad F^{-+}_{\mathbf{kq}}(t) = -\frac{1}{i}\langle d^{\dagger}_{\mathbf{q}}(0)\tilde{c}_{\mathbf{k}}(t)\rangle$$

$$F^{+-}_{\mathbf{kq}}(t) = \frac{1}{i}\langle \tilde{c}_{\mathbf{k}}(t) d^{\dagger}_{\mathbf{q}}(0)\rangle \quad F^{++}_{\mathbf{kq}}(t) = \frac{1}{i}\langle \tilde{\mathcal{T}}\tilde{c}_{\mathbf{k}}(t) d^{\dagger}_{\mathbf{q}}(0)\rangle$$

[‡] (訳註) トンネル項の $T_{\mathbf{kq}}$ と，3.4.3項 (p.137) で扱った外場 W との間に類推関係が成立する．式(3.207)は，c と d の区別を考えなければ，外部ポテンシャルによる粒子散乱のハミルトニアンと同じ形と見てよい．

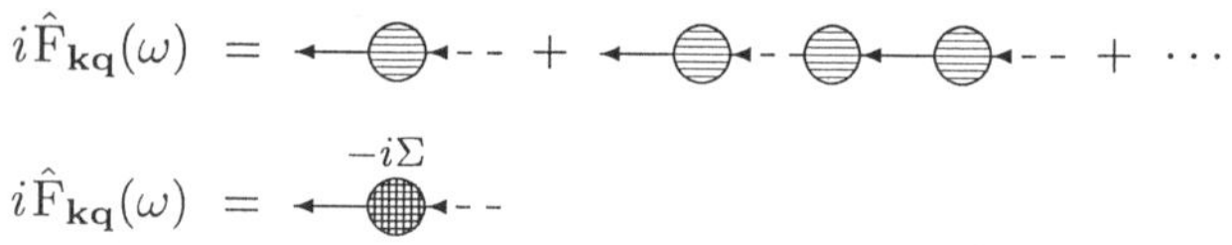

第3章 種々のGreen関数とその応用

$$i\hat{F}_{\mathbf{kq}}(\omega) = \text{○---} + \text{○-○○---} + \cdots$$

$$i\hat{F}_{\mathbf{kq}}(\omega) = \overset{-i\Sigma}{\text{⊕---}}$$

図3.11 トンネルコンタクトに対するKeldysh形式の"左-右Green関数".

$\hat{F}_{\mathbf{kq}}(\omega)$ に対する級数を，ダイヤグラムで図3.11に示した(実線の矢印は左側の導電体の非摂動Keldysh行列 $\hat{G}_l$，破線の矢印は右側の行列 $\hat{G}_r$ に対応する)[8].

Tは運動量に依存しないものと仮定してあるので，運動量に関する積分を簡単に実行できる．たとえば，

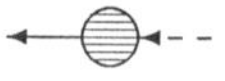

$$\text{○---} = \frac{\mathrm{T}}{\hbar}\sum_{\mathbf{k},\mathbf{q}} i\hat{G}_l(\mathbf{k},\omega-\omega_0)\cdot(-i\hat{\tau}_3)\cdot i\hat{G}_r(\mathbf{q},\omega)$$
$$= i\mathrm{T}\hat{g}_l(\omega-\omega_0)\cdot\hat{\tau}_3\cdot\hat{g}_r(\omega)$$

となる．$\hat{g}(\omega)$ は，

$$\hat{g}(\omega) = \sum_{\mathbf{k}} \hat{G}(\mathbf{k},\omega) \tag{3.216}$$

である．電流そのものは，次のように表される．

$$I(V) = \frac{4|e|\mathrm{T}}{\hbar}\mathrm{Re}\int_{-\infty}^{\infty}\frac{d\omega}{2\pi}\left[\hat{g}_l(\omega-\omega_0)\cdot\hat{\Sigma}(\omega,\omega_0)\cdot\hat{g}_r(\omega)\right]^{-+} \tag{3.217}$$

ここで，

$$-i\hat{\Sigma}(\omega,\omega_0) = \text{○} + \text{○-○-○} + \cdots$$ 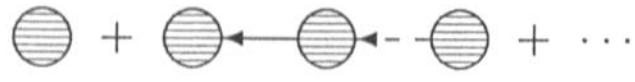
$$= -\frac{i}{\hbar}\mathrm{T}\hat{\tau}_3 + \left(-\frac{i}{\hbar}\mathrm{T}\hat{\tau}_3\right)\cdot i\hat{g}_r(\omega)\cdot\left(-\frac{i}{\hbar}\mathrm{T}\hat{\tau}_3\right)\cdot i\hat{g}_l(\omega-\omega_0)\cdot\left(-\frac{i}{\hbar}\mathrm{T}\hat{\tau}_3\right) + \cdots$$
$$= -i\frac{\mathrm{T}}{\hbar}\hat{\tau}_3\left(\hat{1} - \left(\frac{\mathrm{T}}{\hbar}\right)^2\hat{\eta}(\omega,\omega_0)\right)^{-1} \tag{3.218}$$

であり，$\hat{\eta}$ は次式で与えられる．

$$\hat{\eta}(\omega,\omega_0) = \hat{g}_r(\omega)\cdot\hat{\tau}_3\cdot\hat{g}_l(\omega-\omega_0)\cdot\hat{\tau}_3$$

次のように"回転した表示"に移行すると，計算が簡単になる．

---

[8] 左側の導電体のGreen関数 $(\mathbf{k},\mathbf{k}',\mathbf{k}'',\ldots$ が付く) はシフトした振動数 $\omega-\omega_0$ に依存する $(\omega_0=|e|V/\hbar)$. これが $\tilde{c}_{\mathbf{k}}$ と $c_{\mathbf{k}}$ の違いを生じる．

3.7. トンネルハミルトニアンの方法

$$\hat{g} \to \check{g} = L\hat{g}L^{\dagger}; \quad L = (L^{\dagger})^{-1} = \frac{1}{\sqrt{2}}\begin{pmatrix} 1 & -1 \\ 1 & 1 \end{pmatrix}$$

この変換によって，Keldysh行列の独立な成分を扱える形になる．

$$\hat{g} = \begin{pmatrix} g^{--} & g^{-+} \\ g^{+-} & g^{++} \end{pmatrix} \to \check{g} = \begin{pmatrix} 0 & g^A \\ g^R & g^K \end{pmatrix} \tag{3.219}$$

$\check{g}$ 行列の成分は，簡単に見いだされる．

$$g^{R,A}(\omega) = \sum_{\mathbf{k}} \frac{1}{\omega - \xi_{\mathbf{k}} \pm i0} = \mathcal{P}\sum_{\mathbf{k}} \frac{1}{\omega - \xi_{\mathbf{k}}} \mp i\pi \sum_{\mathbf{k}} \delta(\omega - \xi_{\mathbf{k}})$$

$$\mathcal{P}\sum_{\mathbf{k}} \frac{1}{\omega - \xi_{\mathbf{k}}} = \mathcal{P}\int \frac{N(\xi)}{\omega - \xi} d\xi \approx N(\omega) \mathcal{P}\int_{-\infty}^{\infty} \frac{d\xi}{\omega - \xi} = 0$$

したがって，以下のようになる．

$$g^{R,A}(\omega) \approx \mp i\pi \sum_{\mathbf{k}} \delta(\omega - \xi_{\mathbf{k}}) \equiv \mp i\pi N(\omega) \tag{3.220}$$

$$\begin{aligned} g^K(\omega) &= \sum_{\mathbf{k}} G^K(\mathbf{k}, \omega) \\ &= \sum_{\mathbf{k}} \frac{1}{i}\bigl(1 - 2n_F(\omega)\bigr) \cdot 2\pi\delta(\omega - \xi_{\mathbf{k}}) \\ &= -2\pi i\bigl(1 - 2n_F(\omega)\bigr) N(\omega) \end{aligned} \tag{3.221}$$

逆回転の変換を通じて，通常のトンネル電流に関して，線形応答極限 $(V \to 0)$ における 1 次の式を得ることができる．

$$\begin{aligned} I^{(1)}(V) &= \frac{4|e|T}{\hbar}\mathrm{Re}\int_{-\infty}^{\infty}\frac{d\omega}{2\pi}\frac{2T}{\hbar}\pi N_l(\omega - \omega_0) \cdot \pi N_r(\omega)\bigl[n_F(\omega) - n_F(\omega - \omega_0)\bigr] \\ &= V \cdot \frac{e^2}{\pi\hbar} \cdot \left(\frac{2\pi T}{\hbar}N_l(0)\right)\left(\frac{2\pi T}{\hbar}N_r(0)\right) \end{aligned} \tag{3.222}$$

したがって，コンダクタンスは，

$$G^{(1)} = \left(\frac{2\pi T}{\hbar}N_l(0)\right)\left(\frac{2\pi T}{\hbar}N_r(0)\right) \tag{3.223}$$

に比例し，Landauer公式の見方による実効的な障壁透過率は，次のようになる．

$$T_{\mathrm{eff}} = \left(\frac{2\pi T}{\hbar}N_l(0)\right)\left(\frac{2\pi T}{\hbar}N_r(0)\right) \approx \left(\frac{2\pi}{\hbar}N(0)\right)^2 T^2 \tag{3.224}$$

$\hat{\Sigma}$ を考慮することにより，補正が加わる．すなわち電流 $I(V)$ の式(3.222)の被積分関数に，次の因子が付く．

$$\left|1 - \frac{T^2}{\hbar^2} g_l^A(\omega-\omega_0) g_r^A(\omega)\right|^{-2} \approx \left[1 + \left(\frac{\pi T}{\hbar}\right)^2 N_l(0) N_r(0)\right]^{-2}$$

したがって，$V \to 0$ の極限で，

$$I(V) = V \cdot \frac{e^2}{\pi\hbar} \cdot \frac{T_{\text{eff}}}{(1 + T_{\text{eff}}/4)^2} \tag{3.225}$$

となる．この結果は，最初は松原形式を用いて導かれた (Genenko and Ivanchenko 1986)．実際に意味を持つ変数は T ではなく $T_{\text{eff}}/4$ であることに注意してもらいたい．

上記の結果で少し混乱を生じる点は，Landauer の式との対応関係が，最低次だけに限られることである．その上，T が大きい場合，透過率が上がるとコンダクタンスがゼロに近づいてしまう！しかしどちらの結果も誤りというわけではない．Landauer 公式の前提は，一旦，コンタクト領域を通過した電子が再びコンタクト領域に戻ることはない(電極に入って即座に位相情報を失う) というものである．一方，先ほど示したダイヤグラムをひと目見てわかるように，トンネルハミルトニアンの取扱いによる高次の項は，可干渉的な反復遷移過程を表す．したがって Landauer の透過率は，次のように"定義"されなければならない．

$$T_{\text{Landauer}} = \frac{T_{\text{eff}}}{(1 + T_{\text{eff}}/4)^2} \tag{3.226}$$

電子は反復遷移を繰り返した後に無限遠領域 (電極) へ到達することになる．このように見れば，Landauer の方法も依然として正当性を持つ．

T を無限大にしたときにコンダクタンスがゼロになるのは何故かという設問は，元々トンネルハミルトニアンの方法がこの極限に適用できないものなので，的外れなものに見えるかもしれない．しかし原子に強く束縛された電子の 1 次元系において，等価な例を考えることができる．

$$\mathcal{H}_L = -t_0 \sum_{i=-\infty}^{-1} (c_{i-1}^\dagger c_i + c_i^\dagger c_{i-1}) \tag{3.227}$$

$$\mathcal{H}_R = -t_0 \sum_{i=1}^{\infty} (d_i^\dagger d_{i+1} + d_{i+1}^\dagger d_i) \tag{3.228}$$

$$\mathcal{H}_T = -T(c_{-1}^\dagger d_1 + d_1^\dagger c_{-1}) \tag{3.229}$$

$T = t_0$ とおけば理想 1 次元鎖を得ることになり，-1 サイトと 1 サイトの間の "コンタクト"において反射は生じない．他方，$T < t_0$ もしくは $T > t_0$ の場合，1 次元鎖は 2 つの部分に分かれ，トンネルハミルトニアンのモデルから得た結果と同様の結果が得られる (Cuevas, Martín-Rodero and Levy Yeyati 1996)．

演習問題

3-1 遅延 Green 関数に対する近似式,
$$G^{\mathrm{R}}(\mathbf{p},\omega) = \frac{Z}{\omega - (\epsilon_{\mathbf{p}} - \mu) - \Sigma(\mathbf{p},\omega)}$$
が,以下の条件を満たすことを示せ.
(1) Kramers-Kronig の関係式.
(2) 和則.
(3) 自己エネルギーに以下の近似を適用する場合の,$|\omega| \to \infty$ のときの漸近形.
 (a) $\Sigma(\mathbf{p},\omega) = \Sigma' - i\Sigma''$
 (b) $\Sigma(\mathbf{p},\omega) = A\omega - i\Sigma''$
 (c) $\Sigma(\mathbf{p},\omega) = A\omega - iB\omega^2$
 (Z, Σ', Σ'', A, B は正の定数とする.)

3-2 有限温度における分極演算子の最低次の近似式を求めよ.

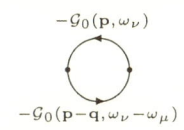

$-\mathcal{G}_0(\mathbf{p},\omega_\nu)$

$-\mathcal{G}_0(\mathbf{p}-\mathbf{q},\omega_\nu-\omega_\mu)$

3-3 上記の結果を用いて,非縮退の極限 ($e^{\mu\beta} \ll 1$) における長波長 ($q \to 0$) の Coulomb ポテンシャル遮蔽を求めよ.この遮蔽距離 (Debye-Hückel の遮蔽距離) を計算し,Thomas-Fermi の遮蔽距離と比較せよ.

第 4 章　超伝導に対する多体理論の方法

"There's a fallacy *somewhere*," he murmured drowsily, as he stretched his long legs upon the sofa. "I must think it over again." He closed his eyes, in order to concentrate his attention more perfectly, and for the next hour or so his slow and regular breathing bore witness to the careful deliberation with which he was investigating this new and perplexing view of the subject.

Lewis Carrol
"A Tangled Tale"

4.1　超伝導状態の一般的描像

4.1.1　超伝導状態の基本的性質

　1911年のKamerlingh Onnes(オンネス)による超伝導現象の発見は，現代の理論物理に対して真の挑戦を突きつけるものであった．古典力学に基づくDrude(ドルーデ)の理論は金属の常伝導状態をよく説明することができたが，超伝導状態を扱うことは全くできなかった．その後，量子力学に基づいて創られたSommerfeld(ゾンマーフェルト)やBloch(ブロッホ)の金属電子論も，超伝導を説明できるものではなかった．この現象を扱う微視的理論が現れるまでに，実に半世紀の期間を要したのである(傑出したSF作家であったR. Heinlein(ハインライン)は1940年代の中頃に書いた小説の中で，超伝導の理論は次の千年期の中葉まで現れないだろうと予言していた)．

　本章では超伝導体の諸性質について詳細な説明を与えるつもりはない．それらは既に良く知られていることであるし，我々は超伝導の議論自体を目的としているのではないからである§．本章で論じたいのは多体理論の凝縮系への応用であり，超伝導現象はその対象のひとつにすぎない．我々の目的のためには，まず実験的に得られた2

---

　§(訳註) 原著者は読者がBCS理論(Bardeen-Cooper-Schriefferの超伝導理論)を既にある程度知っているものと想定し，初等的な議論をかなり省いている．付録Bに訳者補遺として一様な系におけるBCS理論を簡単にまとめておくので，BCS理論に馴染みのない読者は適宜参照されたい．なお原著では4.1節がひとまとまりになっているが，構成を明確に示すために訳者の判断で4.1.1項～4.1.3項に分けた．

つの決定的な事実について言及しておけば充分であろう．

超伝導基底状態の特異性

超伝導転移温度 T_c より低い温度では，試料全体にわたる"巨視的な位相干渉性"(コヒーレンス) が現れる．超伝導体は密度行列によって表される通常の巨視系というよりも，むしろ単一の波動関数で表される巨大な分子のような振舞い方をする．

超伝導体における素励起

系の素励起は，基底エネルギーから有限の"エネルギーギャップ"(energy gap) によって隔てられている．これは外部からの摂動が強くない場合，系が摂動による励起を拒む性質を持つことを意味している．

以下に示すことを仮定すれば，上記の基本的性質を理論的に導くことができる．

(1) 電子気体の Fermi 縮退：Fermi 面が存在する必要がある．
(2) 電子間引力の存在．これは電子間に Coulomb 斥力が不可避的に働くことを考えると，にわかには信じ難い．しかし前章までで読者は，電子-フォノン相互作用によって，そのような引力相互作用が生じる可能性を見たはずである．電子-フォノン相互作用の役割は，BCS 理論が現れてその正当性が同位元素効果の確認によって確立される以前に，Frölich (フレーリッヒ) によって指摘されていた．
(3) 相互作用を限定する特徴的なエネルギー，すなわち相互作用を持つ電子の運動エネルギーの範囲 (Debye エネルギー $\hbar\omega_\mathrm{D}$ 程度になる) は，Fermi エネルギーに比べて充分に狭い ($\hbar\omega_\mathrm{D} \ll E_\mathrm{F}$)．

これらの条件が満たされている場合には，絶対零度において，金属の常伝導基底状態，すなわち Fermi 面から内側を電子が完全に占有している状態は不安定になり，定性的に全く異なった超伝導基底状態が現れるのである．

常伝導の基底状態，もしくは"常伝導系の真空"(読者はこの用語の使い方を覚えているであろう) の不安定性は，常伝導状態を基調とする摂動論の技法が役に立たないことを暗示している．逐次近似を行うための元の波動関数は，最終的に得られる波動関数に，ある程度まで近いものでなければならない．そうでなければ誤った解を得るか，もしくは解が得られないということになる．我々は"新しい真空状態"を見いだす標準的な方法を持たないので，ここで特別な洞察が必要となる．

4.1.2 初等量子力学による考察

まず,ある類推(アナロジー)に着眼して考察を始める.常伝導基底状態からの励起はエネルギーギャップを持たないが,超伝導基底状態からの励起スペクトルはギャップを持つ.我々は通常の量子力学によって,束縛状態が現れる場合に有限のエネルギーギャップが生じることを知っている.たとえば電子が孤立原子に束縛された場合,その束縛状態のエネルギー準位と遍歴状態の連続スペクトルとの間に,エネルギーギャップ,すなわち有限のイオン化エネルギーが現れる.

このような束縛状態が,自由電子の状態に対する摂動からは得られないことに注意してもらいたい.原子に束縛された電子はもはや電流を運ばない.束縛ポテンシャルが小さくても,それは定性的に異なる状態を生じる.

ただし"束縛ポテンシャルが小さくても"という表現は厳密さに欠ける.3次元系の場合,引力相互作用が充分に弱ければ束縛状態はまったく生じない.しかし2次元や1次元の場合には,任意に弱い引力相互作用によって,束縛状態が生じ得るのである.

ここで"次元"が物理的に重要となる.電子間引力は極めて弱いものと推測される(実験によるエネルギーギャップの測定結果は,この推測を支持する).したがって束縛状態が実現されるためには,実効的な低次元性が必要である.

まず1体問題を考察してみる.引力ポテンシャルが最も単純な,

$$U(\mathbf{r}) = -u\delta(\mathbf{r}), \quad u > 0$$

という形で表されるものとしよう.Schrödinger方程式は,次のように与えられる[‡].

$$-\nabla^2 \Psi - u\delta(\mathbf{r})\Psi = E\Psi$$

波動関数を,

$$\Psi(\mathbf{r}) = \sum_{\mathbf{k}} \Psi_{\mathbf{k}} \exp(i\mathbf{k}\mathbf{r})$$

のようにFourier展開すると,次式が得られる.

$$\sum_{\mathbf{k}}(k^2 - E)\Psi_{\mathbf{k}} e^{i\mathbf{k}\mathbf{r}} = \sum_{\mathbf{k}} u\Psi(0) e^{i\mathbf{k}\mathbf{r}}$$

したがって,

$$\Psi_{\mathbf{k}} = \frac{u}{k^2 - E}\Psi(0) \equiv \frac{u}{k^2 - E}\sum_{\mathbf{k}'}\Psi_{\mathbf{k}'}$$

[‡] (訳註) ここでは $\hbar^2/2m \to 1$ と置いてある.

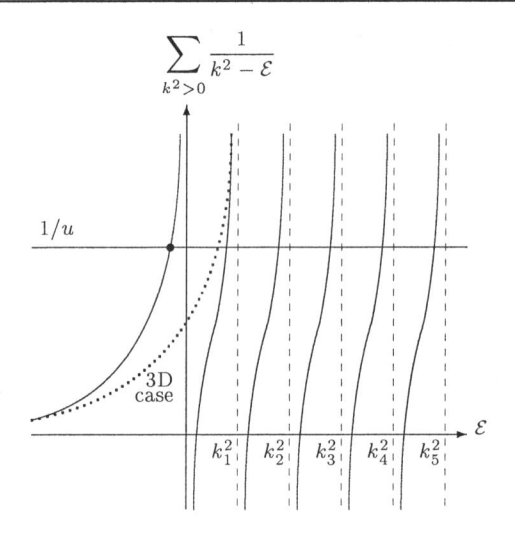

図4.1 束縛状態の形成.

となる．上式で，更に $\mathbf{k}$ に関する和をとると，次の関係式が得られる．

$$\frac{1}{u} = \sum_{k^2>0} \frac{1}{k^2 - E} \tag{4.1}$$

通常，波動関数の Fourier 展開において想定する粒子が遍歴する状態においては $E, k^2 > 0$ であり，束縛状態が生じるならば $E, k^2 < 0$ になる．相互作用が斥力の場合は $(u < 0)$，遍歴状態だけが可能である（対偶を見れば明らかである．E が負のとき，式 (4.1) の右辺は正になる）．

弱い引力相互作用が働く場合を考えると（これが当面，関心の持たれる状況である），式 (4.1) の左辺は大きな正数になる．正の E については，右辺の級数の中の任意の項の特異点に着目して，その近傍の適当な E の値を決めることで，式を成立させることができる．式を満たすエネルギー値は，微小なエネルギー幅の中に見いだされる（図 4.1 参照）．しかし E が負の場合には，右辺の各項が単独で任意に大きな値を取れないので，級数全体を見て解を探さなければならない．引力相互作用を無限に弱くすると，束縛状態からの励起エネルギー $|E|$ はゼロに近づくので，式 (4.1) における束縛解は，無視し得るものになってしまう．

したがって，無限小の引力相互作用の下で束縛状態が生じるためには，和 $\sum_{k^2>0} k^{-2}$ が発散しなければならない．ここで次元の持つ役割が明らかになる．

4.1. 超伝導状態の一般的描像

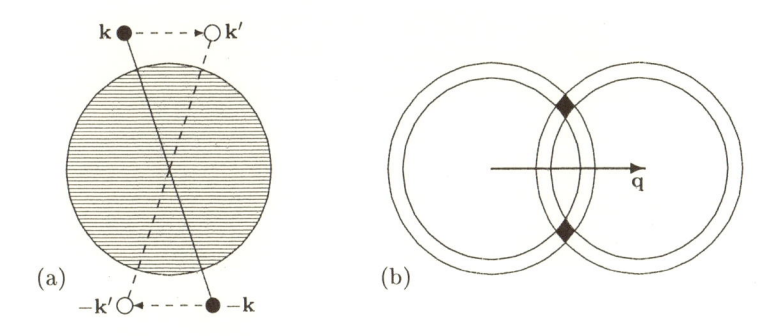

図4.2 (a) Cooper対を構成する電子同士の相互散乱. (b) 散乱が許容される領域.

$$\sum_{\mathbf{k}} \frac{1}{k^2} = \begin{cases} 4\pi \int_0^\infty (k^2 dk) \dfrac{1}{k^2} \propto k|_0^\infty & \text{(3D)} \\ 2\pi \int_0^\infty (k dk) \dfrac{1}{k^2} \propto \ln k|_0^\infty & \text{(2D)} \\ 2 \int_0^\infty dk \dfrac{1}{k^2} \propto \dfrac{1}{k}\Big|_0^\infty & \text{(1D)} \end{cases} \quad (4.2)$$

積分の上限が無限大になっているのは，相互作用を仮想的にデルタ関数にしたためであるが，実際には $k_{\max} \approx 1/a$ 程度の上限を設けなければならない．a は散乱半径で，散乱断面積 σ と $\sigma = 4\pi a^2$ の関係を持つ．小さい運動量(長い距離)において見られる物理的に意味を持つ発散は，1次元と2次元の場合だけに現れる.

低次元に関する考察は一見仮想的なものに思われるが，低温の金属において電子の自由度が2次元的に制約されることを考慮すると，現実的な重要性を持つことになる．

Fermi面の内部が完全に電子で満たされているならば，電子はFermi面の内側への散乱を禁止される．また電子間引力によるエネルギー遷移は $\omega_\mathrm{D}(\ll E_\mathrm{F})$ 程度のエネルギー範囲でしか起こらない．したがって考察の対象となる電子は，運動量空間において，Fermi面に沿った擬2次元の層状領域の中だけに存在することになる．この事実を最初に理解したのはCooperである．ここから2体問題へと議論を進めて，彼の提唱した有名な"Cooper対"(Cooper pair)のモデルを見てみることにしよう．

完全に内部を占有されているFermi球($T=0$)の外に，2つの電子('電子対')を加えてみる(図4.2(a))．Fermi球の内部の電子は，加えた電子に対して，Fermi球内への遷移を禁止する以外には影響を持たないものとする．系全体の並進対称性を仮定し，ここではスピンに依存する相互作用を無視する．そうすると，対の重心の運動量 $\hbar \mathbf{q}$

図4.3 超伝導体における対生成.

と全スピン $\mathbf{S}$ は保存量になる．したがって対の波動関数の軌道部分を，次のように書ける．

$$\Psi(\mathbf{r}_1, \mathbf{r}_2) = \phi_{\mathbf{q}}(\varrho) e^{i\mathbf{qR}} \tag{4.3}$$

ここで $\varrho = \mathbf{r}_1 - \mathbf{r}_2$, $\mathbf{R} = \dfrac{\mathbf{r}_1 + \mathbf{r}_2}{2}$ である．

対が静止している場合 $(\mathbf{q}=\mathbf{0})$ を考えると問題が簡単になる (遷移先として許容される $\mathbf{k}$ 空間内の領域の体積が最大になる．図4.2(b)参照)．問題は球対称となり，$\phi(\varrho)$ は回転能率 $\mathbf{L}$ の固有関数になる．スピン1重項状態 $(\mathbf{S}=\mathbf{0})$ を仮定すれば，波動関数の軌道部分は電子の交換に関して対称である．

したがって波動関数を，次のように書くことができる[§]．

$$\Psi(\mathbf{r}_1, \mathbf{r}_2) = \phi(\varrho) = \sum_{k>k_F} a_{\mathbf{k}} e^{i\mathbf{k}\varrho} = \sum_{k>k_F} a_{\mathbf{k}} e^{i\mathbf{k}\mathbf{r}_1} e^{-i\mathbf{k}\mathbf{r}_2} \tag{4.4}$$

対の波動関数は，それぞれの電子がちょうど反対向きになっている $(\mathbf{k}, -\mathbf{k})$ 状態の重ね合せとして表される．この合成スピン $\mathbf{S}=\mathbf{0}$ の波動関数は，次のSchrödinger方

[§](訳註) 多体系における電子の演算子と同じ $a_{\mathbf{k}}$ の表記が使われているので紛らわしいが，ここから式(4.15)の導出までに出てくる $a_{\mathbf{k}}$ は2粒子波動関数のFourier展開係数なので，単なるc-数である．

4.1. 超伝導状態の一般的描像

程式を満たす．

$$(E - H_0)\Psi = V\Psi \tag{4.5}$$

ここで $H_0 = -\dfrac{\hbar^2}{2m}\left(\nabla_{\mathbf{r}_1}^2 + \nabla_{\mathbf{r}_2}^2\right)$ で，V は相互作用ポテンシャルである．エネルギーは Fermi 準位を基準としている．

式(4.5)に式(4.4)を代入して，両辺の行列要素を比較すると，次式が得られる．

$$(E - 2E_\mathbf{k})a_\mathbf{k} = \sum_{k' > k_\mathrm{F}} \langle \mathbf{k}, -\mathbf{k} | V | \mathbf{k}', -\mathbf{k}' \rangle a_{\mathbf{k}'} \tag{4.6}$$

ここで V の行列要素を，

$$\langle \mathbf{k}, -\mathbf{k} | V | \mathbf{k}', -\mathbf{k}' \rangle = \lambda w_\mathbf{k}^* w_{\mathbf{k}'} \tag{4.7}$$

のように因数分解できるものと仮定すると，式(4.6)は次のようになる．

$$-\frac{1}{\lambda} = \sum_{k > k_\mathrm{F}} \frac{|w_\mathbf{k}|^2}{2E_\mathbf{k} - E} \tag{4.8}$$

引力の場合 ($\lambda < 0$) を考え，相互作用が次のように Fermi 面付近の電子だけに働くと考えて，束縛状態を導くことができる．

$$|w_\mathbf{k}|^2 = \begin{cases} 1, & 0 < E_\mathbf{k} < \omega_\mathrm{c} \quad (\omega_\mathrm{c} \ll E_\mathrm{F}) \\ 0, & \text{otherwise} \end{cases} \tag{4.9}$$

このとき，式(4.8)は，

$$-\frac{1}{\lambda} = \int_0^{\omega_\mathrm{c}} dE' \frac{N(E')}{2E' - E} \approx \frac{N(0)}{2} \ln\left|\frac{2\omega_\mathrm{c} + |E|}{E}\right| \tag{4.10}$$

となり，束縛エネルギーが，

$$|E| = \frac{2\omega_\mathrm{c}}{1 - \exp\{-2/|\lambda|N(0)\}} \exp\{-2/|\lambda|N(0)\} \tag{4.11}$$

のように求まる[‡]．相互作用が強い場合には $|E| \approx \omega_\mathrm{c}|\lambda|N(0)$ の相互束縛状態が現れるが，弱結合の極限 ($|\lambda|N(0) \ll 1$) でも束縛解が存在し，その束縛エネルギーは次式で表される．

$$|E| \approx 2\omega_\mathrm{c} \exp\{-2/|\lambda|N(0)\} \tag{4.12}$$

[‡] (訳註) $N(E)$ は自由電子気体の，電子エネルギー $E + E_\mathrm{F}$ における一方向スピンあたりの状態密度である．したがって $N(0)$ は Fermi 準位における状態密度 (2.2.3 項で $\mathcal{N}(\mu)$ と表記したもの) である．ここでは $\hbar \to 1$ としてあり，式(4.9)-(4.12) において $\omega_\mathrm{c} \leftarrow \hbar\omega_\mathrm{c}$ と見る．

上述の考察により,Fermi面付近に無限小の電子間引力を導入すれば,必ず2電子の束縛状態が発生することが分かる.これは3次元の状態密度 $N(E) \propto E^{1/2}$ の代わりに,実効的な2次元性によって $N(E) \approx N(0) =$ const. となっていることに依るものである.

式(4.12)から,束縛エネルギーは相互作用の強さ $|\lambda|$ に敏感に依存し,$|\lambda| \to 0$ において解析的でないことが分かる.このことは引力相互作用が存在するときに常伝導基底状態が本質的に不安定な状態であり,常伝導状態に基づく摂動論が役に立たないことを示唆している.

上記の計算には重大な欠陥がある.これは常伝導金属電子の仮想的な基底状態を背景とした,ただ1対の電子だけを扱っており,本来の多電子系の振舞いを考えていない.したがって多数の電子対が存在する状態を想定していないのである.また,Fermi面の内側の準粒子(準正孔)も考慮されていない.このため式(4.12)の束縛エネルギーの指数は正しい値ではなくなっている.BCS理論によれば,指数関数因子は $\exp\{-2/|\lambda|N(0)\}$ ではなく $\exp\{-1/|\lambda|N(0)\}$ となる ($\exp\{-1/|\lambda|N(0)\}$ が既に1に比べて小さいので,自乗の差は重大な違いである).準粒子§の描像によって,束縛エネルギーが $\approx k_B T_c \approx 10^{-4}$ eV に過ぎない電子対が,1 eV のオーダーの電子間Coulomb相互作用や電子-フォノン相互作用の下で存在できる理由を理解することができる(これらの相互作用の大部分は,準粒子描像の下では準粒子の質量などに繰り込まれ,背景として隠れてしまう.準粒子の定義に繰り込まれない弱い準電子-準電子相互作用だけが,有効相互作用として残る).

多数の対が存在する状況を考える場合,実空間の波動関数によって多体状態を考えるよりも,それぞれの対状態 $(\mathbf{k}\uparrow, -\mathbf{k}\downarrow)$ の占有状況によって多体系全体の状態を考察する方が都合がよい.状態 $(\mathbf{k}\uparrow, -\mathbf{k}\downarrow)$ が占有されている確率振幅 $v_\mathbf{k}$ と,この状態が空いている確率振幅 $u_\mathbf{k}$ を導入する.両者は次の関係を持つ.

$$|v_\mathbf{k}|^2 + |u_\mathbf{k}|^2 = 1 \tag{4.13}$$

ここで確率そのものを表す変数ではなく,確率振幅を導入したことは,対による各状態の占有/非占有が,通常の統計力学的な散乱過程に支配されるものでは"ない"ことを意味している.我々は量子力学的に位相の揃った"可干渉的な状態"(コヒーレント)を扱うことになる.

多体問題を正しく扱おうとすると,数学的に大きな負担が生じてくる.しかしある種の平均場近似を適用すると,計算は極めて簡単なものになる.平均場近似が成立

---

§(訳註) ここで用いられている"準粒子"は,p.7訳註の(1)の意味である.

4.1. 超伝導状態の一般的描像

するためには,対の大きさに対して対の密度が充分に高くなければならないが,まずは先ほどの2粒子のCooper問題の結果を援用して,両者の関係を見積もってみよう.Cooper対の大きさ $\Delta\varrho$ を,次のように定義することができる.

$$(\Delta\varrho)^2 = \frac{\int |\phi(\varrho)|^2 \varrho^2 d^3\varrho}{\int |\phi(\varrho)|^2 d^3\varrho} = \frac{\sum_{\mathbf{k}} |\nabla_{\mathbf{k}} a_{\mathbf{k}}|^2}{\sum_{\mathbf{k}} |a_{\mathbf{k}}|^2}$$

$$\approx \frac{N(0)\left(\frac{\partial \xi}{\partial k}\right)_{\xi=0}^2 \int_0^\infty \left(\frac{\partial a}{\partial \xi}\right)^2 d\xi}{N(0)\int_0^\infty a^2 d\xi} \tag{4.14}$$

(ξはFermi準位を基準とした電子の運動エネルギーである.)

Fermi面付近の $\mathbf{k}$ に関して,

$$(E - 2E_{\mathbf{k}})a_{\mathbf{k}} = \sum_{\mathbf{k}'} \langle \mathbf{k}\uparrow, -\mathbf{k}\downarrow |V|\mathbf{k}'\uparrow, -\mathbf{k}'\downarrow \rangle a_{\mathbf{k}'}$$

$$= \lambda w_{\mathbf{k}}^* \sum_{\mathbf{k}'} w_{\mathbf{k}'} a_{\mathbf{k}'} = \text{const.}$$

となるので,次式が得られる[‡].

$$a(\xi) = \frac{\text{const.}}{E - 2\xi}; \quad \frac{\partial a}{\partial \xi} = \frac{2\,\text{const.}}{(E - 2\xi)^2}$$

したがって,対の大きさは,次のように与えられる.

$$\Delta\varrho \approx \sqrt{\frac{4}{3}\frac{\hbar v_\text{F}}{E}} \tag{4.15}$$

ここで $E = k_\text{B}T_\text{c}$ と置くと,$\Delta\varrho \approx 10^{-4}$ cm というかなり巨視的な数値が得られる.一方,低温 $T \ll T_\text{c}$ における対の密度は $n_e \approx 10^{22}$ cm^{-3} のオーダーである.したがって,ひとつの対が占める領域の中に,他の対が 10^{10} 個程度存在していることになる[§]. この点で平均場近似に必要な条件は完全に満たされている.

[‡](訳註) 結局Cooper対を表す2粒子波動関数は,式(4.4)で $a_{\mathbf{k}} = -\dfrac{\text{const.}}{|E| + 2\xi_{\mathbf{k}}}$ と置いたものである.この波動関数は対の重心のまわりに同一形状の球対称な電子雲が2つ重なっているような"形"(確率密度分布)を持つ.但し重心は局在せず,系内で一様な確率分布を持つ.

Cooper対の波動関数を水素原子のBohrモデルのような前期量子論的描像に還元すると,2電子が共通重心のまわりを円軌道を描いて互いに回転しているようなイメージになる.もちろん正しい量子力学的描像では電子が特定の面内軌道を辿るわけではないし,電子の角運動量の期待値はゼロである.

[§](訳註) "対の密度"として2種類の考え方がある.ここにあるように単純に電子密度のオー

4.1.3 BCSの描像

平均場を導入する前に，まず電子間相互作用を次のように書く．

$$H_i = \sum_{\mathbf{k},\mathbf{k}'} V_{\mathbf{k}\mathbf{k}'} a^\dagger_{\mathbf{k}\uparrow} a^\dagger_{-\mathbf{k}\downarrow} a_{-\mathbf{k}'\downarrow} a_{\mathbf{k}'\uparrow}$$

この項は4つの演算子を含んでおり，ダイヤグラムの技法では4本の外線を持つ結節点として表現される．行列要素が急峻な運動量依存性を持っていることもあり，この相互作用項は取り扱いが難しい．しかしここで平均場近似を適用し，4つある演算子の中の2つの演算子積を平均値(平均場)に置き換えて，演算子を2つに減らすことができる(平均場に関して，自己無撞着性を保証する方程式が与えられることになる)．しかし通常の摂動展開と同様に $a^\dagger a^\dagger a a \to \langle a^\dagger a \rangle a^\dagger a$ のように平均場を導入した項は，超伝導性に対する寄与を持たない．このような項は，通常の電子散乱過程を表しており，対形成とは無関係である．したがって，これらの項をハミルトニアンの他の項に含めてしまい，準粒子の性質に既に繰り込んであるものと考えて省くことができる．

対形成を考慮するための平均場の導入方法として，次のような相互作用項の書き換えを行う[‡]．

$$H_i \to \mathcal{H}_{i,\text{MFA}} = \sum_{\mathbf{k},\mathbf{k}'} V_{\mathbf{k}\mathbf{k}'} a^\dagger_{\mathbf{k}\uparrow} a^\dagger_{-\mathbf{k}\downarrow} \langle a_{-\mathbf{k}'\downarrow} a_{\mathbf{k}'\uparrow} \rangle + \text{Hermitian conjugate}$$

$$= -\sum_{\mathbf{k}} \left\{ \Delta_{\mathbf{k}} a^\dagger_{\mathbf{k}\uparrow} a^\dagger_{-\mathbf{k}\downarrow} + \Delta^*_{\mathbf{k}} a_{-\mathbf{k}\downarrow} a_{\mathbf{k}\uparrow} \right\} \tag{4.16}$$

"対ポテンシャル"(pairing potential)と呼ばれる量 $\Delta_{\mathbf{k}}$ は，次式で定義される．

$$\Delta_{\mathbf{k}} = -\sum_{\mathbf{k}'} V_{\mathbf{k}\mathbf{k}'} \langle a_{-\mathbf{k}'\downarrow} a_{\mathbf{k}'\uparrow} \rangle \tag{4.17}$$

ダー(絶対零度で電子密度の $\frac{1}{2}$)と考えるのが第1の立場であるが，この場合 Fermi 球内部で Pauli の排他律の制約によって事実上引力相互作用に与ることのない大多数の電子もすべて(形式的に)対を構成しているものと考えることになる．第2の立場は Fermi 準位付近で実際に相互束縛した状態を形成している対だけを対象とするもので，この場合，対の密度として確定値が決まるわけではないが，$N(0)|\Delta|$ のオーダー(電子密度の $\sim |\Delta|/E_F$ 倍程度．Δ は後から出てくる対ポテンシャル)である．E_F は eV，$|\Delta|$ は meV のオーダーなので，この立場では Fermi 準位付近以外の大部分の電子は対を形成していないことになるが，こちらの方がむしろ実体を正しく表している(と訳者は考える)．第2の立場を採用しても，ひとつの対が占める体積の中に他の対が 10^7 個程度含まれることになり，平均場の概念は問題なく成立する．

[‡](訳註) 式(4.16)は同じ項に対する近似計算を2回重複して行っており，本当は辻褄を合わせるために $-\sum_{\mathbf{k},\mathbf{k}'} V_{\mathbf{k}\mathbf{k}'} \langle a^\dagger_{\mathbf{k}\uparrow} a^\dagger_{-\mathbf{k}\downarrow} \rangle \langle a_{-\mathbf{k}'\downarrow} a_{\mathbf{k}'\uparrow} \rangle$ という項を加えなければならない．付録の B.2節を参照されたい．

4.1. 超伝導状態の一般的描像

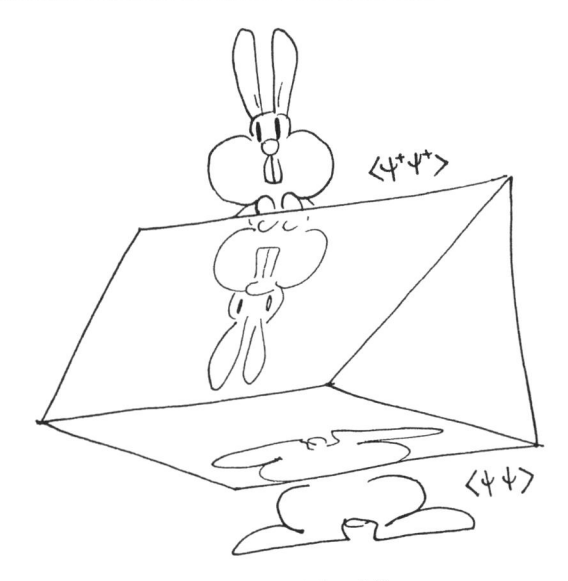

図4.4 "異常平均"の実体？

ここで我々は"異常平均"(anomalous average)と呼ばれる，消滅演算子同士（もしくは生成演算子同士）の積の平均量を導入した．これは粒子数が確定した状態では必ずゼロになる量である！しかしこれを無頓着に扱うことが可能である．平均場近似を導入した後のハミルトニアン $\mathcal{H}_{i,\mathrm{MFA}}$ もまた粒子数保存則を破っており，対を生成する項と消滅させる項を持つ．したがって，このハミルトニアンを用いた計算では $\langle aa \rangle$ や $\langle a^\dagger a^\dagger \rangle$ のような平均量がゼロでなくなり，辻褄が合うのである．ゼロでない異常平均を持つことは超伝導状態の基本的な特徴である．異常平均は系の"非対角な長距離秩序"(off-diagonal long-range order: Yang 1962 によって導入された概念)——常伝導状態との質的な違いを特徴づけるある種の対称性——を表している．

"非対角な長距離秩序"の非対角という術語は，異常平均が系の密度行列の非対角要素（これが可干渉的な(コヒーレント)量子効果を生む）に関係していることから来ている．長距離秩序の方は，次のように理解することができる．

次の"対間相関関数"は，$\mathbf{r}_1$ にある対と，$\mathbf{r}_2$ にある対の相関を記述する．

$$S_{\uparrow\downarrow}(\mathbf{r}_1, \mathbf{r}_2) = \langle \Psi^\dagger_\uparrow(\mathbf{r}_1) \Psi^\dagger_\downarrow(\mathbf{r}_1) \Psi_\downarrow(\mathbf{r}_2) \Psi_\uparrow(\mathbf{r}_2) \rangle \tag{4.18}$$

対と対の距離が長くなると，この関数を因数分解できるようになる（相関消失の一般原理による）．

$$S_{\uparrow\downarrow} \underset{|\mathbf{r}_1-\mathbf{r}_2|\to\infty}{\sim} \langle\Psi_\uparrow^\dagger(\mathbf{r}_1)\Psi_\downarrow^\dagger(\mathbf{r}_1)\rangle \times \langle\Psi_\downarrow(\mathbf{r}_2)\Psi_\uparrow(\mathbf{r}_2)\rangle \tag{4.19}$$

常伝導状態では異常平均がゼロなので，因数分解した式は自明なもので，さしたる意味を持たない．しかし超伝導状態では意味が出てくる．

$$S_{\uparrow\downarrow}(\mathbf{r}_1,\mathbf{r}_2) \underset{|\mathbf{r}_1-\mathbf{r}_2|\to\infty}{\propto} \Delta^*(\mathbf{r}_1)\Delta(\mathbf{r}_2) \tag{4.20}$$

これは，電子系の状態が長距離相関を持つこと ('巨視的量子可干渉性'（コヒーレンス）: macroscopic quantum coherence) を表している．超伝導状態は，このような"秩序を持つ状態"であり，対ポテンシャル Δ は"秩序パラメーター"(order parameter) とも呼ばれる．

しかし超伝導において異常平均が重要であるとすると，粒子数の確定している系，すなわち閉じた系は超伝導現象を生じないのではないかという疑問が生じる．

この疑問に対する自明な (そして誤りとは言えない) ひとつの解答の仕方は，宇宙において真の孤立系は存在しないというものである．電子は基本的に伝播拡散する性質を持つので，電子の出入りが全くない系という想定は，実際上，意味を持たない．

もうひとつの，より本質的な解答は，異常平均は確かに重要であるが，異常平均が直ちに系の電子数の不確定性を意味するものではないということである．異常平均が存在する系で実際に"観測される"のは，Δ や Δ^* そのものではなく，$|\Delta|$ もしくは $\mathrm{Arg}\Delta$ に関する量である．

孤立した超伝導体の性質 (熱力学的な性質など) はすべて $|\Delta|^2 \equiv \Delta^*\Delta \propto \langle a^\dagger a^\dagger a a\rangle$ によって表される．この量は電子数を確定させてもゼロにはならない．そしてこの場合，Δ の位相の方は確定せず，物理的な意味を持たない．

一方，位相が重要になる状況もある (Josephson効果など)．その場合は基本的に開放された系が想定される．電子はトンネル過程などによって系を出入りしており，超伝導体中の電子数は常にゆらいでいる．

つまり電子数の"非保存"は，超伝導現象において不可避的な本質ではなく，状況によって電子数が保存する場合も保存しない場合も想定できるのである§．恣意的に用いたある特定の近似手法 (平均場近似のハミルトニアン) の下では，電子数の不確定な状態の方が考えやすいということに過ぎない[1]．

第二量子化の方法において生成・消滅演算子を導入したときに，ある意味で粒子数保存が損なわれていることを再認識する必要がある．しかしハミルトニアンを，粒子数

---

§(訳註) 付録Bの式(B.24)を参照．
[1] もちろん電子を1個もしくは2個追加することによって全エネルギーが大きく変わるような"微小な系"を扱う場合には，"偶奇効果"などを考慮した特別な取扱いが必要になるが，これは後から議論する．

4.1. 超伝導状態の一般的描像

図4.5 自発的な対称性の破れ.

が保存される $a^\dagger a$ のような項によって構成する場合には，これに基づく計算結果を，粒子数の確定したものにしやすい．

問題を別の角度から見ることにする.

外部磁場がゼロの時の磁性材料における磁気能率(モーメント)の平均量を形式的に計算すると，Curie(キュリー)温度以下でもゼロになってしまう．正しい結果——有限な自発的磁化 $\mathbf{M}$ ——を得るには，まず無限小の外部磁場 $\mathbf{h}$ を想定し，$\mathbf{M}$ を見いだしてから $\mathbf{h}=\mathbf{0}$ と置かなければならない．

これは何故か？ 磁気能率(モーメント)はベクトルであり，その平均量を計算する際には方向の平均化も行われる．外部磁場がない場合，あらゆる方向を向いた $\mathbf{M}$ が同じ確率で可能であり，それらの平均はゼロになる．しかし任意に小さい外部磁場がある場合には，$\mathbf{M}$ の方向がそれに沿った方向に決まり，ゼロでない平均値が現れる．この種の平均化の操作はBogoliubov(ボゴリューボフ)によって導入されたもので，"準平均"と呼ばれる．

これは極めて重要な一般的状況の一例となっている．系の基底状態の対称性は，一般にはハミルトニアンの対称性より低くなり得る．すなわち"対称性が自発的に破れる"ということが，巨視的な多体系においては起こり得る．

無限小の外部磁場 $\mathbf{h}$ の役割は，項 $-\mathbf{M}\mathbf{h}$ を通じて，基底状態の対称性を減じることにある．

転移温度以下で，無限小の外部磁場が有限の磁化を引き起こすという事実は，$\mathbf{M}$ の平均がゼロになる状態が不安定であり，自発的に有限の磁気能率(モーメント)を獲得できることを意味している(それゆえ'自発的な対称性の破れ'と称する．図4.5参照)．

我々は，超伝導体においても似たような状況に遭遇する．ハミルトニアンに $fa^\dagger a^\dagger$ や $f^* aa$ のような外部の"対(つい)の源"を導入し，$\langle a^\dagger a^\dagger \rangle$ や $\langle aa \rangle$ を計算してから $f=f^*=0$

とおくと，T_cより高い温度でこれらの平均量はゼロになるが，T_c以下では有限の値が得られる．対の平均場を導入したハミルトニアン$\mathcal{H}_{\mathrm{MFA}}$に基づいて観測量を算出する過程は，上述のような準平均化の操作と実質的に等価な操作を含んでいるのである．常伝導状態は元々不安定であり，粒子数を変えるような有限の項の寄与が本質的に必要というわけではない．異常平均がゼロに確定しない状況は，元々の正確なハミルトニアンの下でも自発的に生じるはずのものである．

対称な状態が不安定な場合に"自発的な対称性の破れ"が起こることは不可避的であり，このためT_c以下で常伝導状態が現れることはない．常伝導状態とは質的に異なった，超伝導状態を見いだすことになる．

本節のまとめ

転移温度以下の超伝導体では，常伝導基底状態は不安定で，Cooper対(つい)の形成が起こる(Fermi面付近で電子間引力を想定する．引力の強度は任意に弱いものでよい)．

超伝導基底状態は，常伝導状態と質的に異なったものである．異常平均(超伝導秩序パラメーターと関係する)の存在によって表される特別な対称性を持っており，巨視的量子可干渉性(コヒーレンス)を示す．

常伝導状態に対する摂動論によって，超伝導状態を記述することはできないが，不安定性が現れる転移点を示すことはできる．

異常平均の存在による電子数保存則の破綻は，巨視的な超伝導体の物理的観測量には全く影響を与えない．

4.2　常伝導状態の不安定性

2粒子Green関数の極は，2つの準粒子が互いに束縛している状態に対応する．これは温度Green関数についても同様である．ここで，Fermi面付近の準粒子間に，任意に弱い相互作用を与えると，結節部分関数(ヴァーテックス)に極が現れることを見てみよう(**Lifshits and Pitaevskii 1980**参照)．これは2粒子Green関数の極そのものと等価である．

温度結節部分関数(ヴァーテックス)，

$$\Gamma(\mathbf{p}_1\varpi_1, \mathbf{p}_2\varpi_2; \mathbf{p}'_1\varpi'_1, \mathbf{p}'_2\varpi'_2) \tag{4.21}$$

に対して，次の条件を与えてみる．

$$\mathbf{p}'_1 + \mathbf{p}'_2 = 0; \quad |\mathbf{p}'_1| = p_{\mathrm{F}}; \quad \varpi'_1 = \varpi'_2 = 0 \tag{4.22}$$

4.2. 常伝導状態の不安定性

図4.6 結節部分関数を求めるための梯子ダイヤグラムの級数.

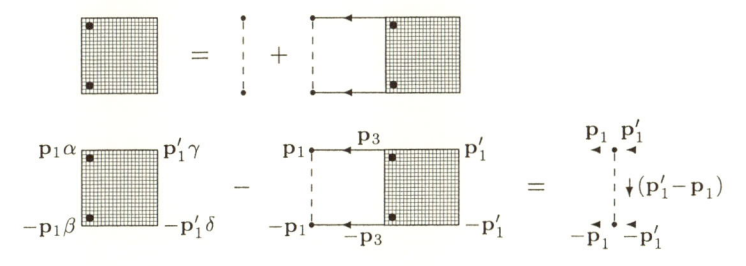

図4.7 梯子近似に基づく Bethe-Salpeter 方程式.

これは，対形成が Fermi 面上でおこり，束縛エネルギーはゼロで (転移点ではそうであろう)，対の重心運動量もゼロであること (これは既に論じた) を表している.

結節部分関数の極は，図4.6に示すような梯子型ダイヤグラムによって生じる (終点を入れ替えたダイヤグラムを別に考える必要はない．極は両方の級数に同時に現れる). Bethe-Salpeter 方程式は，次のように書かれる (図4.7および p.122, 表3.1参照).

$$\Gamma(\mathbf{p}_1, -\mathbf{p}_1; \mathbf{p}'_1, -\mathbf{p}'_1)\delta_{\alpha\gamma}\delta_{\beta\delta}$$
$$+ \frac{1}{\beta}\sum_{s=-\infty}^{\infty}\int\frac{d^3\mathbf{p}_3}{(2\pi)^3}\delta_{\alpha\eta}\mathcal{G}^0(\mathbf{p}_3, \varpi_s)\delta_{\beta\mu}\mathcal{G}^0(-\mathbf{p}_3, -\varpi_s)$$
$$\times U(\mathbf{p}_3-\mathbf{p}_1)\Gamma(\mathbf{p}_3, -\mathbf{p}_3; \mathbf{p}'_1, -\mathbf{p}'_1)\delta_{\eta\gamma}\delta_{\mu\delta}$$
$$= -U(\mathbf{p}'_1-\mathbf{p}_1)\delta_{\alpha\gamma}\delta_{\beta\delta} \tag{4.23}$$

和と積分の計算において，$\mathbf{p}_3$ が Fermi 面に近く，松原振動数 ϖ_s が小さいところだけが重要となる．したがって，和と積分の対象となる Γ と U の引き数に関して，$|\mathbf{p}_3| = p_F$, $\varpi_s = 0$ とおく.

これで，すべてのベクトル変数が Fermi 面上にあることになるので，Γ と U はひとつの変数 (運動量同士がなす角) だけに依存する．よって，これらの関数を Legendre 多項式で展開できる.

$$U(\theta) = \sum_{l=0}^{\infty}(2l+1)u_l P_l(\cos\theta) \tag{4.24}$$

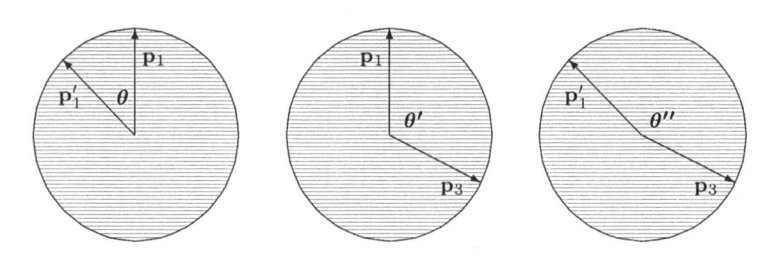

図4.8 Fermi球上の運動量ベクトル同士の関係を表す変数.

$$\Gamma(\theta) = \sum_{l=0}^{\infty}(2l+1)\gamma_l P_l(\cos\theta) \tag{4.25}$$

そうすると, 方程式は次のようになる[‡] (図4.8参照).

$$\sum_l (2l+1)(-u_l - \gamma_l) P_l(\cos\theta)$$
$$= \frac{1}{\beta}\sum_s \int \frac{d^3\mathbf{p}_3}{(2\pi)^3} \mathcal{G}^0(\mathbf{p}_3, \varpi_s) \mathcal{G}^0(-\mathbf{p}_3, -\varpi_s)$$
$$\times \sum_{l'}\sum_{l''}(2l'+1)(2l''+1) u_{l'}\gamma_{l''} P_{l'}(\cos\theta') P_{l''}(\cos\theta'') \tag{4.26}$$

球面調和関数の和則を用い, また,

$$\mathcal{G}^0(\mathbf{p}_3, \varpi_s) = \frac{1}{i\varpi_s - \frac{p_3^2}{2m} + \mu} = \mathcal{G}^0(-\mathbf{p}_3, -\varpi_s)^*$$

が方向に依存しないことを考慮すると, 結節部分関数の l 番目の角度依存成分として, 次式を得る.

$$\gamma_l = \frac{-u_l}{1 + u_l \Pi} \tag{4.27}$$

$$\Pi = \frac{1}{\beta}\sum_s \int \frac{d^3\mathbf{p}_3}{(2\pi)^3} |\mathcal{G}^0(\mathbf{p}_3, \varpi_s)|^2 = \int \frac{d^3\mathbf{p}_3}{(2\pi)^3} \frac{1}{\beta}\sum_s \frac{1}{\varpi_s^2 + \xi_{\mathbf{p}_3}^2} \tag{4.28}$$

Π を与える級数は, 速やかに収束する. Fermi粒子の松原振動数に関する和の公式を使うと, 次式が得られる.

$$\Pi = \int \frac{d^3\mathbf{p}}{2(2\pi)^3} \frac{\tanh\frac{\beta\xi_\mathbf{p}}{2}}{\xi_\mathbf{p}} \tag{4.29}$$

[‡] (訳註) 第2, 3章と同様, 本章でも随時 $\hbar \to 1$ としてある $\left(\int \frac{d^3\mathbf{p}}{(2\pi\hbar)^3} \to \int \frac{d^3\mathbf{p}}{(2\pi)^3} \text{など}\right)$.

運動量を無限大まで大きくすることは，物理的に意味を持たないので，前にも述べたように適当な上限 $p_{\max} \approx 1/a$ を設定する．このようにして，結節部分関数に極が現れる条件を得ることができる．

$$\frac{-u_l}{2(2\pi)^3}\int d^3\mathbf{p}\, \frac{\tanh\dfrac{\beta\xi_\mathbf{p}}{2}}{\xi_\mathbf{p}} = 1 \qquad (4.30)$$

$l=0$ の場合，この方程式は，BCS 理論において秩序パラメーターを $\Delta=0$ とおいたとき (転移点) の式と正に同じものである．l 番目の角度依存成分の臨界温度は，1 程度の係数を除いて，

$$T_c^{(l)} \approx \epsilon_{\max}\exp\left\{-\frac{1}{N(0)|u_l|}\right\} \qquad (4.31)$$

と表される§．$\epsilon_{\max}$ は相互作用の切断(カットオフ)を導入するための，電子エネルギー範囲のパラメーターである．ポテンシャルの角度展開の係数 u_l のうち，少なくともひとつ負 (引力) のものがあれば，束縛状態が現れることを見て取れる．転移温度は $T_c^{(l)}$ の中の最大の値となる．上式には，$T_c^{(l)}$ が相互作用パラメーターに対して解析的でない性質が，正しく表されている．

前に得た結果と異なる点に注目されたい．指数 $-1/N(0)|u_l|$ は，単純化した Cooper 対問題の結果に比べて $1/2$ 倍になっている．ここでは問題を多体問題として正しく扱っているためである．しかし我々はここから先へ進めない．通常の常伝導基底状態を出発点とする議論では，電子間引力によって"何らかの転移"が起こることと，そのときの転移温度が分かるだけである．常伝導状態から扱うことができない不安定性に直面するが，この方法では準粒子の束縛状態を導くことができない．

したがって，対ハミルトニアンに基づく新たな形式を設定する必要がある．

4.3 BCSハミルトニアン

4.3.1 BCSハミルトニアンの導出

まず，4つの Fermi 演算子から成る相互作用項を持つ，次のハミルトニアンから議論を始める．

$$\mathcal{H} = \mathcal{H}_0 + \mathcal{H}_{\text{int}} = \mathcal{H}_0 + g\int d^3\mathbf{r}\, \psi_\uparrow^\dagger(\mathbf{r})\psi_\downarrow^\dagger(\mathbf{r})\psi_\downarrow(\mathbf{r})\psi_\uparrow(\mathbf{r}), \quad g<0 \qquad (4.32)$$

---

§(訳註) $k_B \to 1$ としてある．$T_c \leftarrow k_B T_c$ と見る．

(相互作用を Fermi 面付近の領域に限るために，相互作用 g には運動量表示において適当な切断(カットオフ)が施されるものとする．) 前に示したような単純な考え方に基づき，演算子積の平均を選択的に導入することにより，平均場近似の対(つい)ハミルトニアンが得られる[‡]．

$$\mathcal{H}_{\text{MFA}} = \mathcal{H}_0 + g\int d^3\mathbf{r}\left\{\psi_\uparrow^\dagger(\mathbf{r})\psi_\downarrow^\dagger(\mathbf{r})\langle\psi_\downarrow(\mathbf{r})\psi_\uparrow(\mathbf{r})\rangle + \langle\psi_\uparrow^\dagger(\mathbf{r})\psi_\downarrow^\dagger(\mathbf{r})\rangle\psi_\downarrow(\mathbf{r})\psi_\uparrow(\mathbf{r})\right\}$$

$$\equiv \mathcal{H}_0 - \int d^3\mathbf{r}\left\{\psi_\uparrow^\dagger(\mathbf{r})\psi_\downarrow^\dagger(\mathbf{r})\Delta(\mathbf{r}) + \Delta^*(\mathbf{r})\psi_\downarrow(\mathbf{r})\psi_\uparrow(\mathbf{r})\right\} \tag{4.33}$$

$$\Delta(\mathbf{r}) = |g|\langle\psi_\downarrow(\mathbf{r})\psi_\uparrow(\mathbf{r})\rangle \tag{4.34}$$

この結果は正当なものであるが，導出の根拠という面で少々こころもとない．以下に，ここで得た対(つい)ハミルトニアンが，予想以上に信頼できるものであり，正当な方法で同じ結果が導けることを示す (**Swidzinsky 1982** による)．系の平衡状態の性質は，大分配関数 Ξ から導かれる．

$$\Xi = \text{tr}\, e^{-\beta(\mathcal{H}_0 + \mathcal{H}_{\text{int}})} \tag{4.35}$$

松原形式に従い，次のように書くことができる．

$$\Xi = \text{tr}\left\{e^{-\beta\mathcal{H}_0}\mathcal{T}_\tau e^{-\int_0^\beta d\tau \mathcal{H}_{\text{int}}(\tau)}\right\} \tag{4.36}$$

$\mathcal{H}_{\text{int}}$ は，相互作用を松原の相互作用表示で表した演算子である．式(4.36)を詳しく書くと，次のようになる．

$$\Xi = \text{tr}\left\{e^{-\beta\mathcal{H}_0}\mathcal{T}_\tau e^{+\int_0^\beta d\tau \int d^3\mathbf{r}\bar{\mathcal{A}}(\mathbf{r},\tau)\mathcal{A}(\mathbf{r},\tau)}\right\} \tag{4.37}$$

$$\bar{\mathcal{A}}(\mathbf{r},\tau) = \sqrt{|g|}\bar{\psi}_\uparrow(\mathbf{r},\tau)\bar{\psi}_\downarrow(\mathbf{r},\tau) \tag{4.38}$$

$$\mathcal{A}(\mathbf{r},\tau) = \sqrt{|g|}\psi_\downarrow(\mathbf{r},\tau)\psi_\uparrow(\mathbf{r},\tau) \tag{4.39}$$

ここで，次の Gauss 積分の公式,

$$e^{A^2} = \frac{1}{\sqrt{\pi}}\int_{-\infty}^\infty dx\, e^{-x^2+2Ax} = \frac{\int_{-\infty}^\infty dx\, e^{-x^2+2Ax}}{\int_{-\infty}^\infty dx\, e^{-x^2}} \tag{4.40}$$

[‡](訳註) 本章では平均場近似を施したハミルトニアン(4.33)を "BCS ハミルトニアン" として扱っているが，ハミルトニアンを平均場近似してしまう流儀は，実は元々の BCS 論文のものではない．通常 BCS ハミルトニアン (BCS 簡約ハミルトニアン) と呼ばれるのは式(4.33)ではなく式(4.32)の方である (ただし文中にもあるように，相互作用項の積分に特別な条件が付く．付録 B 参照)．

4.3. BCSハミルトニアン

を，ダミー変数 x を導入して e^{A^2} の積分表示を与える式と捉えて，これを汎関数積分へ一般化した公式の利用を考える．つまり分配関数を，ダミーの関数を用いた汎関数積分の式へ移行させることを試みる．

まず，$\mathcal{A}$ および $\bar{\mathcal{A}}$ を，

$$\mathcal{A} = \mathcal{P} + i\mathcal{Q}, \quad \bar{\mathcal{A}} = \mathcal{P} - i\mathcal{Q} \tag{4.41}$$

と書く．$\mathcal{P}$ と $\mathcal{Q}$ は Hermite 演算子である．$\mathcal{T}_\tau$ の下にある演算子を並べ変えて，次のように書くことができる．

$$\mathcal{T}_\tau e^{\int_0^\beta d\tau \int d^3\mathbf{r}\,\bar{\mathcal{A}}(\mathbf{r},\tau)\mathcal{A}(\mathbf{r},\tau)} = \mathcal{T}_\tau e^{\int_0^\beta d\tau \int d^3\mathbf{r}\,\mathcal{P}^2(\mathbf{r},\tau)} e^{\int_0^\beta d\tau \int d^3\mathbf{r}\,\mathcal{Q}^2(\mathbf{r},\tau)} \tag{4.42}$$

そして，2 つの補助的な実場 $\xi(\mathbf{r},\tau)$ と $\eta(\mathbf{r},\tau)$ を導入して，汎関数積分の式を作る．

$$\begin{aligned}
&\mathcal{T}_\tau e^{\int_0^\beta d\tau \int d^3\mathbf{r}\,\bar{\mathcal{A}}(\mathbf{r},\tau)\mathcal{A}(\mathbf{r},\tau)} \\
&= \int \mathcal{D}\xi(\mathbf{r},\tau)\mathcal{D}\eta(\mathbf{r},\tau) \Big\{ e^{-\int_0^\beta d\tau \int d^3\mathbf{r}\,[\xi^2(\mathbf{r},\tau)+\eta^2(\mathbf{r},\tau)]} \\
&\qquad\qquad \times \mathcal{T}_\tau e^{\int_0^\beta d\tau \int d^3\mathbf{r}\,2[\mathcal{P}(\mathbf{r},\tau)\xi(\mathbf{r},\tau)+\mathcal{Q}(\mathbf{r},\tau)\eta(\mathbf{r},\tau)]} \Big\} \\
&\quad \times \Big\{ \int \mathcal{D}\xi(\mathbf{r},\tau)\mathcal{D}\eta(\mathbf{r},\tau) e^{-\int_0^\beta d\tau \int d^3\mathbf{r}\,[\xi^2(\mathbf{r},\tau)+\eta^2(\mathbf{r},\tau)]} \Big\}^{-1}
\end{aligned} \tag{4.43}$$

$\xi(\mathbf{r},\tau)$ と $\eta(\mathbf{r},\tau)$ から，

$$\varsigma(\mathbf{r},\tau) = \xi(\mathbf{r},\tau) + i\eta(\mathbf{r},\tau) \tag{4.44}$$

のように "複素場" を定義すると，

$$-[\xi^2 + \eta^2] + 2[\mathcal{P}\xi + \mathcal{Q}\eta] = -|\varsigma|^2 + \mathcal{A}\varsigma^* + \bar{\mathcal{A}}\varsigma \tag{4.45}$$

という関係が成り立つ．更に，

$$\varsigma(\mathbf{r},\tau) = \frac{1}{\sqrt{|g|}} \Delta(\mathbf{r},\tau) \tag{4.46}$$

と置き，これらの関係を用いると，分配関数を次のように書ける．

$$\begin{aligned}
\Xi &= \Xi_0 \int \mathcal{D}\Delta(\mathbf{r},\tau)\mathcal{D}\Delta^*(\mathbf{r},\tau) e^{-\frac{1}{|g|}\int_0^\beta d\tau \int d^3\mathbf{r}\,|\Delta(\mathbf{r},\tau)|^2} \\
&\quad \times \Big\langle \mathcal{T}_\tau e^{+\int_0^\beta d\tau \int d^3\mathbf{r}\,[\Delta(\mathbf{r},\tau)\bar\psi_\uparrow(\mathbf{r},\tau)\bar\psi_\downarrow(\mathbf{r},\tau) + \Delta(\mathbf{r},\tau)^*\psi_\downarrow(\mathbf{r},\tau)\psi_\uparrow(\mathbf{r},\tau)]} \Big\rangle_0 \\
&\quad \times \Big\{ \int \mathcal{D}\Delta(\mathbf{r},\tau)\mathcal{D}\Delta^*(\mathbf{r},\tau) e^{-\frac{1}{|g|}\int_0^\beta d\tau \int d^3\mathbf{r}\,|\Delta(\mathbf{r},\tau)|^2} \Big\}^{-1}
\end{aligned} \tag{4.47}$$

分配関数は，次に示す対源場 Δ, Δ^* の"Bogoliubov汎関数"の平均を含んでいる．

$$\Xi_B[\Delta, \Delta^*] \equiv e^{-\beta \Omega_B[\Delta, \Delta^*]} = \left\langle \mathcal{T}_\tau e^{-\int_0^\beta d\tau \mathcal{H}_B(\tau)} \right\rangle_0 \tag{4.48}$$

$\mathcal{H}_B$ は，対ハミルトニアン(松原表示)である．対ハミルトニアンは，分配関数を対源場の汎関数積分として表す際の主要因子を決めている．実際に対源場が取る値は，次の極大条件から推定される．

$$e^{-\frac{1}{|g|}\int_0^\beta d\tau \int d^3\mathbf{r} |\Delta(\mathbf{r},\tau)|^2 - \beta \Omega_B[\Delta, \Delta^*]} = \max \tag{4.49}$$

すなわち，次のようになる[2]．

$$\Delta^*(\mathbf{r}, \tau) = -\beta |g| \frac{\delta \Omega_B[\Delta, \Delta^*]}{\delta \Delta(\mathbf{r}, \tau)} \tag{4.50}$$

定義により $\Xi = \Xi_0 \Xi_B = \Xi_0 e^{-\beta \Omega_B}$ なので，次式が得られる．

$$\frac{\delta \Omega_B}{\delta \Delta} = -\beta^{-1} \frac{\delta \ln(\Xi/\Xi_0)}{\delta \Delta} = -\beta^{-1} \frac{\delta \ln \Xi}{\delta \Delta} \tag{4.51}$$

ここに分配関数(4.48)を代入すると，次のようになる．

$$\begin{aligned}\frac{\delta \Omega_B}{\delta \Delta(\mathbf{r}, \tau)} &= -\frac{1}{\beta \Xi} \mathrm{tr}\Big\{ e^{-\beta \mathcal{H}_0} \mathcal{T}_\tau \bar\psi_\uparrow(\mathbf{r}, \tau) \bar\psi_\downarrow(\mathbf{r}, \tau) \\ &\qquad \times e^{+\int_0^\beta d\tau \int d^3\mathbf{r}[\Delta(\mathbf{r},\tau)\bar\psi_\uparrow(\mathbf{r},\tau)\bar\psi_\downarrow(\mathbf{r},\tau) + \Delta(\mathbf{r},\tau)^*\psi_\downarrow(\mathbf{r},\tau)\psi_\uparrow(\mathbf{r},\tau)]} \Big\} \\ &= -\beta^{-1} \langle \mathcal{T}_\tau \bar\psi_\uparrow(\mathbf{r}, \tau) \bar\psi_\downarrow(\mathbf{r}, \tau) \rangle \end{aligned} \tag{4.52}$$

これによって"自己無撞着の関係式"(self-consistency relation)が得られる．

$$\Delta^*(\mathbf{r}, \tau) = |g| \langle \mathcal{T}_\tau \bar\psi_\uparrow(\mathbf{r}, \tau) \bar\psi_\downarrow(\mathbf{r}, \tau) \rangle \tag{4.53}$$

この式の複素共役は，直観的に得た式(4.34)と一致している．

上述のアプローチの利点は，超伝導における"平均場"ハミルトニアンの正当性が明らかになることだけではなく，"平均場"の方法の限界や，更に必要な修正を施す

---

[2] 汎関数 $F[f]$ の $f(x)$ に関する変分(汎関数微分)を $\delta F/\delta f(x)$ と表記する．これは $f(x)$ を $f(x) + \delta f(x)$ に置き換えたときの，$\delta f(x)$ に関する1次の変化分として定義される．

$$F[f + \delta f] - F[f] \equiv \int dx \left(\frac{\delta F}{\delta f(x)} \right) \delta f(x) + \cdots$$

高次の変分も，同様の方法で導入することができる．

方法が見いだせる点にある．状況によっては極値(4.53)だけでなく，その近傍までを考慮することが必要になる場合もある[3]．

4.3.2 BCSハミルトニアンの対角化：
Bogoliubov変換とBogoliubov-de Gennes方程式

BCSハミルトニアンを"Bogoliubov変換"によって対角化できる．この変換において，電子場の演算子は，新しいFermi場の生成・消滅演算子，

$$\alpha_{q,\downarrow\uparrow}^\dagger, \quad \alpha_{q,\uparrow\downarrow}$$

に置き換わることになる(ここでは時間に依存する通常の表示を用いる．qは固有状態を指定する添字である)．変換式は，次のように与えられる．

$$\alpha_{q,\uparrow} = \int d^3\mathbf{r} \left[u_q^*(\mathbf{r})\psi_\uparrow(\mathbf{r},t) - v_q^*(\mathbf{r})\psi_\downarrow^\dagger(\mathbf{r},t) \right] \tag{4.54}$$

$$\alpha_{q,\downarrow}^\dagger = \int d^3\mathbf{r} \left[u_q(\mathbf{r})\psi_\downarrow^\dagger(\mathbf{r},t) + v_q(\mathbf{r})\psi_\uparrow(\mathbf{r},t) \right] \tag{4.55}$$

逆変換は，次のようになる．

$$\psi_\uparrow(\mathbf{r},t) = \sum_q \left[u_q(\mathbf{r})\alpha_{q,\uparrow} + v_q^*(\mathbf{r})\alpha_{q,\downarrow}^\dagger \right] \tag{4.56}$$

$$\psi_\downarrow^\dagger(\mathbf{r},t) = \sum_q \left[u_q^*(\mathbf{r})\alpha_{q,\downarrow}^\dagger - v_q(\mathbf{r})\alpha_{q,\uparrow} \right] \tag{4.57}$$

見て判るように，Bogoliubov変換は，反対向きのスピンを持つ電子と正孔の演算子の混合になっている．これが非対角項を除く唯一の方法である．物理的に重要な点は，超伝導体における準粒子が，ギリシャ神話のケンタウロス(半人半馬)のようなもの――すなわち"ある部分は電子，残りの部分は正孔"――だということである．このように定義された準粒子は"Bogoliubov粒子"と呼ばれる[§]．

新しい生成・消滅演算子を適正なFermi粒子の演算子にするには，Bogoliubov変換の係数の間に，次の関係を課さなければならない．

---

[3] 汎関数積分の形から，複素場 Δ の全体に係る符号(一般には初期位相)は重要でないことが判る．したがって他の文献では Δ の符号が反対の場合もある．これは各著者の習慣による．

[§] (訳註) Bogoliubov粒子(原著では 'bogolon' という造語を充てている)は，p.7訳註に示した2通りの用法のうち，(2)の意味の"準粒子"(系のエネルギー素励起に対応する仮想粒子)である．超伝導を扱う文献では，通常"準粒子"という語をBogoliubov粒子の意味だけに限定して用いている．Bogoliubov粒子の具体的なイメージについては次の4.3.3項，および付録Bの式(B.25)とその説明の部分を参照されたい．

$$\sum_q \left[u_q(\mathbf{r}) u_q^*(\mathbf{r}') + v_q(\mathbf{r}') v_q^*(\mathbf{r}) \right] = \delta(\mathbf{r}-\mathbf{r}') \tag{4.58}$$

$$\sum_q \left[u_q(\mathbf{r}) v_q^*(\mathbf{r}') - u_q(\mathbf{r}') v_q^*(\mathbf{r}) \right] = 0 \tag{4.59}$$

$$\int d^3\mathbf{r} \left[u_q(\mathbf{r}) u_{q'}^*(\mathbf{r}) + v_q(\mathbf{r}) v_{q'}^*(\mathbf{r}) \right] = \delta_{qq'} \tag{4.60}$$

$$\int d^3\mathbf{r} \left[u_q(\mathbf{r}) v_{q'}(\mathbf{r}) - u_{q'}(\mathbf{r}) v_q(\mathbf{r}) \right] = 0 \tag{4.61}$$

(準粒子の演算子が上記の条件によってFermi粒子の演算子になることの確認は，よい演習問題になる．最も簡単な例として，平面波状態を基底に取った場合について各自試みられたい．)

新しい演算子を用いて，ハミルトニアンを，次のような単純な形に書き直すことが可能である．

$$\mathcal{H}_B = U_0 + \sum_q E_q \left(\alpha_{q,\uparrow}^\dagger \alpha_{q,\uparrow} + \alpha_{q,\downarrow}^\dagger \alpha_{q,\downarrow} \right) \tag{4.62}$$

初めの項は，超伝導体の基底エネルギーである．後の方は準粒子の項で，基底状態からの素励起を記述する．

励起エネルギーと変換係数との関係は，次に示す"Bogoliubov- de Gennes(ドゥ・ジャンヌ)方程式"によって与えられる[‡]．

$$\left[\frac{1}{2m} \left(\frac{1}{i} \nabla - \frac{e}{c} \mathbf{A} \right)^2 - \mu + V(\mathbf{r}) \right] u_q(\mathbf{r}) + \Delta(\mathbf{r}) v_q(\mathbf{r}) = E_q u_q(\mathbf{r})$$

$$\left[\frac{1}{2m} \left(\frac{1}{i} \nabla + \frac{e}{c} \mathbf{A} \right)^2 - \mu + V(\mathbf{r}) \right] v_q(\mathbf{r}) - \Delta^*(\mathbf{r}) u_q(\mathbf{r}) = -E_q v_q(\mathbf{r})$$

あるいは，運動エネルギーの演算子とその共役演算子(Fermi準位を基準とするのが便利である)を，

$$\hat{\xi} = \frac{1}{2m} \left(\frac{1}{i} \nabla - \frac{e}{c} \mathbf{A} \right)^2 - \mu$$

$$\hat{\xi}_c = \frac{1}{2m} \left(\frac{1}{i} \nabla + \frac{e}{c} \mathbf{A} \right)^2 - \mu$$

のように $\hat{\xi}, \hat{\xi}_c$ と表記すると，Bogoliubov-de Gennes方程式を，次のような行列の式で表すことができる．

[‡](訳註) $\left(\frac{1}{i} \nabla - \frac{e}{c} \mathbf{A} \right)$ は $\hbar$ を明示すると $\left(\frac{\hbar}{i} \nabla - \frac{e}{c} \mathbf{A} \right)$ である．ここでは光速 c を残しているが，物性理論の文献では $\hbar = c = k_B = 1$ と置くものも少なくない．

4.3. BCSハミルトニアン

$$\begin{bmatrix} \hat{\xi} + V(\mathbf{r}) & \Delta(\mathbf{r}) \\ \Delta^*(\mathbf{r}) & -\hat{\xi}_c - V(\mathbf{r}) \end{bmatrix} \begin{bmatrix} u_q \\ v_q \end{bmatrix} = E_q \begin{bmatrix} u_q \\ v_q \end{bmatrix} \tag{4.63}$$

この方程式は，場の演算子に関する Heisenberg の運動方程式 $i\dot{\psi} = [\psi, \mathcal{H}_B]$ から簡単に導くことができる．

$$\begin{aligned} i\dot{\psi}_\uparrow(\mathbf{r}, t) &= \left[\hat{\xi} + V(\mathbf{r})\right]\psi_\uparrow(\mathbf{r}, t) - \Delta(\mathbf{r})\psi_\downarrow^\dagger(\mathbf{r}, t) \\ i\dot{\psi}_\downarrow^\dagger(\mathbf{r}, t) &= -\left[\hat{\xi}_c + V(\mathbf{r})\right]\psi_\downarrow^\dagger(\mathbf{r}, t) - \Delta^*(\mathbf{r})\psi_\uparrow(\mathbf{r}, t) \end{aligned} \tag{4.64}$$

行列の形で書くと，次のようになる．

$$i\frac{\partial}{\partial t}\begin{bmatrix} \psi_\uparrow(\mathbf{r}, t) \\ \psi_\downarrow^\dagger(\mathbf{r}, t) \end{bmatrix} = \begin{bmatrix} \hat{\xi} + V(\mathbf{r}) & -\Delta(\mathbf{r}) \\ -\Delta^*(\mathbf{r}) & -\hat{\xi}_c - V(\mathbf{r}) \end{bmatrix} \begin{bmatrix} \psi_\uparrow(\mathbf{r}, t) \\ \psi_\downarrow^\dagger(\mathbf{r}, t) \end{bmatrix} \tag{4.65}$$

共役なエネルギー演算子の $e\mathbf{A}/c$ の前の符号の違いは，交換子 $[\psi^\dagger, \mathcal{H}_B]$ を計算する際に行う部分積分によって生じている．$\psi^\dagger$ は"正孔の消滅演算子"にあたるので，電荷の符号反転は予想され得ることである．

演算子 ψ はハミルトニアンの固有演算子では"ない"ので，確定した振動数を持たない．しかし代わりに固有演算子として α および $\alpha^\dagger$ を利用すればよい[§]．

$$\alpha_{q,\uparrow}(t) = \alpha_{q,\uparrow} e^{-iE_q t}; \quad \alpha_{q,\downarrow}^\dagger(t) = \alpha_{q,\downarrow}^\dagger e^{iE_q t}$$

このような演算子の項の級数を用いて Bogoliubov-de Gennes 方程式を得ることもできる．

ここで我々は，Bogoliubov-de Gennes 方程式 (4.63) から直接，励起エネルギー，秩序パラメーターおよび干渉性因子（コヒーレンス）の間の一般的な関係式を導くことができる．式 (4.63) の第1式に $u_q^*(\mathbf{r})$，第2式に $v_q^*(\mathbf{r})$ を掛け，それらを足し合わせたものを全空間について積分すると（式 (4.60) を用い，部分積分を行う），次式が得られる．

$$\begin{aligned} E_q = \int d^3\mathbf{r} \Big\{ &u_q^*(\mathbf{r})\big(\hat{\xi} + V(\mathbf{r})\big)u_q(\mathbf{r}) - v_q(\mathbf{r})\big(\hat{\xi} + V(\mathbf{r})\big)v_q^*(\mathbf{r}) \\ &+ 2\mathrm{Re}\left(\Delta(\mathbf{r})u_q^*(\mathbf{r})v_q(\mathbf{r})\right) \Big\} \end{aligned} \tag{4.66}$$

[§] (訳註) $[\mathcal{O}, \mathcal{H}] \propto \mathcal{O}$ を満たすような演算子 $\mathcal{O}$ を，$\mathcal{H}$ の固有演算子と呼ぶ．$\mathcal{H}$ が系を表すハミルトニアンであれば，固有演算子は振動数の確定した定常的な時間依存性を持ち，系における安定な素励起の生成もしくは消滅を表す．

4.3.3 Bogoliubov粒子

超伝導基底状態からの素励起,すなわちBogoliubov粒子は,演算子 $\alpha^\dagger$, α によって生成・消滅する.

この準粒子は,式(4.54)および(4.55)によって定義されている通り,"反対向きのスピンを持つ電子的な励起と正孔的な励起の可干渉的な混合状態"(コヒーレント)である.係数 u_q, v_q は(これらの係数,もしくはこれらの適当な1次結合——文献に依って定義が異なる——は'干渉性因子'(コヒーレンス)と呼ばれる),電子的励起成分と正孔的励起成分の確率振幅を与えるものであり,Bogoliubov-de Gennes方程式によって決まる.Cooper対(つい)は素励起以外の凝縮体の部分を構成しているので,Bogoliubov粒子とCooper対(つい)との混合はない.ひとつのCooper対(つい)が(たとえば熱的ゆらぎによって)壊されたときには,2つのBogoliubov粒子が生じる.もちろんBogoliubov粒子の振舞いも,ある面では背景にあるCooper対(つい)凝縮の位相干渉性(コヒーレンス)の情報を反映しており,その情報が係数 u, v に含まれている.この点は後から見ることにする.

Bogoliubov粒子の"電荷"は,電荷素量 e の整数倍ではなく,次式で与えられる.

$$Q = |u_q|^2 \cdot e + |v_q|^2 \cdot (-e) \tag{4.67}$$

準粒子の生成・消滅に伴う電荷の過不足は,凝縮体の部分とのやり取りから生じるもので,質量保存則や電荷保存則が破られているわけではない.また準電子の質量は一般に m_0 とは異なっている.

空間的に一様で外場がない場合には,運動量表示を用いて式(4.63)を書くことができる.超伝導電流が流れていない状態では Δ を実数と置いてよい.

$$\begin{bmatrix} \xi_\mathbf{p} - E_\mathbf{p} & \Delta \\ \Delta & -\xi_\mathbf{p} - E_\mathbf{p} \end{bmatrix} \begin{bmatrix} u_\mathbf{p} \\ v_\mathbf{p} \end{bmatrix} = 0 \tag{4.68}$$

解が存在する条件から,"Bogoliubov粒子の分散関係"が得られる(図4.9参照).

$$E_\mathbf{p} = \sqrt{\xi_\mathbf{p}^2 + \Delta^2} \tag{4.69}$$

そして,解が次式のように求まる.

$$|u_\mathbf{p}| = \frac{1}{\sqrt{2}} \sqrt{1 + \frac{\xi_\mathbf{p}}{E_\mathbf{p}}}; \quad |v_\mathbf{p}| = \frac{1}{\sqrt{2}} \sqrt{1 - \frac{\xi_\mathbf{p}}{E_\mathbf{p}}} \tag{4.70}$$

エネルギーギャップに関する自己無撞着な関係は,極大条件 $\Delta^* = |g|\langle \psi^\dagger \psi^\dagger \rangle$ から与えられ(式(4.56),(4.57)参照),ここからエネルギーギャップの満たすべき一般式が,

4.3. BCSハミルトニアン

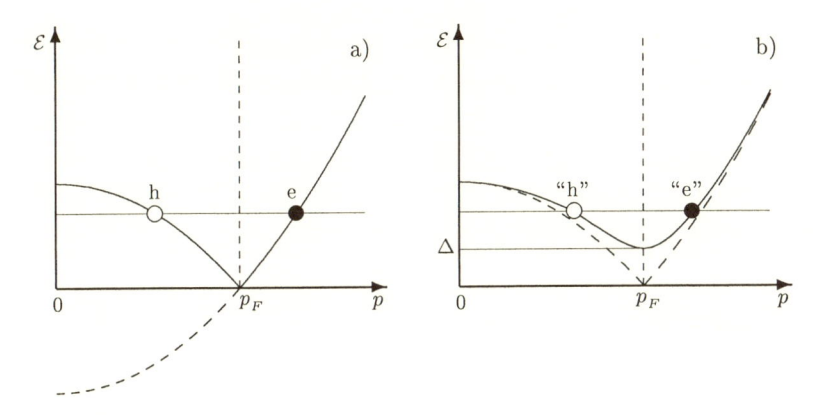

図4.9 準粒子の分散関係. (a) 常伝導金属 (電子と正孔). (b) 超伝導体 (電子的, および正孔的なBogoliubov粒子).

次のように決まる.

$$\Delta^*(\mathbf{r}, T) = |g| \sum_q u_q^*(\mathbf{r}) v_q(\mathbf{r}) \tanh \frac{E_q(\Delta^*)}{2T} \tag{4.71}$$

一様な系の場合, この式は有名なBCSのギャップ方程式に帰着する[§].

$$1 = |g| \int \frac{d^3 \mathbf{p}}{(2\pi\hbar)^3} \frac{\tanh \dfrac{E_p(\Delta^*)}{2T}}{2 E_p(\Delta^*)} \tag{4.72}$$

平衡状態におけるBogoliubov粒子はFermi分布[‡]に従うので, 超伝導状態における "1電子演算子 $\mathcal{O}$ の平衡平均" は, Bogoliubov変換を利用して簡単に計算できる.

$$\begin{aligned}
\langle \mathcal{O} \rangle &= \sum_{\sigma=\uparrow,\downarrow} \langle \psi_\sigma^\dagger \mathcal{O} \psi_\sigma \rangle \\
&= \sum_q \langle (u_q^* \alpha_{q\uparrow}^\dagger + v_q \alpha_{q\downarrow}) \mathcal{O} (u_q \alpha_{q\uparrow} + v_q^* \alpha_{q\downarrow}^\dagger) + (u_q^* \alpha_{q\downarrow}^\dagger - v_q \alpha_{q\uparrow}) \mathcal{O} (u_q \alpha_{q\downarrow} - v_q^* \alpha_{q\uparrow}^\dagger) \rangle \\
&= 2 \sum_{E_q>0} \int d^3 \mathbf{r} \left\{ u_q^* \mathcal{O} u_q \, n_{\mathrm{F}}(E_q) + v_q \mathcal{O} v_q^* \left(1 - n_{\mathrm{F}}(E_q)\right) \right\}
\end{aligned} \tag{4.73}$$

ここでは $\mathcal{O}$ がスピンに依存しないことにしてあるが, 一般化の方法は自明である.

[§] (訳註) ここでも $k_{\mathrm{B}} = 1$ としてある $(T \leftarrow k_{\mathrm{B}} T)$.

[‡] (訳註) $n_{\mathrm{F}}(E) = \dfrac{1}{e^{\beta E} + 1}$. Bogoliubov粒子は容易に (熱浴とのエネルギーの授受の水準で) 生成消滅が可能なので, "Bogoliubov粒子の化学ポテンシャル" をゼロと置く.

たとえば"平衡状態の電流密度"は，次のように与えられる．

$$\mathbf{j} = \frac{2e}{m} \sum_{E>0} \mathrm{Re}\left\{ u_\nu^* \left(\mathbf{p} + \frac{e}{c}\mathbf{A}\right) u_\nu\, n_\mathrm{F}(E_\nu) + v_\nu \left(\mathbf{p} + \frac{e}{c}\mathbf{A}\right) v_\nu^* \left(1 - n_\mathrm{F}(E_\nu)\right) \right\} \tag{4.74}$$

4.3.4 超伝導体の熱力学ポテンシャル

秩序パラメーターの自己無撞着方程式を導くときの極大の条件 (4.49) を見てみると，超伝導体の熱力学ポテンシャル (大正準ポテンシャル) の役割を，

$$\Omega[\Delta, \Delta^*] = \frac{1}{|g|} \int d^3\mathbf{r}\, |\Delta(\mathbf{r})|^2 + \Omega_\mathrm{B}[\Delta, \Delta^*] \tag{4.75}$$

という関数が担っていることが判る．ゆらぎの相関は無視してある．Bogoliubov 汎関数 Ω_B は，対角化した BCS ハミルトニアン (4.62) から簡単に計算できる．

$$\begin{aligned}
\Omega_\mathrm{B}[\Delta, \Delta^*] &= -\frac{1}{\beta} \ln \mathrm{tr}\, e^{-\beta \mathcal{H}_\mathrm{B}} \\
&= U_0 - \frac{2}{\beta} \sum_q \ln\left(1 + e^{-\beta E_q}\right) \\
&= U_0 + \sum_q E_q - \frac{2}{\beta} \sum_q \ln\left(2\cosh\frac{\beta E_q}{2}\right)
\end{aligned}$$

この式は，U_0 と準粒子エネルギー E_q に依存する項が分けてある点で扱いやすい．最後に U_0 の正確な表式が必要となる．U_0 は BCS ハミルトニアンのすべての項 (Bogoliubov 変換の後では $\alpha\alpha^\dagger$ のように正規でない順序の項も含まれる) から生じており，簡単に次のように書くことができる．

$$U_0 = 2 \sum_q \int d^3\mathbf{r}\, \Big\{ v_q(\mathbf{r})\big(\hat{\xi} + V(\mathbf{r})\big) v_q^*(\mathbf{r}) - \mathrm{Re}\big(\Delta(\mathbf{r}) u_q^*(\mathbf{r}) v_q(\mathbf{r})\big) \Big\}$$

式 (4.66) により，

$$\begin{aligned}
&-\int d^3\mathbf{r}\, 2\,\mathrm{Re}\big(\Delta(\mathbf{r}) u_q^*(\mathbf{r}) v_q(\mathbf{r})\big) \\
&= -E_q + \int d^3\mathbf{r}\, \Big\{ u_q^*(\mathbf{r})\big(\hat{\xi} + V(\mathbf{r})\big) u_q(\mathbf{r}) - v_q(\mathbf{r})\big(\hat{\xi} + V(\mathbf{r})\big) v_q^*(\mathbf{r}) \Big\}
\end{aligned}$$

なので，U_0 は次式になる．

$$U_0 = -\sum_q E_q + \sum_q \int d^3\mathbf{r}\, \Big\{ v_q(\mathbf{r})\big(\hat{\xi} + V(\mathbf{r})\big) v_q^*(\mathbf{r}) + u_q^*(\mathbf{r})\big(\hat{\xi} + V(\mathbf{r})\big) u_q(\mathbf{r}) \Big\} \tag{4.76}$$

4.4. 超伝導における Green 関数：南部-Gor'kov 形式

Ω_B における励起エネルギーの無限和は，上式の第1項によって正確に相殺され，次の重要な公式が得られる．

$$\Omega[\Delta, \Delta^*] = \frac{1}{|g|} \int d^3\mathbf{r} |\Delta(\mathbf{r})|^2$$
$$+ \sum_q \int d^3\mathbf{r} \left\{ v_q(\mathbf{r})\left(\hat{\xi} + V(\mathbf{r})\right) v_q^*(\mathbf{r}) + u_q^*(\mathbf{r})\left(\hat{\xi} + V(\mathbf{r})\right) u_q(\mathbf{r}) \right\}$$
$$- \frac{2}{\beta} \sum_q \ln\left(2\cosh\frac{\beta E_q}{2}\right) \quad (4.77)$$

4.4 超伝導における Green 関数：南部-Gor'kov 形式

4.4.1 理論の行列構造

我々は 2 粒子相互作用項を持つハミルトニアンから対ハミルトニアンを導き，異常平均が現れることを見てきた．ここでは別の方法で異常平均を導入してみよう．すなわち，通常の平均と異常平均が自然な形で含まれるような，特別な Green 関数の技法を展開する．

我々は Bogoliubov 変換により，超伝導状態が電子と正孔の混合状態を生み出すことを見た．そこで 2 成分の場の演算子 (南部演算子) を導入するのが自然であろう．

$$\Psi(\mathbf{r}) = \begin{bmatrix} \psi_\uparrow(\mathbf{r}) \\ \psi_\downarrow^\dagger(\mathbf{r}) \end{bmatrix}, \quad \Psi^\dagger(\mathbf{r}) = \begin{bmatrix} \psi_\uparrow^\dagger(\mathbf{r}), \ \psi_\downarrow(\mathbf{r}) \end{bmatrix} \quad (4.78)$$

運動量表示の南部演算子は，次のように与えられる．

$$\Psi_{\mathbf{p}}(E) = \begin{bmatrix} \psi_{\mathbf{p}\uparrow}(E) \\ \psi_{-\mathbf{p}\downarrow}^\dagger(-E) \end{bmatrix}, \quad \Psi_{\mathbf{p}}^\dagger(E) = \begin{bmatrix} \psi_{\mathbf{p}\uparrow}^\dagger(E), \ \psi_{-\mathbf{p}\downarrow}(-E) \end{bmatrix} \quad (4.79)$$

この演算子を用いると，Bogoliubov の対ハミルトニアンを，次のように書き直すことができる．

$$\mathcal{H}_B = \int d^3\mathbf{r}\, \Psi^\dagger(\mathbf{r}) \cdot \hat{H}(\mathbf{r}) \cdot \Psi(\mathbf{r}) \quad (4.80)$$

行列 $\hat{H}$ は，次のように定義される．

$$\hat{H}(\mathbf{r}) = \begin{bmatrix} \hat{\xi} + V(\mathbf{r}) & -\Delta(\mathbf{r}) \\ -\Delta^*(\mathbf{r}) & -\left(\hat{\xi}_c + V(\mathbf{r})\right) \end{bmatrix} \quad (4.81)$$

ここで，行列Green関数(南部-Gor'kov(ゴリコフ) Green関数)を自然に導入することができる．

$$\hat{G}_{jl} = \frac{1}{i}\langle \mathcal{T}\Psi_j(X)\Psi_l^\dagger(X')\rangle \tag{4.82}$$

$$\hat{G} = \begin{bmatrix} \frac{1}{i}\langle \mathcal{T}\psi_\uparrow(X)\psi_\uparrow^\dagger(X')\rangle & \frac{1}{i}\langle \mathcal{T}\psi_\uparrow(X)\psi_\downarrow(X')\rangle \\ \frac{1}{i}\langle \mathcal{T}\psi_\downarrow^\dagger(X)\psi_\uparrow^\dagger(X')\rangle & \frac{1}{i}\langle \mathcal{T}\psi_\downarrow^\dagger(X)\psi_\downarrow(X')\rangle \end{bmatrix}$$

$$\equiv \begin{bmatrix} G(X,X') & F(X,X') \\ F^+(X,X') & -G(X',X) \end{bmatrix} \tag{4.83}$$

我々にとって関心のある項は，南部演算子の $\langle \Psi\Psi^\dagger\rangle$ という縮約に含まれていることが分かる．他方 $\langle \Psi^\dagger\Psi^\dagger\rangle$ や $\langle \Psi\Psi\rangle$ は $\langle \psi_\uparrow\psi_\uparrow\rangle$ や $\langle \psi_\uparrow^\dagger\psi_\downarrow\rangle$ のような項を含むが(スピン3重項や磁気秩序を表す)，我々の関心のある対象についてはゼロと置ける(もちろんこれらの規則は先見的なものではない．超伝導状態の性質に関する実験データに基づいて，対象範囲をしぼっているのである)．Wickの定理が南部演算子に対しても，通常の演算子の場合と同様に成り立つことは明らかなので，即座に南部演算子に関するダイヤグラムの技法をつくることができる．この手順は前に示した例と同様なので，ここですべての導出を繰り返すことはしない．

4.4.2 強結合理論

まず，対(つい)ポテンシャルの"ない"，非摂動ハミルトニアンから話を始める．

$$\mathcal{H}_0 = \int d^3\mathbf{r}\,\Psi^\dagger\cdot\begin{bmatrix} \hat{\xi} & 0 \\ 0 & -\hat{\xi}_c \end{bmatrix}\cdot\Psi \tag{4.84}$$

非摂動ハミルトニアンも，非摂動Green関数も，異常項(非対角項)を含まない(表4.1参照)．しかし南部-Gor'kov描像において相互作用を考慮すると，異常項が自然に現れてくる(**Vonsovsky, Izyumov, and Kurmaev 1982**)．

前と同じように，2行2列の行列の基底としてPauli行列を用いる．

$$\hat{\tau}_0 = \begin{bmatrix} 1 & 0 \\ 0 & 1 \end{bmatrix};\quad \hat{\tau}_1 = \begin{bmatrix} 0 & 1 \\ 1 & 0 \end{bmatrix};\quad \hat{\tau}_2 = \begin{bmatrix} 0 & i \\ -i & 0 \end{bmatrix};\quad \hat{\tau}_3 = \begin{bmatrix} 1 & 0 \\ 0 & -1 \end{bmatrix}$$

ハミルトニアンの摂動項(電子-フォノン相互作用[EPI]と電子間相互作用[C]による)を，次のように書くことができる．

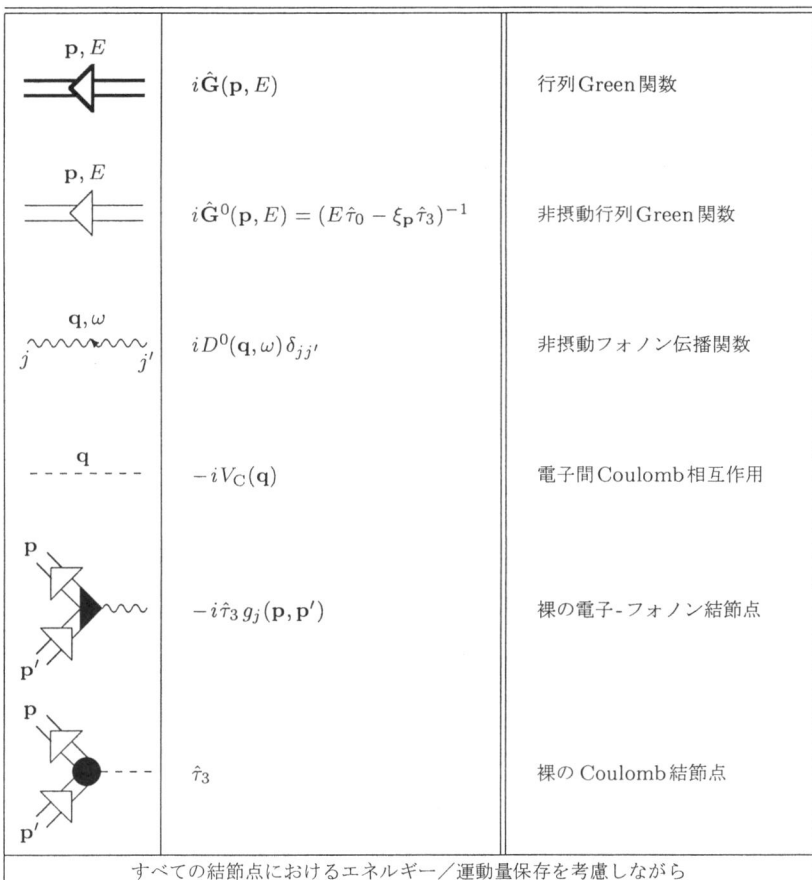

4.4. 超伝導における Green 関数：南部-Gor'kov 形式

図	式	名称
$\mathbf{p}, E$ (二重線三角)	$i\hat{\mathbf{G}}(\mathbf{p}, E)$	行列 Green 関数
$\mathbf{p}, E$ (二重線三角)	$i\hat{\mathbf{G}}^0(\mathbf{p}, E) = (E\hat{\tau}_0 - \xi_{\mathbf{p}}\hat{\tau}_3)^{-1}$	非摂動行列 Green 関数
$\mathbf{q}, \omega$ (波線) $j \quad j'$	$iD^0(\mathbf{q}, \omega)\delta_{jj'}$	非摂動フォノン伝播関数
$\mathbf{q}$ (破線)	$-iV_{\mathrm{C}}(\mathbf{q})$	電子間 Coulomb 相互作用
$\mathbf{p}, \mathbf{p}'$ (頂点＋波線)	$-i\hat{\tau}_3 g_j(\mathbf{p}, \mathbf{p}')$	裸の電子-フォノン結節点
$\mathbf{p}, \mathbf{p}'$ (頂点＋破線)	$\hat{\tau}_3$	裸の Coulomb 結節点
すべての結節点におけるエネルギー／運動量保存を考慮しながらダイヤグラムの外線以外のすべての運動量とエネルギー変数に関して南部-Gor'kov 形式の行列成分それぞれについて積分を行う．		

表 4.1 南部-Gor'kov Green 関数に対する Feynman 規則 (運動量表示).

$$\mathcal{H}_{\mathrm{EPI}} = \sum_{\mathbf{p}-\mathbf{p}'=\mathbf{q}} \sum_j g_j(\mathbf{p}, \mathbf{p}') \left(\Psi_{\mathbf{p}}^\dagger \cdot \hat{\tau}_3 \cdot \Psi_{\mathbf{p}'}\right)\left(b_{\mathbf{q}j} + b_{-\mathbf{q}j}^\dagger\right) \tag{4.85}$$

$$\mathcal{H}_{\mathrm{C}} = \sum_{\mathbf{p}_1+\mathbf{p}_2=\mathbf{p}_1'+\mathbf{p}_2'} \langle \mathbf{p}_1\mathbf{p}_2|V_{\mathrm{C}}|\mathbf{p}_1'\mathbf{p}_2'\rangle \left(\Psi_{\mathbf{p}_1}^\dagger \cdot \hat{\tau}_3 \cdot \Psi_{\mathbf{p}_2}\right)\left(\Psi_{\mathbf{p}_1'}^\dagger \cdot \hat{\tau}_3 \cdot \Psi_{\mathbf{p}_2'}\right) \tag{4.86}$$

Feynman 規則を表 4.1 に示す[§].

[§] (訳註) つまり本項では，対ハミルトニアンを採用せず，電子-フォノン系を表す一般的なハミ

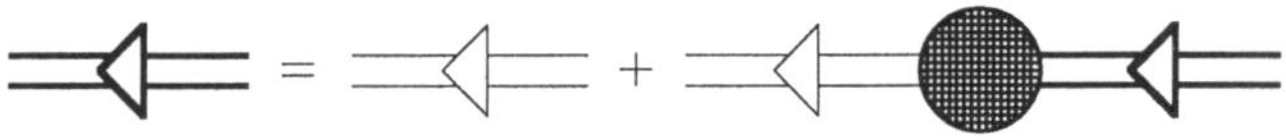

図4.10 南部-Gor'kov Green関数に対するDyson方程式.

これで即座に，Dyson方程式を書くことができる（図4.10参照）。

$$\hat{\mathbf{G}} = \hat{\mathbf{G}}_0 + \hat{\mathbf{G}}_0 \hat{\mathbf{\Sigma}} \hat{\mathbf{G}} \quad \Leftrightarrow \quad \hat{\mathbf{G}}^{-1} = \hat{\mathbf{G}}_0^{-1} - \hat{\mathbf{\Sigma}} \equiv E\hat{\tau}_0 - \xi_{\mathbf{p}}\hat{\tau}_3 - \hat{\mathbf{\Sigma}} \tag{4.87}$$

この形式の下で，自己エネルギーの一般的な形は，未定関数 $Z(\mathbf{p}, E)$, $\Delta(\mathbf{p}, E)$, $\delta\varepsilon(\mathbf{p})$ を用いた次式で表される‡．（磁場のない系の定常状態では，$\hat{\tau}_2$ 成分を持たないように位相を選ぶことができる．）

$$\hat{\mathbf{\Sigma}}(\mathbf{p}, E) = \left[1 - Z(\mathbf{p}, E)\right] E\hat{\tau}_0 + Z(\mathbf{p}, E)\Delta(\mathbf{p}, E)\hat{\tau}_1 + \delta\varepsilon(\mathbf{p})\hat{\tau}_3 \tag{4.88}$$

非対角項を与える関数 $\Delta(\mathbf{p}, E)$ が，一般にはもはやゼロではなくなる．これにより，$\hat{\mathbf{G}}$ の一般的な形は，次のようになる．

$$\hat{\mathbf{G}}(\mathbf{p}, E) = \frac{Z(\mathbf{p}, E)E\hat{\tau}_0 + Z(\mathbf{p}, E)\Delta(\mathbf{p}, E)\hat{\tau}_1 + (\xi_{\mathbf{p}} + \delta\varepsilon_{\mathbf{p}})\hat{\tau}_3}{Z^2(\mathbf{p}, E)E^2 - Z^2(\mathbf{p}, E)\Delta^2(\mathbf{p}, E) - (\xi_{\mathbf{p}} + \delta\varepsilon_{\mathbf{p}})^2} \tag{4.89}$$

$\hat{\mathbf{\Sigma}}$ の非対角項（$\hat{\tau}_1$ の項）への寄与は，交換項によって現れるが，有限の項による近似からは出てこない（図4.11(a)参照）．

$$\hat{\mathbf{\Sigma}}_{\text{ex}}^{(1)}(\mathbf{p}E) = i\int\frac{dE'd\mathbf{p}'}{(2\pi)^4}\hat{\tau}_3\hat{\mathbf{G}}^0(\mathbf{p}'E')\hat{\tau}_3$$
$$\times\left\{\sum_j |g_j(\mathbf{pp}')|^2 D_j^0(\mathbf{p}-\mathbf{p}', E-E') + V_{\text{C}}(\mathbf{p}-\mathbf{p}')\right\} \propto \hat{\tau}_0$$

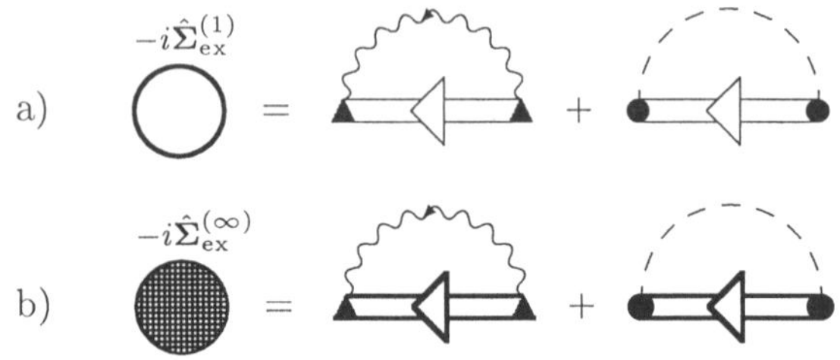

図4.11 (a) 自己エネルギーにおける最低次の交換項．(b) 交換自己エネルギーの自己無撞着な近似．

ルトニアンを基調として，ダイヤグラムに依拠して近似の方法を決める．

‡(訳註) $\Delta(\mathbf{p}, E)$ が，超伝導に特徴的な非対角項を決める最も重要なパラメーター関数で，BCS の対ポテンシャルに対応する．$Z(\mathbf{p}, E)$ はこれに関わる補正因子で，簡単な近似では $Z = 1$ と設定される．$\delta\varepsilon(\mathbf{p})$ は，1電子に対する Hartree-Fock ポテンシャルに対応する．

4.4. 超伝導における Green 関数：南部-Gor'kov 形式

非対角項への寄与を得るためには，自己無撞着な交換の近似 (Fock 近似) を用いて，実質的に無限和を含むダイヤグラムを導入しなければならない（図 4.11(b)）．

$$\hat{\Sigma}_{\mathrm{ex}}^{(\infty)}(\mathbf{p}E) = i\int \frac{dE'd\mathbf{p}'}{(2\pi)^4} \hat{\tau}_3 \hat{\mathbf{G}}(\mathbf{p}'E')\hat{\tau}_3$$
$$\times \left\{\sum_j |g_j(\mathbf{p}\mathbf{p}')|^2 D_j^0(\mathbf{p}-\mathbf{p}', E-E') + V_{\mathrm{C}}(\mathbf{p}-\mathbf{p}')\right\} \quad (4.90)$$

一般に，恒等式，

$$\hat{\tau}_3 \hat{\tau}_1 \hat{\tau}_3 = -\hat{\tau}_1$$

の関係の下で，自己エネルギーと Green 関数は，同時に非対角な $\hat{\tau}_1$ の成分を獲得こ
とになる．

$$\hat{\tau}_3 \hat{\mathbf{G}}(\mathbf{p},E)\hat{\tau}_3 = \frac{Z(\mathbf{p},E)E\hat{\tau}_0 - Z(\mathbf{p},E)\Delta(\mathbf{p},E)\hat{\tau}_1 + (\xi_\mathbf{p}+\delta\varepsilon_\mathbf{p})\hat{\tau}_3}{Z^2(\mathbf{p},E)E^2 - Z^2(\mathbf{p},E)\Delta^2(\mathbf{p},E) - (\xi_\mathbf{p}+\delta\varepsilon_\mathbf{p})^2} \quad (4.91)$$

このようにして，我々は次の行列方程式に到達する．

$$\bigl[1 - Z(\mathbf{p},E)\bigr]E\hat{\tau}_0 + Z(\mathbf{p},E)\Delta(\mathbf{p},E)\hat{\tau}_1 + \delta\varepsilon(\mathbf{p})\hat{\tau}_3$$
$$= i\int \frac{dE'd\mathbf{p}'}{(2\pi)^4} \frac{Z(\mathbf{p}',E')E'\hat{\tau}_0 - Z(\mathbf{p}',E')\Delta(\mathbf{p}',E')\hat{\tau}_1 + (\xi_{\mathbf{p}'}+\delta\varepsilon_{\mathbf{p}'})\hat{\tau}_3}{Z^2(\mathbf{p}',E')E'^2 - Z^2(\mathbf{p}',E')\Delta^2(\mathbf{p}',E') - (\xi_{\mathbf{p}'}+\delta\varepsilon_{\mathbf{p}'})^2}$$
$$\times \left\{\sum_j |g_j(\mathbf{p}\mathbf{p}')|^2 D_j^0(\mathbf{p}-\mathbf{p}', E-E') + V_{\mathrm{C}}(\mathbf{p}-\mathbf{p}')\right\} \quad (4.92)$$

この行列の式から得られる Z と Δ に関する 2 本の非線形な積分方程式が，いわゆる "Eliashberg 方程式" である．この方程式は，強結合§の超伝導体の理論において中心的な役割を果たすものであり，パラメーターとして電子-フォノン相互作用の強度を含む．この相互作用の強度は，慣例により $\alpha^2(\omega)F(\omega)$ と表記される．

$$\alpha^2(\omega)F(\omega) \equiv \frac{\displaystyle\int_{S_\mathrm{F}} \frac{d^2\hat{p}}{v_p} \int_{S_\mathrm{F}} \frac{d^2\hat{p}'}{v_{p'}} \sum_j |g_j(\mathbf{p}\mathbf{p}')|^2 \delta\bigl(\omega - \omega_j(\mathbf{p}-\mathbf{p}')\bigr)}{\displaystyle\int_{S_\mathrm{F}} \frac{d^2\hat{p}}{v_p}}$$

相互作用が弱い極限において，これらの方程式は BCS 理論の式に帰着する．たとえば超伝導転移温度は，次のように与えられる[‡]．

---

§ (訳註) 電子-フォノン結合が強い "強結合超伝導" を扱う場合，式 (4.32) のように電子間力だけを単純化したパラメーター g によって与える措置が適切ではなくなる．このため具体的に図 4.11 のような過程を考えて，フォノン交換や Coulomb 斥力の特性を考慮するわけである．

‡ (訳註) 式 (4.93) の定係数は正しくは $2e^\gamma/\pi = 1.1338\cdots$ である（γ は Euler の定数．**Tinkham 1996**, Ch.3)．これを 1.14 とする文献が少なくないが，実際上，この 0.5 %ほどの違いが問題になることはほとんどない．

$$T_c = 1.14\omega_D \exp\left\{-\frac{1}{\lambda - \mu^*}\right\} \tag{4.93}$$

μ^* は Coulomb 相互作用の実効的な効果を表す無次元指標で，Coulomb 斥力を正しく考慮した場合には，BCS 理論にも現れるべきパラメーターである[4]. 通常は $\mu^* \ll \lambda$ である．"電子-フォノン結合定数" λ は，次のように定義される．

$$\lambda = 2\int_0^\infty d\omega \frac{\alpha^2(\omega)F(\omega)}{\omega} \tag{4.94}$$

4.4.3 Green 関数の Gor'kov 方程式

行列 Green 関数は 2 つの独立な成分，すなわち通常の Green 関数と異常 Green 関数を含む．ここで，再び対ハミルトニアンによる近似に戻って，これらの関数が満たすべき連立方程式（'Gor'kov 方程式'）を考えると，関数の定義式と，場の演算子の運動方程式 (4.64) から容易に導かれる．

$$\begin{aligned}\left(i\frac{\partial}{\partial t} - (\hat{\xi}+V)_X\right)G(X,X') + \Delta(\mathbf{r})F^+(X,X') &= \delta(X-X') \\ \left(i\frac{\partial}{\partial t} + (\hat{\xi}_c+V)_X\right)F^+(X,X') + \Delta^*(\mathbf{r})G(X,X') &= 0\end{aligned} \tag{4.95}$$

一様で定常的な系を扱う場合，上式を運動量表示で次のように書ける．

$$\begin{aligned}(\omega - \xi_{\mathbf{p}})G(\mathbf{p},\omega) + \Delta F^+(\mathbf{p},\omega) &= 1 \\ (\omega + \xi_{\mathbf{p}})F^+(\mathbf{p},\omega) + \Delta^* G(\mathbf{p},\omega) &= 0\end{aligned} \tag{4.96}$$

絶対零度の場合

解は，次のように与えられる．

$$F^+(\mathbf{p},\omega) = -\frac{\Delta^*}{\omega + \xi_{\mathbf{p}}}G(\mathbf{p},\omega)$$
$$G(\mathbf{p},\omega) = \frac{\omega + \xi_{\mathbf{p}}}{\omega^2 - (\xi_{\mathbf{p}}^2 + |\Delta|^2)}$$

$G(\mathbf{p},\omega)$ の分母の無限小項を，Källén-Lehmann 表示と比較して決めることができる．

$$G(\mathbf{p},\omega) = \frac{|u_{\mathbf{p}}|^2}{\omega - E_{\mathbf{p}} + i0} + \frac{|v_{\mathbf{p}}|^2}{\omega + E_{\mathbf{p}} - i0} \tag{4.97}$$

---

[4] Vonsovsky, Izyumov, and Kurmaev 1982 参照．

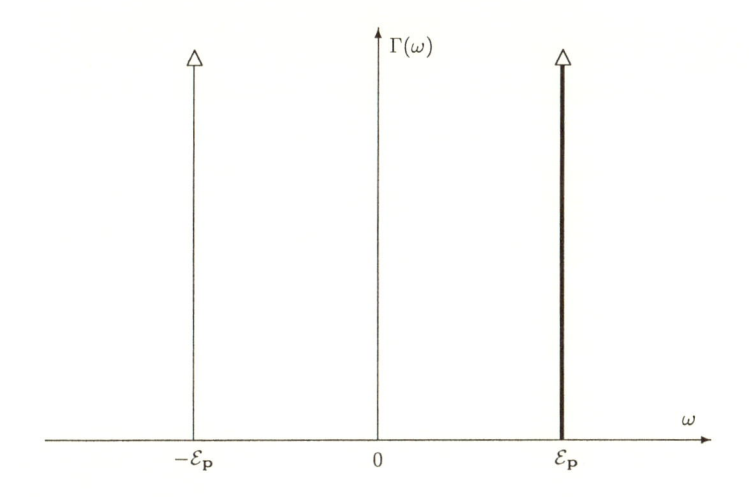

4.4. 超伝導における Green 関数：南部-Gor'kov 形式

図4.12 超伝導体の遅延 Green 関数のスペクトル密度. 準粒子 (Bogoliubov 粒子) が無限大の寿命を持つことに注意されたい.

u, v は，Bogoliubov 変換の係数である.

Gor'kov 方程式に，Δ^* と F^+ の自己無撞着な関係を導入すると，式が解ける.

$$\Delta^*(\mathbf{r}t) = |g|\langle \psi_\uparrow^\dagger(\mathbf{r}t)\psi_\downarrow^\dagger(\mathbf{r}t)\rangle = -i|g|F^+(\mathbf{r}t^+, \mathbf{r}t) \tag{4.98}$$

一様な系では，この方程式が $T=0$ における BCS のギャップ方程式に一致することを，簡単に示せる.

有限温度の場合

第3章と同様の手法を用いる．Green 関数の複素上半面における解析性のために $\omega \to \omega + i0$ とおくと，遅延 Green 関数が得られる.

$$G^{\mathrm{R}}(\mathbf{p},\omega) = \frac{|u_\mathbf{p}|^2}{\omega - E_\mathbf{p} + i0} + \frac{|v_\mathbf{p}|^2}{\omega + E_\mathbf{p} + i0} \tag{4.99}$$

"スペクトル密度"(図4.12) は，次のように与えられる.

$$\Gamma(\mathbf{p},\omega) \equiv -2\mathrm{Im}\, G^{\mathrm{R}}(\mathbf{p},\omega) = 2\pi\left(u_\mathbf{p}^2 \delta(\omega - E_\mathbf{p}) + v_\mathbf{p}^2 \delta(\omega + E_\mathbf{p})\right) \tag{4.100}$$

因果 Green 関数は，遅延 Green 関数から，実部と虚部の関係を用いて求めることができる.

$$G(\mathbf{p},\omega) = \mathcal{P}\left(\frac{|u_\mathbf{p}|^2}{\omega - E_\mathbf{p}} + \frac{|v_\mathbf{p}|^2}{\omega + E_\mathbf{p}}\right)$$
$$- i\pi \tanh\frac{E_\mathbf{p}}{2T}\left(|u_\mathbf{p}|^2 \delta(\omega - E_\mathbf{p}) - |v_\mathbf{p}|^2 \delta(\omega + E_\mathbf{p})\right) \quad (4.101)$$

$\tanh\dfrac{E_\mathbf{p}}{2T} = 1 - 2n_\mathrm{F}(E_\mathbf{p})$ なので，これを次のように書き直すことができる．

$$G(\mathbf{p},\omega)\big|_{T\neq 0} = G(\mathbf{p},\omega)\big|_{T=0} + 2\pi i n_\mathrm{F}(E_\mathbf{p})\left(u_\mathbf{p}^2 \delta(\omega - E_\mathbf{p}) - v_p^2 \delta(\omega + E_\mathbf{p})\right) \quad (4.102)$$

そして，異常Green関数の方は，次式で表される．

$$F^+(\mathbf{p},\omega)\big|_{T\neq 0} = F^+(\mathbf{p},\omega)\big|_{T=0}$$
$$- \frac{\Delta^*(T)}{\omega + \xi_\mathbf{p}} 2\pi i n_\mathrm{F}(E_\mathbf{p})\left(u_\mathbf{p}^2 \delta(\omega - E_\mathbf{p}) - v_p^2 \delta(\omega + E_\mathbf{p})\right) \quad (4.103)$$

ここから再び，有限温度の $\Delta(T)$ に対するBCSのギャップ方程式が導かれる．

超伝導状態に対する松原関数

前章までに論じた Green 関数に関する技法を，南部-Gor'kov Green 関数を扱えるように一般化することができる．たとえばKeldyshのGreen関数は，4行4列の行列になる ($G^{\mathrm{A,R,K}}$ がそれぞれ2行2列の南部行列になるためである．**Rammer and Smith 1986** 参照)．しかし熱平衡状態を扱うのであれば，松原形式を採用するほうが簡便である．

温度異常Green関数は，以下のように定義される．

$$\mathcal{F}(\mathbf{r}_1 \tau_1; \mathbf{r}_2 \tau_2) = \langle \mathcal{T}_\tau \psi_\uparrow^\mathrm{M}(\mathbf{r}_1 \tau_1)\psi_\downarrow^\mathrm{M}(\mathbf{r}_2 \tau_2)\rangle$$
$$\bar{\mathcal{F}}(\mathbf{r}_1 \tau_1; \mathbf{r}_2 \tau_2) = -\langle \mathcal{T}_\tau \bar\psi_\downarrow^\mathrm{M}(\mathbf{r}_1 \tau_1)\bar\psi_\uparrow^\mathrm{M}(\mathbf{r}_2 \tau_2)\rangle \quad (4.104)$$

秩序パラメーターは，次式で表される．

$$\Delta^*(\mathbf{r}) = |g|\bar{\mathcal{F}}(\mathbf{r}\tau^+;\mathbf{r}\tau) \quad (4.105)$$

松原演算子は，次の運動方程式を満たす (式(4.64)参照)．

$$-\frac{\partial}{\partial \tau}\psi_\uparrow^\mathrm{M}(\mathbf{r},\tau) = \left[\hat\xi + V(\mathbf{r})\right]\psi_\uparrow^\mathrm{M}(\mathbf{r},\tau) - \Delta(\mathbf{r})\bar\psi_\downarrow^\mathrm{M}(\mathbf{r},\tau)$$
$$-\frac{\partial}{\partial \tau}\bar\psi_\downarrow^\mathrm{M}(\mathbf{r},\tau) = -\left[\hat\xi_\mathrm{c} + V(\mathbf{r})\right]\bar\psi_\downarrow^\mathrm{M}(\mathbf{r},\tau) - \Delta^*(\mathbf{r})\psi_\uparrow^\mathrm{M}(\mathbf{r},\tau) \quad (4.106)$$

4.4. 超伝導における Green 関数：南部-Gor'kov 形式

したがって，温度 Green 関数に対する Gor'kov 方程式は，次のようになる．

$$\left(-\frac{\partial}{\partial \tau} - \left(\hat{\xi} + V\right)_\mathbf{r}\right)\mathcal{G}(\mathbf{r}\tau, \mathbf{r}'\tau') + \Delta(\mathbf{r})\bar{\mathcal{F}}(\mathbf{r}\tau, \mathbf{r}'\tau') = \delta(\mathbf{r}-\mathbf{r}')\delta(\tau-\tau')$$
$$\left(-\frac{\partial}{\partial \tau} + \left(\hat{\xi}_c + V\right)_\mathbf{r}\right)\bar{\mathcal{F}}(\mathbf{r}\tau, \mathbf{r}'\tau') + \Delta^*(\mathbf{r})\mathcal{G}(\mathbf{r}\tau, \mathbf{r}'\tau') = 0 \quad (4.107)$$

一様な系の場合には，Fourier 変換ができる．

$$(i\omega_s - \xi_\mathbf{p})\mathcal{G}(\mathbf{p}, \omega_s) + \Delta \bar{\mathcal{F}}(\mathbf{p}, \omega_s) = 1$$
$$(i\omega_s + \xi_\mathbf{p})\bar{\mathcal{F}}(\mathbf{p}, \omega_s) + \Delta^* \mathcal{G}(\mathbf{p}, \omega_s) = 0 \quad (4.108)$$

解は，次のように与えられる．

$$\mathcal{G}(\mathbf{p}, \omega_s) = -\frac{i\omega_s + \xi_\mathbf{p}}{\omega_s^2 + E_\mathbf{p}^2} \quad (4.109)$$

$$\bar{\mathcal{F}}(\mathbf{p}, \omega_s) = \frac{\Delta^*}{\omega_s^2 + E_\mathbf{p}^2} = F^+(\mathbf{p}, i\omega_s) \quad (4.110)$$

この式に，秩序パラメーターの式，

$$\Delta^* = |g|\bar{\mathcal{F}}(\mathbf{r}=\mathbf{0}, \tau=0^+) \equiv |g| T \sum_{s=-\infty}^{\infty} \int \frac{d^3\mathbf{p}}{(2\pi)^3} \bar{\mathcal{F}}(\mathbf{p}, \omega_s)$$

を代入すると，次式が得られる．

$$1 = \frac{|g|T}{(2\pi)^3} \sum_s \int \frac{d^3\mathbf{p}}{\omega_s^2 + E_\mathbf{p}^2} \quad (4.111)$$

これは $\Delta(T)$ に関する BCS のギャップ方程式そのものである．和の計算には，次の公式を適用することができる．

$$\sum_s \left[(2s+1)^2 \pi^2 + a^2\right]^{-1} = \frac{1}{2a}\tanh\frac{a}{2}$$

4.4.4 超伝導の電流輸送状態

我々は超伝導の最も注目すべき性質である超伝導電流 (supercurrent) についてまだ考察していない．超伝導凝縮体を形成する Cooper 対が超伝導電流を担うことになるが，ここまでの解析では Cooper 対が静止しているものと仮定してある．したがって，Cooper 対が有限の運動量を持つ場合について，すべての議論を繰り返す必要があるように思われる．

しかし幸いなことに，初めから導出をやり直さなくとも，Gor'kov方程式を超伝導の電流輸送状態を記述するように修正することができる．

まず凝縮体全体が一様な速度（超流動速度：superfluid velocity）$\mathbf{v}_s$で移動しているものと仮定しよう．Galileo（ガリレオ）変換によって，次の変更が生じることは明らかである．

$$a_{\mathbf{p}} \to a_{\mathbf{p}-m\mathbf{v}_s}$$
$$a_{\mathbf{p}}^{\dagger} \to a_{\mathbf{p}-m\mathbf{v}_s}^{\dagger} \quad (4.112)$$

$$\psi_{\sigma}(\mathbf{r}) \to e^{im\mathbf{v}_s\mathbf{r}}\psi_{\sigma}(\mathbf{r})$$
$$\psi_{\sigma}^{\dagger}(\mathbf{r}) \to e^{-im\mathbf{v}_s\mathbf{r}}\psi_{\sigma}^{\dagger}(\mathbf{r}) \quad (4.113)$$

したがって場の演算子は，位相因子，

$$\exp(im\chi(\mathbf{r}))$$

を持つことになる．外場がない場合には，次の関係が成り立つ．

$$\mathbf{v}_s = \nabla\chi(\mathbf{r})$$

Gor'kov関数にも位相因子が付く．

$$G(X,X') \to \exp\left(im(\chi(\mathbf{r})-\chi(\mathbf{r}'))\right)\tilde{G}(X,X') \quad (4.114)$$

$$F^{+}(X,X') \to \exp\left(-im(\chi(\mathbf{r})+\chi(\mathbf{r}'))\right)\tilde{F}^{+}(X,X') \quad (4.115)$$

$$\Delta^{*}(\mathbf{r}) \to \exp(-2im\chi(\mathbf{r}))|\Delta(\mathbf{r})| \equiv \exp(-2im\chi(\mathbf{r}))\Delta(\mathbf{r}) \quad (4.116)$$

超伝導電流が一様な分布を持つ場合は$\chi(\mathbf{r}) = \mathbf{v}_s\cdot\mathbf{r}$ (+ const.)であるが，超流動速度と秩序パラメーターの位相を関係づけると，電流が一様であると仮定して任意の$\chi(\mathbf{r})$と$\mathbf{v}_s(\mathbf{r})$を考えることはできなくなる．

ベクトルポテンシャルが横波成分だけを持つゲージ（$\nabla\cdot\mathbf{A} = 0$）を選ぶことにしよう§．こうすると，ベクトルポテンシャルと運動量演算子が可換になるので計算が簡単になる（**Landau and Lifshitz 1989**）．任意の空間分布関数$f(\mathbf{r})$, $g(\mathbf{r})$に対して$[\hat{\mathbf{p}}, f]g = -i\hbar(\nabla f)g$が成立するので，このゲージでは$[\hat{\mathbf{p}}, \mathbf{A}] = -i\hbar\nabla\cdot\mathbf{A} = 0$となる．

式(4.115)をGor'kov方程式に代入すると，Gor'kov関数に関して次式が得られる．

$$\left(i\frac{\partial}{\partial t} - \frac{1}{2m}(\hat{\mathbf{p}}+m\mathbf{v}_s)^2 - \mu\right)\tilde{G}(X,X') + \Delta(\mathbf{r})\tilde{F}^{+}(X,X') = \delta(X-X')$$

$$\left(i\frac{\partial}{\partial t} + \frac{1}{2m}(\hat{\mathbf{p}}-m\mathbf{v}_s)^2 + \mu\right)\tilde{F}^{+}(X,X') + \Delta(\mathbf{r})\tilde{G}(X,X') = 0 \quad (4.117)$$

---

§（訳註）超伝導体内部で$\nabla\cdot\mathbf{A} = 0$，超伝導体表面で$\mathbf{A}\cdot\mathbf{n} = 0$（$\mathbf{n}$は超伝導体表面の法線ベクトル）と置くとゲージが一意的に決まる．これをLondonゲージと呼ぶ．

4.4. 超伝導における Green 関数：南部-Gor'kov 形式

ここで，秩序パラメーターの位相と電磁場のベクトルポテンシャルが，ゲージ不変な超流動速度を通じて導入される．

$$\mathbf{v}_s(\mathbf{r}) = \nabla \chi(\mathbf{r}) - \frac{e}{mc}\mathbf{A}(\mathbf{r}) \tag{4.118}$$

$$\nabla \times \mathbf{v}_s(\mathbf{r}) = -\frac{e}{mc}\mathbf{B}(\mathbf{r}) \tag{4.119}$$

超伝導電流は"熱力学的な流れ"であり，"平衡状態の流れ"である．すなわち絶対零度では，系の基底状態の性質と見なすべきものである．したがって超伝導電流を熱力学的に計算することができ，それは熱力学的ポテンシャルのベクトルポテンシャルに関する変分として表される．

$$\begin{aligned}-\frac{1}{c}\mathbf{j}(\mathbf{r}) &= \left(\frac{\delta E}{\delta \mathbf{A}(\mathbf{r})}\right)_{S,V,N} = \left(\frac{\delta F}{\delta \mathbf{A}(\mathbf{r})}\right)_{T,V,N} \\ &= \left(\frac{\delta W}{\delta \mathbf{A}(\mathbf{r})}\right)_{S,P,N} = \left(\frac{\delta \Phi}{\delta \mathbf{A}(\mathbf{r})}\right)_{T,P,N} \\ &= \left(\frac{\delta \Omega}{\delta \mathbf{A}(\mathbf{r})}\right)_{T,V,\mu} \end{aligned} \tag{4.120}$$

したがって，一般式として，次式が得られる．

$$\begin{aligned}\mathbf{j}(\mathbf{r}) &= -c\frac{\delta \Omega}{\delta \mathbf{A}(\mathbf{r})} \\ &= \frac{ie}{2m}\sum_{\sigma}\left\langle \left(\nabla \psi_{\sigma}^{\dagger}(\mathbf{r})\right)\psi_{\sigma}(\mathbf{r}) - \psi_{\sigma}^{\dagger}(\mathbf{r})\left(\nabla \psi_{\sigma}(\mathbf{r})\right)\right\rangle - \frac{e^2}{mc}\mathbf{A}(\mathbf{r})\sum_{\sigma}\langle \psi_{\sigma}^{\dagger}(\mathbf{r})\psi_{\sigma}(\mathbf{r})\rangle \end{aligned} \tag{4.121}$$

上の電流の式は，電荷保存則を満足する．

$$\nabla \cdot \mathbf{j}(\mathbf{r}) = 0 \tag{4.122}$$

この電流を，通常の Green 関数を用いて表すことができる (2.1.4 項と比較せよ)．

$$\begin{aligned}\mathbf{j}(\mathbf{r}) &= \frac{ie}{m}\lim_{\mathbf{r}'\to\mathbf{r}}(\nabla_{\mathbf{r}'}-\nabla_{\mathbf{r}})\tilde{\mathcal{G}}(\mathbf{r}0,\mathbf{r}'0^+) + 2e\mathbf{v}_s(\mathbf{r})\tilde{\mathcal{G}}(\mathbf{r}0,\mathbf{r}'0^+) \\ &= \frac{ie}{m}\lim_{\mathbf{r}'\to\mathbf{r}}(\nabla_{\mathbf{r}'}-\nabla_{\mathbf{r}})T\sum_{s=-\infty}^{\infty}\tilde{\mathcal{G}}(\mathbf{r},\mathbf{r}',\omega_s) + 2e\mathbf{v}_s(\mathbf{r})T\sum_{s=-\infty}^{\infty}\tilde{\mathcal{G}}(\mathbf{r},\mathbf{r}',\omega_s) \end{aligned} \tag{4.123}$$

これは，Green 関数の定義から直接に導くことができる結果である．

勾配展開 (局所近似)

ここで我々は，第3章で運動論的方程式を導出したときと同様に勾配展開を行う．$\mathbf{A}(\mathbf{r})$, 超流動速度，秩序パラメーターが座標に対して緩やかに変化する関数であると仮定し，Wigner表示を採用する．

$$\mathbf{R} = \frac{\mathbf{r}+\mathbf{r}'}{2}; \quad \rho = \mathbf{r}-\mathbf{r}' \tag{4.124}$$

$$f(\mathbf{r},\mathbf{r}') \to f(\mathbf{R},\mathbf{q}) \equiv \int d^3\rho\, e^{-i\mathbf{q}\rho} f\left(\mathbf{R}+\frac{\rho}{2},\mathbf{R}-\frac{\rho}{2}\right) \tag{4.125}$$

$$\hat{\mathbf{p}} = -i\nabla \to \mathbf{q} - \frac{i}{2}\nabla_\mathbf{R}; \quad \mathbf{r} \to \mathbf{R} + \frac{i}{2}\nabla_\mathbf{q} \tag{4.126}$$

そうするとGor'kov方程式は，次のようになる．

$$\left\{i\omega_s - \frac{1}{2m}\left(\mathbf{q} - \frac{i}{2}\nabla_\mathbf{R} + m\mathbf{v}_s\left(\mathbf{R} - \frac{i}{2}\nabla_\mathbf{q}\right)\right)^2 + \mu\right\}\mathcal{G}(\mathbf{R},\mathbf{q},\omega_s)$$
$$+ \Delta\left(\mathbf{R} - \frac{i}{2}\nabla_\mathbf{q}\right)\bar{\mathcal{F}}(\mathbf{R},\mathbf{q},\omega_s) = 1$$

$$\left\{i\omega_s + \frac{1}{2m}\left(\mathbf{q} - \frac{i}{2}\nabla_\mathbf{R} - m\mathbf{v}_s\left(\mathbf{R} - \frac{i}{2}\nabla_\mathbf{q}\right)\right)^2 - \mu\right\}\bar{\mathcal{F}}(\mathbf{R},\mathbf{q},\omega_s)$$
$$+ \Delta\left(\mathbf{R} - \frac{i}{2}\nabla_\mathbf{q}\right)\mathcal{G}(\mathbf{R},\mathbf{q},\omega_s) = 0$$

勾配のゼロ次の項をとると，次の代数方程式になる．

$$\left\{i\omega_s - \frac{1}{2m}\left(\mathbf{q}+m\mathbf{v}_s(\mathbf{R})\right)^2 + \mu\right\}\mathcal{G}(\mathbf{R},\mathbf{q},\omega_s) + \Delta(\mathbf{R})\bar{\mathcal{F}}(\mathbf{R},\mathbf{q},\omega_s) = 1$$
$$\left\{i\omega_s + \frac{1}{2m}\left(\mathbf{q}-m\mathbf{v}_s(\mathbf{R})\right)^2 - \mu\right\}\bar{\mathcal{F}}(\mathbf{R},\mathbf{q},\omega_s) + \Delta(\mathbf{R})\mathcal{G}(\mathbf{R},\mathbf{q},\omega_s) = 0$$

このとき電流は，次式で与えられる．

$$\mathbf{j}(\mathbf{R}) = \frac{2e}{m}T\sum_s \int \frac{d^3\mathbf{q}}{(2\pi)^3}\left(\mathbf{q}+m\mathbf{v}_s(\mathbf{R})\right)\mathcal{G}(\mathbf{R},\mathbf{q},\omega_s) \tag{4.127}$$

Gor'kov方程式の解は，次のようになる．

$$\mathcal{G}(\mathbf{R},\mathbf{q},\omega_s) = \frac{1}{2}\left\{\frac{1+\tilde{\xi}_q(\mathbf{R})/E_q(\mathbf{R})}{i\omega_s - \mathbf{q}\cdot\mathbf{v}_s(\mathbf{R}) - E_q(\mathbf{R})} + \frac{1-\tilde{\xi}_q(\mathbf{R})/E_q(\mathbf{R})}{i\omega_s - \mathbf{q}\cdot\mathbf{v}_s(\mathbf{R}) + E_q(\mathbf{R})}\right\} \tag{4.128}$$

$$\bar{\mathcal{F}}(\mathbf{R},\mathbf{q},\omega_s) = \frac{\Delta(\mathbf{R})}{2E_q(\mathbf{R})}\left\{\frac{1}{i\omega_s - \mathbf{q}\cdot\mathbf{v}_s(\mathbf{R}) + E_q(\mathbf{R})} - \frac{1}{i\omega_s - \mathbf{q}\cdot\mathbf{v}_s(\mathbf{R}) - E_q(\mathbf{R})}\right\} \tag{4.129}$$

4.4. 超伝導における Green 関数：南部-Gor'kov 形式

超伝導電流の存在によって，$i\omega_s$ が，

$$i\omega_s - \mathbf{q} \cdot \mathbf{v}_s$$

に置き換わり，化学ポテンシャルは，

$$\mu \to \mu(\mathbf{R}) = \mu - \frac{m v_s^2}{2} \tag{4.130}$$

のように変更を受ける．運動エネルギー項は，次のようになる．

$$\tilde{\xi}_q(\mathbf{R}) = \frac{q^2}{2m} - \mu(\mathbf{R}) = \xi_q(\mathbf{R}) + \frac{m v_s^2}{2}$$

このことを考慮すると，運動エネルギーと励起エネルギーの関係は，局所的に見て，電流のない場合と同様になる．

$$E_q(\mathbf{R})^2 = \tilde{\xi}_q(\mathbf{R})^2 + \Delta(\mathbf{R})^2 \tag{4.131}$$

$i\omega_s$（時間に関する Green 関数なら ω）の変更の式は，超伝導体の"エネルギーギャップ"が $\mathbf{q} \cdot \mathbf{v}_s$ の最大値，すなわち $q v_s$ の分だけ減じられることを意味する．すなわち $\Delta - q v_s$ のエネルギーで素励起を生じることができるようになる．しかしこれに伴って"秩序パラメーター"がどのように変更を受けるかという問題については，別途考察しなければならない．

超伝導電流の式

奇数番目の (Fermi 粒子の) 松原振動数に関する和の公式，

$$T \sum_{s=-\infty}^{\infty} \frac{1}{i\omega_s - \alpha} = n_{\mathrm{F}}(\alpha)$$

を用いると，

$$T \sum_{s=-\infty}^{\infty} \tilde{\mathcal{G}}(\mathbf{q}, \omega_s) = \frac{1}{2} \left\{ \left(1 + \frac{\tilde{\xi}_q}{E_q}\right) n_{\mathrm{F}}(\mathbf{q}\mathbf{v}_s + E_q) + \left(1 - \frac{\tilde{\xi}_q}{E_q}\right) n_{\mathrm{F}}(\mathbf{q}\mathbf{v}_s - E_q) \right\} \tag{4.132}$$

という関係が得られるので，超伝導電流の式は，次のようになる (式(4.123)参照)．

$$\mathbf{j}(\mathbf{R}) = \frac{e}{m} \int \frac{d^3 \mathbf{q}}{(2\pi)^3} \left(\mathbf{q} + m\mathbf{v}_s(\mathbf{R})\right)$$
$$\times \left\{ \left(1 + \frac{\tilde{\xi}_q}{E_q}\right) n_{\mathrm{F}}(\mathbf{q}\mathbf{v}_s + E_q) + \left(1 - \frac{\tilde{\xi}_q}{E_q}\right) n_{\mathrm{F}}(\mathbf{q}\mathbf{v}_s - E_q) \right\} \tag{4.133}$$

全電子密度は，次式で与えられる．

$$n(\mathbf{R}) \equiv 2\int \frac{d^3q}{(2\pi)^3} T\sum_{s=-\infty}^{\infty} \tilde{\mathcal{G}}(\mathbf{q},\omega_s)$$
$$= \int \frac{d^3q}{(2\pi)^3}\left\{\left(1+\frac{\tilde{\xi}_q}{E_q}\right)n_\mathrm{F}(\mathbf{q}\mathbf{v}_s+E_q) + \left(1-\frac{\tilde{\xi}_q}{E_q}\right)n_\mathrm{F}(\mathbf{q}\mathbf{v}_s-E_q)\right\}$$
(4.134)

したがって，式(4.133)において超流動速度 $\mathbf{v}_s$ に比例する項は，単純に，

$$\mathbf{j}_2 = ne\mathbf{v}_s$$

という形を持つ．

有限温度では凝縮に参加している電子とそうでない電子があると考えると，$\mathbf{j} = n_s e \mathbf{v}_s$, $n_s \leq n$ という式が想定される．この式は"超伝導電子密度"n_s の定義を与えている[‡]．これが何を意味するにせよ，"常伝導電子"(n_n は常伝導電子密度で $n_n+n_s=n$ とする)の寄与を除くために，式(4.133)の残りの項が，

$$\mathbf{j}_1 = -n_n e \mathbf{v}_s \equiv -\mathbf{j}_n$$

であると考えることができる．

ここで，

$$n_\mathrm{F}(-x) = 1 - n_\mathrm{F}(x)$$

という性質と，

$$\int d^3q\, \mathbf{q}\left(1\pm\frac{\tilde{\xi}_q}{E_q}\right) = 0$$

という関係に注意すると(後者はエネルギーが方向に依存しないことによる)，この電流成分を次のように書ける．

$$\mathbf{j}_1(\mathbf{R}) = \frac{e}{m}\int \frac{d^3q}{(2\pi)^3}\mathbf{q}\left\{\left(1+\frac{\tilde{\xi}_q}{E_q}\right)n_\mathrm{F}(E_q+\mathbf{q}\mathbf{v}_s) - \left(1-\frac{\tilde{\xi}_q}{E_q}\right)n_\mathrm{F}(E_q-\mathbf{q}\mathbf{v}_s)\right\}$$
$$\approx -\frac{2e}{m}\int \frac{d^3q}{(2\pi)^3}\mathbf{q}\,n_\mathrm{F}(E_q-\mathbf{q}\mathbf{v}_s) \qquad (4.135)$$

[‡](訳註) ここでは絶対零度ですべての電子が凝縮に参加していると考えるので，4.1節の訳註(p.171)に示した"対の密度"に関する第1の見方(対密度=電子密度×$\frac{1}{2}$)に立っていることになる．Fermi準位より充分に低いエネルギーを持つFermi球内部の電子は，積極的に凝縮状態に寄与しているわけではないが，元々Pauliの排他律による制約で散乱をほとんど受けないので，凝縮を乱す要因にならないという意味で，凝縮に参加していると見てもよい．

4.4. 超伝導における Green 関数：南部-Gor'kov 形式

$n_{\rm F}(E_q - {\bf q}{\bf v}_s)$ は，速度 ${\bf v}_s$ で移動する Fermi 粒子 (ここでは Bogoliubov 粒子) の分布関数である．したがって ${\bf j}_1$ は，凝縮体とともに移動する素励起の流れに負号をつけたものになる．

$$ {\bf j}_1 = -{\bf j}_n \equiv -n_n e {\bf v}_s $$

素励起が担う電流は散逸を伴うので (常伝導なので)，この項は超伝導体における"常伝導電流成分"を表す．よって平衡状態における正味の電流は，超伝導電流成分で表される．

$$ {\bf j}({\bf R}) = {\bf j}_s = n e {\bf v}_s - n_n e {\bf v}_s \equiv n_s e {\bf v}_s({\bf R}) \tag{4.136} $$

ここで，

$$ n_n + n_s = n \tag{4.137} $$

である．既に述べたように，これが超伝導電子密度の定義となっている．

4.4.5　電流による超伝導状態の破壊

エネルギーギャップが超伝導電流に線形に依存して減少することを既に指摘したが，秩序パラメーターは自己無撞着の関係を満たさなければならない．

$$ \Delta({\bf R}) = |g| T \sum_s \int \frac{d^3 {\bf q}}{(2\pi)^3} \bar{\tilde{\mathcal{F}}}({\bf R}, {\bf q}, \omega_s) \tag{4.138} $$

異常 Green 関数の式 (4.129) を代入すると，次の積分方程式が得られる．

$$ 1 = |g| \int \frac{d^3 {\bf q}}{(2\pi)^3} \frac{1}{2 E_q} \bigl(1 - n_{\rm F}(E_q + {\bf q}{\bf v}_s) - n_{\rm F}(E_q - {\bf q}{\bf v}_s) \bigr) \tag{4.139} $$

角度方向の積分を行うと，次のようになる．

$$ 1 = |g| N(0) \int_0^{\omega_{\rm D}} \frac{d\xi}{E(\xi)} \left(1 + \frac{T}{p_{\rm F} v_s} \ln \frac{1 + \exp\left\{ -\dfrac{E(\xi) + p_{\rm F} v_s}{T} \right\}}{1 + \exp\left\{ -\dfrac{E(\xi) - p_{\rm F} v_s}{T} \right\}} \right) \tag{4.140} $$

絶対零度の場合，この方程式は扱いやすいものになる．${\bf j} = {\bf 0}$ のときの秩序パラメーターを Δ_0 として，

$$ p_{\rm F} v_s < \Delta_0 \tag{4.141} $$

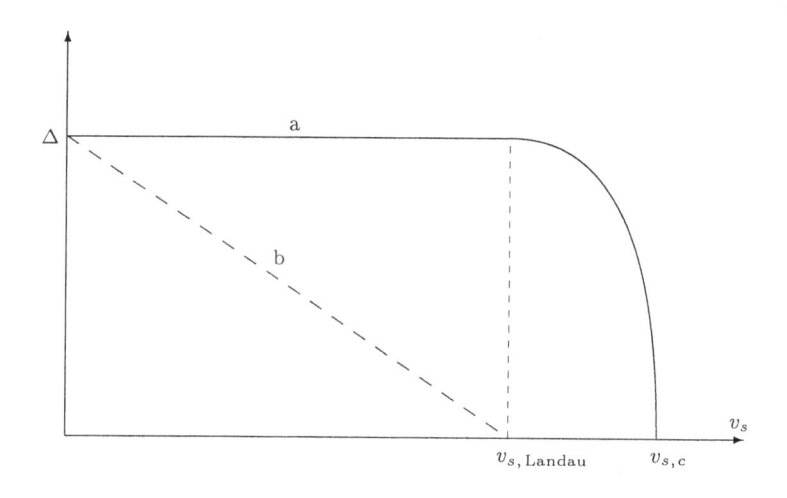

図4.13 秩序パラメーター (a) とエネルギーギャップ (b) の超流動速度依存性.

であれば，括弧内の第2項はゼロになる．このとき指数関数は ($T \to 0$ と置くので) 両方ともゼロである．したがって秩序パラメーターの方程式は，超伝導電流のないときのものと同じになる．式(4.141)は "Landau の臨界条件" (Landau criterion) の式と呼ばれ，エネルギーギャップ(秩序パラメーターではない)がゼロになる v_s の最小速度を決める．しかし Bose 粒子系の超流体と異なり，3次元の超伝導体は $v_{s,\text{Landau}} = \Delta_0/p_\text{F}$ に達したときに超伝導でなくなるわけではない．これより速い $v_{s,c}$ まで "ギャップレス超伝導" の状態が保持されることを，式(4.140)において見ることができる (**Swidzinsky 1982** 参照).

秩序パラメーターが $\Delta < \Delta_0 < p_\text{F} v_s$ であるとし，$\omega_\Delta = \sqrt{(p_\text{F} v_s)^2 - \Delta^2}$ とおくと，式(4.140)の右辺は，

$$|g| N(0) \left(\int_0^{\omega_\Delta} \frac{d\xi}{p_\text{F} v_s} + \int_{\omega_\Delta}^{\omega_\text{D}} \frac{d\xi}{\sqrt{\xi^2 + \Delta^2}} \right)$$
$$= |g| N(0) \left(\sqrt{1 - \frac{\Delta^2}{(p_\text{F} v_s)^2}} + \int_{\omega_\Delta}^{\omega_\text{D}} \frac{d\xi}{\sqrt{\xi^2 + \Delta^2}} \right)$$

となる．また左辺を，

$$|g| N(0) \int_0^{\omega_\text{D}} \frac{d\xi}{\sqrt{\xi^2 + \Delta_0^2}}$$

と書き換えることができる．積分を実行すると，最終的に次式が得られる．

$$\sqrt{1 - \frac{\Delta^2}{(p_{\rm F} v_s)^2}} + \ln\left[\frac{1 + \sqrt{1 - \frac{\Delta^2}{\omega_{\rm D}^2}}}{1 + \sqrt{1 - \frac{\Delta^2}{(p_{\rm F} v_s)^2}}}\right] = \ln\frac{p_{\rm F} v_s}{\Delta_0} + \ln\left[1 + \sqrt{1 - \frac{\Delta_0^2}{\omega_{\rm D}^2}}\right]$$

$\Delta = 0$, すなわち,

$$1 = \ln\frac{p_{\rm F} v_{s,c}}{\Delta_0} + \ln\left[1 + \sqrt{1 - \frac{\Delta_0^2}{\omega_{\rm D}^2}}\right]$$

となるときに, 超伝導状態は電流によって破壊される. $(\Delta_0^2/\omega_{\rm D}^2) \ll 1$ なので, 臨界速度は次式で表される.

$$v_{s,c} = \frac{\Delta_0}{p_{\rm F}} \exp\left(1 - \ln\left[1 + \sqrt{1 - \frac{\Delta_0^2}{\omega_{\rm D}^2}}\right]\right) \approx v_{s,\,{\rm Landau}} e^{1 - \ln 2} \qquad (4.142)$$

これで $v_{s,\,{\rm Landau}}$ と $v_{s,c} \approx 1.359 v_{s,\,{\rm Landau}}$ の間に, 任意の小さなエネルギーによって素励起が生じるにもかかわらず, 超伝導状態を保っている v_s の領域が存在することが判った (図4.13参照. ギャップは臨界点付近で $\Delta(v_{s,c} - v_s) \propto \sqrt{v_{s,c} - v_s}$ のように振舞うことを確認できる). このようなギャップレス超伝導の領域が存在する理由は, 超伝導体における素励起が Bose 粒子系の超流体の場合と異なり, Fermi 面近傍に生じることによる. 超伝導の破壊は, 超流体の運動量がすべて準粒子に移行したときに起こるので, 一定の量の準粒子の生成が必要であり, このために Fermi 粒子系では Fermi 面上にエネルギーギャップがゼロになる有限の位相空間領域が存在しなければならない. しかし3次元の超伝導系が Landau の臨界条件に達した時にギャップがゼロになるのは, Fermi 面上のある無限小の領域だけである. 超流動速度が増すにつれて, このギャップがゼロの領域が拡大して準粒子の生成頻度も徐々に増大し, 秩序パラメーターは $v_{s,c}$ でゼロになるまで連続的に減少する.

ここでは系の次元が決定的に重要である. たとえば形式的に1次元の場合を考えると, 秩序パラメーターが $v_{s,\,{\rm Landau}}$ において直ちにゼロになることは, 式(4.139)から明らかである (Bagwell 1994). このことは少し奇異に見えるが, この場合, 準粒子の生成に寄与する位相空間領域が, 徐々に増大する余地がなくなるのである.

4.5 Andreev 反射

Andreev 反射 (Andreev reflection) は, 超伝導体と常伝導体の境界で生じる特異な現象である.

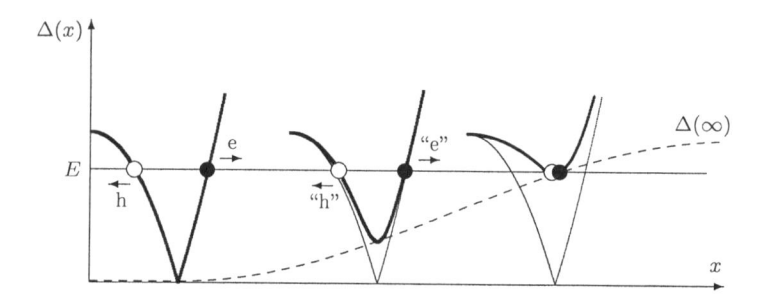

図4.14 常伝導-超伝導界面付近の秩序パラメーターの変化と準粒子のAndreev反射. 準粒子は $E = \Delta(x)$ となる点で, 反対方向の速度を持つもう一方の分枝の準粒子 (たとえば電子から, 元の電子と反対方向の速度を持つ正孔) へと入れ替わる.

ここまで取り上げて来なかった素朴な疑問を考えてみよう. 電流は常伝導体の導線から超伝導体へどのように流れるのだろうか? 常伝導体では Fermi 面付近の準粒子によって, 任意に低い電圧の下で電流が流れるが, 準粒子は常伝導-超伝導 (NS) 界面をどのように通過できるのか? 超伝導体における準粒子の状態密度にはギャップがある. 電子的もしくは正孔的な Bogoliubov 粒子は, このギャップ以上のエネルギー $E > \Delta$ だけにしか存在できないので, ギャップエネルギー以下の準電子 (および準正孔) は, そのまま超伝導体内に入ることができない. しかしながら電流はギャップ以下の電圧の下でも, 実際にそのような界面を通過して流れるので, 実電子は境界を透過できるはずである. この過程によって常伝導金属中の準電子が消滅する. そのとき代わりに何が生じるのであろうか.

まず初めに, 面状の緩やかな境界を持つNS界面を考察しよう. $\Delta(x)$ は, 空間座標 x だけに対してゆっくりと変化する関数とする. 超伝導領域と常伝導領域の違いは, 秩序パラメーターの値の違いとなって現れ, 準粒子の分散則は図4.14に示すように, x 軸に沿って空間的に変化する. ギャップの境界条件は, $\Delta(x = -\infty) = 0$ (常伝導状態), $\Delta(x = \infty) = \Delta$ (超伝導体の巨視的結晶内の値) である.

準粒子の干渉性因子 u, v は Bogoliubov-de Gennes 方程式を満たす. ここでは $\hat{\xi}_c = \hat{\xi} = -\dfrac{\hbar^2}{2m}\nabla^2 - \mu$ とし, Δ を実数とおくことができる.

$$\begin{bmatrix} \hat{\xi} & \Delta(\mathbf{r}) \\ \Delta(\mathbf{r}) & -\hat{\xi} \end{bmatrix} \begin{bmatrix} u(\mathbf{r}) \\ v(\mathbf{r}) \end{bmatrix} = E \begin{bmatrix} u(\mathbf{r}) \\ v(\mathbf{r}) \end{bmatrix} \tag{4.143}$$

次の形の解を求めてみよう.

4.5. Andreev反射

$$u_{\mathbf{q}}(\mathbf{r}) = e^{ik_F \mathbf{n}\cdot\mathbf{r}}\eta(\mathbf{r})$$
$$v_{\mathbf{q}}(\mathbf{r}) = e^{ik_F \mathbf{n}\cdot\mathbf{r}}\chi(\mathbf{r})$$

$\eta(\mathbf{r})$ と $\chi(\mathbf{r})$ の変化は，指数関数因子に比べて緩やかであるものとする．2次微分の項を省くと，次式が得られる．

$$\begin{aligned}(i\hbar v_F(\mathbf{n}\cdot\nabla) + E)\eta(\mathbf{r}) + \Delta(\mathbf{r})\chi(\mathbf{r}) = 0\\ (i\hbar v_F(\mathbf{n}\cdot\nabla) - E)\chi(\mathbf{r}) + \Delta(\mathbf{r})\eta(\mathbf{r}) = 0\end{aligned} \quad (4.144)$$

$x \to \infty$ のとき，解は座標に対して，

$$e^{q(E)\mathbf{n}\cdot\mathbf{r}}; \quad \hbar v_F q = \pm\sqrt{E^2 - \Delta^2} \quad (4.145)$$

のように依存するので，伝播解は $E > \Delta$ のときだけ存在する．あらかじめ予想されるように，ギャップ以下のエネルギーを持つ常伝導体側の準粒子は，超伝導体内では相当する準粒子が存在しないので，超伝導体へ入ることができない．また実効ポテンシャルの空間変化は緩やかであると仮定しているので，運動量を反転させるような反射過程もここでは生じ得ない．可能な反射過程は，群速度の方向を反転させ，励起スペクトルの分枝(ブランチ)を変えるようなものである(図4.14 参照)．

$x \to -\infty$ では，解は次のようになる．

$$\eta(\mathbf{r}) = Ae^{i\mathbf{k}\mathbf{n}\cdot\mathbf{r}} \quad (4.146)$$
$$\chi(\mathbf{r}) = Be^{-i\mathbf{k}\mathbf{n}\cdot\mathbf{r}} \quad (4.147)$$
$$k = \frac{E}{\hbar v_F} \quad (4.148)$$

A と B は積分定数である．式(4.146) は電子的な準粒子，式(4.147) は正孔的な準粒子を記述している．$n_x > 0$ ならば，準電子が $-\infty$ から境界領域へ入射した際に，準正孔が反射される．逆に準正孔が入射して準電子が反射する過程も同様に起こる．

通常の反射とは異なり，Andreev反射では異なる準粒子分枝(ブランチ)との間で速度成分の入れ替えが生じる(準正孔成分から準電子成分，もしくはその逆)．

この性質により，Andreev反射は"NS界面を電流が通過する機構"となる．速度 $\mathbf{v}$ の準電子は速度 $-\mathbf{v}$ の準正孔に変換されるが，両者は同じ電流を同じ方向に運ぶ．実電子の振舞いを見ると，常伝導体中でFermi準位の上にある電子が，Fermi準位の下にある電子とCooper対(つい)を形成し，超伝導体内部へ入る(図4.15)．このようにして常伝導体中の散逸を伴う準粒子電流が，超伝導体の超伝導電流へ変換されるのである．反射された正孔は，Fermi準位の下から対(つい)形成のために電子が抜き取られたこと

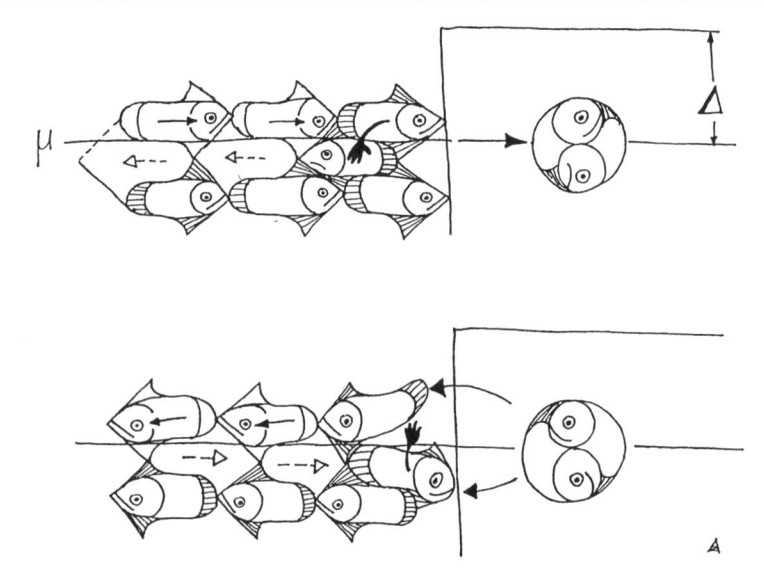

図 4.15 Andreev 反射の物理的描像.

によって生じたものである．これと共役な過程では，超伝導体内の Cooper 対のうちのひとつの電子が常伝導体側から入射してきた正孔を埋め，もうひとつの電子が常伝導体の中を伝播してゆく．

この描像を詳細に調べるために，今度は対ポテンシャルが段差状になっている急峻な SN 接合を考察しよう (図 4.16)．

$$\Delta(x,y,z) = \Delta e^{i\phi}\theta(x) \tag{4.149}$$

これはもちろん，ひとつの近似にすぎない (しばしば用いられるものではあるが)．対ポテンシャルは式 (4.71) から自己無撞着に決まるべきものなので，超伝導体内の対ポテンシャルは，NS 界面付近 (ξ_0 程度の範囲[§]) では低下している．この現象は"近接効果" (proximity effect) と呼ばれている (後からこの言葉のもうひとつの意味について言及する)．しかしこの近接効果は，当面の問題に関しては小さな補正を生じるだけであり，考慮しなくともよい．

[§](訳註) $\xi_0 \equiv \hbar v_F/\pi\Delta_0$ は BCS のコヒーレンス長と呼ばれるパラメーターで，清浄な超伝導金属における Cooper 対の"大きさ"(対間距離，非局所性) の目安となる．また臨界温度より充分に低い温度において，対ポテンシャルに空間分布を持たせるときの特徴的な距離指標とも関係する．**Tinkham 1996**, Ch.3, Ch.4 参照．

4.5. Andreev反射

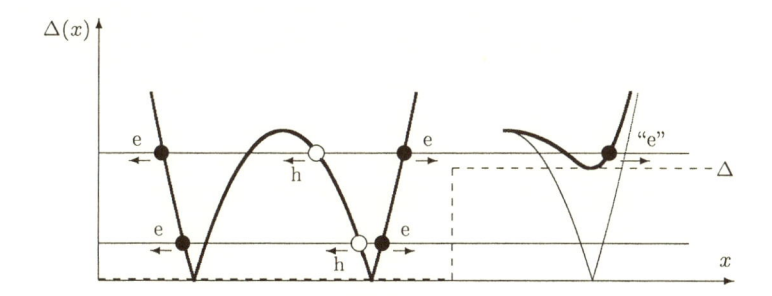

図4.16 段差状の対ポテンシャル．Andreev反射と通常の反射が両方起こる．(ギャップエネルギー以下では，通常の反射は起こらない．)

系は y 方向と z 方向には一様なので，y, z 方向のモードは $e^{ik_y y + ik_z z}$ とおくことができる．このモードに関する Bogoliubov-de Gennes 方程式は，式(4.143) に以下の条件を与えたものになる．

$$\hat{\xi} \to -\frac{\hbar^2}{2m}\frac{d^2}{dx^2}$$

$$\mu \to \mu_{k_y,k_z} = \mu - \frac{k_y^2 + k_z^2}{2m}$$

$$k_\mathrm{F} \to k_{\mathrm{F},k_y,k_z} = \sqrt{k_\mathrm{F}^2 - (k_y^2 + k_z^2)}$$

(表記を簡単にするために，上記のことを念頭において y, z 依存性を自明なものと見なし，$k_{y,z}$ の添字を省略することにする．)

常伝導体の部分には電子と正孔が存在するが，これらは次のような2成分量(規格化はしていない) で記述することができる．

$$\psi_\mathrm{e}^\pm(x) = \begin{pmatrix} 1 \\ 0 \end{pmatrix} e^{\pm i k_+ x} \tag{4.150}$$

$$\psi_\mathrm{h}^\pm(x) = \begin{pmatrix} 0 \\ 1 \end{pmatrix} e^{\pm i k_- x} \tag{4.151}$$

Bogoliubov-de Gennes 方程式により，波数は次の分散関係に従う．

$$k_\pm(E) = k_\mathrm{F} \sqrt{1 \pm \frac{E}{\mu}} \tag{4.152}$$

超伝導体の中では，電子的 Bogoliubov 粒子と正孔的 Bogoliubov 粒子が存在する．

$$\Psi_{\mathrm{e}}^{\pm}(x) = \begin{pmatrix} ue^{i\phi/2} \\ ve^{-i\phi/2} \end{pmatrix} e^{\pm i q_+ x} \tag{4.153}$$

$$\Psi_{\mathrm{h}}^{\pm}(x) = \begin{pmatrix} ve^{i\phi/2} \\ ue^{-i\phi/2} \end{pmatrix} e^{\pm i q_- x} \tag{4.154}$$

分散関係と係数 u および v は，Bogoliubov-de Gennes方程式 (および $u^2 + v^2 = 1$ の関係) から，初等代数によって導くことができる．

$$u(E) = \sqrt{\frac{1 + \sqrt{1 - \Delta^2/E^2}}{2}} \tag{4.155}$$

$$v(E) = \sqrt{\frac{1 - \sqrt{1 - \Delta^2/E^2}}{2}} \tag{4.156}$$

$$q_{\pm}(E) = k_{\mathrm{F}} \sqrt{1 \pm \frac{\sqrt{E^2 - \Delta^2}}{\mu}} \tag{4.157}$$

ギャップエネルギー以下の励起 $(E < \Delta)$ の場合，u, v, q は虚部を持つ $(\sqrt{-1} = +i)$．物理的に可能なギャップエネルギー以下の解は，超伝導体中で指数関数的に減衰する $(x \to \infty$ で Ψ_{e}^+ と Ψ_{h}^- だけが許容される)．

Bogoliubov-de Gennes方程式において，定常的な散乱問題を解くことができる．ひとつの電子を左側から界面に入射させてみよう．$x < 0$ における波動関数は，

$$\psi_{\mathrm{e}}^+ + r_{\mathrm{ee}} \psi_{\mathrm{e}}^- + r_{\mathrm{eh}} \psi_{\mathrm{h}}^+$$

のようになり，$x > 0$ では，

$$t_{\mathrm{ee}} \Psi_{\mathrm{e}}^+ + t_{\mathrm{eh}} \Psi_{\mathrm{h}}^-$$

となる (ギャップエネルギー以下の状態も考慮する)．

各種の透過/反射振幅の中で，特に関心が持たれるのが Andreev の電子-正孔反射の振幅 r_{eh} である．波動関数とその微分を，界面 $x = 0$ で一致させて計算を行うと，以下に示す結果が得られる．

$$t_{\mathrm{eh}} = \frac{1}{u} \frac{q_+ - k_-}{q_+ + q_-} e^{i\phi/2} r_{\mathrm{eh}} \tag{4.158}$$

$$t_{\mathrm{ee}} = \frac{1}{v} \frac{q_- + k_-}{q_+ + q_-} e^{i\phi/2} r_{\mathrm{eh}} \tag{4.159}$$

$$r_{\mathrm{ee}} = \left(\frac{u}{v} \frac{q_+ + k_-}{q_+ + q_-} + \frac{v}{u} \frac{q_+ - k_-}{q_+ + q_-} \right) e^{i\phi} r_{\mathrm{eh}} \tag{4.160}$$

$$r_{\mathrm{eh}} = \frac{2 e^{-i\phi}}{\dfrac{u}{v} \dfrac{q_- + k_-}{q_+ + q_-} \left(1 + \dfrac{q_+}{k_+}\right) + \dfrac{v}{u} \dfrac{q_+ - k_-}{q_+ + q_-} \left(1 - \dfrac{q_-}{k_+}\right)} \tag{4.161}$$

4.5. Andreev反射

この扱い難い表式は、$\frac{\max(\Delta, E)}{\mu}$ に関してゼロにならない最低次の項を残す、いわゆるAndreevの近似を適用することで、非常に簡単になる。Δ, E と μ の実際の数値のオーダーを考えてみると、この近似は妥当なものである。このとき $k_\pm \approx q_\pm \approx k_\mathrm{F}$ であり、また、

$$k_+ - q_- \approx q_+ - k_- \approx k_\mathrm{F} \frac{u}{v} \frac{\Delta}{2\mu}$$

となる。したがって、Andreev反射と通常の反射の振幅は、次のようになる。

$$r_\mathrm{eh} \approx e^{-i\phi} \frac{E - \sqrt{E^2 - \Delta^2}}{\Delta} \tag{4.162}$$

$$r_\mathrm{ee} \approx \frac{E - \sqrt{E^2 - \Delta^2}}{4\mu} \tag{4.163}$$

Andreevの電子-正孔反射の振幅は $e^{-i\phi}$ という位相因子を含むことに注意されたい。計算は繰り返さないが、正孔-電子反射の振幅には、位相因子 $e^{+i\phi}$ が付く。

$$r_\mathrm{he} = \frac{2e^{i\phi}}{\frac{u}{v} \frac{q_- + k_-}{q_+ + q_-}\left(1 + \frac{q_+}{k_+}\right) + \frac{v}{u} \frac{q_+ - k_-}{q_+ + q_-}\left(1 - \frac{q_-}{k_+}\right)}$$
$$\approx e^{i\phi} \frac{E - \sqrt{E^2 - \Delta^2}}{\Delta} \tag{4.164}$$

これらの位相因子の重要性を、次節において見ることにする。

Andreevの近似の下で、Andreev反射の振幅 (4.162), (4.164) を次のように書ける。

$$r_\mathrm{eh(he)} = e^{\mp i\phi} \times \begin{cases} e^{-i \arccos \frac{E}{\Delta}}, & E \leq \Delta \\ e^{-\operatorname{arccosh} \frac{E}{\Delta}}, & E > \Delta \end{cases} \tag{4.165}$$

ギャップ以下のエネルギーを持つ準粒子については、界面における対ポテンシャルの変化が急峻であれば、定性的な考察の通りに全Andreev反射は $|r_\mathrm{eh(he)}(E)|^2 = 1$ となる。実際の対ポテンシャルの分布を考慮すると $o(\Delta/\mu)$ 程度の補正が生じ、通常の反射成分も現れるが ($E < \Delta$ のとき $|r_\mathrm{eh(he)}(E)|^2 + |r_\mathrm{ee(hh)}(E)|^2 = 1$ となることは明らかである)、普通これは小さいので無視してよい。NS界面に電位ポテンシャルの障壁がある場合や、常伝導体と超伝導体のFermi波数が異なる場合には、通常の反射過程の成分も重要になる (詳細についてはBlonder, Tinkham and Klapwijk 1982 を参照されたい)。ここでは、より興味深いAndreev準位や、SNS接合のJosephson効果を論じることにする。

4.5.1　超伝導体に接した常伝導体への近接効果

先ほど言及したように，近接効果のひとつの意味は，超伝導体内の秩序パラメーターの値が，超伝導体の巨視的結晶内部(バルク)の値よりも，常伝導体との界面付近で低くなることである．しかし"近接効果"という言葉は，超伝導-常伝導界面付近において常伝導体側に超伝導相関効果が"染み出す"現象を指すことの方が多い．より形式的に表現すると，異常Green関数 $F(x, x')$ が常伝導体領域においてもゼロでない値を持つのである．超伝導体との界面から遠ざかるにつれて $(x, x' \to -\infty)$ この異常Green関数は減衰する．異常Green関数が現れても，それは必ずしも有限の対(つい)ポテンシャル(秩序パラメーター)が現れることを意味しない．$\Delta \propto gF$ なので，$g=0$ の常伝導体(我々はこの場合について考察する)における対(つい)ポテンシャルはゼロである．このような導電体は，それ自身が超伝導状態になることはないが，外部から超伝導相関を誘発されるのである．

我々はGor'kov方程式を正確に解く必要はない．散乱問題の解を検討すれば充分である．

エネルギーギャップ以下で，Andreev反射した電子(正孔)の波動関数は，次のように与えられる(Andreev近似)．

$$\Psi_{\mathrm{eh}}(x; E) = \psi_{\mathrm{e}}^+ + r_{\mathrm{eh}} \psi_{\mathrm{h}}^+ \approx \begin{pmatrix} e^{iEx/\hbar v_{\mathrm{F}}} \\ e^{-i\phi - i \arccos \frac{E}{\Delta} - \frac{iEx}{\hbar v_{\mathrm{F}}}} \end{pmatrix} e^{ik_{\mathrm{F}} x} \qquad (4.166)$$

$$\Psi_{\mathrm{he}}(x; E) = \psi_{\mathrm{e}}^- + r_{\mathrm{he}} \psi_{\mathrm{h}}^- \approx \begin{pmatrix} e^{i\phi - i \arccos \frac{E}{\Delta} - \frac{iEx}{\hbar v_{\mathrm{F}}}} \\ e^{iEx/\hbar v_{\mathrm{F}}} \end{pmatrix} e^{-ik_{\mathrm{F}} x} \qquad (4.167)$$

ここで $k_{\pm}(E) \approx k_{\mathrm{F}} \pm E/\hbar v_{\mathrm{F}}$ のように展開した．

位置座標 x における異常Green関数は，たとえば次のような積を用いて表される．

$$[\Psi_{\mathrm{eh}}(x; E)]_2 \left([\Psi_{\mathrm{eh}}(x; E)]_1 \right)^* = e^{iEx/\hbar v_{\mathrm{F}}} \cdot e^{i\phi + i \arccos \frac{E}{\Delta} + iEx/\hbar v_{\mathrm{F}}}$$

$$\propto e^{2iEx/\hbar v_{\mathrm{F}}}$$

(式(3.163)参照．) 座標依存性は $e^{i(2Ex/\hbar v_{\mathrm{F}})}$ の位相因子だけによって現れるが，これは波動関数 $\Psi_{\mathrm{eh}}(x; E)$ の電子と正孔の成分の相対的な位相ずれ量という意味を持つ．$E=0$ ならば，これらの成分は電子間相互作用がない領域 $(g=0)$ で $x=-\infty$ まで相対位相 $\phi + \arccos \frac{E}{\Delta}$ (および超伝導コヒーレンス)を保つ．有限のエネルギーで相対位相が1程度になると(すなわち界面から $\approx l_E = \dfrac{\hbar v_{\mathrm{F}}}{2E}$ 程度まで離れると)コヒーレンスが保たれなくなる．温度 T では電子-正孔間の相関が $l_T = \dfrac{\hbar v_{\mathrm{F}}}{k_{\mathrm{B}} T}$ の距離

4.5. Andreev反射

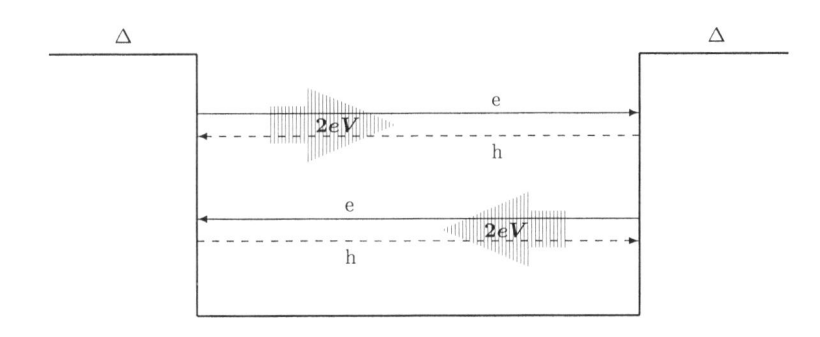

図4.17 SNS接合におけるAndreev準位.

尺度で減衰する．後者の長さは"常伝導金属中のコヒーレンス長"(清浄な金属の場合．ここでは不純物散乱を全く無視している)と呼ばれる[‡].

電子間相互作用がない領域における電子と正孔のコヒーレンスは，Andreev反射の描像に立ち戻って考えると理解できる．入射電子に対して反射される正孔はちょうど反対向きの速度($E=0$の場合)を持ち，$x=-\infty$まで"全く同じ径路を辿る"ので，相関が保たれることは当然のことである(相関は磁性不純物による散乱がある場合でも保たれるが，これは超伝導体とは異なる性質である). $E \neq 0$ では電子と正孔の径路が放射状に拡がり，l_E の距離でコヒーレンスを失う．近接効果は基本的に運動学的な現象である．

4.5.2 清浄なSNS接合のAndreev準位とJosephson効果

厚さ L の常伝導体を2つの超伝導体で挟んだSNS接合(超伝導-常伝導-超伝導接合)において，常伝導体領域にあるギャップエネルギー以下の電子は，NS界面の対ポテンシャル障壁によって正孔に変換されて反射される．また同様に正孔は電子となって反射される．したがって，これらの過程が組み合わさった結果として"Andreev準位"が現れる(Kulik 1970). この様子を図4.17に示す．系の常伝導部分に関するBogoliubov-de Gennes方程式の解は，次の形になる．

[‡](訳註) l_T の代りに ξ_n と表記し，定係数 $1/2\pi$ を付ける場合もある(**Tinkham 1996**, Ch.6 参照). ここでの v_F は，もちろん常伝導金属中のFermi速度であって，超伝導体のそれではない．"清浄な"(clean)という術語('純粋な'[pure]という術語を用いる文献もある)は，電子の平均自由行程(散乱長)が相関距離に比べて長いことを意味している．逆に平均自由行程の短い金属は"汚れた"(dirty)金属と呼ばれる．

$$\psi(x; E) = a\psi_{\mathrm{e}}^{+}(x, E) + b\psi_{\mathrm{h}}^{+}(x, E) + c\psi_{\mathrm{e}}^{-}(x, E) + d\psi_{\mathrm{h}}^{-}(x, E)$$

係数 a, b, c, d は，以下の関係から決めることができる．

$$c\psi_{\mathrm{e}}^{-}(0, E) = r_{\mathrm{ee}}(E) a\psi_{\mathrm{e}}^{+}(0, E) + r_{\mathrm{he}}(E) d\psi_{\mathrm{h}}^{-}(0, E)$$
$$b\psi_{\mathrm{h}}^{+}(0, E) = r_{\mathrm{eh}}(E) a\psi_{\mathrm{e}}^{+}(0, E) + r_{\mathrm{hh}}(E) d\psi_{\mathrm{h}}^{-}(0, E)$$
$$a\psi_{\mathrm{e}}^{+}(-L, E) = \tilde{r}_{\mathrm{ee}}(E) c\psi_{\mathrm{e}}^{-}(-L, E) + \tilde{r}_{\mathrm{he}}(E) b\psi_{\mathrm{h}}^{+}(-L, E)$$
$$d\psi_{\mathrm{h}}^{-}(-L, E) = \tilde{r}_{\mathrm{eh}}(E) c\psi_{\mathrm{e}}^{-}(-L, E) + \tilde{r}_{\mathrm{hh}}(E) b\psi_{\mathrm{h}}^{+}(-L, E)$$

ギャップエネルギー以下では，束縛状態に対応した一連の離散的なエネルギー値，すなわち Andreev 準位だけが許容されることになる．Andreev 準位 $E_n^{\pm}$ は次式を満たす．

$$-2\arccos\frac{E_n^{\pm}}{\Delta} \pm (\phi_1 - \phi_2) + \bigl(k_{+}(E) - k_{-}(E)\bigr)L = 2\pi n, \quad n = 0, \pm 1, \ldots \tag{4.168}$$

電子の運動の向きが互いに異なる準位の対が，$\pm(\phi_1 - \phi_2)$ の項によって生じる．キャリヤは Andreev 反射の過程で，超伝導体の位相に依存する位相因子を得るので，Andreev 準位は 2 つの超伝導体の位相差に依存する．位相は相対的なものであり，その差だけが意味を持つことに注意してもらいたい．読者は既に気付いたかもしれないが，式 (4.168) は，界面における散乱位相が $\pm\phi_j + \arccos\dfrac{E}{\Delta}$ であることを考慮すると，対ポテンシャル井戸の中の半古典的な量子化条件になっていることがわかる．

$$\oint p(E)\,dq = 2\pi n$$

通常の量子井戸の束縛状態とは異なり，Andreev 準位は電流を運ぶことができる．このことと位相の関与によって，特異な "Josephson 効果" が現れる．

超越関数の式 (4.168) を 2 通りの極限，$L = 0$ と $L \to \infty$ の場合について簡単に解くことができる (後者の条件が実際に実現されるためには $L \gg \xi_0$ で，かつ $L \ll l_T$ でなければならない)．

前者の場合，$\Delta\phi \equiv \phi_1 - \phi_2$ として，

$$\arccos\frac{E_n^{\pm}}{\Delta} = \frac{1}{2}(\pm\Delta\phi - 2\pi n) \tag{4.169}$$

である．したがってエネルギー準位は，次式で与えられる．

$$E(\Delta\phi) = \Delta\cos\frac{\phi_1 - \phi_2}{2} \equiv \Delta\cos\frac{\Delta\phi}{2} \tag{4.170}$$

4.5. Andreev反射

コンタクト部分は2重縮退した準位をひとつ持つ(k_y, k_zのモードを考えると，Landauer公式のチャネル数に相当する値は$2 \times N_\perp$，ここで$N_\perp \approx A/\lambda_F^2$は面積$A$のコンタクトにおける横方向モードの数である).

第2の場合において$E \ll \Delta$を仮定すると，$k_+(E) - k_-(E) \approx k_F E/\mu$と展開して$\arccos(E/\Delta) = \pi/2$と置くことができる．したがって，

$$E_n^\pm = \frac{\hbar v_F}{2L}\left[\pi(2n+1) \pm \Delta\phi\right] \tag{4.171}$$

となる．この場合，それぞれのモードに多数のAndreev準位ができる(上記の式は井戸の上端付近では成立しないので，正確な準位数は算出できない).

Andreev準位に関する知識によって，SNS接合における"Josephson電流"を計算することができるようになる．この後，$L=0$と$L \to \infty$の場合について考察することにしよう(4.5.3項，4.5.4項).

"Josephson効果"を示す素子の最もよく知られた実例は，SIS(超伝導体-絶縁体-超伝導体)トンネル接合である．Josephsonの偉大な発見は，絶縁膜を介して超伝導体から超伝導体へCooper対が"可干渉的にトンネルする"ことにより，SIS接合に超伝導電流が流れること，およびその電流が超伝導体の間の位相差に依存することを理論的に見いだしたことである．Josephson電流は，よく知られているように，

$$I_J(\phi) = I_c \sin\phi \tag{4.172}$$

と与えられる§(我々はここではこれを論じない．たとえば**Barone and Paternó 1982**において詳細な説明が与えられている)．しかしJosephson効果，すなわち電流が$\sin\phi$に依存する性質は，SIS接合に限ったものではない．超伝導体間の"弱結合"——たとえば超伝導相関の起源となる電子間引力が働かない常伝導体薄膜を挟んだ超伝導体同士の結合——を介してCooper対が可干渉的にトンネルして超伝導電流が流れる場合にも，上記の関係が予想される．しかし特殊な機構によって，この後述べるように，式(4.172)からの特性のずれが起こり得る．

4.5.3 短いバリスティック接合のJosephson電流：超伝導量子ポイントコンタクトにおける臨界電流の量子化

まず，SNS接合の$L=0$の場合について，物理的に意味のある状況が見いだせるかどうかを見てみよう．このような試料は一見，単なる連続した超伝導体の巨視的結晶

---

§(訳註) 前後の記述に合わせるならば$I_J(\Delta\phi) = I_c \sin(\Delta\phi)$とすべきところであるが，このように"位相差"を$\phi$とおく場合もある．

になってしまい，常伝導コンタクト部分に有限の位相差や電圧降下が生じないようにも思われる．しかし我々は常伝導ポイントコンタクトにおける電圧降下の実例を既に見ている．ポイントコンタクトは，Josephson効果を生じる"弱結合"のひとつの例である(しばしばScS接合と書かれる．cはconstrictionのcである)．したがって，$L=0$の極限は，超伝導量子ポイントコンタクトに対する近似と見なすことができる．

系の熱力学ポテンシャルΠ(たとえばG, F, Ωなど)を，接合における位相差$\Delta\phi$の関数として知ることができれば，Josephson電流を計算できる(これは一般的な式で，どのような種類のJosephson接合にでも適用できる)．

$$I = \frac{2e}{\hbar}\frac{d\Pi}{d(\Delta\phi)} \tag{4.173}$$

我々は既に超伝導電流が"熱力学的な流れ"であり，電流密度は熱力学ポテンシャルのベクトルポテンシャル$\mathbf{A}$による変分によって得られることに言及した(式(4.120))．ベクトルポテンシャルは，ゲージ不変な超伝導電流の速度を通じて式に含まれる．

$$m\mathbf{v}_s(\mathbf{r}) = m\nabla\chi(\mathbf{r}) - \frac{e}{c}\mathbf{A}(\mathbf{r})$$

$2m\chi \equiv \phi$は秩序パラメーターの位相なので，

$$\frac{\delta}{\delta\mathbf{A}(\mathbf{r})} = -\frac{2e}{c}\frac{\delta}{\delta\nabla\phi(\mathbf{r})}$$

であり，したがって超伝導電流は，次式で与えられる．

$$\mathbf{j}(\mathbf{r}) = 2e\frac{\delta\Pi}{\delta\nabla\phi(\mathbf{r})}$$

この式の変分因子は，Πを次のように展開したときの係数として現れる．

$$\Pi = \int d^3\mathbf{r}\frac{\delta\Pi}{\delta\nabla\phi(\mathbf{r})}\cdot\nabla\phi(\mathbf{r}) + \cdots$$

($\nabla\phi(\mathbf{r})$に対して独立な項を省いた．)

他方，Josephson接合の熱力学ポテンシャルを，位相差$\Delta\phi$の冪(べき)で展開できる．

$$\Pi = \frac{\partial\Pi}{\partial\Delta\phi}\Delta\phi + \cdots$$

この系では，接合部分において位相が急峻に$\Delta\phi$だけ変化している．

$$\nabla\phi(\mathbf{r}) = \Delta\phi\,\delta(x)\,\mathbf{e}_x$$

Aをコンタクトの面積とすると，次の恒等式が成り立つ．

4.5. Andreev反射

$$\Pi = \frac{1}{A}\int dA\,\Pi = \frac{1}{A}\int dy\,dz \int dx\,\delta(x)\,\Pi$$
$$= \frac{1}{A}\int dx\,dy\,dz\,\frac{\partial \Pi}{\partial \Delta\phi}\mathbf{e}_x \cdot \Delta\phi\,\delta(x)\,\mathbf{e}_x + \cdots$$

よって，次の関係を見いだすことができる．

$$\frac{\delta \Pi}{\delta\,\nabla\phi(\mathbf{r})} = \frac{1}{A}\frac{\partial \Pi}{\partial \Delta\phi}\mathbf{e}_x \tag{4.174}$$

これで，Josephson電流が式(4.173)で与えられることが分かる．

すでに，式(4.77)として大正準ポテンシャル Ω を求めてあるので，これを用いることにする．

$$\Omega[\Delta,\Delta^*] = \frac{1}{|g|}\int d^3\mathbf{r}\,|\Delta(\mathbf{r})|^2$$
$$+ \sum_q \int d^3\mathbf{r}\,\bigl\{v_q(\mathbf{r})\bigl(\hat{\xi}+V(\mathbf{r})\bigr)v_q^*(\mathbf{r}) + u_q^*(\mathbf{r})\bigl(\hat{\xi}+V(\mathbf{r})\bigr)u_q(\mathbf{r})\bigr\}$$
$$- \frac{2}{\beta}\sum_q \ln\left(2\cosh\frac{\beta E_q}{2}\right)$$

初めの2行は $\Delta\phi$ に依存しない．したがってJosephson電流を，次のように書ける．

$$I = -\frac{2e}{\hbar}\sum_p \tanh\frac{E_p}{2k_\mathrm{B}T}\cdot\frac{dE_p}{d\Delta\phi}$$
$$- \frac{2e}{\hbar}\cdot 2k_\mathrm{B}T\int_{\Delta_0}^{\infty}dE\,\ln\left(2\cosh\frac{E}{2k_\mathrm{B}T}\right)\cdot\frac{dN_c(E)}{d\Delta\phi}$$

第1項は，離散した各Andreev準位からの寄与であり，第2項は $|\Delta|$ を超えるエネルギーを持つ連続準位からの寄与を表している．$N_c(E)$ は連続準位における状態密度である．今，我々は $L=0$ の場合を考えているので，第2項は超伝導体の巨視的結晶（バルク）の電流と等しくなり，$\Delta\phi$ には依存しない．したがって，離散した各Andreev準位"だけ"がJosephson電流を担う．

$$I = -\frac{2e}{\hbar}\sum_p \tanh\frac{E_p}{2k_\mathrm{B}T}\frac{dE_p}{d\Delta\phi} \tag{4.175}$$

$L=0$ なので，式(4.170)を適用すると，次式が得られる．

$$I = \frac{2N_\perp e}{\hbar}\cdot\frac{\Delta}{2}\sin\frac{\Delta\phi}{2}\cdot\tanh\frac{\Delta\cos\Delta\phi/2}{2k_\mathrm{B}T} \tag{4.176}$$

絶対零度では，上式は，

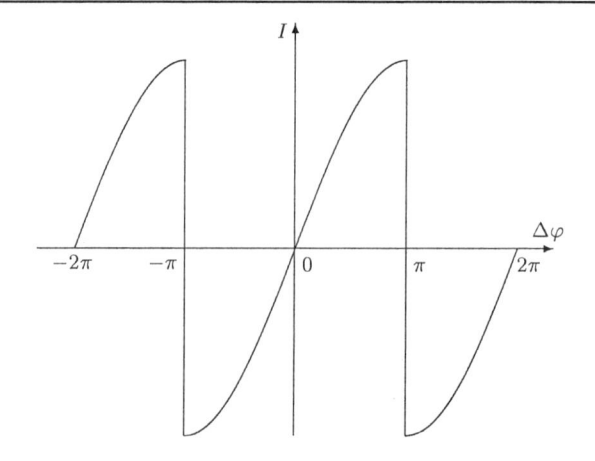

図4.18 超伝導ポイントコンタクトにおける Josephson 電流の位相依存性.

$$I = \frac{\pi \Delta_0 G_N}{e} \sin \frac{\Delta \phi}{2} \qquad (4.177)$$

となる. $G_N = N_\perp e^2/(\pi \hbar)$ は, コンタクトの常伝導コンダクタンス (Sharvin コンダクタンス) である. 最後の式は, 古典的な超伝導ポイントコンタクトに対して Kulik, Omelyanchuk, and Shekhter 1977 によって導かれた式である. Josephson 電流は常伝導コンダクタンスに比例すること, また位相依存性が位相全域においては正弦関数ではなく, 不連続性を持っていることに注意してもらいたい. 我々はすでに常伝導の量子ポイントコンタクトの G_N が $e^2/(\pi \hbar)$ の単位で量子化されることを見ている. 式(4.176)の結果は, 超伝導量子ポイントコンタクトにおいて, 臨界電流も (この場合, 普遍量ではないが) $e\Delta_0/\hbar$ の単位で量子化されることを示している[5]).

超伝導電流の量子化が生じる短い ScS 接合の重要な性質は, Andreev 準位(4.170)が $N_\perp$ 重縮退しており, 常伝導ポイントコンタクトと同様に, コンタクト領域における横方向の各モードが電流に対してそれぞれ等しい寄与を持つことである. しかし残念ながら ScS 接合において電流の量子化が見られるのは, 接合長がゼロの極限だけに限られる.

---

[5]) この超伝導電流の量子化は, 最近実験的に観測された (Takayanagi, Akazaki, and Nitta 1996).

4.5.4 長いSNS接合のJosephson電流

キャリヤの伝導が弾道的(バリスティック)な長いSNS接合におけるJosephson効果を考えてみよう. 常伝導層は, 常伝導コヒーレンス長および弾性散乱長に比べて充分に薄いが, 超伝導コヒーレンス長よりは充分に厚いと考える. すなわち $l_T, l_e \gg L \gg \xi_0$ とする[‡].

深い洞察に富んだ Bardeen and Johnson 1972 の描像を考察することにしよう. 絶対零度において接合を流れる超伝導電流が x 方向に超流動速度 v_s を持つものとする. 長い接合では界面の影響を無視して, 単純に v_s と位相差を関係づけることができる.

$$mv_s = \frac{\hbar \Delta\phi}{L} \tag{4.178}$$

我々は既に式(4.136)のところで, 超伝導電流が速度 v_s の巨視的な凝縮体の流れと, 素励起による流れの差として表されることを見た.

$$I = nev_s - I_{n,x} = nev_s - \sum_{k_q} \frac{ek_{q,x}}{mL} n_F(E_q^\pm - k_{q,x} v_s) \tag{4.179}$$

$1/L$ という因子は, 波動関数の u, v を常伝導層の幅で規格化することによって現れている. 式中の準粒子エネルギーは, 移動している凝縮体に対する励起として測ったものになっている. したがって, それらの準位は $v_s = 0$ のときの準位に対応しており, $\Delta\phi = 0$ における Andreev 準位となっている.

絶対零度において, Fermi分布関数は, すべての"$-$準位"($k_{q,x} < 0$, 電子が左向きに移動しているとき)について恒等的にゼロになる. $\Delta\phi$ (および v_s) を徐々に増やすことを考えてみよう. 初めのうちは "$+$準位" からの寄与もゼロであり, 電流は位相差に対して線形に増加する. 最低のAndreev準位について,

$$E_q^+ - k_{q,x} v_s = 0$$

となったときに $n_F = 1/2$ となる. この状況は $\Delta\phi = \pi$ において起こり, この準位による寄与は, このときちょうど式(4.179)の第1項の超伝導電流を打ち消す. これより v_s を増やすと $n_F = 1$ となり, 電流の符号が反転する. それから再び電流は線形に増加し, $\Delta\phi = 3\pi$ になると下から2番目のAndreev準位について再び同様のことが起こる. $\Delta\phi$ を更に増やしてゆくと, 各Andreev準位について, このようなことが限りなく繰り返される. もちろん負の $\Delta\phi, v_s$ の場合でも "$-$準位" が関与して, 全く同様の現象が起こる.

[‡](訳註) 本書の "長いSNS接合" の定義は一般的なものではない. $L \gg l_T$ の条件を満たすものを長いSNS接合と呼ぶ場合が多い.

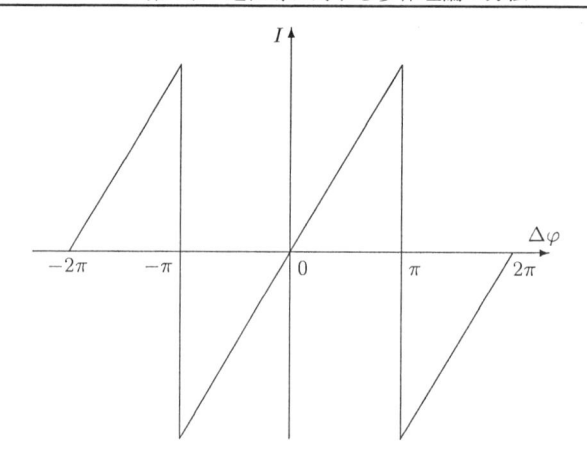

図4.19 清浄な長いSNS接合における電流と位相の関係.

このようにして$T=0$において"のこぎり刃状の"電流の位相差依存性が現れる（図4.19）.この結果は,最初 Ishii 1970 によって,より洗練された方法を用いた解析によって与えられた.

短い ScS 接合と同様,長い清浄な SNS 接合においても 2π 周期の $I(\Delta\phi)$ は正弦的ではなく,π の奇数倍のところで不連続性を持つ.

ここでは Bardeen-Johnson や Ishii の詳細な計算の紹介はせず,式(4.173) も用いないことにする.そのかわりに Andreev 準位密度と超伝導電流の直接的な計算から,任意の有限温度における $I(\Delta\phi)$ を導出することにしよう.ただし長い SNS 接合では,低い Andreev 準位だけが超伝導電流に関与するものと仮定する.

基本公式(4.73)を用いて,接合の常伝導部分の電流を計算する.当面,横方向モードについては,決められた k_y, k_z のモードがただひとつだけあるものとする.規格化を考慮すると,電流は次式で与えられる.

$$I = \frac{e}{Lm}\int_0^\infty dE\left(\nu_+(E)-\nu_-(E)\right)\left[n_{\rm F}(E)k_+(E) - \left(1-n_{\rm F}(E)\right)k_-(E)\right] \quad (4.180)$$

$k_\pm(E)$ は励起された電子（正孔）の運動量である.被積分関数は"±状態"の状態密度 $\nu_\pm(E)$ を含んでおり,これは束縛された Andreev 準位と連続準位の両方を考慮したものである.$E<|\Delta|$ において,これらは各エネルギー $E_q^\pm$ における一連のデルタ関数になる.

接合電流に対する主要な寄与は,最低の Andreev 準位から生じるものと考えて,$k_\pm(E)$ を $k_{\rm F}$（つまり $k_{{\rm F},x}$）に置き換える.式中の Fermi 分布関数を考慮すると,積分範囲を $(-\infty,\infty)$ へと拡張することができる.

4.5. Andreev反射

$$I = \frac{ev_{F,x}}{L} \int_{-\infty}^{\infty} dE \left(\nu_+(E) - \nu_-(E)\right) \left[2n_F(E) - 1\right]$$
$$= -\frac{ev_{F,x}}{L} \int_{-\infty}^{\infty} dE \left(\nu_+(E) - \nu_-(E)\right) \tanh\frac{\beta E}{2} \tag{4.181}$$

ここで $\beta = 1/k_B T$ である.

励起の状態密度をWeierstrassの公式を用いて書くと，次のようになる．

$$\nu_\pm(E) = \sum_{-\infty}^{\infty} \delta(E - E_k^\pm)$$
$$\equiv -\frac{1}{\pi} \text{Im} \sum_{-\infty}^{\infty} \frac{1}{E - E_k^\pm + i0} \to -\frac{1}{\pi} \text{Im} \sum_{-\infty}^{\infty} \frac{1}{E - E_k^\pm + i\dfrac{\hbar}{\tau}} \tag{4.182}$$

右辺は定係数を除き，遅延Green関数の虚部であることが即座に判る．

ここで有限の寿命 τ を導入した．これは，たとえば非磁性不純物による散乱などによるものである．$\tau \to \infty$ の極限では無限小の $i0$ 項になる．次のようなパラメーター ϵ を定義すると便利である．

$$\tau = \frac{L}{\epsilon v_{F,x}}; \quad \epsilon = \frac{L}{v_{F,x}\tau} \equiv \frac{L}{l_e} \ll 1$$

$l_e = v_{F,x}\tau$ は，与えられたモードにおける散乱長である．

Andreev準位に低エネルギーの近似式を代入すると，励起密度は次のようになる．

$$\nu_\pm(E) = \frac{\epsilon L}{\pi \hbar v_{F,x}} \sum_{q=-\infty}^{\infty} \left| \frac{LE}{\hbar v_{F,x}} - \left\{ \left(q + \frac{1}{2}\right)\pi \pm \frac{1}{2}\Delta\phi \right\} + i\epsilon \right|^{-2}$$

和の計算は，汎関数級数をFourier変換関数の級数に変換する "Poissonの和の公式" を用いることで簡単に実行できる．

$$\sum_{n=-\infty}^{\infty} f(n) = \int_{-\infty}^{\infty} dx\, f(x) \sum_{n=-\infty}^{\infty} \delta(x-n)$$
$$= \int_{-\infty}^{\infty} dx\, f(x) \sum_{p=-\infty}^{\infty} e^{2\pi i p x} \equiv \sum_{p=-\infty}^{\infty} \tilde{f}(p) \tag{4.183}$$

これはたとえば，後者の級数の方が速く収束する場合に，大変便利な公式である．

x に関する積分を複素解析の手法によって実行し，次の結果を得ることができる．

$$\nu_\pm(E) = \frac{L}{\pi\hbar v_{F,x}} \sum_{p=-\infty}^{\infty} e^{-2|p|\epsilon} e^{2ip\left(\frac{LE}{\hbar v_{F,x}} - \frac{\pi \pm \Delta\phi}{2}\right)}$$
$$\nu_+(E) - \nu_-(E) = \frac{-2iL}{\pi\hbar v_{F,x}} \sum_{\substack{p=-\infty,\, p\neq 0}}^{\infty} (-1)^p\, e^{-2|p|\epsilon + 2ip\frac{LE}{\hbar v_{F,x}}} \sin p\Delta\phi \tag{4.184}$$

これを式(4.181)に代入して，積分，

$$\int_{-\infty}^{\infty} dE\, e^{\frac{2ipLE}{\hbar v_{F,x}}} \tanh\frac{\beta E}{2} = \frac{2\pi i}{\beta \sinh\dfrac{2\pi Lp}{\hbar \beta v_{F,x}}}$$

を行い，すべての横方向モードからの寄与を足し合わせると，長い清浄なSNS接合におけるJosephson電流の式が得られる．

$$I(\Delta\phi) = \sum_{\mathbf{k}_F} \frac{ev_{F,x}}{L} \frac{2}{\pi} \sum_{p=1}^{\infty} (-1)^{p+1} e^{-2p\frac{L}{l_e(\mathbf{k}_F)}} \frac{L}{l_T(\mathbf{k}_F)} \frac{\sin p\Delta\phi}{\sinh\dfrac{pL}{l_T(\mathbf{k}_F)}} \quad (4.185)$$

ここで $l_T(\mathbf{k}_F) = \dfrac{\hbar v_{F,x}}{2\pi k_B T}$, $l_e(\mathbf{k}_F) = v_{F,x}\tau$ である．

これは注目すべき式である．絶対零度でバリスティックな極限を考えると L/l_e, L/l_T はゼロである．そして，

$$\frac{2}{\pi}\sum_{p=1}^{\infty}(-1)^{p+1}\frac{\sin p\Delta\phi}{p}$$

という級数は，周期 2π で振幅が1の"のこぎり刃関数"に収束する．これでIshiiと同じ結果を得ることができた．有限温度で弾性散乱がある場合には，のこぎり刃の形状がなめらかになり，式(4.185)から明らかなように，最終的には最低次の調和関数だけが残って"標準的な"$I \propto \sin(\Delta\phi)$ の関係に帰着する．

全Josephson電流は，すべての異なるモード $\mathbf{k}_F$ からの寄与を足し合わせることで与えられる．これを古典的なSNS接合について計算するために，すべての $\mathbf{k}_F$ (のx軸への射影) について積分を実行すると，臨界電流は R_N に比例する量になる．ごく少数のモードだけが許容される"量子接合"の場合，絶対零度でも臨界電流は量子化されない．振幅 $ev_{F,x}/L$ は $\mathbf{k}_F$ の方向に依存する．すなわち新たにひとつのモードが生じると，それはそのモードに依存した臨界Josephson電流の増加を引き起こす．

*SND接合：d波対称性

長いSNS接合において，2つの超伝導体中の対(つい)が持つ対称性が異なる場合，奇妙な状況が生じる．任意の対称性を持つ対(つい)に適用できる超伝導転移については既に議論してある．通常のs波超伝導体に比べて複雑になる点は，秩序パラメーター(もしくは異常平均) $\Delta_{\mathbf{k}} \propto \langle a_{-\mathbf{k}} a_{\mathbf{k}} \rangle$ が，Fermi面上だけで見ても一様ではなく，運動量の方向 $\hat{\mathbf{k}}$ による違いを持つことである．

4.5. Andreev反射

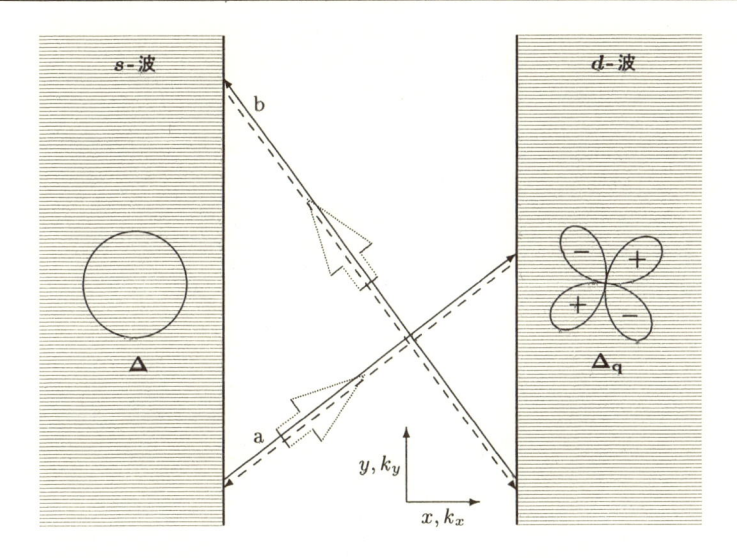

図4.20 SND接合：2種類のAndreev準位. (a) ゼロ準位. (b) π準位.

銅酸化物系超伝導体では，秩序パラメーターがd波対称性を持つことを示唆するデータがある (**Van Harlingen 1995**, Tsuei et al. 1996). これは座標軸を適当に選ぶと，秩序パラメーターが $\Delta_{\mathbf{k}} \propto k_x^2 - k_y^2$ と表されることを意味する. したがって秩序パラメーターは，方向によって負にもなり得る. 秩序パラメーターを $|\Delta|e^{i\phi}$ のように書くならば，超伝導相中に位相 π の違いを導入しなけらばならない. その結果，Andreev反射された電子にも (方向に依存して) 余分に位相が π ずれたものが加わる.

通常の s 波超伝導体と d 波超伝導体を用いたSNS接合 (SND接合) において何が起こるであろうか？ この場合，d 波超伝導体側でAndreev反射する電子に π だけずれた位相のものが加わることにより，ゼロ準位と π 準位と呼ばれる2種類のAndreev準位が生じる (図4.20). Josephson電流は2つの成分を持ち，それぞれが式 (4.185) によって与えられるが，運動量の和が適切な状態に限定される (Zagoskin 1997). これらの項の大きさは，もちろん d 波超伝導体の結晶の向きに依存する. 最も対称性の高い配置を考え，それぞれのゼロ準位に対応する π 準位があるとすると，次式が得られる.

$$I(\Delta\phi) = \sum_{\mathbf{k}_F}^{\substack{\text{zero}\\\text{levels}}} \frac{ev_{F,x}}{L} \frac{2}{\pi} \sum_{p=1}^{\infty} (-1)^{p+1} e^{-2p\frac{L}{l_e(\mathbf{k}_F)}} \frac{L}{l_T(\mathbf{k}_F)} \frac{\sin p\Delta\phi + \sin p(\Delta\phi + \pi)}{\sinh \frac{pL}{l_T(\mathbf{k}_F)}}$$

(4.186)

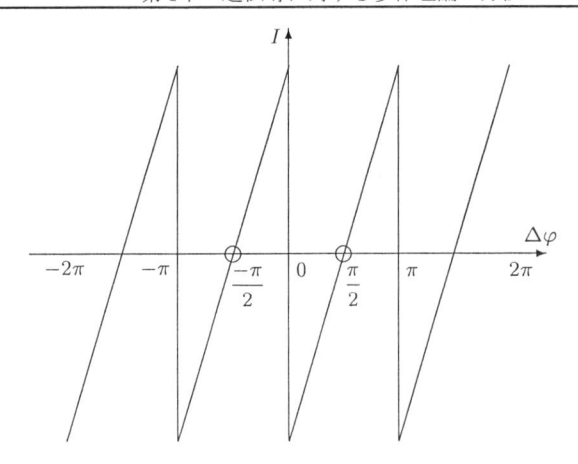

図4.21 対称な SND 接合における電流の位相依存性.

これは $\Delta\phi$ に関して周期 π の"のこぎり刃関数"になる (図4.21). すなわち Josephson 効果の周期は半分になる[6]).

$I(\Delta\phi) = (2e/\hbar)dE/d\Delta\phi$ の関係から, 平衡状態は $\Delta\phi = 0$ ではなく, $\Delta\phi = \pm\pi/2$ のところで生じる[7]). Josephson 電流 $I(\pm\pi/2)$ は, ゼロ準位と π 準位からの寄与が打ち消し合うためにゼロになる. しかし, NS界面に"平行な"成分はゼロにはならず, 逆にゼロ準位と π 準位からの成分が加算されて, 常伝導層内に"自発電流"を生じる (Huck, van Otterlo, and Sigrist 1997).

4.5.5 *超伝導量子ポイントコンタクトにおける伝導: Keldysh 形式によるアプローチ

我々はすでに Keldysh 形式を, 南部行列と組み合わせて一般化することの可能性について言及している. これによって Green 関数は 4 行 4 列の行列になってしまうが (それぞれの Keldysh 成分が南部行列に置き換わる), 他の方法が役に立たない場合 (本質的に非平衡性が強い状況) や, 何らかの単純化が可能な場合には有用である. 実際の応用例は **Rammer and Smith 1986** に見ることができる.

ここでは最近, 超伝導ポイントコンタクトに対して, Keldysh の技法とトンネル

[6)] このような現象は, 対の対称性が異なる超伝導体を用いた他のタイプの Josephson 接合でも見られる. Zagoskin 1997, およびその参考文献を参照.
[7)] 一般的にはゼロ準位と π 準位からの電流への寄与の相対関係に依存して, 平衡状態の位相は $-\pi$ から π までの値をとり得る.

4.5. Andreev反射

ハミルトニアンの方法を組み合わせて得られた Cuevas, Martín-Rodero, and Levy Yeyati 1996 の結果を紹介することにしよう．我々は既に，これと似た手法を 3.7 節の常伝導コンタクトへの応用で論じている．

ハミルトニアンが，式 (3.200) のように与えられるものとする．

$$\mathcal{H} = \mathcal{H}_L + \mathcal{H}_R + \mathcal{H}_T \tag{4.187}$$

トンネル項を次のように書くと便利である (式 (3.203), (3.225) 参照)．

$$\mathcal{H}_T = \sum_\sigma \left(T e^{i\phi(t)/2} c_\sigma^\dagger d_\sigma + T^* e^{-i\phi(t)/2} d_\sigma^\dagger c_\sigma \right) \tag{4.188}$$

ここで，位相変数，

$$\phi(t) = \phi_0 + \frac{2eV}{\hbar} t \tag{4.189}$$

は，超伝導体間に印加された電圧による場の演算子の時間依存性を記述する (式 (3.207) 参照)．位相の時間依存性を式 (4.189) のようにあらわに書く理由は，超伝導接合において "時間に依存する (交流) Josephson 効果"，すなわち接合における位相差 (および Josephson 電流) の振動が現れるからである．このときの振動数 (Josephson 周波数)，

$$\omega_J = \frac{2eV}{\hbar} \tag{4.190}$$

は，印加した電圧によって決まる (物理的には，これは Cooper 対が有限な電位差 V を持つ接合部を行き来して $2eV$ のエネルギーを得たり失ったりする過程を表す量子振動数である[8])．

接合を通過する電流を，式 (3.212) と同様に導くことができ，南部行列の (11) 成分を用いた式 (3.214) と類似する式を得ることができる．

$$I(t) = \frac{2e}{\hbar} \left[\mathbf{T} \mathbf{F}_1^{+-}(t,t) - \mathbf{T}^* \mathbf{F}_2^{+-}(t,t) \right]_{11} \tag{4.191}$$

上式で用いられる南部行列は，

$$\mathbf{T} = \begin{pmatrix} T & 0 \\ 0 & -T^* \end{pmatrix} \tag{4.192}$$

$$\mathbf{F}_1^{+-}(t',t) = \begin{pmatrix} \langle d_\uparrow^\dagger(t') c_\uparrow(t) \rangle & \langle d_\downarrow(t') c_\uparrow(t) \rangle \\ \langle d_\uparrow^\dagger(t') c_\downarrow^\dagger(t) \rangle & \langle d_\downarrow(t') c_\downarrow^\dagger(t) \rangle \end{pmatrix} \tag{4.193}$$

---

[8] 式 (4.186) の特性を持つ前節の SND 接合では，$I(\Delta\phi)$ の周期が半分になるため，交流 Josephson 効果の振動数は，倍の $2\omega_J = 4eV/\hbar$ になる．おそらくこれが高温超伝導体 $YBa_2Cu_3O_{7-\delta}$ の単一粒界接合において観測された Josephson 効果の説明になる (Early, Clark, and Char 1993)．

であり，$\mathbf{F}_2^{+-}(t',t)$ では c と d が入れ替わる．式(4.191)は超伝導(Josephson)電流と常伝導(準粒子)電流の両方を含んでいる．常伝導電流は，接合において有限の電圧降下がある場合にだけ，流れることができる．

"複合 Green 関数" $\mathbf{F}^{+-}$ は，Keldysh-南部行列 $\hat{\mathbf{T}}$ と両側の超伝導体の非摂動 Green 関数(同じ関数を仮定する)から成る行列級数の $(+-)$ 成分として計算される．

$$\mathbf{g}^{\mathrm{R,A}}(\omega) = \frac{\pi N(0)}{\sqrt{\Delta^2 - (\omega \pm i\zeta)^2}} \begin{pmatrix} -\omega \pm i\zeta & \Delta \\ \Delta & -\omega \pm i\zeta \end{pmatrix} \tag{4.194}$$

$$\mathbf{g}^{+-}(\omega) = 2\pi i n_{\mathrm{F}}(\omega)\left(-\frac{1}{\pi}\mathrm{Im}\mathbf{g}^{\mathrm{R}}(\omega)\right) \tag{4.195}$$

ζ は，超伝導体内における非弾性散乱による微小なエネルギー散逸の頻度(レート)を表す．

計算方法は3.7節と同様なので，ここでは結果だけを記す．

線形応答の領域 $V \to 0$ では，量子コンタクトを通じて流れる準粒子電流が，位相に依存する次のコンダクタンスによって決まる $(\beta = 1/k_{\mathrm{B}}T)$．

$$G(\Delta\phi) = \frac{2e^2}{h}\frac{\pi\beta}{16\zeta}\left[\frac{\Delta\alpha\sin\Delta\phi}{\sqrt{1-\alpha\sin^2(\Delta\phi/2)}}\mathrm{sech}\frac{\beta E_a(\Delta\phi)}{2}\right]^2 \tag{4.196}$$

上記の結果から，Josephson 電流は，よく知られた式で表される．

$$I(\Delta\phi) = \frac{e\Delta^2\alpha}{2\hbar}\frac{\sin\Delta\phi}{E_a(\Delta\phi)}\tanh\frac{\beta|E_a(\Delta\phi)|}{2} \tag{4.197}$$

式中の $\alpha = \dfrac{(2\pi N(0)\mathrm{T})^2}{1+(\pi N(0)\mathrm{T})^2}$ は，式(3.226)に示した障壁(バリア)における Landauer の透過率 T_{Landauer} と同じものである．また，

$$E_a(\Delta\phi) = \pm\Delta\sqrt{1-\alpha\sin^2\left(\frac{\Delta\phi}{2}\right)} \tag{4.198}$$

は，コンタクトにおける Andreev 準位である．$\alpha=1$ のとき，ひとつのモードだけを持つ短い Josephson 接合の極限の結果は，式(4.170),(4.176)に一致する．

4.6 金属微粒子を介した電子と Cooper 対のトンネル：電荷量子化の効果

本書の最後の節となる本節では，前に予告したように，電子数ひとつの違いがエネルギー的に重要な違いとなるような，小さな多体系を論じる[9]．

---

[9] この節は R. Shekhter の講義(未出版)に基づく．

4.6. 金属微粒子を介した電子と Cooper 対のトンネル：電荷量子化の効果

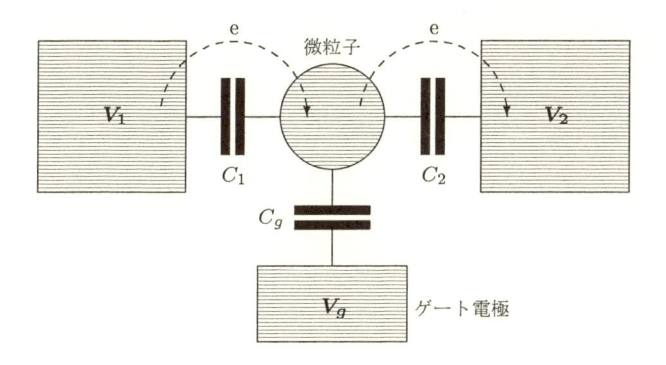

図4.22 単一微粒子トンネル接合.

この場合，独立な準粒子の描像は成立せず，準粒子間の相関を考慮しなければならない．このような状況は，大まかには，式(1.10) に示した平均場近似の成立条件が満たされない場合に生じる．平均場近似のための判定条件，

$$\frac{\hbar v_F}{e^2} \gg 1 \tag{4.199}$$

は，既に前に議論した通り，粒子の持つ速度が速いほど平均場近似がよく成立することを示している．他方，電子間の相関を重要にするためには，粒子速度を遅くしなければならない．これを行うひとつの方法は，電子の径路に"障害"，すなわちトンネル障壁(バリア)もしくはポイントコンタクト等の弱結合領域を設けることである．例として，図4.22の単一微粒子トンネル接合(single-grain tunnel junction)を考えてみよう．電子は２つの大きな電極の間を，その中間に配置されて両者とトンネル障壁(バリア)で仕切られている単一微粒子を介して流れることができる(ゲート電極の役割は，すぐ後で明らかになる)．v_F の値は，障壁によって変わるものではないが，電子が流れる際に単一微粒子内に存在する有限の時間(そして電子の実効的な移動速度)が，相関の効果に結びつく．式(4.199)の左辺は，ある特徴的な長さ l を用いて $\dfrac{\hbar v_F/l}{e^2/l}$ に置き換わる．これは，空間的な量子化によって生じる離散準位の間隔(Andreev準位でも既に同様の結果を得ている)と，典型的なCoulombエネルギーとの比である．この比が大きければCoulomb相互作用による相関を無視できて，平均場近似が成立する．逆に，この比が小さい場合には，取り扱い方法を変更しなければならない．

4.6.1 単一電子トンネルに対するCoulombブロッケイド

まず，小さい常伝導体の微粒子を考えよう．微粒子の静電容量を C とする（孤立した半径 ρ の球状の微粒子が誘電率 κ の媒質中にあれば，$C = \kappa\rho$ である）．微粒子中に電子をひとつ加えることによって生じる静電エネルギーは，

$$E = \frac{e^2}{2C} \tag{4.200}$$

であって，$\rho \sim 10^3$ Å であれば $E \approx 10$ K である．したがって充分に低温であれば，電荷の離散性によるCoulombエネルギーの量子化が観測可能となり，図4.22に示した試料において "単一電子トンネル過程" (single-electron tunneling : SET) に対するCoulombブロッケイド (Coulomb blockade)" の現象が現れる[10]．すなわち電荷の追加による静電エネルギーの増加を相殺できる程度にまで電圧をかけないと，単一微粒子に対する電流が流れ始めなくなる（図4.23）．

しかし我々はまだ，電子の量子力学的な性質を考慮していない．単一微粒子が n 個の余分な電子を持ったときの系のエネルギーは，C および相互静電容量 C_1, C_2, C_g によって，次のように表される．

$$\begin{aligned} E(n) &= \frac{n^2 e^2}{2C} + en\left(\frac{C_1}{C}V_1 + \frac{C_2}{C}V_2 + \frac{C_g}{C}V_g\right) \\ &\approx \text{const.} + \frac{e^2}{2C}\left[n - n^*(V_1, V_2, V_g)\right]^2 \end{aligned} \tag{4.201}$$

n^* は，次式で与えられる．

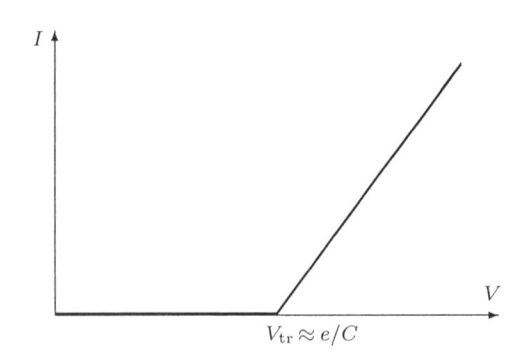

図4.23 単一電子トンネル過程に対するCoulombブロッケイド．

---

[10]たとえば **Tinkham 1996** の第7章，およびその参考文献を参照．

4.6. 金属微粒子を介した電子と Cooper 対のトンネル：電荷量子化の効果

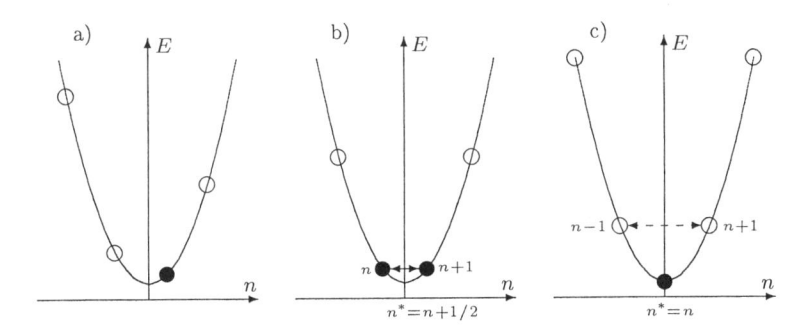

図4.24 (a) 静電エネルギーの量子化. (b) 基底状態における，電子数がひとつ異なる状態間の縮退：単一電子トンネルにおけるブロッケイドの解除. (c) 電子数が2つ異なる状態の縮退 (基底準位にはなり得ない).

$$n^* = -\frac{1}{e}[C_1V_1 + C_2V_2 + C_gV_g] \tag{4.202}$$

ゲート電極と系の他の部分の間に電子の移動は起こらないが，V_g は静電エネルギーを変化させ，単一微粒子を介した電子の流れに影響を及ぼす．

実際，各パラメーターを適当に選ぶと，微粒子に電子が n 個もしくは $n\pm 1$ 個ある，最低準位の2つの状態が縮退する (図4.24). この縮退は Coulomb ブロッケイドが解除されて電流が流れる状態になることを意味している．コンダクタンスは V_g に対して周期的な依存性を示す (単一電子振動). その周期は，

$$\delta V_g \approx \frac{e}{C} \tag{4.203}$$

である．常伝導体の微粒子では，電子数 n と $n\pm 2$ の縮退状態が基底状態になり得ないことに注意してもらいたい．このときは電子数 $n\pm 1$ 個の状態が最低準位を与えることになる (図4.24(c)).

もし $E(n+1) - E(n) \approx \dfrac{e^2}{2C} = U_c$ 程度の荷電エネルギーの差を分離して測定できるのであれば，Coulomb ブロッケイドと単一電子振動を観測することができる．一方，微粒子における余分な電子の寿命を τ とすると，エネルギー準位自身が，

$$\delta E \approx \frac{\hbar}{\tau} \tag{4.204}$$

程度の幅を持つ．系のコンダクタンスを G とすると，この寿命は RC 回路の放電減衰の時定数程度になる．

$$\tau = C/G \tag{4.205}$$

したがって，単一電子特性の観測可能性の判定条件は，

$$\frac{e^2}{2C} > \frac{\hbar G}{C} \tag{4.206}$$

である．コンダクタンスの値の条件として書き直すと，

$$G < \frac{e^2}{2\hbar} = \frac{2e^2}{h} \tag{4.207}$$

となる．最後の式の右辺は，前にコンダクタンスの量子化のところで現れた単位量子コンダクタンス (日常的な単位では $\approx (13\,\mathrm{k}\Omega)^{-1}$) と同じものである．既に言及したように，微粒子と2つの電極の間の障壁(バリア)が相関効果を引き起こすと，微粒子を介する伝導が妨げられる"ブロッケイド" (blockade) が発生する．系の抵抗が量子抵抗以上になると，このブロッケイドが観測可能になる．

4.6.2 超伝導微粒子

微粒子が超伝導体である場合，興味深い新たな可能性が生じる．よく知られているように，超伝導基底状態では，すべての電子が Cooper 対(つい)を形成している (したがって基底状態は必ず偶数個の電子を含む)．奇数個の電子系では必ず励起状態の電子，すなわち Bogoliubov 粒子が存在し，基底状態から測ったその微粒子のエネルギーは，最小でも Δ となる．

これが，超伝導体微粒子におけるキャリヤ数の"偶奇効果" (parity effect) である．この効果は超伝導体の巨視的結晶(バルク)ではほとんど現れないが，単一電子の荷電効果が現れる小さな系において重要になってくる．

微粒子における電子数を，

$$n = 2n_C + n_q \tag{4.208}$$

と書くことにしよう．n_C は Cooper 対(つい)の数で，n_q $(= 0\text{ or }1)$ は対(つい)を形成していない電子の数である．系のエネルギーは，次のようになる (図4.25参照)．

$$E = U_c(2n_C + n_q - n^*)^2 + n_q \Delta \tag{4.209}$$

$\Delta > U_c$ か $\Delta < U_c$ かによって，状況は異なってくる．前者の場合，基底状態の"$2e$ 縮退" (電子数が2個異なる状態の間のエネルギー縮退) が起こる．このとき $n^*(V_g)$ の値は奇数になり，これに対応するゲート電圧の周期は，次のように決まる．

$$\delta V_g^{(\mathrm{SC})} \approx \frac{2e}{C} \tag{4.210}$$

4.6. 金属微粒子を介した電子とCooper対のトンネル：電荷量子化の効果

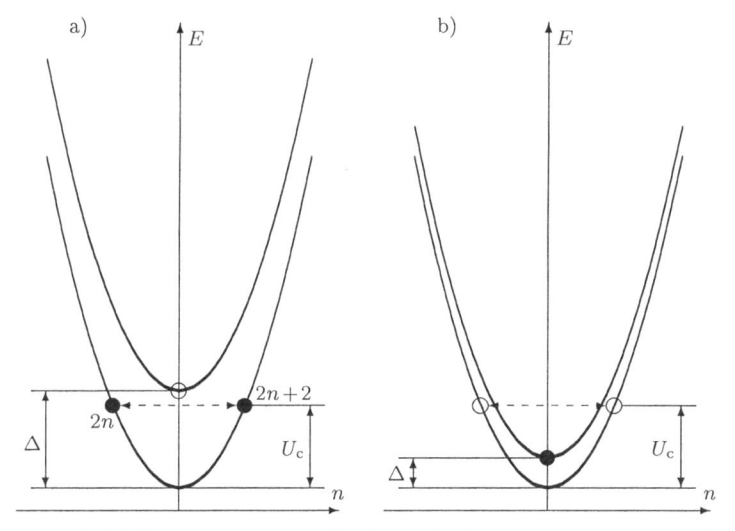

図 4.25 超伝導体微粒子におけるキャリヤ数の"偶奇効果"による Coulomb エネルギーのずれ．(a) $\Delta > U_c = e^2/2C$ の場合．$2e$ 縮退が可能．(b) $\Delta < U_c$ の場合．$2e$ 縮退は起こらない．

次に，微粒子と2つの電極が，すべて超伝導体の場合を考えよう．このとき微粒子は，電極1と電極2の間の弱結合の役割を果たし，電極間の位相差と Josephson 効果を生じさせる．Josephson 電流は凝縮体，すなわち Cooper 対によって運ばれる．したがって微粒子における $2e$ 縮退は，臨界電流の増加を引き起こすことになり，臨界電流は V_g に依存して振動する．一方 $\Delta < U_c$ の場合は $2e$ 縮退が現れなくなるので，Δ の値を抑制する強い外部磁場の下では，この臨界電流の振動が消失する．

定量的な考察のために，我々は系が Bose 粒子 (Cooper 対) によって構成されており，系をひと組の共役な演算子，すなわち粒子数と位相によって記述できるものとする (1.4.3 項参照)．位相演算子の固有状態を基底とする表示が便利であるが，この場合 Cooper 対の数の演算子は，

$$\hat{n}_C = \frac{1}{i}\frac{\partial}{\partial \phi}$$

と表される (式(1.132)参照)．ϕ は超伝導微粒子の位相である．$(1/i)\partial e^{in\phi}/\partial \phi = ne^{in\phi}$ なので，演算子 $\hat{n}_C$ の固有状態が，

$$\langle \phi | n \rangle \propto e^{in\phi} \tag{4.211}$$

となることは明らかである．巨視的な超伝導電極の位相 $\phi_{1,2}$ は，外部から与えるパ

ラメーターであるが，これらを，

$$\phi_{1,2} = \pm \frac{\phi_0}{2}$$

とおくことにしよう．微粒子を介して流れるJosephson電流は，

$$I = \frac{2e}{\hbar} \frac{\partial E_0(\phi_0)}{\partial \phi_0} \tag{4.212}$$

と表される．E_0は，次のハミルトニアンの基底エネルギーである．

$$\mathcal{H} = U_c \left(-i\frac{\partial}{\partial \phi} + n_q - n^* \right)^2 + n_q \Delta - E_J \bigl(\cos(\phi_1 - \phi) + \cos(\phi_2 - \phi) \bigr) \tag{4.213}$$

上記ハミルトニアンの第1項は，Cooper対の個数演算子を用いて表した荷電エネルギーである．第2項は，対を形成していない余分な電子からの寄与である．第3項は，両電極と微粒子の間の，いわゆる"Josephson結合エネルギー"である(ここでは系の対称性を仮定している)．$-E_J \cos(\Delta\phi)$のような項は，電極と微粒子の間に$(2eE_J/\hbar)\sin(\Delta\phi)$と表される通常のJosephson電流を生じる(式(4.173)参照)．

ハミルトニアン(4.213)を，次のように書き直すと便利になる．

$$\mathcal{H} = U_c \left(-i\frac{\partial}{\partial \phi} + n_q - n^* \right)^2 + n_q \Delta - 2\tilde{E}_J(\phi_0) \cos(\phi) \tag{4.214}$$

上式では，$\tilde{E}_J(\phi_0) = E_J \cos(\phi_0/2)$だけが，超伝導電極間の位相差$\phi_0$に依存する．

結合項は，Cooper対が超伝導体微粒子の中にn個ある状態と$n+1$個ある状態を混合する．

$$\langle n | \cos \phi | n' \rangle \propto \int d\phi \, e^{-in\phi} \cos \phi \, e^{in'\phi} \propto \delta_{n, n' \pm 1} \tag{4.215}$$

そこで，ハミルトニアンを2つの基底$|n\rangle$と$|n+1\rangle$を用いて，次のように書くことができる．

$$\mathcal{H} = \begin{pmatrix} E(2n) & -\tilde{E}_J(\phi_0) \\ -\tilde{E}_J(\phi_0) & E(2n+2) \end{pmatrix} \tag{4.216}$$

ここで$E(2n)$と$E(2n+2)$は，ハミルトニアンの荷電エネルギー部分の固有値である．行列(4.216)の固有値を，容易に見いだすことができる．

$$E_0(\phi_0) = \frac{1}{2}\left\{\left(E(2n)+E(2n+2)\right) - \sqrt{\left(E(2n)-E(2n+2)\right)^2 + 4\tilde{E}_J^2(\phi_0)}\right\}$$

$$= \frac{1}{2}\left\{\left(E(2n)+E(2n+2)\right) - \sqrt{\left(E(2n)-E(2n+2)\right)^2 + 4E_J^2\cos^2\left(\frac{\phi_0}{2}\right)}\right\}$$
(4.217)

Josephson 電流は，次のように与えられる．

$$I(\phi_0) = \frac{2e}{\hbar}\frac{\frac{1}{4}E_J\sin\phi_0}{\sqrt{\left(\frac{E(2n)-E(2n+2)}{2E_J}\right)^2 + \cos^2\left(\frac{\phi_0}{2}\right)}}$$
(4.218)

電流は $E(2n) - E(2n+2)$ を通じて V_g に依存し，2つのエネルギーが縮退する $V_g = V_{g,n}$ の付近で極大値を持つ．V_g 付近では，次のようになる．

$$I(V_g,\phi_0) \approx \frac{2e}{\hbar}\frac{\frac{1}{4}E_J\sin\phi_0}{\sqrt{\left[\frac{e(V_g-V_{g,n})}{E_J}\right]^2 + \cos^2\left(\frac{\phi_0}{2}\right)}}$$
(4.219)

Josephson 電流は，微粒子の電位 V_g に依存し，$2e/C$ の周期で極大値を持つ．

この効果はもちろん $2e$ 縮退が可能な条件下だけで生じる．したがって Δ が荷電エネルギーよりも低くなると，臨界電流は急速に小さくなる．V_g に対する依存性は持つが，その周期は常伝導の場合の e 縮退に対応する e/C になる．この振舞いは Matveev et al. 1993 によって予言され，その翌年に実験によって確認された (Joyez et al. 1994)．

演習問題

4-1 以下に示す有限温度の異常 Green 関数の式から，$\Delta(T)$ に関する BCS のギャップ方程式を導出せよ．

$$\begin{aligned}F^+(\mathbf{p},\omega)\Big|_{T\neq 0} &= F^+(\mathbf{p},\omega)\Big|_{T=0} \\ &\quad - \frac{\Delta^*(T)}{\omega+\xi_p}\cdot 2\pi i n_F(E_p)\left(|u_p|^2\delta(\omega-E_p) - |v_p|^2\delta(\omega+E_p)\right)\end{aligned}$$

Δ と F^+ の自己無撞着の関係と，4.4.3項の絶対零度における F^+ を用いよ．

4-2 以下に示す南部ダイヤグラムに対応する式を，行列形式および各成分について書き下せ．

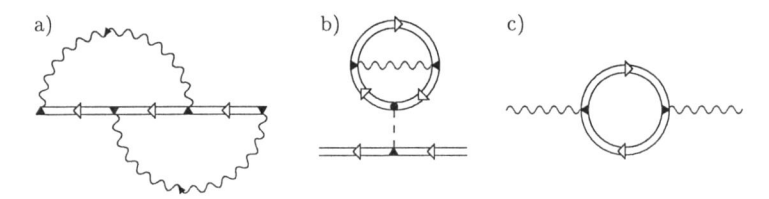

a) b) c)

4-3 超伝導電流の式，

$$\mathbf{j}(\mathbf{r}) = \frac{ie}{2m}\sum_\sigma \left\langle \left(\nabla\psi_\sigma^\dagger(\mathbf{r})\right)\psi_\sigma(\mathbf{r}) - \psi_\sigma^\dagger(\mathbf{r})\left(\nabla\psi_\sigma(\mathbf{r})\right)\right\rangle$$
$$- \frac{e^2}{mc}\mathbf{A}(\mathbf{r})\sum_\sigma \langle\psi_\sigma^\dagger(\mathbf{r})\psi_\sigma(\mathbf{r})\rangle$$

が，電荷保存則，

$$\nabla\cdot\mathbf{j}(\mathbf{r}) = 0$$

を満たすことを示せ．

Bogoliubov変換，Bogoliubov-de Gennes方程式を使い，最後に秩序パラメーターに対する方程式(自己無撞着の関係)を用いよ．

付録 A 常伝導-超伝導複合体に対するLandauer形式

A.1 Landauer-Lambert形式

Landauer公式(3.178)の重要な一般化がC. J. Lambertによって行われた(Lambert 1991). 彼は"散乱部分"が通常の散乱ポテンシャルだけでなく,超伝導体の"アイランド"も含む状況を考察した(図A.1). ここでは最も単純な単一チャネルの場合を取り上げる. すなわちLandauerの方法論に基づき,熱平衡状態にある2つの電極が,完全導体の1次元導線 A, A′ によって,系の"散乱部分"に接続されているものとする. "散乱部分"は,常伝導体や散乱体に何らかの形で超伝導の部分が接続しているブラックボックスとして考える.

散乱部分の内部構造に依存する詳細な振舞いをあらわに考慮する代わりに,それぞれの電極から導線を通じて散乱部分に入射した準粒子が,入射して来た導線に反射される確率と,反対側の導線に透過する確率を表す4行4列の行列 $\hat{\mathbf{P}}$ を導入する.

$$\hat{\mathbf{P}} = \begin{pmatrix} R_{ee} & R_{eh} & T_{ee'} & T_{eh'} \\ R_{he} & R_{hh} & T_{he'} & T_{hh'} \\ T_{e'e} & T_{e'h} & R_{e'e'} & R_{e'h'} \\ T_{h'e} & T_{h'h} & R_{h'e'} & R_{h'h'} \end{pmatrix} \tag{A.1}$$

超伝導体が含まれることによってAndreev過程が生じ,準粒子の電子分枝(ブランチ)-正孔分枝(ブランチ)

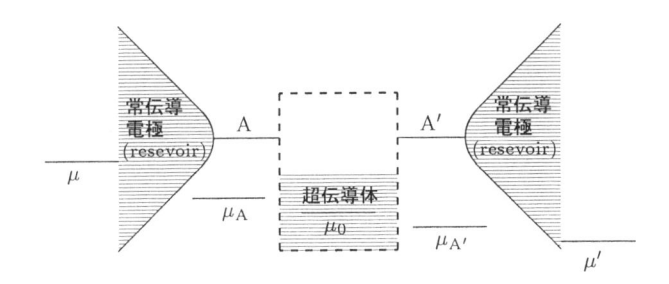

図A.1 常伝導-超伝導複合系におけるLandauerコンダクタンスの問題.

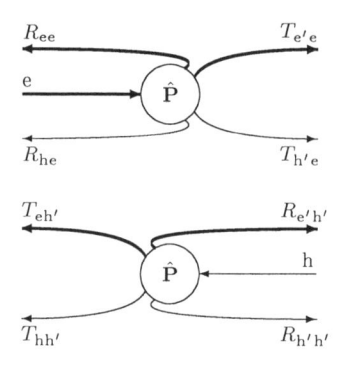

図A.2 行列 $\hat{\mathbf{P}}$ の各成分の物理的な意味.

間の変換が起こるので (p.209, 図4.16), 上記のような複雑な行列が必要になる (常伝導系では確率保存の条件 $T+R=1$ を満たす透過確率 T と反射確率 R が出てくるだけであった). たとえば R_{ee} (R_{he}) は左側の導線から入射した電子が, 同じ左側の導線へ電子 (正孔) として反射される確率を表し, $T_{e'e}$ ($T_{h'e}$) は左の導線から入射した電子が右の導線へ常伝導透過 (Andreev透過) する確率を表す (図A.2). 言い替えると, 我々は系に非対角な散乱ポテンシャルを与えたのである. 確率保存則により, 行列 $\hat{\mathbf{P}}$ の任意の行もしくは列を構成する4成分の和は1になる.

$$\sum_j P_{ij} = 1; \quad \sum_i P_{ij} = 1 \tag{A.2}$$

超伝導体の化学ポテンシャルを μ_0 と書くことにする. 2つの電極の間に小さいバイアス電圧 $eV = \mu - \mu'$ を加えたとき, $\mu > \mu_0 > \mu'$ となる. 系が超伝導体を含むため, 4.5節でAndreev反射を考察する際に用いた"折り返した"分散則を採用し, 準粒子のエネルギーを μ_0 から測るのが都合がよい. そうすると絶対零度では, 左側の電極から $[0, \mu - \mu_0]$ のエネルギー範囲の準電子が入射することが分かる. 右側の電極からはエネルギー範囲 $[0, \mu_0 - \mu']$ の"準正孔"が入射する (図A.1, 図A.3).

系の"2端子コンダクタンス[§]"を計算するために, 導線Aの電流を調べて, それを $(\mu - \mu')$ で割ることにする.

$$G = \frac{I}{V}$$

[§](訳註) 2端子測定によって得られるコンダクタンス. 2端子測定とは電圧測定端子と電流測定端子を共通にして, それぞれの電極に接続する測定方法である. 測定される電圧は"散乱部分"の電位降下と, 導線と電極の接続部分 (2箇所) における電位降下を合わせたものになる.

A.1. Landauer-Lambert形式

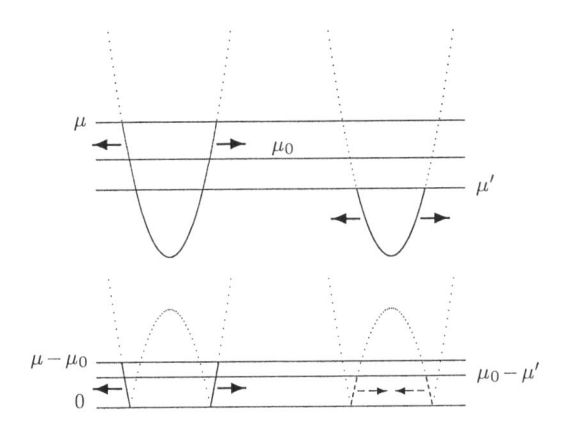

図A.3 準粒子エネルギーを表す2つの等価な図. エネルギーのゼロ点もしくは μ_0 を準粒子エネルギーの基準とすることができる. 準電子が占有する状態を実線で, 準正孔が占有する状態を破線 (下図右側) で表している.

電流は, 次式で与えられる.

$$I = ev_{\mathrm{F}} \frac{2}{hv_{\mathrm{F}}} \left[(\mu - \mu_0)(1 - R_{\mathrm{ee}} + R_{\mathrm{he}}) + (\mu_0 - \mu')(T_{\mathrm{hh'}} - T_{\mathrm{eh'}}) \right] \quad (\mathrm{A}.3)$$

式中の $2/(hv_{\mathrm{F}})$ はキャリヤの速度方向の1次元電子密度である. $[\cdots]$ の中の各項の意味は自明であろう.

ここで, 何らかの方法で μ_0 を消去しなければならない. これは超伝導体に対する正味の電流の出入りがゼロであるという条件によって行うことができる. この仮定は超伝導体が有限の体積を持つ場合には正しい. 電荷がある程度まで蓄えられると, その電荷が発生する電場によって, それ以上の電荷の出入りが妨げられる. このことによって μ_0 を消去するためのもうひとつの方程式が得られる.

左の電極から系に流れ込む電流はすべて準電子によるもので, 次式で表される.

$$\delta i = \frac{2e}{h}(\mu - \mu_0)(1 - R_{\mathrm{ee}} + R_{\mathrm{he}} - T_{\mathrm{e'e}} + T_{\mathrm{h'e}}) = \frac{4e}{h}(\mu - \mu_0)(R_{\mathrm{he}} + T_{\mathrm{h'e}}) \quad (\mathrm{A}.4)$$

($1 = R_{\mathrm{ee}} + R_{\mathrm{he}} + T_{\mathrm{e'e}} + T_{\mathrm{h'e}}$ の関係を用いた.) 右の電極からの電流は準正孔によるもので (したがって負号が付く),

$$\delta i' = -\frac{4e}{h}(\mu_0 - \mu')(R_{\mathrm{h'e'}} + T_{\mathrm{eh'}}) \quad (\mathrm{A}.5)$$

となる. 電流の出入りをゼロとする条件 $\delta i + \delta i' = 0$ から, 次の結果が得られる.

$$\mu - \mu_0 = (\mu - \mu') \frac{R_{e'h'} + T_{eh'}}{R_{e'h'} + T_{eh'} + R_{he} + T_{h'e}}$$
$$\mu - \mu_0 = (\mu - \mu') \frac{R_{he} + T_{h'e}}{R_{e'h'} + T_{eh'} + R_{he} + T_{h'e}} \quad (A.6)$$

$$G = \frac{Ie}{\mu - \mu'}$$
$$= \frac{2e^2}{h} \frac{(R_{e'h'} + T_{eh'})(1 - R_{ee} + R_{he}) + (R_{he} + T_{h'e})(T_{hh'} - T_{eh'})}{R_{e'h'} + T_{eh'} + R_{he} + T_{h'e}}$$
$$= \frac{2e^2}{h} \frac{(R_{e'h'} + T_{hh'})(R_{he} + T_{h'e}) + (R_{e'h'} + T_{eh'})(T_{e'e} + R_{he})}{R_{e'h'} + T_{eh'} + R_{he} + T_{h'e}} \quad (A.7)$$

電子-正孔の対称性があれば ($R_{hh} = R_{ee} = R_N$, $R_{eh} = R_{he} = R_A$, $T_{he'} = T_{eh'} = T'_A$ など. 添字 N および A はそれぞれ通常の反射および Andreev 反射を表す), 上記の式は, 次のようになる.

$$G = \frac{2e^2}{h} \frac{(R'_A + T'_A)(R_A + T_N) + (R_A + T_A)(R'_A + T'_N)}{R'_A + T'_A + R_A + T_A} \quad (A.8)$$

更に, 系が対称な場合 (「$'$」の有無による違いが無くなる), 次式を得る.

$$G = \frac{2e^2}{h}(T_N + R_A) \quad (A.9)$$

これは直観的に理解しやすい式である. 通常の透過伝導チャネルによるコンダクタンス $\frac{2e^2}{h}T_N$ の他に, Andreev 過程によるもうひとつのチャネルのコンダクタンスが加わるのである.

これは常伝導-超伝導複合体のメソスコピック系を扱う Landauer 形式から得られる式のひとつであるが, この他に "4 端子コンダクタンス[‡]" も計算することができる.

$$\tilde{G} = \frac{Ie}{\mu_A - \mu_{A'}}$$

$\mu_A, \mu_{A'}$ はそれぞれの導線内の化学ポテンシャルである. 明らかに $\mu > \mu_A \geq \mu_0 \geq \mu_{A'} > \mu'$ という関係を持つので $\tilde{G} > G$ である. たとえば系が散乱体を含まない場合, $\mu_A = \mu'_A$ となり $\tilde{G}$ は無限大になる. 一方, 2 端子コンダクタンスは, 清浄なポイントコンタクトに見られる Sharvin 抵抗 (の逆数) のように, 上限値 $G = 2e^2/h$ を持つ.

各導線の化学ポテンシャルは, 電流によって運ばれる電荷密度によって決まる (速度は往復 2 方向を考慮するので因子 2 が現れる).

[‡] (訳註) 4 端子測定によって得られるコンダクタンス. 4 端子測定とは電流測定端子を電極に, 電圧測定端子を "散乱部分" と導線の接続部分に配する測定方法. 測定電圧は "散乱部分" における電位降下だけになる.

$$2 \times \frac{2}{hv_{\rm F}}(\mu_{\rm A} - \mu_0)$$
$$= \frac{2}{hv_{\rm F}}\left[(\mu - \mu_0)(1 - R_{\rm he} + R_{\rm ee}) + (\mu_0 - \mu')(R_{\rm eh'} - T_{\rm hh'})\right] \tag{A.10}$$

$$2 \times \frac{2}{hv_{\rm F}}(\mu_{\rm A'} - \mu_0)$$
$$= \frac{2}{hv_{\rm F}}\left[(\mu_0 - \mu_{\rm A'})(-1 - R_{\rm h'h'} + R_{\rm e'h'}) + (\mu - \mu_0)(T_{\rm e'e} - T_{\rm h'e})\right]$$

前と同様に，ここから μ_0 を消去して $\mu_{\rm A} - \mu_{\rm A'}$ を求めることができ，それによってコンダクタンスが求まる．

$$\tilde{G} = \frac{2e^2}{h}\frac{(R_{\rm e'h'} + T_{\rm eh'})(R_{\rm he} + T_{\rm e'e}) + (R_{\rm he} + T_{\rm h'e})(R_{\rm e'h'} + T_{\rm hh'})}{(R_{\rm e'h'} + T_{\rm eh'})(R_{\rm ee} + T_{\rm h'e}) + (R_{\rm he} + T_{\rm h'e})(R_{\rm h'h'} + T_{\rm eh'})} \tag{A.11}$$

電子-正孔対称性と形状の対称性を仮定すると，次のようになる．

$$\tilde{G} = \frac{2e^2}{h}\frac{R_{\rm A} + T_{\rm N}}{R_{\rm N} + T_{\rm A}} \tag{A.12}$$

ところで，系が超伝導体を含まない場合，$R_{\rm A} = 0$, $T_{\rm A} = 0$, $T_{\rm N} + R_{\rm N} = 1$ であり，

$$\tilde{G} = \frac{2e^2}{h}\frac{T_{\rm N}}{R_{\rm N}} = \frac{2e^2}{h}\frac{T_{\rm N}}{1 - T_{\rm N}} \tag{A.13}$$

となる．これは4端子コンダクタンスに関する元々のLandauer公式である．分母の $(1 - T_{\rm N})$ により，完全な透過の極限 $T_{\rm N} \to 1$ でコンダクタンスは無限大になる．

この活発な研究領域における多くの理論的・実験的成果は **Beenakker 1994**, **Beenakker 1997**, **Lambert and Raimondi 1997** 等において議論されている．

A.2　バリスティックAndreev干渉計におけるコンダクタンス振動

ひとつの例として"Andreev干渉計"，すなわち図A.1 (p.235)の"ブラックボックス"が2つもしくはそれ以上のNS界面を含み，超伝導体の位相がそれぞれ違っているようなメソスコピックデバイスを考えてみよう．Andreev反射の係数は超伝導の位相に対して敏感なので，2つの電極間のコンダクタンスは，これらの界面を構成する超伝導体の位相差(制御可能である)に依存する．

バリスティックAndreev干渉計の単純な実例を図A.4に示してある．基本構造は清浄なSNS接合であり，常伝導体導線ADは $N_\perp$ 個の横方向モードを持ち，2つの常伝導電極と点Bおよび点Cにおいて弱く接続している．通常の反射が起こるのはこれらの2点だけである．準粒子は導線の中をバリスティックに伝導し，NS界面におけ

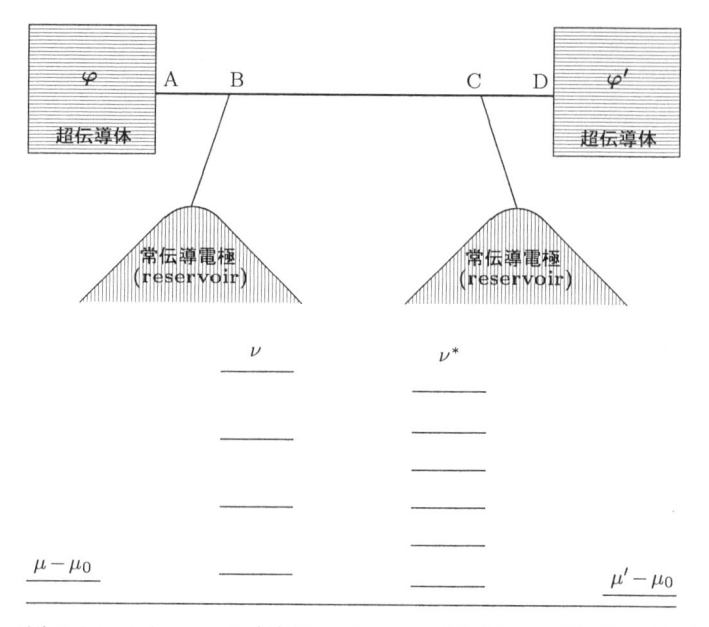

図A.4 バリスティックAndreev干渉計のLandauerコンダクタンス．下の図はν番目とν^*番目の横方向モードから生じるAndreev準位 (本文参照).

る反射は完全にAndreev反射になる．簡単のため常伝導散乱は異なる横方向モードを混合しないものとする．そうすると導線は，それぞれの実効的な進行方向のFermi速度が$v_{F,\nu}^{\parallel} = \sqrt{v_F^2 - (v_{F,\nu}^{\perp})^2}$の，互いに独立な"単一モード1次元導線の束"として扱うことができる ($v_{F,\nu}^{\perp}$は横方向の量子化条件によって決定する)．

ν番目の横方向モードの電子の進行方向の運動は量子化され，一連のAndreev準位を生じる (式(4.175))．

$$E_{\nu,n}^{\pm} = \frac{\hbar v_{F,\nu}^{\parallel}}{2L}\left((2n+1)\pi \mp \Delta\varphi\right) \tag{A.14}$$

これらの準位は，超伝導体間の位相差$\Delta\varphi = \varphi - \varphi'$に依存する．系の常伝導コンダクタンスはFermi準位 ($E \approx 0$の準位. Fermi準位をエネルギーの基準にとっている) 付近の電流を伝播する状態によって生じる．したがって，Andreev準位がFermi準位$E=0$と一致するとき，量子コンダクタンス$2e^2/h$程度のコンダクタンス共鳴ピークが現れることが予想される．

それぞれのモードにおける縦方向の電子速度は異なるので，Andreev準位は通常縮退がない (図A.4参照)．しかし式(A.14)から$E_{\nu,n}^{\pm} = 0$の条件，

A.2. バリスティックAndreev干渉計におけるコンダクタンス振動

$$\Delta\varphi = \pm(2n+1)\pi \tag{A.15}$$

は $v_{\mathrm{F},\nu}^{\parallel}$ に依存しない！この条件が満たされる場合，ひとつではなく $N_\perp$ 個のAndreev準位 ($N_\perp$ 個の横方向モードそれぞれからひとつずつ) が同時にFermi準位に一致し，$N_\perp 2e^2/h$ 程度の大きなコンダクタンスピークが現れる．ピーク幅はB, Cにおける障壁(バリア)の単一電子の透過率のオーダーとなる．

もうひとつ興味深いことがある．常伝導コンダクタンスに関与するAndreev準位は，$\Delta\varphi \neq 2\pi n$ のときに超伝導体間を流れるJosephson電流にも関与する．Andreev準位がFermi準位と一致すると，Josephson電流は突然符号を変え，常伝導コンダクタンスはピークになる．したがって，このような系の I_J と G の間に $G(\varphi) \approx -\partial I_\mathrm{J}(\Delta\varphi)/\partial\varphi$ のような関係を予想できる．

この問題の定量的な考察 (Kadigrobov et al. 1995) は，前節のLandauer-Lambert形式に基づいている (Josephson電流の存在は，系が含む超伝導体に正味の電流の出入りがないという我々の仮定と矛盾しない)．電子-正孔対称性と系の常伝導体部分の空間的対称性を仮定すると，コンダクタンスは次式で表される．

$$G = \frac{2e^2}{h} 2\int_0^\infty d\xi \bigl(T_\mathrm{N}(\xi) + R_\mathrm{A}(\xi)\bigr)\left(-\frac{\partial n_\mathrm{F}(\xi)}{\partial \xi}\right) + \eta \tag{A.16}$$

$T_\mathrm{N}(\xi)$ は $(R_\mathrm{A}(\xi)$ は) 左の電極からエネルギー ξ を持って入射した電子が通常の透過をする (Andreev反射する) 確率である．$n_\mathrm{F}(\xi)$ はFermi分布関数で，エネルギー ξ はFermi準位を基準として測ったものである (これは明らかに式(A.9)の有限温度への一般化になっている)．式(A.9)では，系が超伝導の部分まで完全に空間的な対称性を持つことにして $\varphi = \varphi'$ としてあったが，ここでは有限の $\Delta\varphi$ を仮定することから，式(A.16)には項 η が付加されている．有限の $\Delta\varphi$ の下では，式(A.9)の代わりに式(A.8)を用いなければならないが，この相関項は電子の運動量に対して速く振動する関数なので ($\eta \sim \exp 2ik_\mathrm{F} L$)，コンダクタンスピークの微細な構造を問題にするのでなければ，これを無視することができる．

式(A.16)の散乱係数は，系の常伝導体部分に関するBogoliubov-de Gennes方程式を解くことで見いだせる．これを行うために，何らかの方法で接合BおよびCにおける電子と正孔の散乱を記述しなければならない．これは実の散乱行列を導入することによって簡便に行える (Büttiker, Imry, and Azbel 1984)．

$$\mathbf{S} = \begin{pmatrix} -\epsilon/2 & 1-\epsilon/2 & \sqrt{\epsilon} \\ 1-\epsilon/2 & -\epsilon/2 & \sqrt{\epsilon} \\ \sqrt{\epsilon} & \sqrt{\epsilon} & -1+\epsilon \end{pmatrix} \tag{A.17}$$

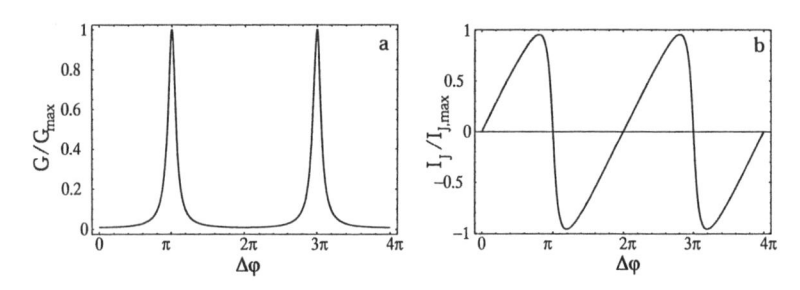

付録 A　常伝導-超伝導複合体に対する Landauer 形式

図 A.5　バリスティック Andreev 干渉計 ($\epsilon = 0.1$) の絶対零度における常伝導コンダクタンス (a), および Josephson 電流 (b) の位相依存性.

ϵ ($\ll 1$) は, 系の常伝導電極への結合の強さを表すパラメーターである. たとえば左側の超伝導体から反射された準粒子がそのまま B を通過する確率は $|1-\epsilon/2|^2 \approx 1$, 常伝導電極へ入る確率は $|\sqrt{\epsilon}|^2$ で, 反射して超伝導電極へ戻ってくる確率は $|-\epsilon/2|^2$ に過ぎない. 一方, 左の常伝導電極から入射した準粒子が反射されて戻る確率は $|-1+\epsilon|^2 \approx 1$ と高い.

速く振動する項をすべて無視し, ϵ^2 より高次の項を省くと, 最終的に次式が得られる.

$$T_\mathrm{N}(\xi) \approx R_\mathrm{A}(\xi) \approx \sum_{\sigma=\pm 1} \frac{\frac{1}{2}\epsilon^2}{1 + 2\epsilon^2 + \cos\left(\Delta\varphi + \sigma \frac{2L}{\hbar v_\mathrm{F}^{\parallel}}\xi\right)} \quad (A.18)$$

共鳴は, 式 (A.14) の Andreev 準位で起こり, 前に示した定性的な議論に合致した結果となっている.

絶対零度では共鳴コンダクタンスが $T_\mathrm{N}(0)$ と $R_\mathrm{A}(0)$ だけに依存する. 各横方向モードからの共鳴コンダクタンスへの寄与は等しいので, 系の全共鳴コンダクタンスは, ϵ^2 の精度で次のように書ける (図 A.5(a)).

$$G(\Delta\varphi) = N_\perp \frac{2e^2}{h} \frac{2\epsilon^2}{1 + 2\epsilon^2 + \cos\Delta\varphi} \quad (A.19)$$

我々は, このような系における Josephson 電流の計算の方法を既に 4.5.4 項に記述した. 唯一の違いは Andreev 準位が不純物散乱ではなく, ϵ に比例する常伝導電極への "漏れ" によって拡がりを持つことである. $T=0$ とおくと, 次式が得られる.

$$I_\mathrm{J}^{(\epsilon)}(\Delta\varphi) = N_\perp \frac{2e\bar{v}_\mathrm{F}^{\parallel}}{\pi L} \sum_{n=1}^{\infty} \frac{(-1)^{n+1} e^{-2|n|\epsilon} \sin n\Delta\varphi}{n} \quad (A.20)$$

A.2. バリスティック Andreev 干渉計におけるコンダクタンス振動

ここで $\bar{v}_\mathrm{F}^\| = N_\perp^{-1} \sum_{\nu=1}^{N_\perp} v_{\mathrm{F},\nu}^\|$ である (図 A.5(b)).

式 (A.20) と式 (A.19) を比較すると, 常伝導コンダクタンスと Josephson 電流が, 次のように関係づけられることが分かる.

$$G(\Delta\varphi) = \epsilon \left(-\frac{eL}{\hbar \bar{v}_\mathrm{F}^\|} \frac{dI_\mathrm{J}^{(\epsilon)}}{d\Delta\varphi} + \frac{2e^2}{h} N_\perp \right) \tag{A.21}$$

(ϵ^2 程度の精度であり, 詳細なコンダクタンスピークの構造は無視してある.)

付録 B 一様な超伝導体に対するBCS理論 (訳者補遺)

B.1 BCS簡約ハミルトニアンの導出

2体相互作用を持つ，空間的に一様な多電子系のハミルトニアンは，一般に次のように書ける (平面波状態を基底とし，1.4節の結果を用いる).

$$\mathcal{H} = \sum_{\mathbf{k},\sigma} \epsilon_\mathbf{k} a_{\mathbf{k}\sigma}^\dagger a_{\mathbf{k}\sigma} + \frac{1}{\Omega} \sum_{\substack{\mathbf{k}_1\sigma_1, \mathbf{k}_2\sigma_2 \\ \mathbf{k}_3\sigma_3, \mathbf{k}_4\sigma_4}} V_{12,34}\, a_{\mathbf{k}_1\sigma_1}^\dagger a_{\mathbf{k}_2\sigma_2}^\dagger a_{\mathbf{k}_3\sigma_3} a_{\mathbf{k}_4\sigma_4} \tag{B.1}$$

$\epsilon_\mathbf{k} = \hbar^2 k^2/2m$ は電子の運動エネルギーである．$V_{12,34} \equiv V(\mathbf{k}_1\sigma_1\mathbf{k}_2\sigma_2, \mathbf{k}_3\sigma_3\mathbf{k}_4\sigma_4)$ は [エネルギー] × [体積] の次元を持つ相互作用係数で，原理的には2粒子間ポテンシャル $v(\mathbf{r}\sigma, \mathbf{r}'\sigma')$ からのFourier変換によって決まる．Ω は系の体積であるが，簡単のため $\Omega = 1$ とおく．

ハミルトニアンの変換

まず，ハミルトニアンに $\mathcal{H}' = \mathcal{H} - \mu\mathcal{N}$ という変換を施す．$\mathcal{N} \equiv \sum_{\mathbf{k},\sigma} a_{\mathbf{k}\sigma}^\dagger a_{\mathbf{k}\sigma}$ は全電子数 N の演算子である．

$$\mathcal{H}' = \sum_{\mathbf{k},\sigma} \xi_\mathbf{k} a_{\mathbf{k}\sigma}^\dagger a_{\mathbf{k}\sigma} + \sum_{\substack{\mathbf{k}_1\sigma_1, \mathbf{k}_2\sigma_2 \\ \mathbf{k}_3\sigma_3, \mathbf{k}_4\sigma_4}} V_{12,34}\, a_{\mathbf{k}_1\sigma_1}^\dagger a_{\mathbf{k}_2\sigma_2}^\dagger a_{\mathbf{k}_3\sigma_3} a_{\mathbf{k}_4\sigma_4} \tag{B.2a}$$

$$\xi_\mathbf{k} = \epsilon_\mathbf{k} - \mu \tag{B.2b}$$

$\mathcal{H}'$ は多電子系の全エネルギー $\mathcal{E}$ ではなく，巨視的変数を N から化学ポテンシャル μ に変更する Legendre 変換を施した一種の自由エネルギー $\mathcal{E}' = \mathcal{E} - \mu N$ の演算子である (3.1.2項の $\mathcal{H}_{\text{GCE}}$ と同じもの．これも'ハミルトニアン'と呼んでおく)．$\mathcal{H}$ を使っていけない本質的な理由はないが，こうすることによって，定常的に多粒子を含む状態を扱うことが容易になる．2.1.1項と同様に，これ以降 $\mathcal{H}'$ をあらためて $\mathcal{H}$ と表記することにする．

相互作用項の選択

次に相互作用項の簡略化を行う．まず相互作用項として寄与を持つ主要なものだけを残すように，(1), (2) の近似を行う．

(1) スピンの向きが異なる電子同士の相互作用項だけを残す．

スピンの向きに依存しない単純な短距離力を想定するので，スピンが同じ方向を向いた電子同士の相互作用は排他律の効果によって妨げられ，結果にほとんど影響を与えないものと考える．

(2) 運動量が $\mathbf{k}_1 = -\mathbf{k}_2$，$\mathbf{k}_3 = -\mathbf{k}_4$ の条件を満たす項だけを残す．

運動量が保存する組み合わせ ($\mathbf{k}_1 + \mathbf{k}_2 = \mathbf{k}_3 + \mathbf{k}_4$) であれば有限の相互作用係数を持つが，総運動量がゼロ（つまり電流ゼロ）の低温における Fermi 粒子系の状態を想定した場合，$\mathbf{k}_3 = -\mathbf{k}_4$ （同時に $\mathbf{k}_1 = -\mathbf{k}_2$）の条件を満たす項からの寄与が圧倒的に多く，この条件を満たさない項からの寄与を無視しても大勢に影響はない (p.167, 図4.2(b)参照．ただし $|\Delta| \ll E_F$ [1]でなければならない．Δ は超伝導電子系の状態関数を特徴づけるパラメーターで，引力による電子の相互散乱は主として $E_F \pm |\Delta|$ の運動エネルギー範囲にある電子に起こる)．

上記の近似の結果，ハミルトニアンは次のように書き換えられる[2]．

$$\mathcal{H} \approx \sum_{\mathbf{k},\sigma} \xi_{\mathbf{k}} a_{\mathbf{k}\sigma}^{\dagger} a_{\mathbf{k}\sigma} + \sum_{\mathbf{k},\mathbf{k}'} V_{\mathbf{k}\mathbf{k}'} a_{\mathbf{k}\uparrow}^{\dagger} a_{-\mathbf{k}\downarrow}^{\dagger} a_{-\mathbf{k}'\downarrow} a_{\mathbf{k}'\uparrow} \tag{B.3}$$

これは通常，"対(つい)ハミルトニアン" と呼ばれる．

相互作用係数の簡略化

更に相互作用係数 $V_{\mathbf{k}\mathbf{k}'}$ の簡略化を考える．フォノン交換による相互作用係数は，適当な近似の下で，

$$V_{\mathbf{k}\mathbf{k}'}^{\text{ph}} = \frac{2|M|^2 \hbar \omega_{\mathbf{q}}}{(\xi_{\mathbf{k}} - \xi_{\mathbf{k}'})^2 - (\hbar \omega_{\mathbf{q}})^2} \approx \frac{2|M|^2 \hbar \omega_{\text{D}}}{(\xi_{\mathbf{k}} - \xi_{\mathbf{k}'})^2 - (\hbar \omega_{\text{D}})^2} \tag{B.4}$$

[1] Fermi エネルギー E_F は，Fermi 粒子系の化学ポテンシャル μ に等しい．
[2] 本当は (1)(2) の条件以外であっても，対角項 $((\mathbf{k}_1\sigma_1) = (\mathbf{k}_4\sigma_4), (\mathbf{k}_2\sigma_2) = (\mathbf{k}_3\sigma_3))$ と交換項 $((\mathbf{k}_1\sigma_1) = (\mathbf{k}_3\sigma_3), (\mathbf{k}_2\sigma_2) = (\mathbf{k}_4\sigma_4))$ からの寄与は無視できないものになるが，これらは多電子系の状態を変えない項であり，ここでは第1項に繰り込めるものと仮定して省いてある．

B.1. BCS簡約ハミルトニアンの導出

と表される[3]．Mは電子-フォノン結合係数である．$\hbar\omega_{\mathbf{q}}$は波数$\mathbf{q}=\mathbf{k}-\mathbf{k}'$のフォノンのエネルギーであるが，フォノンの平均的なエネルギーはDebyeエネルギー$\hbar\omega_{\mathrm{D}}$に近いところにあるものとして，これに置き換えて考える．この関数は$|\xi_{\mathbf{k}}-\xi_{\mathbf{k}'}|<\hbar\omega_{\mathrm{D}}$の範囲で負である．また$|\xi_{\mathbf{k}}-\xi_{\mathbf{k}'}|\ll\hbar\omega_{\mathrm{D}}$なら$V_{\mathbf{k}\mathbf{k}'}^{\mathrm{ph}}\approx-2|M|^2/\hbar\omega_{\mathrm{D}}$である．

一方，Coulomb斥力による相互作用係数は，式(2.72)に示されているように，

$$V_{\mathbf{k}\mathbf{k}'}^{\mathrm{C}} = \frac{4\pi e^2}{|\mathbf{k}-\mathbf{k}'|^2+q_{\mathrm{TF}}^2} \tag{B.5}$$

と表される．q_{TF}はThomas-Fermi波数である．

ハミルトニアンの相互作用係数は$V_{\mathbf{k}\mathbf{k}'}=V_{\mathbf{k}\mathbf{k}'}^{\mathrm{ph}}+V_{\mathbf{k}\mathbf{k}'}^{\mathrm{C}}$であるが，これを次のように大胆に簡略化してしまうことにする[4]（相互作用のBCS近似）．

$$V_{\mathbf{k}\mathbf{k}'} = \begin{cases} -V & (|\xi_{\mathbf{k}}|<\hbar\omega_{\mathrm{D}} \text{ and } |\xi_{\mathbf{k}'}|<\hbar\omega_{\mathrm{D}}) \\ 0 & (\text{otherwise}) \end{cases} \tag{B.6}$$

この近似は，実際にFermi準位付近で相互散乱に与る電子の運動エネルギー範囲がDebyeエネルギーより充分に狭く（$|\Delta|\ll\hbar\omega_{\mathrm{D}}$），また$V_{\mathbf{k}\mathbf{k}'}^{\mathrm{C}}$が$|V_{\mathbf{k}\mathbf{k}'}^{\mathrm{ph}}|$に比べて小さいという仮定に基づいているが，普通の意味での"近似"とは言い難いものである（引力の範囲が$|\xi_{\mathbf{k}}-\xi_{\mathbf{k}'}|<\hbar\omega_{\mathrm{D}}$から，$|\xi_{\mathbf{k}}|,|\xi_{\mathbf{k}'}|<\hbar\omega_{\mathrm{D}}$に変わっており，Coulomb力による$|\mathbf{k}-\mathbf{k}'|$依存性が全く無視されている）．最終的に得られる超伝導電子系の状態は，相互作用係数の詳細な波数依存性にはほとんど無関係に決まることを期待して，$|\xi_{\mathbf{k}}-\xi_{\mathbf{k}'}|\to 0$のときの引力強度の目安$V$と，引力の切断エネルギーの目安$\hbar\omega_{\mathrm{D}}$だけを，計算しやすい形で相互作用係数に導入しておくのである[5]．

このように相互作用係数を近似すると，次のハミルトニアンに到達する．

$$\mathcal{H}_{\mathrm{red}} = \sum_{\mathbf{k},\sigma}\xi_{\mathbf{k}}a_{\mathbf{k}\sigma}^{\dagger}a_{\mathbf{k}\sigma} - V\sum_{\substack{\mathbf{k},\mathbf{k}' \\ (|\xi_{\mathbf{k}}|,|\xi_{\mathbf{k}'}|<\hbar\omega_{\mathrm{D}})}}a_{\mathbf{k}\uparrow}^{\dagger}a_{-\mathbf{k}\downarrow}^{\dagger}a_{-\mathbf{k}'\downarrow}a_{\mathbf{k}'\uparrow} \tag{B.7}$$

これが"BCS簡約ハミルトニアン"（BCS reduced Hamiltonian）と呼ばれるものである．なお$|\xi_{\mathbf{k}}|<\hbar\omega_{\mathrm{D}}$という条件を満たす$\mathbf{k}$は，波数空間において原点からの距離がおおよそ$k_{\mathrm{F}}\pm\omega_{\mathrm{D}}/v_{\mathrm{F}}$の範囲の，Fermi面を含む球殻状の領域を占める．

---

[3] 参考書としては，ザイマン（山下・長谷川訳）『固体物性論の基礎』丸善，1976や，キッテル（堂山昌男監訳）『固体の量子論』丸善，1972など．あるいは表2.3 (p.88)に示されている**Mahan 1990**のダイヤグラム規則からも，この結果を容易に推察できる．
[4] Vは正と仮定する．これは単位体積の系において4.1.2項の$|\lambda|$，4.3節の$|g|$に相当する．
[5] $\hbar\omega_{\mathrm{D}}$は，ここではDebyeエネルギーそのものではなく，むしろ式(B.6)のような近似を成立させ得る現象論的パラメーターと解釈した方がよい．Vも同様である．

B.2 簡約ハミルトニアンの平均場近似と対角化

平均場ハミルトニアン

簡約ハミルトニアンにおける相互作用項の演算子積の部分を扱い易くするために，次のような平均場の導入を考える．

$$a^\dagger_{\mathbf{k}\uparrow}a^\dagger_{-\mathbf{k}\downarrow} = \langle a^\dagger_{\mathbf{k}\uparrow}a^\dagger_{-\mathbf{k}\downarrow}\rangle + \{a^\dagger_{\mathbf{k}\uparrow}a^\dagger_{-\mathbf{k}\downarrow} - \langle a^\dagger_{\mathbf{k}\uparrow}a^\dagger_{-\mathbf{k}\downarrow}\rangle\}$$
$$a_{-\mathbf{k}'\downarrow}a_{\mathbf{k}'\uparrow} = \langle a_{-\mathbf{k}'\downarrow}a_{\mathbf{k}'\uparrow}\rangle + \{a_{-\mathbf{k}'\downarrow}a_{\mathbf{k}'\uparrow} - \langle a_{-\mathbf{k}'\downarrow}a_{\mathbf{k}'\uparrow}\rangle\} \tag{B.8}$$

$\langle\cdots\rangle$ は，最終的に求まる電子系の状態関数を用いて計算される期待値であり，自己無撞着に決まるべき量である．それぞれ $\{\cdots\}$ の部分が小さく，これらの2次の項が省略できるものと考えて簡約ハミルトニアンを近似したものが，次の平均場ハミルトニアンである．

$$\mathcal{H}_{\text{MFA}} = \sum_{\mathbf{k},\sigma} \xi_\mathbf{k} a^\dagger_{\mathbf{k}\sigma} a_{\mathbf{k}\sigma}$$
$$-V \sum_{\substack{\mathbf{k},\mathbf{k}' \\ (|\xi_\mathbf{k}|,|\xi_{\mathbf{k}'}|<\hbar\omega_D)}} \Big\{\langle a^\dagger_{\mathbf{k}\uparrow}a^\dagger_{-\mathbf{k}\downarrow}\rangle a_{-\mathbf{k}'\downarrow}a_{\mathbf{k}'\uparrow} + a^\dagger_{\mathbf{k}\uparrow}a^\dagger_{-\mathbf{k}\downarrow}\langle a_{-\mathbf{k}'\downarrow}a_{\mathbf{k}'\uparrow}\rangle$$
$$- \langle a^\dagger_{\mathbf{k}\uparrow}a^\dagger_{-\mathbf{k}\downarrow}\rangle\langle a_{-\mathbf{k}'\downarrow}a_{\mathbf{k}'\uparrow}\rangle\Big\} \tag{B.9}$$

ここで，"対ポテンシャル" $\Delta_\mathbf{k}$ を定義する．

$$\Delta_\mathbf{k} \equiv -\sum_{\mathbf{k}'} V_{\mathbf{k}\mathbf{k}'}\langle a_{-\mathbf{k}'\downarrow}a_{\mathbf{k}'\uparrow}\rangle \tag{B.10}$$

相互作用の BCS 近似 (B.6) を採用すると，対ポテンシャルは単純な段差関数になる．

$$\Delta_\mathbf{k} = \Delta\cdot\theta(\hbar\omega_D - |\xi_\mathbf{k}|) = \begin{cases} \Delta \equiv V\displaystyle\sum_{\substack{\mathbf{k}' \\ (|\xi_{\mathbf{k}'}|<\hbar\omega_D)}} \langle a_{-\mathbf{k}'\downarrow}a_{\mathbf{k}'\uparrow}\rangle & (|\xi_\mathbf{k}|<\hbar\omega_D) \\ 0 & (|\xi_\mathbf{k}|>\hbar\omega_D) \end{cases} \tag{B.11}$$

平均場ハミルトニアンを，上記の対ポテンシャル値 Δ を用いて書き直すと，次のようになる．

$$\mathcal{H}_{\text{MFA}} = \sum_{\mathbf{k},\sigma} \xi_\mathbf{k} a^\dagger_{\mathbf{k}\sigma} a_{\mathbf{k}\sigma} - \sum_{\mathbf{k}}{}' \Big\{\Delta^* a_{-\mathbf{k}\downarrow}a_{\mathbf{k}\uparrow} + a^\dagger_{\mathbf{k}\uparrow}a^\dagger_{-\mathbf{k}\downarrow}\Delta\Big\} + \frac{|\Delta|^2}{V} \tag{B.12}$$

ここで $\displaystyle\sum_{\mathbf{k}}{}'$ は，$|\xi_\mathbf{k}|<\hbar\omega_D$ を満たす $\mathbf{k}$ に関する和を表す．

ハミルトニアンの対角化

電子の生成・消滅演算子の1次結合によって，新しい演算子 $\alpha_{\mathbf{k}\sigma}$ を定義する (Bogoliubov 変換)[6]．

$$\alpha_{\mathbf{k}\uparrow} = u_{\mathbf{k}} a_{\mathbf{k}\uparrow} - v_{\mathbf{k}} a^{\dagger}_{-\mathbf{k}\downarrow} \tag{B.13a}$$

$$\alpha_{\mathbf{k}\downarrow} = u_{\mathbf{k}} a_{\mathbf{k}\downarrow} + v_{\mathbf{k}} a^{\dagger}_{-\mathbf{k}\uparrow} \tag{B.13b}$$

$$u_{\mathbf{k}}^2 + v_{\mathbf{k}}^2 = 1 \tag{B.13c}$$

$$u_{-\mathbf{k}} = u_{\mathbf{k}} \tag{B.13d}$$

$$v_{-\mathbf{k}} = v_{\mathbf{k}} \tag{B.13e}$$

ここでは $u_{\mathbf{k}}, v_{\mathbf{k}}$ を実数と仮定しておく．これらの $\mathbf{k}$ に対する具体的な関数形は，後からハミルトニアンの書き換えに都合が良いように決めるが，初めに式(B.13c)-(B.13e)の付帯条件を課しておく．式(B.13c)は，新しい演算子も Fermi 粒子の演算子と見なせること ($\{\alpha_{\mathbf{k}\sigma}, \alpha^{\dagger}_{\mathbf{k}'\sigma'}\} = \delta_{\mathbf{k}\mathbf{k}'}\delta_{\sigma\sigma'}$) を保証する．更に式(B.13d), (B.13e)を仮定しておくと，逆変換の式が簡単になる．

$$a_{\mathbf{k}\uparrow} = u_{\mathbf{k}} \alpha_{\mathbf{k}\uparrow} + v_{\mathbf{k}} \alpha^{\dagger}_{-\mathbf{k}\downarrow} \tag{B.14a}$$

$$a_{\mathbf{k}\downarrow} = u_{\mathbf{k}} \alpha_{\mathbf{k}\downarrow} - v_{\mathbf{k}} \alpha^{\dagger}_{-\mathbf{k}\uparrow} \tag{B.14b}$$

---

[6] Bogoliubov 変換の式は通常，式(B.13a), (B.13b)のように，各スピン値について別々に書き下されるが，元々の変換式は，

$$\alpha_{\mathbf{k},\sigma} = u_{\mathbf{k},\sigma} a_{\mathbf{k},\sigma} - v_{\mathbf{k},\sigma} a^{\dagger}_{-\mathbf{k},-\sigma} \tag{A}$$

$$u_{\mathbf{k},\sigma}^2 + v_{\mathbf{k},\sigma}^2 = 1 \tag{B}$$

$$u_{-\mathbf{k},\sigma} = u_{\mathbf{k},\sigma}; \quad u_{\mathbf{k},-\sigma} = u_{\mathbf{k},\sigma} \tag{C}$$

$$v_{-\mathbf{k},\sigma} = v_{\mathbf{k},\sigma}; \quad v_{\mathbf{k},-\sigma} = -v_{\mathbf{k},\sigma} \tag{D}$$

であると理解すべきであろう．変換式は文献によってそれぞれ違ったものが使われているが，この変換式は 4.3.2 項の記述と整合している．$v_{\mathbf{k},\sigma}$ の条件を (D) の代わりに，

$$v_{-\mathbf{k},\sigma} = -v_{\mathbf{k},\sigma}; \quad v_{\mathbf{k},-\sigma} = v_{\mathbf{k},\sigma}$$

と置き換えた変換式が使われることも多いが，この場合には変換と逆変換が，式(B.13), (B.14)の代わりに次のようになる ($v_{\mathbf{k}}$ が奇関数になるので要注意)．

$$\alpha_{\mathbf{k}\uparrow} = u_{\mathbf{k}} a_{\mathbf{k}\uparrow} - v_{\mathbf{k}} a^{\dagger}_{-\mathbf{k}\downarrow} \qquad a_{\mathbf{k}\uparrow} = u_{\mathbf{k}} \alpha_{\mathbf{k}\uparrow} + v_{\mathbf{k}} \alpha^{\dagger}_{-\mathbf{k}\downarrow}$$

$$\alpha_{\mathbf{k}\downarrow} = u_{\mathbf{k}} a_{\mathbf{k}\downarrow} - v_{\mathbf{k}} a^{\dagger}_{-\mathbf{k}\uparrow} \qquad a_{\mathbf{k}\downarrow} = u_{\mathbf{k}} \alpha_{\mathbf{k}\downarrow} + v_{\mathbf{k}} \alpha^{\dagger}_{-\mathbf{k}\uparrow}$$

$$u_{\mathbf{k}}^2 + v_{\mathbf{k}}^2 = 1; \qquad u_{-\mathbf{k}} = u_{\mathbf{k}}; \quad v_{-\mathbf{k}} = -v_{\mathbf{k}}$$

この変換式により，平均場ハミルトニアン(B.12)を演算子 $\alpha_{\mathbf{k}\sigma}$ を用いて書き換えると，次のようになる．

$$\begin{aligned}
\mathcal{H}_{\mathrm{MFA}} = &+ \sum_{\mathbf{k},\sigma} \xi_{\mathbf{k}} v_{\mathbf{k}}^2 - \sum_{\mathbf{k}}{}' (\Delta^* + \Delta) u_{\mathbf{k}} v_{\mathbf{k}} + \frac{|\Delta|^2}{V} \\
&+ \sum_{\mathbf{k},\sigma} \xi_{\mathbf{k}} \left(u_{\mathbf{k}}^2 + v_{\mathbf{k}}^2\right) \alpha_{\mathbf{k}\sigma}^\dagger \alpha_{\mathbf{k}\sigma} + \sum_{\mathbf{k}}{}' (\Delta^* + \Delta) u_{\mathbf{k}} v_{\mathbf{k}} \left(\alpha_{\mathbf{k}\uparrow}^\dagger \alpha_{\mathbf{k}\uparrow} + \alpha_{-\mathbf{k}\downarrow}^\dagger \alpha_{-\mathbf{k}\downarrow}\right) \\
&+ \sum_{\mathbf{k}} 2\xi_{\mathbf{k}} u_{\mathbf{k}} v_{\mathbf{k}} \left(\alpha_{\mathbf{k}\uparrow}^\dagger \alpha_{-\mathbf{k}\downarrow}^\dagger + \alpha_{-\mathbf{k}\downarrow} \alpha_{\mathbf{k}\uparrow}\right) \\
&- \sum_{\mathbf{k}}{}' \left\{\left(\Delta u_{\mathbf{k}}^2 - \Delta^* v_{\mathbf{k}}^2\right) \alpha_{\mathbf{k}\uparrow}^\dagger \alpha_{-\mathbf{k}\downarrow}^\dagger + \left(\Delta^* u_{\mathbf{k}}^2 - \Delta v_{\mathbf{k}}^2\right) \alpha_{-\mathbf{k}\downarrow} \alpha_{\mathbf{k}\uparrow}\right\} \quad (\text{B.15})
\end{aligned}$$

ここで，演算子の変換に用いた $u_{\mathbf{k}}, v_{\mathbf{k}}$ の関数形を適当に決めて，平均場ハミルトニアン(B.15)から $\alpha^\dagger \alpha^\dagger$ や $\alpha\alpha$ といった異常項を消すこと(対角化)を試みる．これは，次の式を満たす $u_{\mathbf{k}}, v_{\mathbf{k}}$ によって可能となる．

$$2\xi_{\mathbf{k}} u_{\mathbf{k}} v_{\mathbf{k}} - \Delta u_{\mathbf{k}}^2 + \Delta^* v_{\mathbf{k}}^2 = 0 \qquad (|\xi_{\mathbf{k}}| < \hbar\omega_{\mathrm{D}}) \quad (\text{B.16a})$$

$$u_{\mathbf{k}} v_{\mathbf{k}} = 0 \qquad (|\xi_{\mathbf{k}}| > \hbar\omega_{\mathrm{D}}) \quad (\text{B.16b})$$

式(B.16a)と式(B.13c)から，次式が得られる．

$$\frac{v_{\mathbf{k}}}{u_{\mathbf{k}}} = \frac{\sqrt{\xi_{\mathbf{k}}^2 + |\Delta|^2} - \xi_{\mathbf{k}}}{\Delta^*} = \frac{\sqrt{\xi_{\mathbf{k}}^2 + |\Delta|^2} - \xi_{\mathbf{k}}}{|\Delta|} \quad (|\xi_{\mathbf{k}}| < \hbar\omega_{\mathrm{D}}) \quad (\text{B.17})$$

$u_{\mathbf{k}}, v_{\mathbf{k}}$ を実数と仮定しているので，等号が成立するように Δ も実数と仮定しなければならない ($\Delta^* = |\Delta|$)[7]．Δ は，式(B.11)の下で自己無撞着に決まるべき量なので，実数とおいてよいかどうかこの時点で明らかではないが，後から得られる電子系の状態関数を用いて正当性が確認されることになる．

上記の式(B.17), (B.13c)によって $u_{\mathbf{k}}$ と $v_{\mathbf{k}}$ を求めることができる[8]．

$$u_{\mathbf{k}}^2 = \frac{1}{2}\left(1 + \frac{\xi_{\mathbf{k}}}{\sqrt{\xi_{\mathbf{k}}^2 + |\Delta|^2}}\right) \qquad (|\xi_{\mathbf{k}}| < \hbar\omega_{\mathrm{D}}) \quad (\text{B.18a})$$

$$v_{\mathbf{k}}^2 = \frac{1}{2}\left(1 - \frac{\xi_{\mathbf{k}}}{\sqrt{\xi_{\mathbf{k}}^2 + |\Delta|^2}}\right) \qquad (|\xi_{\mathbf{k}}| < \hbar\omega_{\mathrm{D}}) \quad (\text{B.18b})$$

[7] 後から Δ を複素数へ一般化できるように，実数の Δ を $|\Delta|$ と記しておく．
[8] 後から求まる状態関数(B.20)を見ると分かるように，$v_{\mathbf{k}}^2$ ($u_{\mathbf{k}}^2$) は $\mathbf{k}$ 状態の電子の占有(非占有)確率を表すことになる．式(B.18a,b)と式(B.18c,d)の境界を見ると，$u_{\mathbf{k}}^2$ と $v_{\mathbf{k}}^2$ は $\xi_{\mathbf{k}} = \pm\hbar\omega_{\mathrm{D}}$ において相互作用の BCS 近似に起因する不連続性を持つが，$|\Delta| \ll \hbar\omega_{\mathrm{D}}$ を想定するので，この不連続性はあまり目立たないものになる．$v_{\mathbf{k}}^2$ は Fermi 波数 k_{F} の付近で 1 から 0 へと変化するが，その変化の範囲(つまり電子の占有確率が 1 と 0 の中間になっている範囲)の目安は，Fermi 準位からエネルギーが $\pm|\Delta|$ の程度 (波数では $\pm|\Delta|/\hbar v_{\mathrm{F}}$ 程度) である．

また，$|\xi_\mathbf{k}| > \hbar\omega_\mathrm{D}$ の場合は，上記の式で $\Delta = 0$ とおいて結果を得ることにする．式 (B.16) を見れば，これが充分条件となっていることは明らかである．

$$u_\mathbf{k}^2 = \begin{cases} 0 & (\xi_\mathbf{k} < -\hbar\omega_\mathrm{D}) \\ 1 & (\hbar\omega_\mathrm{D} < \xi_\mathbf{k}) \end{cases} \tag{B.18c}$$

$$v_\mathbf{k}^2 = \begin{cases} 1 & (\xi_\mathbf{k} < -\hbar\omega_\mathrm{D}) \\ 0 & (\hbar\omega_\mathrm{D} < \xi_\mathbf{k}) \end{cases} \tag{B.18d}$$

これで，平均場ハミルトニアン (B.12) において，式 (B.14) および式 (B.18) によって定義される演算子の変換をすると，ハミルトニアンを対角化できることが分かった ($u_\mathbf{k}$ と $v_\mathbf{k}$ の符号の任意性が残っているが，両者とも正としておく)．対角化されたハミルトニアンを，次のように書ける[9]．

$$\mathcal{H}_\mathrm{MFA} = \sum_\mathbf{k} (\xi_\mathbf{k} - E_\mathbf{k}) + \frac{|\Delta|^2}{V} + \sum_{\mathbf{k},\sigma} E_\mathbf{k} \alpha_{\mathbf{k}\sigma}^\dagger \alpha_{\mathbf{k}\sigma} \tag{B.19a}$$

$$E_\mathbf{k} \equiv \sqrt{\xi_\mathbf{k}^2 + |\Delta_\mathbf{k}|^2} = \begin{cases} \sqrt{\xi_\mathbf{k}^2 + |\Delta|^2} & (|\xi_\mathbf{k}| < \hbar\omega_\mathrm{D}) \\ |\xi_\mathbf{k}| & (|\xi_\mathbf{k}| > \hbar\omega_\mathrm{D}) \end{cases} \tag{B.19b}$$

以上で平均場ハミルトニアンの対角化は完了したが，Bogoliubov 変換係数の複素数への一般化について言及しておく．ここでは初めに変換式 (B.13) において $u_\mathbf{k}, v_\mathbf{k}$ を実数と仮定したが，これらを複素係数と考えて対角化の議論を始めてもよい．しかし式 (B.17) を見て判るように，結局は対角化の要請によって $u_\mathbf{k}$ と $v_\mathbf{k}$ の位相角の相対関係が固定される．また，量子論の観点から演算子全体にかかる位相因子は状態を区別する因子にならないので，変換式 (B.13) を導入する際に $u_\mathbf{k}$ もしくは $v_\mathbf{k}$ のどちらか一方を実数とおいても一般性を失わない．以上のことを踏まえて式 (B.13a), (B.13b) の $u_\mathbf{k}, v_\mathbf{k}$ をそのまま実数とし，但し $v_\mathbf{k}$ の方だけに任意の定数位相因子を付加して $v_\mathbf{k} \to e^{i\theta} v_\mathbf{k}$ と置き換えることで，充分な一般性を持った一様系の Bogoliubov 変換が得られる[10]．

$$\alpha_{\mathbf{k}\uparrow} = u_\mathbf{k} a_{\mathbf{k}\uparrow} - e^{i\theta} v_\mathbf{k} a_{-\mathbf{k}\downarrow}^\dagger \tag{B.13a'}$$

$$\alpha_{\mathbf{k}\downarrow} = u_\mathbf{k} a_{\mathbf{k}\downarrow} + e^{i\theta} v_\mathbf{k} a_{-\mathbf{k}\uparrow}^\dagger \tag{B.13b'}$$

---

[9] 素励起のエネルギーを表す $E_\mathbf{k}$ も $\xi_\mathbf{k} = \pm\hbar\omega_\mathrm{D}$ において不連続性を持つが，$u_\mathbf{k}$ や $v_\mathbf{k}$ と同様で，$|\Delta| \ll \hbar\omega_\mathrm{D}$ の場合には，この不連続性はあまり目立たない．
[10] 中嶋貞雄，新物理学シリーズ 9『超伝導入門』培風館, 1971, p.92 参照．ただし $v_\mathbf{k}$ は符号を逆転させた定義となっている．

$u_\mathbf{k}, v_\mathbf{k}$ の付帯条件には，式 (B.13c)-(B.13e) をそのまま適用すればよい．式 (B.17) に相当する条件から，$\Delta = |\Delta| e^{i\theta}$ とおくことができれば，この変換でハミルトニアンを対角化できることになる．このときの自己無撞着性も，やはり電子状態の関数を求めた後で正当化される．ハミルトニアンの対角化は先ほどの変換 (B.13a), (B.13b) の場合と全く同様に行うことができ，式 (B.18), (B.19) が (あらかじめ実数の Δ を $|\Delta|$ と書いておいたので) そのまま成立する．次節ではこの一般化された $\alpha_{\mathbf{k}\sigma}$ を用いることにする．

B.3 基底状態と有限温度の状態

BCS基底状態

対角化されたハミルトニアン (B.19) を見ると，系を，個々のエネルギーが $E_\mathbf{k}$ の Fermi 粒子 (Bogoliubov 粒子：$\alpha_{\mathbf{k}\sigma}$ で定義される仮想粒子) で構成される自由粒子系として扱えることが判る．Bogoliubov 粒子はエネルギーの授受によって生成・消滅するので，Bogoliubov 粒子が全く存在しない "Bogoliubov 粒子に関する真空" が系の基底状態である．Bogoliubov 粒子を定義するときの位相因子を $e^{i\theta}$ と想定した場合の基底状態を $|\Phi_\theta\rangle$ と書くことにすると，定義により式 (B.13a'), (B.13b') の $\alpha_{\mathbf{k}\sigma}$ について $\alpha_{\mathbf{k}\sigma}|\Phi_\theta\rangle = 0$ とならなければならない．$|\Phi_\theta\rangle$ を電子数がゼロの "電子に関する真空" $|\text{vac}\rangle$ と電子の演算子 $a_{\mathbf{k}\sigma}$ を用いて表すと，次のようになる (BCS波動関数).

$$|\Phi_\theta\rangle = \prod_\mathbf{k} \left(u_\mathbf{k} + e^{i\theta} v_\mathbf{k} a^\dagger_{\mathbf{k}\uparrow} a^\dagger_{-\mathbf{k}\downarrow}\right) |\text{vac}\rangle \tag{B.20}$$

このように表される超伝導基底状態を "BCS基底状態" と呼ぶ．これが "Bogoliubov 粒子の真空" になっていることは，実際に式 (B.13a'), (B.13b') の右辺を，上式に作用させることによって確認できる．

式 (B.20) の $u_\mathbf{k}, v_\mathbf{k}$ は Δ をパラメーターとする $\mathbf{k}$ の関数であり (式 (B.18))，Δ を決めれば系の基底状態を求める作業は完了する．Δ の値を決める条件は，定義式 $\Delta = V \sum_\mathbf{k}{}' \langle a_{-\mathbf{k}\downarrow} a_{\mathbf{k}\uparrow}\rangle$ である (式 (B.11))．$\langle \cdots \rangle$ の計算に必要な状態関数の形も，既に Δ をパラメーターに含んだ形で式 (B.20) に与えられたので，これが Δ の値を自己無撞着に決定するための方程式になる．

$$\begin{aligned}\Delta &= V \sum_\mathbf{k}{}' \langle \Phi_\theta | a_{-\mathbf{k}\downarrow} a_{\mathbf{k}\uparrow} | \Phi_\theta \rangle = V \sum_\mathbf{k}{}' e^{i\theta} u_\mathbf{k} v_\mathbf{k} \\ &= |\Delta| e^{i\theta} \frac{V}{2} \sum_\mathbf{k}{}' \frac{1}{\sqrt{\xi_\mathbf{k}^2 + |\Delta|^2}}\end{aligned} \tag{B.21}$$

B.3. 基底状態と有限温度の状態

右辺の中で複素数の因子は $e^{i\theta}$ だけなので，これで Bogoliubov 変換 (B.13a'), (B.13b') の下で平均場ハミルトニアンの対ポテンシャルを $\Delta = |\Delta|e^{i\theta}$ とおいてよいことが確認できた ($\theta = 0$ とおくと，元の式 (B.13) の下で Δ を実数とおいてよいことも同時に分かる)．両辺を Δ で割って，波数 $\mathbf{k}$ に関する和を $\sum_{\mathbf{k}}{}' \to \int_{-\hbar\omega_\mathrm{D}}^{\hbar\omega_\mathrm{D}} d\xi N(\xi)$ のように積分に置き換えることにする．$N(\xi)$ は自由電子のエネルギー $\epsilon = \mu + \xi$ における状態密度 (一方向スピンあたり) である．そうすると式 (B.21) は，

$$1 = \frac{V}{2}\int_{-\hbar\omega_\mathrm{D}}^{\hbar\omega_\mathrm{D}} \frac{d\xi N(\xi)}{\sqrt{\xi^2 + |\Delta|^2}} \approx \frac{N(0)V}{2} \int_{-\hbar\omega_\mathrm{D}}^{\hbar\omega_\mathrm{D}} \frac{d\xi}{\sqrt{\xi^2 + |\Delta|^2}}$$
$$= N(0)V \sinh^{-1}\left(\frac{\hbar\omega_\mathrm{D}}{|\Delta|}\right) \tag{B.22}$$

となる．よって $|\Delta|$ が次のように求まる．

$$|\Delta| = \frac{\hbar\omega_\mathrm{D}}{\sinh(1/N(0)V)} \approx 2\hbar\omega_\mathrm{D} e^{-1/N(0)V} \tag{B.23}$$

最後の近似は $N(0)V \ll 1$ ('弱結合'の条件) を仮定している．多くの超伝導金属では $N(0)V \lesssim 0.3$ で，これがよい近似になる．典型的な弱結合金属では $\hbar\omega_\mathrm{D}$ が 10 meV のオーダーであるのに対し，$|\Delta|$ は 1 meV 以下であり，相互作用の BCS 近似が成立するための必要条件 ($|\Delta| \ll \hbar\omega_\mathrm{D}$) が満たされている．

なお，式 (B.20) で表される状態は，位相が θ に確定しており，電子数 N は不確定になっている．電子数の確定した状態 $|\Phi_N\rangle$ は，すべての位相状態を重ね合せてつくることができる[11]．

$$|\Phi_N\rangle \propto \int_0^{2\pi} d\theta\, e^{-iN\theta/2} |\Phi_\theta\rangle \tag{B.24}$$

超伝導状態では電子数が必ず不確定になるというわけではない (4.1.3 項)．Bogoliubov 変換 (B.13a'), (B.13b') を導入するときには，位相が θ に確定した状態に解を導くような作為が含まれるが，このとき選ぶ位相の値が違っても，得られる状態はそれぞれが同様に基底状態としての正当性を持つ (縮退している)．これらを重ね合せることで，位相が不確定になる代わりに，電子数の確定した状態が得られるのである．

素励起と有限温度の状態

対角化ハミルトニアン (B.19) を見て分かるように，系に波数 $\mathbf{k}$ の Bogoliubov 粒子をひとつ加える (素励起を生じる) ときのエネルギーの増分は $E_\mathbf{k} = \sqrt{\xi_\mathbf{k}^2 + |\Delta|^2}$ で

---
[11] **Tinkham 1996**, p.52, もしくは中嶋貞雄 (前出), p.90 参照．

ある.このエネルギーの最小値は $|\Delta|$ ($\xi_\mathbf{k}=0$ のとき) という有限の値になるので,系の励起スペクトルには基底状態から $|\Delta|$ の幅だけ,エネルギー的に禁制された"ギャップ"が存在することになる.$|\Delta|$ がしばしば"エネルギーギャップ"と呼ばれるのはこのような事情による (p.187,図4.9参照).

Bogoliubov粒子がひとつ生成したときの状態関数の例を,式(B.20)と式(B.13a')を用いて計算すると,次のようになる.

$$\alpha^\dagger_{\mathbf{k}\uparrow}|\Phi_\theta\rangle = a^\dagger_{\mathbf{k}\uparrow}\prod_{\mathbf{l}\neq\mathbf{k}}(u_\mathbf{l}+e^{i\theta}v_\mathbf{l}a^\dagger_{\mathbf{l}\uparrow}a^\dagger_{-\mathbf{l}\downarrow})|\text{vac}\rangle \tag{B.25}$$

$\alpha^\dagger_{\mathbf{k}\uparrow}$ をBCS基底状態に作用させると,結果として $(u_\mathbf{k}+e^{i\theta}v_\mathbf{k}a^\dagger_{\mathbf{k}\uparrow}a^\dagger_{-\mathbf{k}\downarrow}) \to a^\dagger_{\mathbf{k}\uparrow}$ という因子の置き換えが生じる.具体的には,$\xi_\mathbf{k} > \hbar\omega_\text{D}$ (Fermi面付近を除くFermi球の外側領域) では $u_\mathbf{k}=1,v_\mathbf{k}=0$ なので,$\alpha^\dagger_{\mathbf{k}\uparrow}$ によって $1 \to a^\dagger_{\mathbf{k}\uparrow}$ となり,BCS基底状態に $(\mathbf{k}\uparrow)$ の電子がひとつ付け加わる.他方 $\xi_\mathbf{k} < -\hbar\omega_\text{D}$ (Fermi面付近を除くFermi球の内側領域) では $u_\mathbf{k}=0,v_\mathbf{k}=1$ なので,$\alpha^\dagger_{\mathbf{k}\uparrow}$ によって $e^{i\theta}a^\dagger_{\mathbf{k}\uparrow}a^\dagger_{-\mathbf{k}\downarrow} \to a^\dagger_{\mathbf{k}\uparrow}$ という因子の置き換えが起こり,BCS基底状態から $(-\mathbf{k}\downarrow)$ の電子が欠落することになる (言い替えると $(\mathbf{k}\uparrow)$ の正孔が付け加わる).$\mathbf{k}$ がFermi面付近にある場合は $u_\mathbf{k},v_\mathbf{k} > 0$ なので,$\alpha^\dagger_{\mathbf{k}\uparrow}$ の作用は $(\mathbf{k}\uparrow)$-電子を付加する効果と $(-\mathbf{k}\downarrow)$-電子を抜き取る (もしくは $(\mathbf{k}\uparrow)$-正孔を加える) 効果が混ざったものになる.$\alpha^\dagger_{\mathbf{k}\downarrow}$ についても同様のことが言える.

有限温度においても,対角化ハミルトニアン(B.19)を用いることができるが,系の状態はBCS基底状態ではなく,熱浴から受けたエネルギーによって生成したBogoliubov粒子を多数含むようになる.したがって,平均場の計算に式(B.20)を使うことができなくなり,対ポテンシャルの値が基底状態と異なってくる.有限温度における平均量を計算するためには,相互作用を持つ電子の演算子 $a_{\mathbf{k}\sigma}$ より,自由粒子演算子 $\alpha_{\mathbf{k}\sigma}$ を用いる方が都合がよいので,自己無撞着の式を次のように書き直すことにする.

$$\begin{aligned}\Delta &= V\sum_\mathbf{k}{}'\langle a_{-\mathbf{k}\downarrow}a_{\mathbf{k}\uparrow}\rangle_\beta \\ &= V\sum_\mathbf{k}{}'\Big\{u_\mathbf{k}^2\langle\alpha_{-\mathbf{k}\downarrow}\alpha_{\mathbf{k}\uparrow}\rangle_\beta - e^{i2\theta}v_\mathbf{k}^2\langle\alpha^\dagger_{\mathbf{k}\uparrow}\alpha^\dagger_{-\mathbf{k}\downarrow}\rangle_\beta \\ &\quad + e^{i\theta}u_\mathbf{k}v_\mathbf{k}\big(1-\langle\alpha^\dagger_{-\mathbf{k}\downarrow}\alpha_{-\mathbf{k}\downarrow}\rangle_\beta - \langle\alpha^\dagger_{\mathbf{k}\uparrow}\alpha_{\mathbf{k}\uparrow}\rangle_\beta\big)\Big\}\end{aligned} \tag{B.26}$$

$\langle\cdots\rangle_\beta$ の計算は,形式的には $\langle\cdots\rangle_\beta = \text{tr}(\hat{\rho}_\beta\cdots) = \sum_i\left(\dfrac{e^{\beta\mathcal{E}_i}}{\sum_j e^{\beta\mathcal{E}_j}}\right)\langle\Psi_i|\cdots|\Psi_i\rangle$ と与えられる[12].$\{|\Psi_i\rangle\}$ は多電子系ハミルトニアンの固有関数がなす完全正規直交

---
[12] 式(2.3),(2.7),(3.3)参照.

B.3. 基底状態と有限温度の状態

系で, $\mathcal{E}_i$ がそれぞれのエネルギー固有値である. Bogoliubov粒子は相互作用のない自由粒子なので, 各 $|\Psi_i\rangle$ を, 各 $(\mathbf{k}\sigma)$ 状態にある Bogoliubov粒子の数が確定した状態に選ぶことができる. したがって $\langle \alpha_{-\mathbf{k}\downarrow}\alpha_{\mathbf{k}\uparrow}\rangle_\beta$ や $\langle \alpha^\dagger_{\mathbf{k}\uparrow}\alpha^\dagger_{-\mathbf{k}\downarrow}\rangle_\beta$ のような異常項はゼロと置いてよい. 他方, $\langle \alpha^\dagger_{-\mathbf{k}\downarrow}\alpha_{-\mathbf{k}\downarrow}\rangle_\beta$ や $\langle \alpha^\dagger_{\mathbf{k}\uparrow}\alpha_{\mathbf{k}\uparrow}\rangle_\beta$ は, それぞれ自由な Bogoliubov 粒子による $(-\mathbf{k}\downarrow)$, $(\mathbf{k}\uparrow)$ 状態の占有確率なので, 実際に多体波動関数を用いた計算をしなくとも, Fermi分布関数 $n_{\mathrm{F},\beta}(E_\mathbf{k}) = \dfrac{1}{e^{\beta E_\mathbf{k}}+1} = \dfrac{1}{e^{E_\mathbf{k}/k_\mathrm{B}T}+1}$ になるものと見なしてよい (Bogoliubov粒子は容易に生成消滅するので 'Bogoliubov粒子の化学ポテンシャル' は熱平衡状態においてゼロである). したがって有限温度 T における自己無撞着の式は, 次のようになる.

$$\Delta = V \sum_{\mathbf{k}}{}' \frac{\Delta}{2\sqrt{\xi_\mathbf{k}^2+|\Delta|^2}}\left\{1 - 2n_{\mathrm{F},\beta}\left(\sqrt{\xi_\mathbf{k}^2+|\Delta|^2}\right)\right\}$$

$$= V \sum_{\mathbf{k}}{}' \frac{\Delta}{2\sqrt{\xi_\mathbf{k}^2+|\Delta|^2}} \tanh \frac{\sqrt{\xi_\mathbf{k}^2+|\Delta|^2}}{2k_\mathrm{B}T} \tag{B.27}$$

先ほどの絶対零度の場合と同様に, 両辺を Δ で割って, 右辺の和を積分に置き換えると, いわゆるBCSのギャップ方程式 (BCS gap equation) が得られる[13].

$$1 = \frac{N(0)V}{2}\int_{-\hbar\omega_\mathrm{D}}^{\hbar\omega_\mathrm{D}} d\xi \frac{\tanh\dfrac{\sqrt{\xi^2+|\Delta|^2}}{2k_\mathrm{B}T}}{\sqrt{\xi^2+|\Delta|^2}}$$

$$= N(0)V \int_{0}^{\hbar\omega_\mathrm{D}} d\xi \frac{\tanh\dfrac{\sqrt{\xi^2+|\Delta|^2}}{2k_\mathrm{B}T}}{\sqrt{\xi^2+|\Delta|^2}} \tag{B.28}$$

これは少々扱い難い積分方程式ではあるが, 温度 T を決めれば数値計算によって $|\Delta|$ を決めることができる. すなわち $|\Delta|$ が T の関数として与えられたことになる. $|\Delta| \to 0$ となる温度を超伝導臨界温度 T_c と定義することができるが, 式(B.28)を用いた計算から, この臨界温度は次のように求まる.

$$k_\mathrm{B}T_\mathrm{c} \approx 1.13\hbar\omega_\mathrm{D} e^{-1/N(0)V} \tag{B.29}$$

なお, 絶対零度におけるエネルギーギャップ $|\Delta(0)|$ の表式 (本文中の Δ_0) は, 式(B.23)と一致し, これと上式から弱結合の超伝導体では,

$$\frac{|\Delta(0)|}{k_\mathrm{B}T_\mathrm{c}} \approx 1.76 \tag{B.30}$$

となることが分かる. すなわち $k_\mathrm{B}T_\mathrm{c}$ は, 絶対零度におけるエネルギーギャップの値と同程度 (約 0.6 倍) である.

---
[13] 式(4.72)と同じ式である ($V = |g|$).

参考文献

1. 第1章の参考文献
  (a) 書籍とレビュー
    i. **Carruthers P. and Nieto M. M. 1968**: *Phase and angle variables in quantum mechanics.* Rev. Mod. Phys. **40**, 411.
    ii. **Feynman R. P. and Hibbs A. R. 1965**: *Quantum mechanics and path integrals.* New York: McGraw-Hill.
    (ファインマン, 北原和夫訳『量子力学と径路積分』みすず書房)
    iii. **Gardiner C. W. 1985**: *Handbook of stochastic methods for physics, chemistry, and the natural sciences.* Berlin, New York: Springer-Verlag.
    iv. **Goldstein H. 1980**: *Classical mechanics.* Reading, Mass.: Addison-Wesley.
    (ゴールドスタイン, 瀬川富士他訳『新版 古典力学 (上/下)』吉岡書店)
    v. **Imry Y. 1986**: *Physics of mesoscopic systems.* In: Directions in condensed matter physics: memorial vol. in honor of S.-K. Ma; ed. by G. Grinstein, G. Mazenko. Singapore, Philadelphia: World Scientific.
    vi. **Landau L. D. and Lifshitz E. M. 1989**: *Quantum mechanics, non-relativistic theory.* (Landau and Lifshitz *Course of theoretical physics.* v. III.) Oxford, New York: Pergamon Press. §§64, 65.
    (ランダウ, リフシッツ, 佐々木健他訳, ランダウ=リフシッツ理論物理学教程『量子力学 =非相対論的理論= (1/2)』東京図書)
    第二量子化形式の簡潔で明快な説明.
    vii. **Ryder L. 1996**: *Quantum field theory.* New York: Cambridge University Press. Ch. 5.
    量子力学と場の量子論における径路積分法の議論.

viii. **Washburn S. and Webb R. A. 1992**: *Quantum transport in small disordered samples from the diffusive to the ballistic regime.* Rep. Progr. Phys. **55**, 1311.
メソスコピック系の伝導に関する理論と実験のレビュー.

ix. **Ziman J. M. 1969**: *Elements of advanced quantum theory.* Cambridge: Cambridge University Press.
(ザイマン, 樺沢宇紀訳『現代量子論の基礎』丸善プラネット)
Green関数法の考え方に関する優れた入門書.

2. 第2章の参考文献

(a) 書籍とレビュー

i. **Abrikosov A. A., Gor'kov L. P., and Dzyaloshinski I. E. 1975**: *Methods of quantum field theory in statistical physics.* New York: Dover Publications. Ch. 2.
(アブリコソフ, ゴリコフ, ジャロシンスキー, 松原武生他訳『統計物理学における場の量子論の方法』東京図書)
この分野の古典的名著.

ii. **Balescu R. 1975**: *Equilibrium and nonequilibrium statistical mechanics.* New York: Wiley.

iii. **Fetter A. L. and Walecka J. D. 1971**: *Quantum theory of many-particle systems.* San Francisco: McGraw-Hill.
(フェッター, ワレッカ, 松原武生他訳『多粒子系の量子論 (理論編/応用編)』マグロウヒルブック)

iv. **Mahan G. D. 1990**: *Many-particle physics.* New York: Plenum Press.
上記2冊は詳細な議論を含むレベルの高い専門書. この分野における標準的な参考文献である.

v. **Lifshitz E. M. and Pitaevskii L. P. 1980**: *Statistical Physics.* pt. II. (Landau and Lifshitz *Course of theoretical physics,* v. IX.) Oxford, New York: Pergamon Press. Ch. 2.
(リフシッツ, ピタエフスキー, 碓井恒丸訳『量子統計物理学』岩波書店)
絶対零度におけるGreen関数法の分かりやすく簡潔な説明.

vi. **Mattuck R. 1976**: *A guide to Feynman diagrams in the many-body problem.* London, New York: McGrow-Hill.
直観的で教育的なGreen関数法の説明.

vii. **Nussenzveig H. M. 1972**: *Causality and dispersion relations.* New York, London: Academic Press.
数学に関心の深い読者向きの本.

viii. **Thouless D. J. 1972**: *Quantum mechanics of many-body systems.* New York: Academic Press.
(サウレス, 松原武生訳『新版 多体系の量子力学』吉岡書店)

ix. **Ziman J. M. 1969**: *Elements of advanced quantum theory.* Cambridge: Cambridge University Press. Ch. 3, 4.
(ザイマン, 樺沢宇紀訳『現代量子論の基礎』丸善プラネット)

3. 第3章の参考文献

(a) 書籍とレビュー

i. **Abrikosov A. A., Gor'kov L. P., and Dzyaloshinski I. E. 1975**: *Methods of quantum field theory in statistical physics.* New York: Dover Publications. Ch. 3.
(アブリコソフ, ゴリコフ, ジャロシンスキー, 松原武生他訳『統計物理学における場の量子論の方法』東京図書)
松原形式の解説.

ii. **Balescu R. 1975**: *Equilibrium and nonequilibrium statistical mechanics.* New York: Wiley. Ch. 3.
Wigner関数(量子論的統計分布関数)の定義と性質.

iii. **Datta S. 1995**: *Electronic transport in mesoscopic systems.* Cambridge, New York: Cambridge University Press.
常伝導メソスコピック系の輸送理論に関する詳細な教育的解説.

iv. **Imry Y. 1986**: *Physics of mesoscopic systems.* In: Directions in condensed matter physics: memorial vol. in honor of S.-K. Ma; ed. by G. Grinstein, G. Mazenko. Singapore, Philadelphia: World Scientific.

v. **Jansen A. G. M., van Gelder A. P., and Wyder P. 1980**: *Point-contact spectroscopy in metals*, J. Phys. C, **13**, 6073.

vi. **Lifshitz E. M. and Pitaevskii L. P. 1980**: *Statistical Physics.* pt. II. (Landau and Lifshitz *Course of theoretical physics*, v. IX.) Oxford, New York: Pergamon Press. Ch. 4.
(リフシッツ, ピタエフスキー, 碓井恒丸訳『量子統計物理学』岩波書店)
松原形式の解説.

vii. **Lifshitz E. M. and Pitaevskii L. P. 1981**: *Physical Kinetics.* (Landau and Lifshitz *Course of theoretical physics,* v.X.) Oxford, New York: Pergamon Press. Ch. 10.
Keldysh形式の解説.

viii. **Morse P. M. and Feschbach H. 1953**: *Methods of theoretical physics.* New York, Tronto, London: McGraw-Hill.

ix. **Rammer J. and Smith H. 1986**: *Quantum field-theoretical methods in transport theory of metals.* Rev. Mod. Phys. **58**, 323.
Keldysh形式と運動論的方程式を重点的に説明.

x. **Washburn S. and Webb R. A. 1992**: *Quantum transport in small disordered samples from the diffusive to the ballistic regime.* Rep. Progr. Phys. **55**, 1311.

(b) 論文

i. Bogachek E. N., Zagoskin A. M., and Kulik I. O. 1990: Sov. J. Low Temp. Phys. **16**, 796 (1990).

ii. Cuevas J. C., Martín-Rodero A., and Levy Yeyati A. 1996: Phys. Rev. B **54**, 7366.

iii. Genenko Yu. A. and Ivanchenko Yu. M. 1986: Theor. and Math. Physics **69**, 1056.

iv. Glazman L. I., Lesovik G. B., Khmelnitskii D. E., and Shekhter R. I. 1988: JETP Lett. **48**, 239.

v. Itskovich I. F. and Shekhter R. I. 1985: Sov. J. Low Temp. Phys., **11**, 202.

vi. Kans J. M., van Ruitenbeek J. M., Fisun V. V., Yanson I. K., and de Jongh L. J. 1995: Nature, **375**, 767.

vii. Kulik I. O., Omelyanchuk A. N., and Shekhter R. I. 1977: Sov. J. Low Temp. Phys. **3**, 1543.

viii. Pascual J. I. *et al.* 1995: Science, **267**, 1793.

ix. van Wees B. J. *et al.* 1988: Phys. Rev. Lett., **60**, 848.

x. Wharam D. A. *et al.* 1988: J. Phys. C, **21**, L209.

xi. Yanson I. K. 1974: Sov. Phys. JETP **39**, 506.

xii. Zagoskin A. M. and Kulik I. O. 1990: Sov. J. Low Temp. Phys. **16**, 533.

4. 第4章の参考文献
  (a) 書籍とレビュー
    i. **Abrikosov A. A., Gor'kov L. P., and Dzyaloshinski I. E. 1975**: *Methods of quantum field theory in statistical physics.* New York: Dover Publications. Ch. 7.
      (アブリコソフ, ゴリコフ, ジャロシンスキー, 松原武生他訳『統計物理学における場の量子論の方法』東京図書)
      超伝導の理論.
    ii. **Barone A. and Paternó G. 1982**: *Physics and applications of the Josephson effect.* New York: Wiley.
      (バローネ, パテルノ, 菅野卓雄監訳『ジョセフソン効果の物理と応用』近代科学社)
    iii. **Landau L. D. and Lifshitz E. M. 1989**: *Quantum mechanics, non-relativistic theory.* (Landau and Lifshitz *Course of theoretical physics,* v. III.) Oxford, New York: Pergamon Press.
      (ランダウ, リフシッツ, 佐々木健他訳, ランダウ=リフシッツ理論物理学教程『量子力学 =非相対論的理論= (1/2)』東京図書)
    iv. **Lifshitz E. M. and Pitaevskii L. P. 1980**: *Statistical Physics.* pt. II. (Landau and Lifshitz *Course of theoretical physics,* v. IX.) Oxford, New York: Pergamon Press. Ch. 5.
      (リフシッツ, ピタエフスキー, 碓井恒丸訳『量子統計物理学』岩波書店)
      超伝導Fermi気体の理論.
    v. **Rammer J. and Smith H. 1986**: *Quantum field-theoretical methods in transport theory of metals,* Rev. Mod. Phys. **58**, 323.
    vi. **Swidzinsky A. V. 1982**: *Spatially inhomogeneous problems in the theory of superconductivity.* Nauka: Moscow (in Russian).
      径路積分法とGreen関数の形式の両方を取り上げている優れた本.
    vii. **Tinkham M. 1996**: *Introduction to superconductivity* (Second Edition). New York: McGraw Hill.
      超伝導の古典的な教科書. この第2版では第7章で微小な(メソスコピックな) Josephson接合を扱っている.
      (ティンカム, 青木亮三他訳『超伝導入門(上/下)』吉岡書店)
    viii. **Van Harlingen D. J. 1995**: *Phase-sensitive tests of the symmetry of the pairing state in the high-temperature superconducors—Evidence*

for $d_{x^2-y^2}$ symmetry, Rev. Mod. Phys. **67**, 515.

ix. **Vonsovsky S. V., Izyumov Yu. A., and Kurmaev E. Z. 1982**: *Superconductivity of transition metals, their alloys and compounds.* Springer-Verlag: Berlin - Heidelberg - New York.
この本の第2章は南部-Gor'kov形式およびEliashberg方程式の導出と解析が行われている．第3章で磁性金属への理論の一般化を扱っている．

(b) 論文

i. Bagwell P. F. 1994: Phys. Rev. B **49**, 6481.

ii. Bardeen J. and Johnson J. L. 1972: Phys. Rev. B **5**, 72.

iii. Blonder G. E., Tinkham M., and Klapwijk T. M. 1982: Phys. Rev. B **25**, 4515.

iv. Cuevas J. C., Martín-Rodero A., and Levy Yeyati A. 1996: Phys. Rev. B **54**, 7366.

v. Early E. A., Clark A. F., and Char K. 1993: Appl. Phys. Lett. **62**, 3357.

vi. Huck A., van Otterlo A., and Sigrist M. 1997: Phys. Rev. B **56**, 14163.

vii. Ishii C. 1970: Progr. Theor. Phys. **44**, 1525.

viii. Joyez P., Lafarge P., Filipe A., Esteve D., and Devoret M. H. 1994: Phys. Rev. Lett. **72**, 2458.

ix. Kulik I. O. 1970: Sov. Phys. JETP **30**, 944.

x. Kulik I. O., Omelyanchuk A. N., and Shekhter R. I. 1977: Sov. J. Low Temp. Phys. **3**, 1543.

xi. Matveev K. A., Gisselfält, Glazman L. I., Jonson M., and Shekhter R. I. 1993: Phys. Rev. Lett. **70**, 2940.

xii. Takayanagi H., Akazaki T., and Nitta J. 1996: Surf. Sci. **361-362**, 298.

xiii. Tsuei C. C. *et al.* 1996: Science **271**, 329.

xiv. Yang C. N. 1962: Rev. Mod. Phys. **34**, 694.

xv. Zagoskin A. M. 1997: J. Phys.: Condensed Matter **9**, L419.

5. 付録Aの参考文献

(a) 書籍とレビュー

i. **Beenakker C. W. J. 1994**: *Quantum transport in semiconductor-superconductor microjunctions.* In: Mesoscopic quantum physics; ed. by E. Akkermans, G. Montanbaux, and J.-L. Pichard. North Holland: Amsterdam.

ii. **Beenakker C. W. J. 1997**: *Random-matrix theory of quantum transport.* Rev. Mod. Phys. **69**, 731.

iii. **Lambert C. J. and Raimondi R. 1997**: *Phase-coherent transport in hybrid superconducting nanostructures.* Preprint condmat/970856.

(b) 論文

i. Büttiker M., Imry Y., and Azbel M. Ya. 1984: Phys. Rev. A **30**, 1982.

ii. Kadigrobov A., Zagoskin A., Shekhter R. I., and Jonson M. 1995: Phys. Rev. B **52**, R8662.

iii. Lambert C. J. 1991: J. Phys.: Cond. Matter **3**, 6579.

索 引

＜あ行＞

Abelの正則化, 76
Andreev準位, 213
Andreev反射, 205
異常平均, 173
位相干渉長, 22
一般化感受率, 127
一般化力, 126
インピーダンス, 131
ヴァーテックス関数, 98
Wiener-Khintchinの定理, 128
Wigner関数, 140
Wick回転, 116
Wickの定理, 77, 122, 190
運動論的方程式, 140, 143
AAS効果, 25
AB効果, 25
SNS接合, 213, 219
SND接合, 222
S演算子(S行列), 28, 30, 75
　　　虚時間—, 120
エネルギーギャップ [超伝導], 164, 165, 186, 201, 204, 254
Eliashberg方程式, 193
Ohmの法則, 124
温度順序化演算子, 116

＜か行＞

Callen-Weltonの公式, 130
干渉性(コヒーレンス)因子, 185, 186
完全性 [固有状態系], 20
簡約定理 [Green関数], 85, 122
ギャップ方程式 [BCS], 187, 255
巨視的量子コヒーレンス, 174
近接効果, 208, 212
偶奇効果 [超伝導微粒子], 230
Cooper対, 167

Coulombブロッケイド, 228
久保公式, 127
Kubo-Martin-Schwingerの恒等式, 129
Kramers-Kronigの関係式, 72, 112
Green関数(伝播関数)
　　　—と観測量, 72
　　　—の径路積分表示, 18, 21
　　　—の合成則, 11
　　　—の数学的な性質, 63, 107
　　　因果—, 57, 109
　　　n粒子—, 96
　　　温度—, 116
　　　Schrödinger方程式の—, 10, 12
　　　先進—, 14, 68, 109
　　　遅延—, 12, 68, 109
　　　南部-Gor'kov—, 190
　　　2粒子—, 98
　　　非平衡—, 132, 135
　　　フォノンの—, 62, 88, 138, 139, 191
径路積分, 18
結節部分関数, 98, 103
Keldysh形式, 137, 224
KeldyshのGreen関数, 136
Keldyshの時間順路, 134
Keldysh方程式, 142
交換関係(反交換関係)
　　　Fermi粒子の—, 51
　　　Bose粒子の—, 42, 43
　　　粒子数と位相の—, 46
勾配展開, 141, 200
Cauchyの定理, 71, 72, 124
コヒーレンス長
　　　常伝導金属中の—, 213
　　　BCSの—, 208
Gor'kov方程式, 194, 197
混合状態, 108

コンダクタンス
　　—の量子化, 149
　　常伝導-超伝導複合体の—, 238
　　量子細線の—, 150

〈さ行〉
作用, 15
ジェリウムモデル, 2
時間順序化演算子, 27, 79
　　反—, 133
時間発展演算子, 26
自己エネルギー, 91
　　—部分, 91
　　既約な—部分, 91
　　固有—, 91
自己相関関数, 128
自己分散関数, 128
自己無撞着の関係式 [秩序パラメーター], 182, 186, 195, 203
磁束量子, 24
質量演算子, 91
自発的な対称性の破れ, 175
Sharvin抵抗, 148
遮蔽, 3, 94
　　Debye-Hückel—, 4, 161
　　Thomas-Fermi—, 4
縮約, 77
Schrödinger表示, 25
Schrödinger方程式, 12
純粋状態, 107
準粒子, 2, 7, 8, 54, 70, 183
　　—の寿命, 71
衝突積分, 143, 152
消滅演算子, 38, 41, 49, 183
Josephson結合エネルギー, 232
Josephson効果, 215
　　SIS接合の—, 215
　　SND接合の—, 224
　　超伝導量子ポイントコンタクトの—, 216
　　長いSNS接合の—, 219
Josephson周波数, 225
Josephson電流, 215, 219, 226
Johnson-Nyquist雑音, 131
真空(状態), 7
　　実粒子に関する—, 38
　　常伝導Fermi粒子系の—, 78, 164
　　Bogoliubov粒子に関する—, 252

スペクトル密度
　　—の和則, 112
　　Green関数の—, 70, 111, 112, 195
　　ゆらぎの—, 128
Slater行列式, 37, 49
正規積, 78
正準集団, 59
生成演算子, 38, 41, 49
摂動(論), 25
　　1体問題の—, 25
　　絶対零度の—, 73
　　超伝導体の—, 191
　　非平衡系の—, 133
　　有限温度の—, 120
線形応答の理論, 124
占有数, 37
相互作用表示, 29, 75
松原の—, 120
束縛状態, 165
素励起, 1, 7, 70, 164, 183, 253

〈た行〉
大正準集団, 59
大正準ポテンシャル, 60
　　超伝導体の—, 188, 217
Dyson展開, 30, 121
Dyson方程式, 92, 141, 192
　　自己エネルギーに関する—, 101
第二量子化, 35
　　演算子の—表示, 43, 51
単一電子トンネル, 228
断熱仮説, 76
Källén-Lehmann表示, 65, 69, 110, 111, 119, 147, 194
秩序パラメーター, 174, 185, 196, 204, 206, 222
超伝導電流, 197, 201
超流動速度, 198
対ハミルトニアン, 180, 189, 246
対ポテンシャル, 172, 174, 248
　　SNS接合における—, 213
　　段差状の—, 208
Debyeエネルギー, 164, 247
Debye-Hückel遮蔽, 4, 161
電子-フォノン結合係数, 88, 194
伝播振幅, 10, 16, 23, 57
統計演算子, 57, 59, 107

索引

Thomas-Fermi 遮蔽, 4
Thomas-Fermi 波数, 95
トンネルハミルトニアン, 156, 224

〈な行〉
Nyquist の定理, 131
南部演算子, 189
南部-Gor'kov 形式, 189
2粒子励起, 98, 99

〈は行〉
Hartree-Fock 近似, 97, 99, 102
Heisenberg の運動方程式, 29
Heisenberg 表示, 29
Pauli 行列, 190
Pauli の原理, 37
梯子近似, 96
　　　2粒子 Green 関数の—, 105, 177
　　　分極演算子の—, 96
場の演算子, 42, 49
パリティ[粒子置換], 49
BCS 基底状態, 252
BCS ハミルトニアン, 179, 245
BCS 理論, 170, 179, 193, 245
BBGKY 階級方程式, 59
非対角な長距離秩序, 173
Feynman 規則, 33, 83, 87, 88, 122, 138, 139, 191
Feynman ダイヤグラム, 34, 73, 86, 123
Fourier 変換, 13, 52, 100
Fermi-Dirac 統計, 36
Fermi 分布関数, 114
Fermi 面, 56
Fock 空間, 35, 38
フォノン, 1, 54
不確定性関係
　　　粒子数と位相の—, 46
部分和 [Feynman ダイヤグラム], 90
プラズマ振動数, 8
プラズモン, 8
Plemelj の定理, 72
Bloch 関数, 54
Bloch 方程式, 114
分極演算子, 93
分極部分, 93
分散関係, 68
　　　Green 関数の極と—, 68
Bogoliubov 粒子の—, 186
平均場近似, 3, 172, 180, 227, 248
Bethe-Salpeter 方程式, 102, 177
ベクトルポテンシャル, 23, 198
Heaviside の段差関数, 12
Bose-Einstein 統計, 36
Bose 分布関数, 114
ポーラロン, 8
Bogoliubov-de Gennes 方程式, 184, 206
Bogoliubov 汎関数, 182
Bogoliubov 変換, 183, 249
Bogoliubov 粒子, 183, 186
Poisson の和の公式, 221

〈ま行〉
松原演算子, 116
松原 Green 関数, 116
松原形式, 114, 196
松原振動数, 118
　　　—に関する和, 123
密度行列, 57, 107
密度の演算子, 42
メソスコピック系, 22, 147, 238

〈や行〉
湯川ポテンシャル, 4, 95
揺動散逸定理, 130

〈ら行〉
ラグランジアン, 15, 23
乱雑位相近似, 94, 95
Landauer 公式, 150, 159, 235
　　　4端子コンダクタンスに対する—, 239
Landau の臨界条件, 204
Liouville 方程式, 109
粒子数演算子, 41
量子ポイントコンタクト, 144
　　　常伝導—, 144
　　　超伝導—, 216

〈わ行〉
Weierstrass の公式, 66, 111
Watson の補助定理, 14, 71

訳者略歴

1990年　大阪大学大学院基礎工学研究科物理系専攻前期課程修了
　　　　㈱日立製作所　中央研究所　研究員
1996年　㈱日立製作所　電子デバイス製造システム推進本部　技師
1999年　㈱日立製作所　計測器グループ　技師
2001年　㈱日立ハイテクノロジーズ　技師

著書

Studies of High-Temperature Superconductors, Vol. 1
　（共著，Nova Science，1989）
Studies of High-Temperature Superconductors, Vol. 6
　（共著，Nova Science，1990）

訳書

『多体系の量子論』（シュプリンガー，1999）
『現代量子論の基礎』（丸善プラネット，2000）
『メソスコピック物理入門』（吉岡書店，2000）
『量子場の物理』（シュプリンガー，2002）
『ニュートリノは何処へ？』（シュプリンガー，2002）
『低次元半導体の物理』（シュプリンガー，2004）
『素粒子標準模型入門』（シュプリンガー，2005）
『半導体デバイスの基礎（上/中/下）』（シュプリンガー，2008）
『ザイマン現代量子論の基礎〔新装版〕』（丸善プラネット，2008）
『現代量子力学入門―基礎理論から量子情報・解釈問題まで』（丸善プラネット，2009）
『サクライ上級量子力学（Ⅰ/Ⅱ）』（丸善プラネット，2010）
『シュリーファー超伝導の理論』（丸善プラネット，2010）
『場の量子論（第1巻/第2巻）』（丸善プラネット，2011）
『カダノフ/ベイム量子統計力学』（丸善プラネット，2011）
『量子場の物理〔新装版〕』（丸善プラネット，2012）

ザゴスキン　多体系の量子論〔新装版〕

2012年11月25日　初版　発行
2024年 3 月30日　第 2 刷発行

訳　者　樺沢宇紀　　　　　　　Ⓒ 2012

発行所　丸善プラネット株式会社
　　　　〒101-0051　東京都千代田区神田神保町2-17
　　　　電　話　03-3512-8516
　　　　https://maruzenplanet.hondana.jp

発売所　丸善出版株式会社
　　　　〒101-0051　東京都千代田区神田神保町2-17
　　　　電　話　03-3512-3256
　　　　https://maruzen-publishing.co.jp

印刷・製本/富士美術印刷株式会社

ISBN 978-4-86345-144-5 C3042

本書は，1999年にシュプリンガー・ジャパンから出版された同名書籍を新装版として再出版したものです。